Hans Donat

Sicherheit und Technik auf Segelyachten

Hans Donat

Sicherheit und Technik auf Segelyachten

Handbuch für Wartung Pflege und Reparatur

Verlag Delius, Klasing & Co Bielefeld

ISBN 3-7688-0420-8

Printed in Germany 1983
Text und Zeichnungen: Hans Donat
unter Mitarbeit von Sigrid Linnecken,
Adi Franzen, Heike Dien
Umschlag: Siegfried Berning
Druck: Kunst- und Werbedruck, Bad Oeynhausen

Inhalt

Das Inhaltsverzeichnis dient der Orientierung. Wenn Sie schnell bestimmte Details suchen, sollten Sie sich des alphabetischen Stichwortregisters am Ende des Buches bedienen.

Vorwort

Ein Kreuzer oder eine Yacht für Küstengewässer und Seereviere ist ein Kraftpaket, vollgestopft mit Technik wie Motor, Elektrik, Navigationsgeräten, Sicherheitseinrichtungen und dem Rigg als Hauptantrieb.

Dies alles im Sinne guter Seemannschaft zu beherrschen ist die Aufgabe des Skippers, der für Schiff und Besatzung verantwortlich zeichnet genau wie der Kapitän eines Dampfers oder eines Jets. Dem Skipper einer Fahrtenyacht stehen jedoch weder Bordingenieur, Elektriker, Funker, Navigator usw. zur Verfügung. Die Crew setzt sich meist aus Familie oder Freunden zusammen, die mehr auf die „Schönheit des Segelns" als auf den technischen Zustand der Yacht bedacht sind. Das ist und bleibt im Prinzip Aufgabe des Skippers. Und wer diese Technik im Sinne von Sicherheit und Komfort nicht beherrscht, dem wird sie zur Plage, ja zum Sicherheitsrisiko.

Da man mit Bordmitteln und auf See nur in recht engen Grenzen Defekte beheben kann, muß der Schwerpunkt im Hafen auf vorbeugender Kontrolle und Wartung liegen, während auf See Improvisation wirksame Hilfe bringt.

Der größte Teil des Buches besteht aus Skizzen und Graphiken, die sowohl Details als auch Funktion und wichtige Handgriffe in einem Rutsch zeigen. Nur so war es möglich, die drei wichtigsten Aspekte der Sicherheit einer Yacht, die Baumerkmale, die Ausrüstung und die Zuverlässigkeit im Betrieb, optimal und unkompliziert zu verknüpfen.

Zu guter Letzt sei noch gesagt, daß dies alles im Einklang mit den Sicherheitsrichtlinien des Deutschen Segler-Verbandes (DSV), den internationalen Sicherheitsrichtlinien des Offshore Rating Councils (ORC) und den neuesten Empfehlungen des Germanischen Lloyd steht.

Hans Donat

Rigg und Segel

Slooptakelung und andere Riggformen

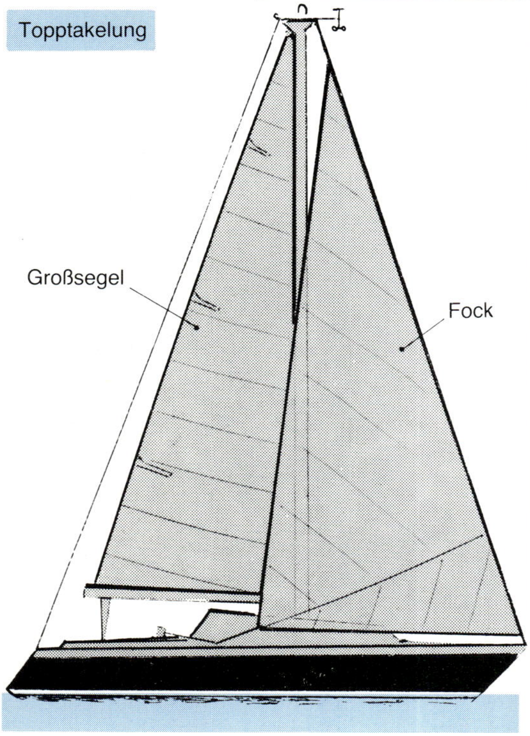

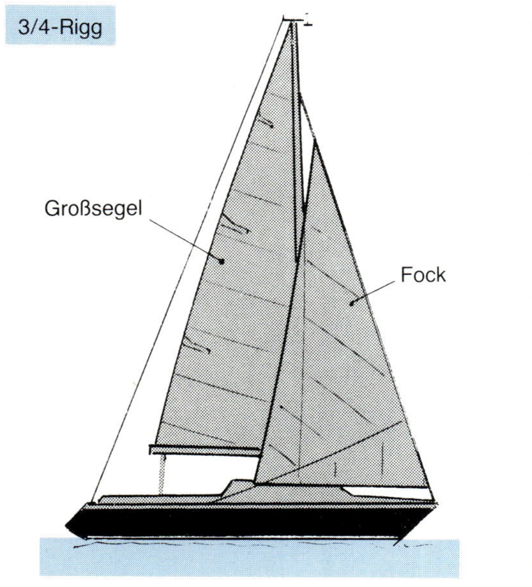

Bis ca. 10 m Länge hat sich als Riggform fast ausschließlich die Slooptakelung durchgesetzt. Beim Fahrtenkreuzer ab 8 m dominiert die Topptakelung. Die 3/4- bis 7/8-Takelung herrscht bei Racern vor, da flexibel wieder „in" ist und das kleinere Vorsegel von der Formel begünstigt wird.
Strömungstechnisch ist die Slooptakelung allen anderen Riggformen überlegen. Wenn man dennoch Kutter-, Ketsch-, Yawl- oder Schoner-Takelungen sieht, so spielt zwar bei der Auswahl ein bißchen Seefahrerromantik mit, doch überwiegt der für ein Fahrtenschiff sehr wichtige Aspekt der Bedienbarkeit des Riggs mit einer kleinen Crew.
Es ist klar, daß dem Rigg und den Segeln als Hauptantrieb einer Yacht die ganze Aufmerksamkeit des Skippers als dem Verantwortlichen für Schiff und Besatzung gelten muß. Durch die Art der Takelage, durch die Segelgrößen, die Schotführungen und Reffeinrichtungen wird die Bedienbarkeit festgelegt, woraus sich ergibt, von wieviel „Mann" das Rigg unter welchen Bedingungen noch sicher zu beherrschen ist. Danach wäre die Art und Größe der Crew auszuwählen. Rigg und Segel sind im Frühjahr und vor Antritt einer größeren Reise sowie im Herbst gründlich durchzuchecken, da in den Stagen, im Mast und den Beschlägen Kräfte auftreten, die größer sind als das Gewicht des Schiffes, so daß der Bruch eines Bolzens im stehenden Gut unweigerlich zum Bruch des Mastes führt oder ein Defekt im laufenden Gut die Seetüchtigkeit und Manövrierfähigkeit wesentlich einschränkt.
Während man beim Motor viel vom Kraftstoffververbrauch und das bißchen Schub, das aus dem Propeller kommt, spricht, wird der Trimm des Riggs und der Segel oft stiefmütterlich vernachlässigt. Das wirkt sich zwar nicht direkt auf den Geldbeutel aus, verringert aber doch durch Mangel an Übung die Sicherheit und in jedem Fall die Freude am Segeln. Auf den folgenden Seiten soll nicht von dem optimalen Regattatrimm die Rede sein, es geht im Prinzip um die einfachen Dinge, die das ungeübte Auge des Freizeitkapitäns nicht auf den ersten Blick sieht, die aber, wenn man sie beherrscht, das Vergnügen Segeln in jedem Fall steigern.

Kutter, Ketsch, Yawl, Schoner

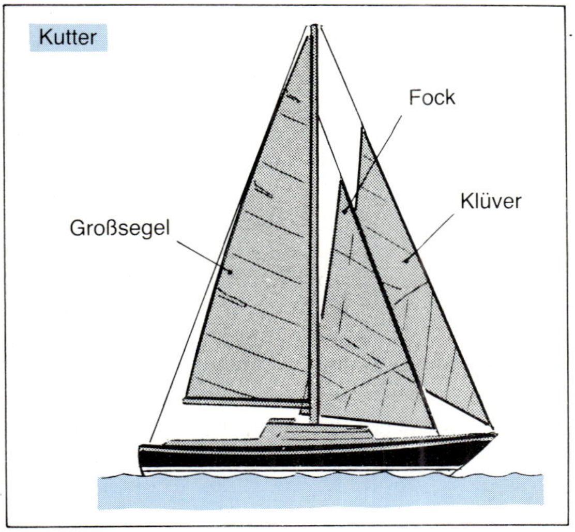

Einmast-Takelung mit innerem Vorstag für die Fock. Am Wind etwas schwächer als die Sloop. Statt Vorsegelwechsel kommt ein Vorsegel herunter.

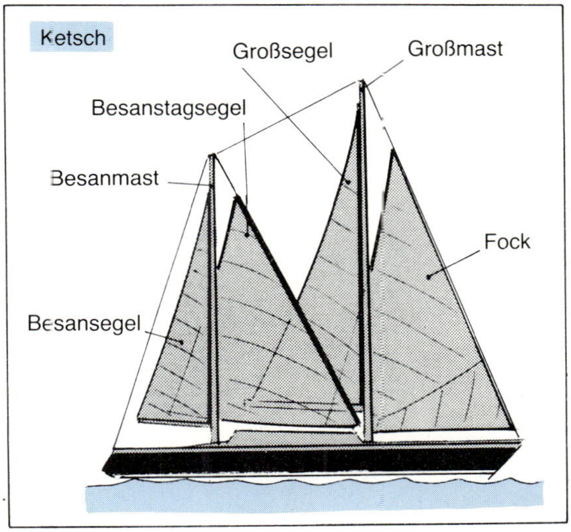

Segelfläche auf zwei Masten. Gut unterteilt. Tiefliegender Segelschwerpunkt. Für raume Winde ein großes Besan-Stagsegel. Auch als Kutter- oder Spreizgaffel-Ketsch.

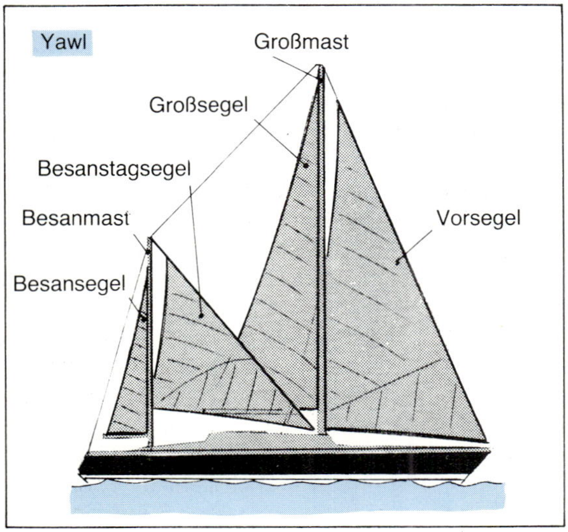

Sehr kleiner, weit achtern stehender Besan. Wird auch mit Besan-Stagsegel gefahren, das früher bei der Vermessung (CCA, RORC, KR) nicht berücksichtigt wurde, sonst kein Vorteil.

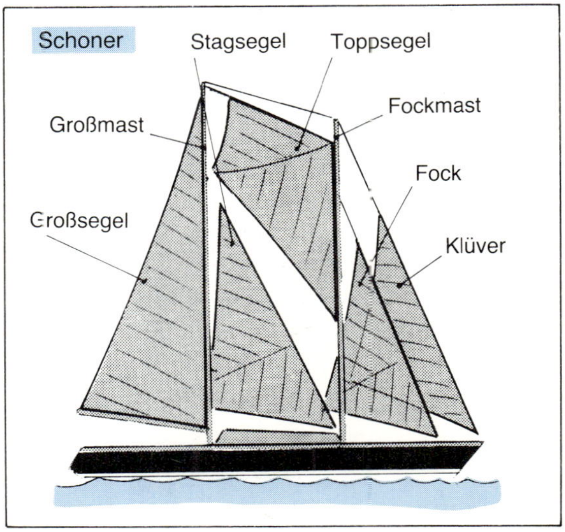

Der hintere Mast ist größer als der vordere. Der Stagsegel-Schoner fährt am Fockmast ein Stag- und Toppsegel. Hier noch mit unterteilter Vorsegelfläche wie beim Kutter.

Der Mast, das Gerüst für die Segel

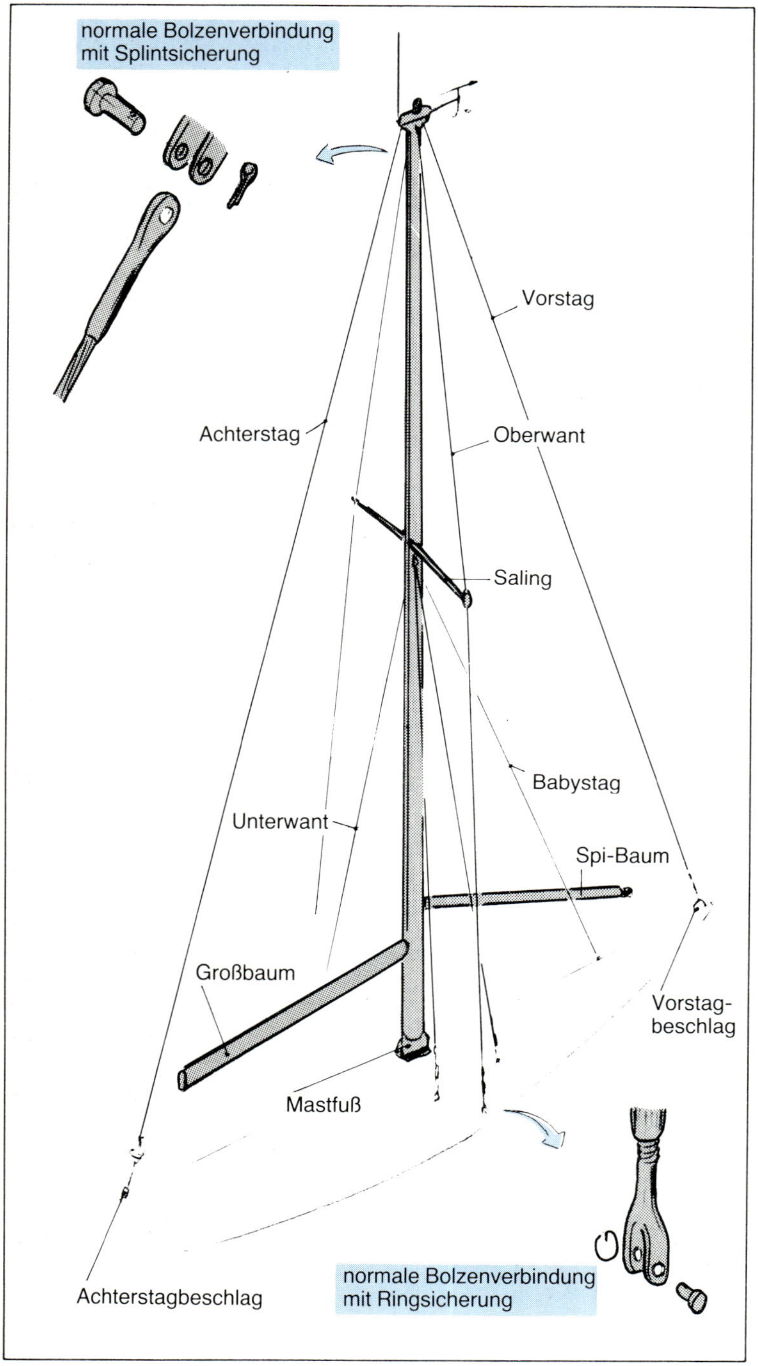

Der Mast mit den Spieren und dem stehenden Gut bildet das Gerüst, an dem die Segel gefahren werden. Die Verstagung hält den Mast nicht nur aufrecht, durch mehr oder weniger Lose in den einzelnen Stagen wird auch die Biegung im Mast verändert und somit starker Einfluß auf den Stand der Segel genommen. Gleichzeitig muß man sich vorstellen, daß bei jeder Welle das Rigg in Bewegung ist, daß die Verbindungen je nach Qualität einem enormen Verschleiß ausgesetzt sind und unter den starken, in jeder Welle wechselnden Kräften schon ein falsch eingesetzter Splint oder eine andere mangelhafte Sicherung eines Bolzens zur Katastrophe führen kann.
Verstellt wird der Zug in den Stagen durch die Spanner, die über Bolzen, Toggles, Kauschen oder Terminals die Kräfte in den Mast und in den Rumpf übertragen. Zwar arbeitet man auf den Regattamaschinen mit Vor- und Achterstag über ständig verstellbare mechanische oder hydraulische Spanner fast schon wie mit laufendem Gut, auf dem Fahrtenschiff ist aber die Grundeinstellung mit vielleicht einer Korrektur nach den ersten Trimmfahrten für den Sommer ausreichend.
In zunehmendem Maß findet man bei Fahrtenschiffen entweder ein doppeltes Vorstag, Vorstag-Profile und in großer Zahl Vorsegelreffer.

Mast

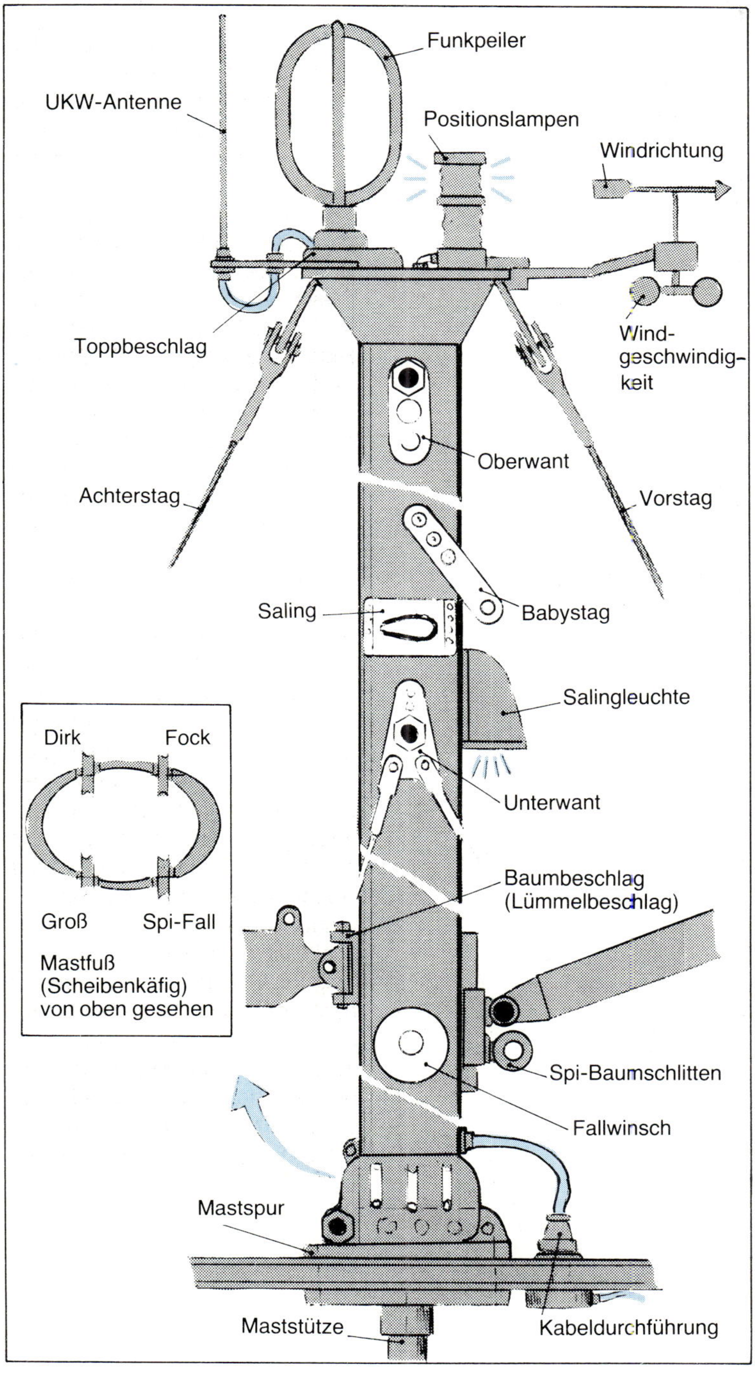

Beginnen wir oben im Topp. Dort konzentriert sich auf engstem Raum jede Menge Technik, und zwar nicht ohne Nachteile für die Anzeigegenauigkeit. Dazu kommen Probleme mit der Kabeldurchführung und der lange Weg der Gleichstrom führenden Kabel (s. Elektrik). Darunter liegt der eigentliche Toppbeschlag, heute bei Serientypen weitgehend eine gegossene Einheit mit sauber eingesetzten, eicht laufenden großen Scheiben, die so wenig Spiel haben sollten, daß die Fallen auf keinen Fall herausrutschen und sich zwischen Scheibe und Käfig oder Gatt verklemmen können. Je nach System sind die Bänder für die Stagen und Wanten aufgenietet, mit Bolzen verstärkt, oder die ganze Toppeinheit ist geschweißt, häufig findet man auch die Alternative mit eingesetzten Kästen für Hakenterminals. Das Babystag, die Konsole für die Salingleuchte, die Dampferlaterne sowie die Bänder für die Unterwanten sind ebenfalls genietet. Der Baum läuft entweder in der Güll oder ist bei manchen Systemen festgenietet. Der Spi-Schlitten sitzt auf einer aufgenieteten Schiene.
Je nach Fabrikat werden die Fallen unten (wie Zeichnung) oder schon vorher aus dem Mast geführt, zum Cockpit umgelenkt oder direkt am Mast mit der Fallwinsch durchgesetzt und belegt. Die Steckverbindung für die Kabel ist ebenfalls nicht ohne Probleme, genauso wie das Nebeneinander von Edelstahl und Aluminium.

Mastfüße

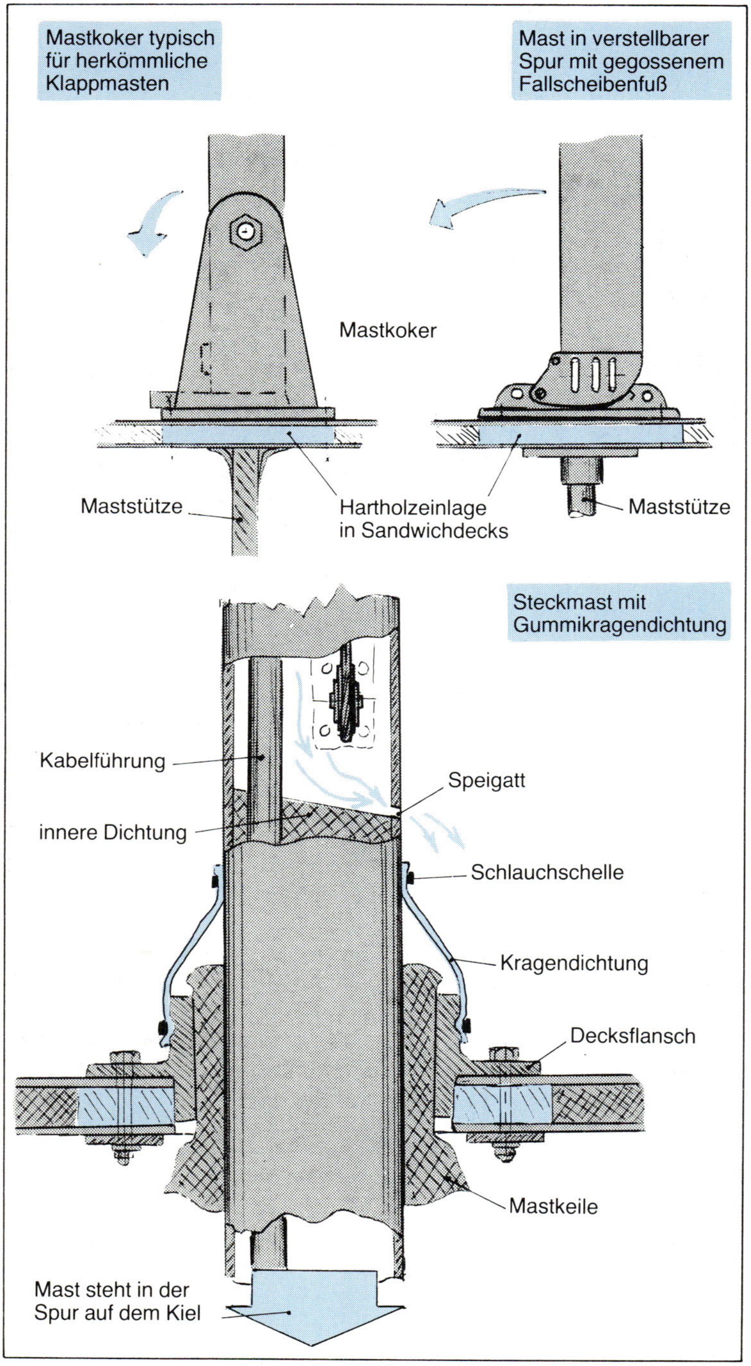

Die Stauchdrücke in Masten erreichen Größen, die über dem Schiffsgewicht liegen. In Anbetracht solcher Kräfte ist es naheliegend, daß der Koker, die Spur oder die Decksdurchführung mit einiger Sorgfalt ausgeführt sind und nicht einfach mit vier selbstschneidenden Schrauben in das Sandwichdeck geheftet werden, wie man es immer wieder bei Serientypen findet. Natürlich muß die Verschraubung mindestens im Frühjahr einmal überprüft werden. Es gibt heute fast keine Yacht mehr, auf der die Mastkräfte nicht über ein Schott oder eine Maststütze in den Kiel übertragen werden.

Die Skizzen zeigen die drei grundsätzlich anzutreffenden Mastfüße, den herkömmlichen Klappmast im Mastkoker, den mit einem Bolzen in einer verstellbaren Mastspur befestigten Mast, den man ebenfalls leicht klappen kann, und den Steckmast, der auf größeren Yachten zu finden ist. Die Manschette der Steckmasten ist häufig Quelle von Leckagen.

Die Befestigungsbolzen der Mastspur bzw. des Mastkokers sind im Frühjahr auf festen Sitz zu prüfen, aber ohne sie zu verdrehen, da sonst Leckagen entstehen. Provisorisch kann man Leckagen an diesen Bolzen während des Sommers dadurch beseitigen, daß man sie herausdreht und mit Dichtungsmasse neu einsetzt. Man sollte dann im Herbst aber den ganzen Mastfußbeschlag abnehmen und ganz mit Dichtungsmasse neu aufsetzen.

Großbaum

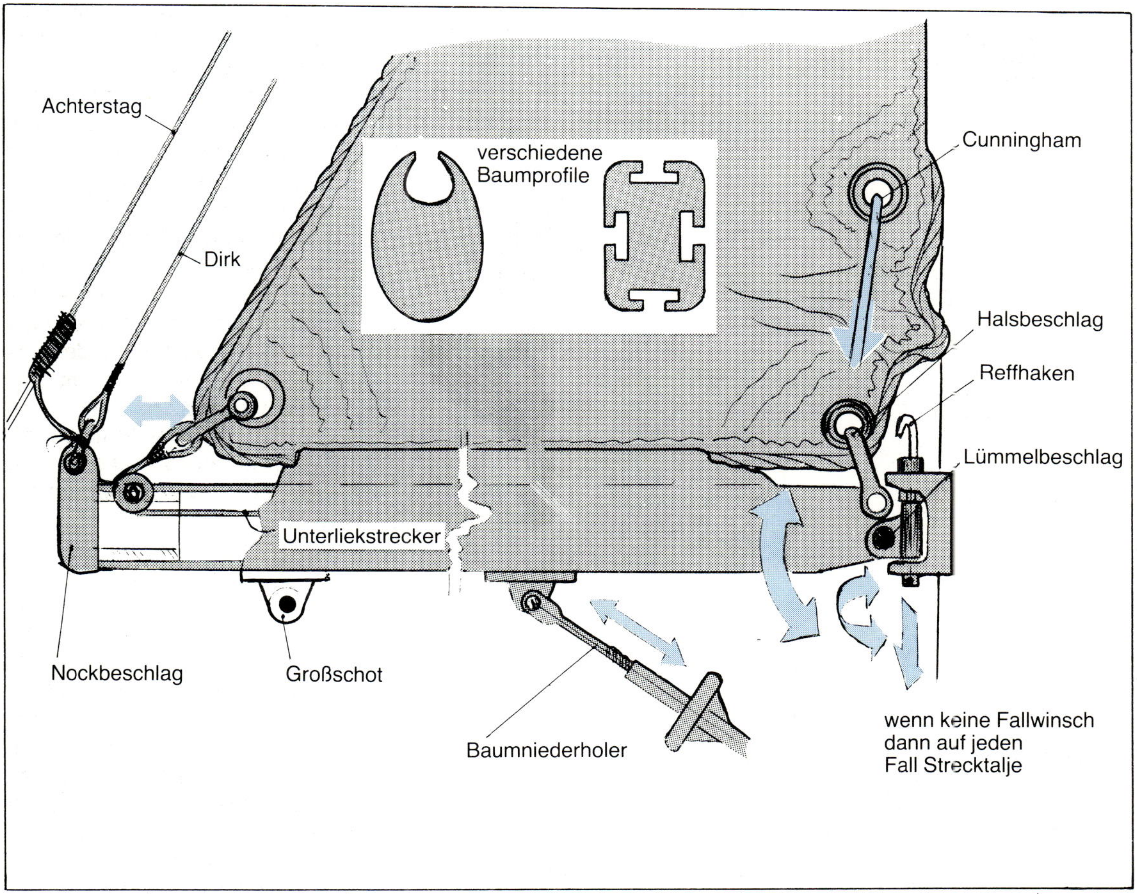

Der Großbaum ist am Mast drehbar gelagert. Der Halsbeschlag ist meist fest, wenn eine Großfallwinsch vorhanden ist, sonst sitzt er beweglich auf einem Schlitten in der Keep oder auf einer Schiene, so daß man mit einer Talje das Vorliek nach unten strekken kann. Selbstverständlich gibt es auch beide Streckvorrichtungen in Kombination.

Über den Nockbeschlag wird das Unterliek gestreckt, das fast immer in einer Keep läuft. Lose gefahrene Unterlieks haben sich bei Kreuzern nicht durchgesetzt. Weiter greift im Nockbeschlag die Dirk an und je nach System auch die Großschot.

Der Baumniederholer, herkömmlich als Talje ausgebildet, zieht den Baum nach unten, verringert z. T. ein Hin- und Herschlagen und zieht die Verwindung aus dem Großsegel. Es gibt heute eine Reihe von verschiedenen Varianten bis hin zum hydraulisch gesteuerten Niederholer.

Statt einer Baumstütze zum Auflegen des Großbaums findet man immer häufiger den Stropp mit Karabiner am Achterstag.

Spinnakerbaum und Saling

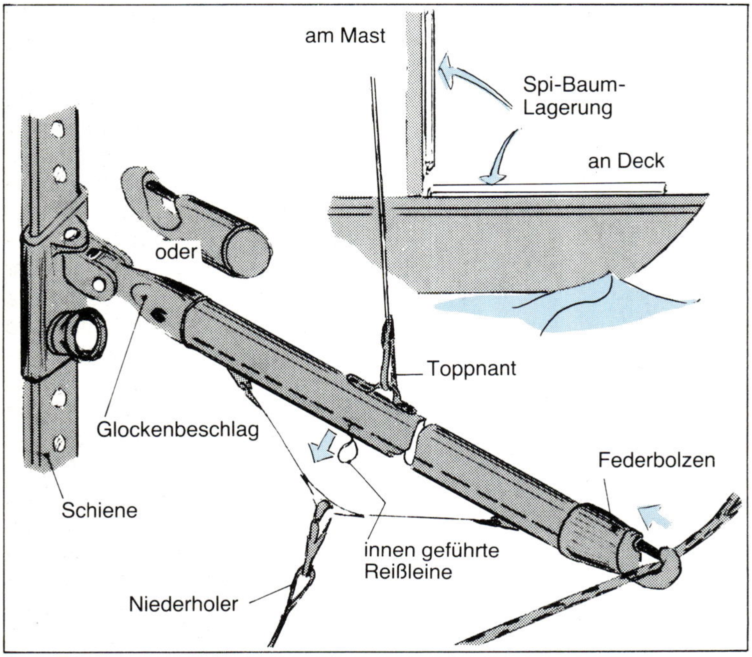

Spinnakerbaum

Der Spinnakerbaum ist eine jener Spieren, die von Fahrtenseglern viel zu selten gesetzt werden, meist weil die Crew fehlt. Gestaut wird er meist am Mast, indem er an der Schiene nach unten gesetzt und mit dem Toppnant an den Mast geholt wird. Besser liegt er aber an Deck eingepiekt in zwei Augen am Bugkorb und einer Relingstütze oder der Schanzleiste. Der Hahnepot verhindert ein Durchbiegen durch den Zug des Niederholers. Die Reißleine ist innen zur Mitte geführt, bei Doppelendern ist sie durchgehend.

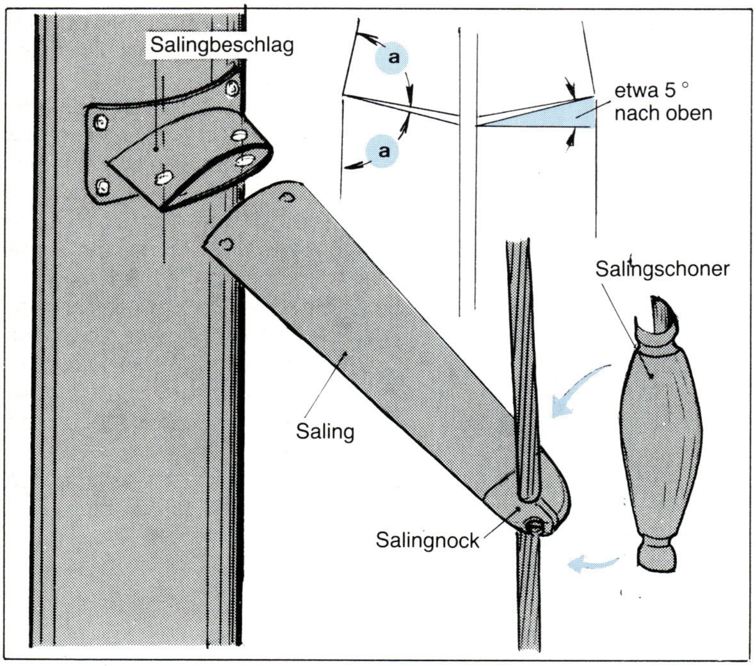

Saling

Die Wantenspreizen verkürzen einerseits die Knicklänge des Mastes, tragen andererseits aber auch wesentlich zum Trimm bei. Durch das Nach-hinten-Pfeilen und den Zug des Wants wird der Mast z. B. nach vorne getrimmt (s. Seite 31 ff).
Je nach Lage der Salinge und der Größe der Vorsegel ist an der Nock ein Schoner zu empfehlen. Der Fachhandel hat verschiedene Arten. Die gezeichnete Version ist aus PVC, mit zwei Klemmringen festzusetzen.

Stehendes Gut und Terminals

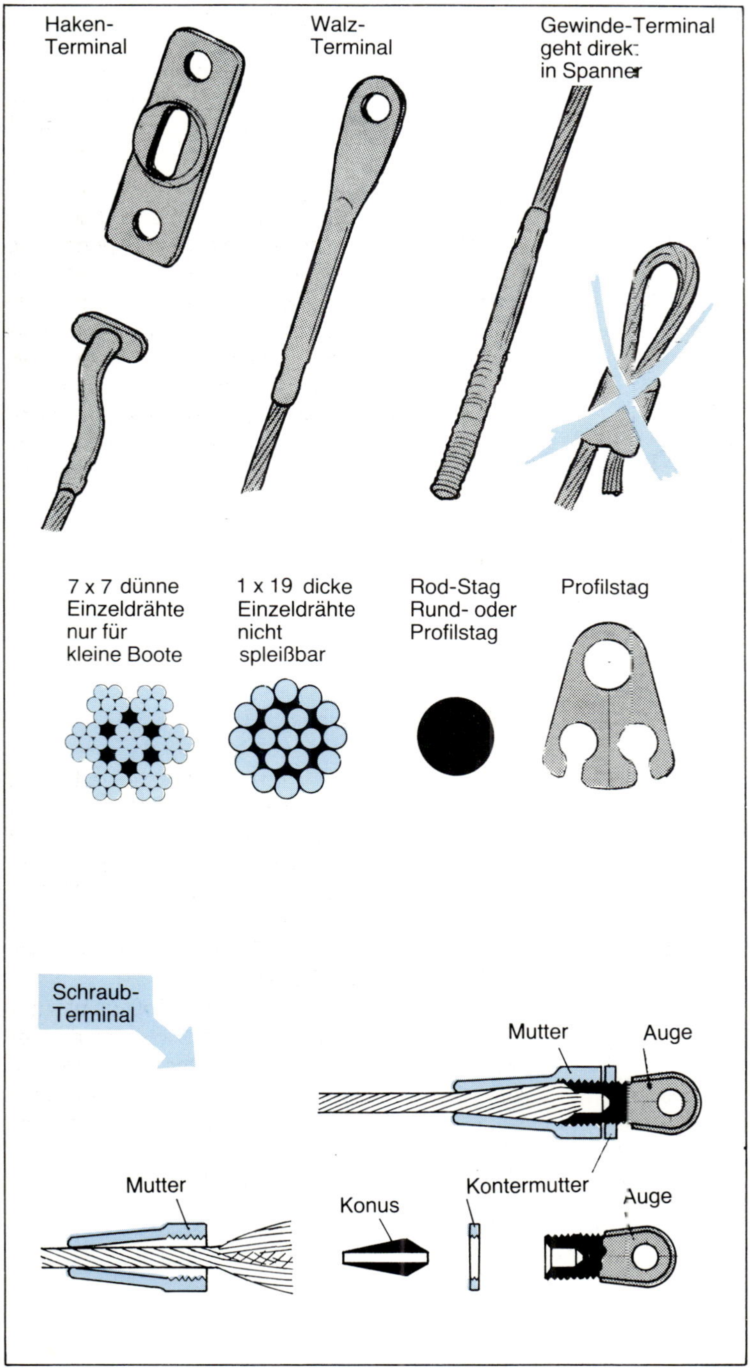

Das stehende Gut hat sich in den letzten zehn Jahren grundlegend geändert. Der verzinkte Draht wurde fast restlos von nicht rostendem Stahl verdrängt. Für die Wanten und Stagen wird überwiegend das aus dicken Drähten geschlagene Drahtseil mit der Bezeichnung 1 x 19 verwendet und, da es nicht spleißbar ist, wurde auch das gespleißte Auge mit Kausch durch gewalzte oder geschraubte Terminals ersetzt. Eingewalzte Terminals sind sicher die sauberste Lösung, der geschraubte hat allerdings den Vorteil, daß man ihn nach Erneuern des Konus wieder verwenden kann (s. rechts). Die Verbindung von Terminals mit dem Beschlag und dem Spanner erfolgt wie bisher mit Auge, Gabel und Bolzen. Neu für größere Riggs ist der Hakenterminal.

Auf Regattabooten wird teilweise das als „Rod-Rigg" (Rundstag) bezeichnete Stag aus Vollmaterial eingesetzt.

Das Drahtseil mit der Bezeichnung 7 x 7 wird als stehendes Gut nur auf kleinen Booten gefahren. Zur Zeit befindet sich gerade ein Kunststoffmaterial im Test, das in der Lage sein könnte, das Stahlstag zu ersetzen (s. Seite 44).

Nicht rostender Stahl rostet zwar nicht so ohne weiteres, aber ganz ohne Schwächen ist er auch nicht und muß gepflegt werden (s. Winterlager). Die Lebensdauer von stehendem Gut aus Edelstahl liegt je nach Beanspruchung des Riggs bei 4 bis 12 Jahren.

Spanner und Bolzen

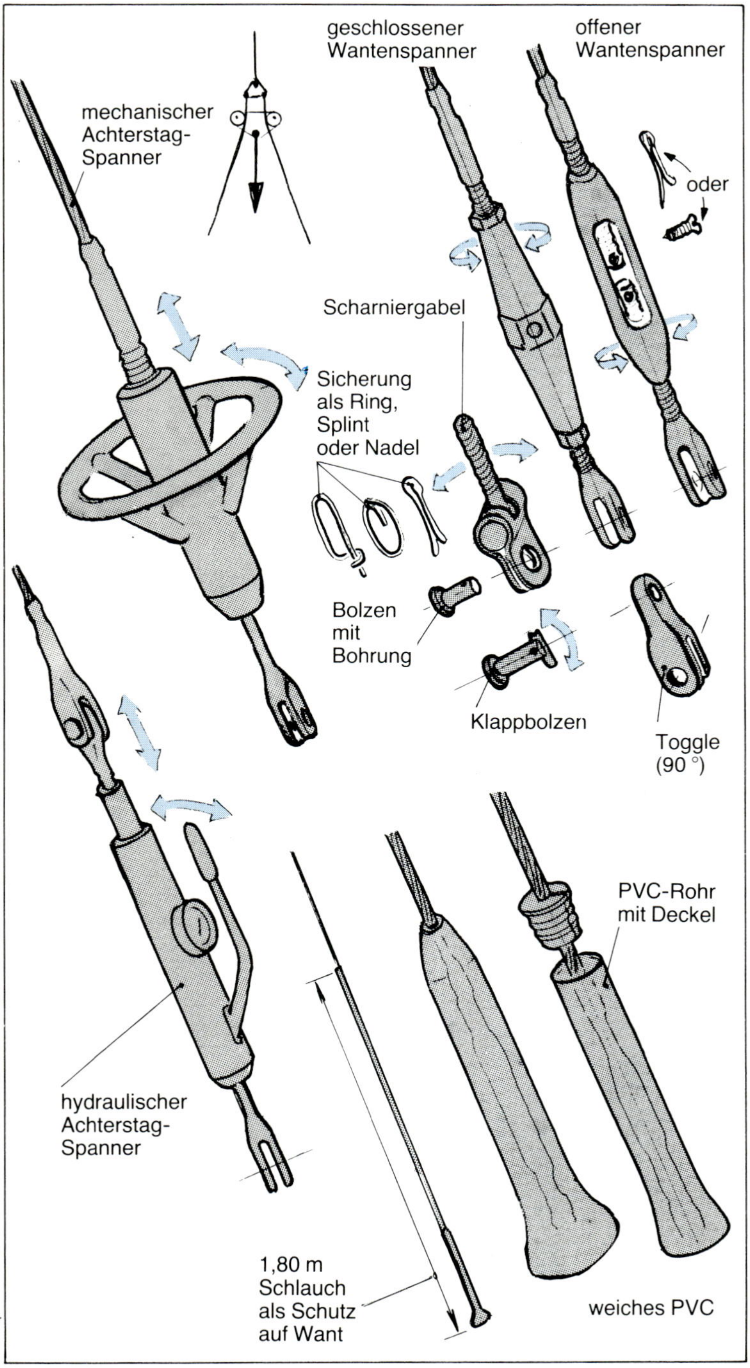

Spanner sind die wichtigsten Elemente zum Trimmen des Riggs. Sie haben sich, seit sie die Jungfer abgelöst haben, außer im Material kaum verändert. Die obere Seite hat Links-, die untere Rechts-Gewinde. Wenn man das Mittelteil dreht, werden sie kürzer bzw. länger. Für Wantenspanner haben sich zwei Versionen durchgesetzt – die offene und die geschlossene. Die geschlossene wird mit Kontermuttern, die offene mit Splinten oder kleinen Schrauben gesichert. Zusammen mit den Bolzen in den Verbindungselementen, die durch Ringe oder Splinte gesichert werden, bilden sie eine ständige Quelle des Ärgers, die schlagenden Segel oder Schoten reißen die Sicherungen heraus usw., deshalb ist ein guter Schutz wichtig. Zusätzlich zum Wantenspannerschutz aus PVC fahren viele Eigner einen Schutzschlauch.

Das Achterstag wird auf vielen Yachten verstellbar gefahren, auf Fahrtenschiffen durch verstellbaren Gewindespanner mit Handrad, auf Regattaschiffen vielfach mit Hydraulik und über Hahnepot. Der Klappbolzen wird meist an den Stagen eingesetzt, die häufiger geöffnet werden, z. B. bei Klappmasten.

Neben dem Auge und der Gabel als Verbindungselement gibt es noch die Scharniergabel und den Toggle, mit dem man die Richtung einer Stagverbindung um 90° ändern kann.

Die Gewinde der Spanner sind sehr empfindlich gegen Salz, Sand und Staub. Die Gewinde verreiben leicht, was mit Kupfer- oder Nickelspray zu verhindern ist.

Laufendes Gut zur Bedienung der Segel

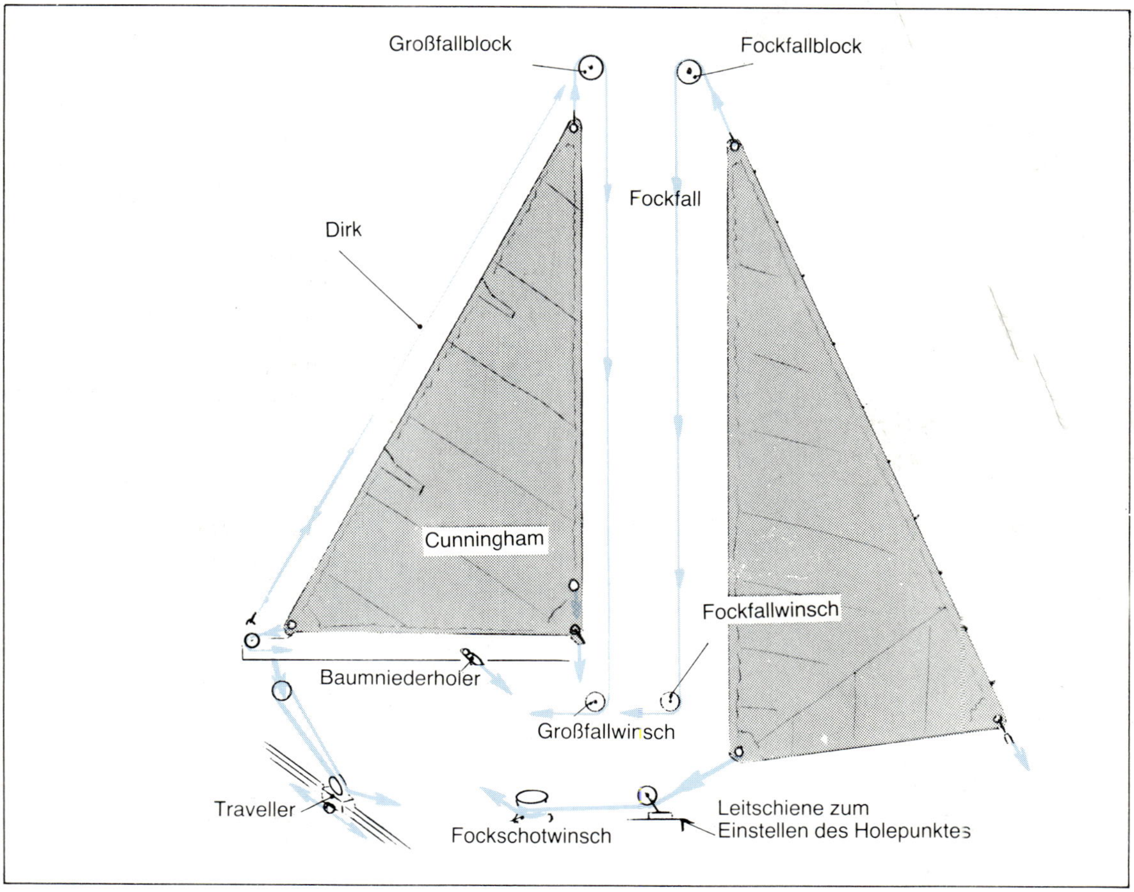

Auch wenn die Windkraft die älteste Antriebsform der Schiffe ist, so modern und hochgezüchtet ist die Technologie, besonders im Hinblick auf den Einsatz laufenden Guts. Das Bestreben, alle Lieken vom Cockpit aus unter Kontrolle zu haben, hat dazu geführt, daß Blöcke, Umlenkscheiben und Traveller-Schlitten kugelgelagert sind, daß das Tauwerk besonders verschleißfest sein muß, da auch die zusätzlichen Umlenkungen zum Cockpit die Kräfte durch Reibung wesentlich vergrößern und die Backen-, Hebel- und Quetschklemmen die Schoten, Strecker und Fallen keineswegs schonen.

Gesteuert wird das Großsegel über die Großschot, deren Holepunkt über den Traveller eingestellt wird. Das Vorsegel wird über die Fockschot und den Holepunkt auf der Leitschiene auf optimalen Vortrieb eingestellt. Das Vorliek wird über den Cunningham durchgesetzt, das Unterliek über die Nock strammgezogen. Die Dirk entlastet das Achterliek, das zusätzlich durch das Liekbändsel bauchig oder flach gestellt werden kann. Das alles ist natürlich nur über viel Technik in Form von guten Winden und teuren Beschlägen in den Griff zu bekommen, über deren Funktion und Wartung auf den nächsten Seiten die Rede ist.

Laufendes Gut

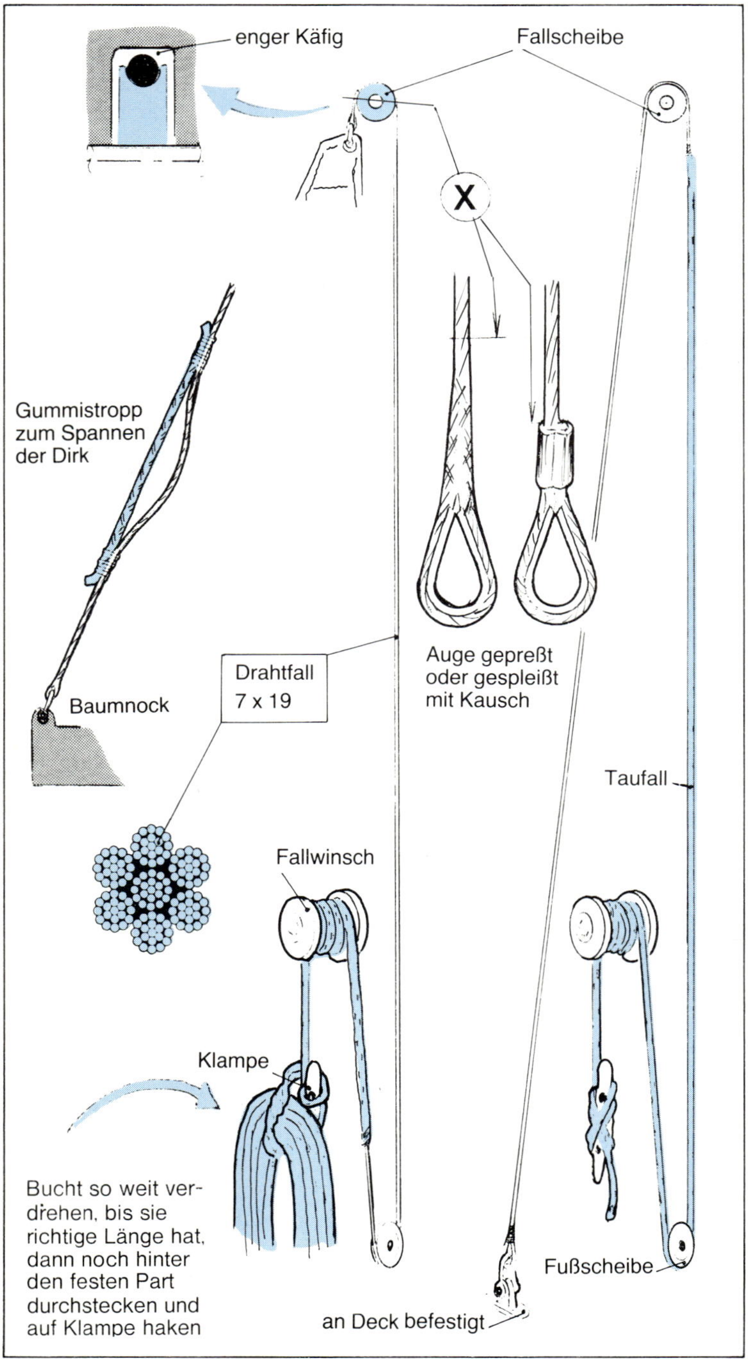

Die Entwicklung geht in Richtung Ersatz- bzw. Zweitfall.
Der verwendete Niro-Draht zählt 7 x 19 Einzeldrähte – s. Querschnitt.
Verbindungen stellt man durch Pressen, Walzen und Spleißen her.
Das Tauwerk für Fallen, überwiegend aus geflochtenem Polyester, u. U. mit Kevlar verstärkt, hat so wenig Reck, daß man bis 10 m Rumpflänge bei neuen Booten fast nur noch Tauwerkfallen findet. Die Kombination Tau-Draht ist jedoch noch vorherrschend.
Durch die Qualität hochwertiger Umlenkrollen und die Abriebfestigkeit des verwendeten Materials ist es möglich geworden, die Fallen ins Cockpit zu legen, was natürlich sehr große Kräfte ins Kajütdach bringt und größere Winschen erfordert. Der Gedanke auch vom Aspekt des Komforts und der Sicherheit verführerisch, die Fallen und Strecker vom Cockpit aus bedienen zu können (s. übernächste Seite).
Der Fahrtenskipper sollte sich bei der Auswahl aber an den Grundsatz halten, daß gute Seemannschaft das Einfache ist und somit mehr Sicherheit bringt.
Das Normalfall ist in den Skizzen mit den üblichen Beschlägen dargestellt. Ganz wichtig ist ein relativ großer Scheibendurchmesser und ein sehr genauer Sitz, damit das Fall auch unter ungünstigen Bedingungen nicht zwischen Scheibe und Käfig geraten kann.

Scheiben, Blöcke, Klemmen

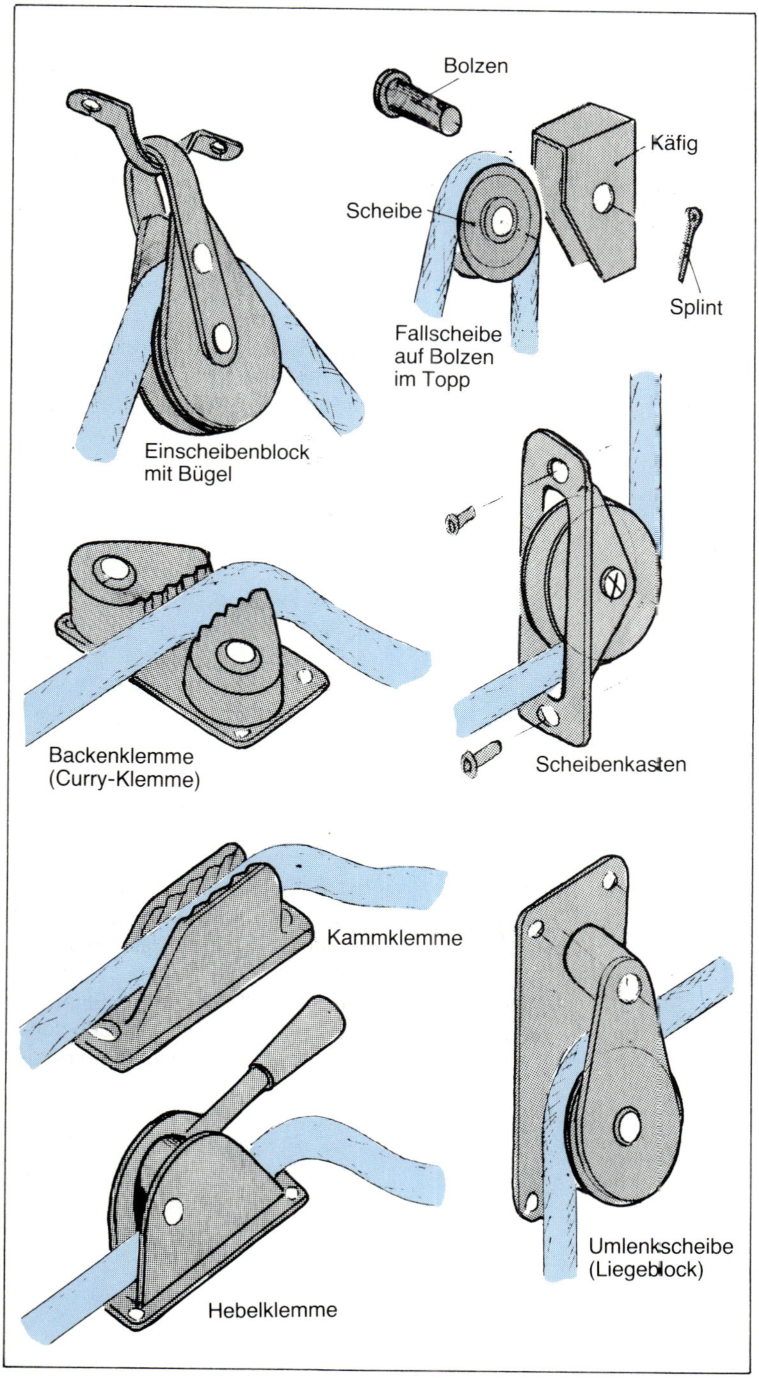

Die Elemente zur Führung, Umlenkung und zum Festklemmen des laufenden Guts sind Scheiben, Blöcke und Klemmen.

Die Scheibe unterscheidet sich vom Block durch die Tatsache, daß das Lagergehäuse festsitzt, während der Block als Ganzes beweglich ist. In der Skizze sind wiederum nur die Grundarten gezeigt. Es gibt, insbesondere bei den Blöcken, Dutzende von Arten und Variationen je nach Verwendung in Kombination mit Elementen wie Schäkeln, Wirbeln, Augen, Schnappern und Klemmen.

Die Scheiben im Topp des Mastes laufen auf herausnehmbaren Bolzen, während die Scheiben zur Umlenkung meist genietete Achsen haben, so daß bei Schäden im Lager oder der Laufbuchse Scheibe und Kasten ausgetauscht werden müssen.

Die hier gezeigten Klemmen unterscheiden sich von der Belegklampe durch die Möglichkeit, die Schot oder den Strecker schnell mit einem Handgriff loswerfen zu können.

Während man die Backenklemme (Curry-Klemme) überwiegend an Schoten einsetzt, wird die Kamm- und Hebelklemme als Stopper für Strecker und ins Cockpit geführte Fallen verwendet.

Pflege und Wartung hängen von der Materialzusammensetzung ab. Einige Kunststoffarten sind im Prinzip pflegefrei, dennoch tut es auch diesen Laufflächen gut, wenn sie öfter von Salz und Staub gereinigt werden. Kugellager sind mindestens einmal im Lauf des Sommers mit Winschenfett oder Vaseline zu schmieren.

Großschot und Traveller

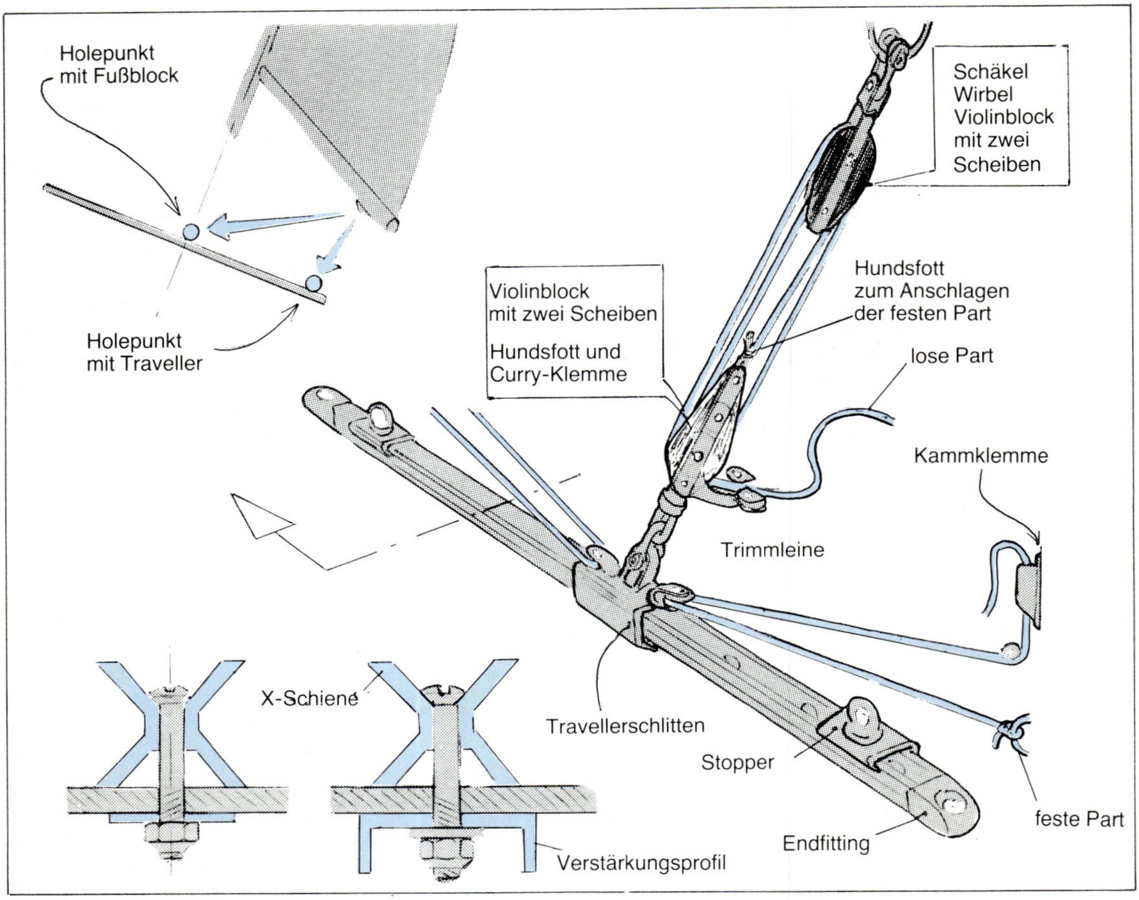

Die Großschot wird selten über eine Winsch gefahren. Deshalb wird sie so oft über Blöcke geschoren, bis sie von Hand vernünftig dichtgeholt werden kann. Als Schotmaterial verwendet man überwiegend Polyester, z. T. mit Kevlar-Kern. Der Durchmesser der Schot, die Griffigkeit, Geschmeidigkeit und Verschleißfestigkeit in bezug auf Abnutzung in Klemmen entscheiden über die Qualität. Die achtfach geschlagene Schot ist griffiger, aber nicht so kompakt wie die 16fach geschlagene.

Wenn man die Wahl hat zwischen einem Fußblock oder einer Traveller-Schiene, so sollte man sich zugunsten des Travellers entscheiden, da er wesentlich zum Laufen größerer Höhe beiträgt. Die Befestigung der Schiene auf Serienschiffen ist häufig recht primitiv, so daß bereits nach einigen Jahren die Schiene neu eingesetzt werden muß. Es empfiehlt sich dann, statt der Scheiben auf der Unterseite der Schrauben einen durchgehenden Blechstreifen zu montieren oder sogar zur Verstärkung ein Profil (wie in der Skizze) unterzusetzen. Zur richtigen Abdichtung sollte man die Schraubenlöcher gut ansenken und Schrauben sowie Schiene mit Dichtungsmasse aufsetzen.

Vorschot und Leitschiene

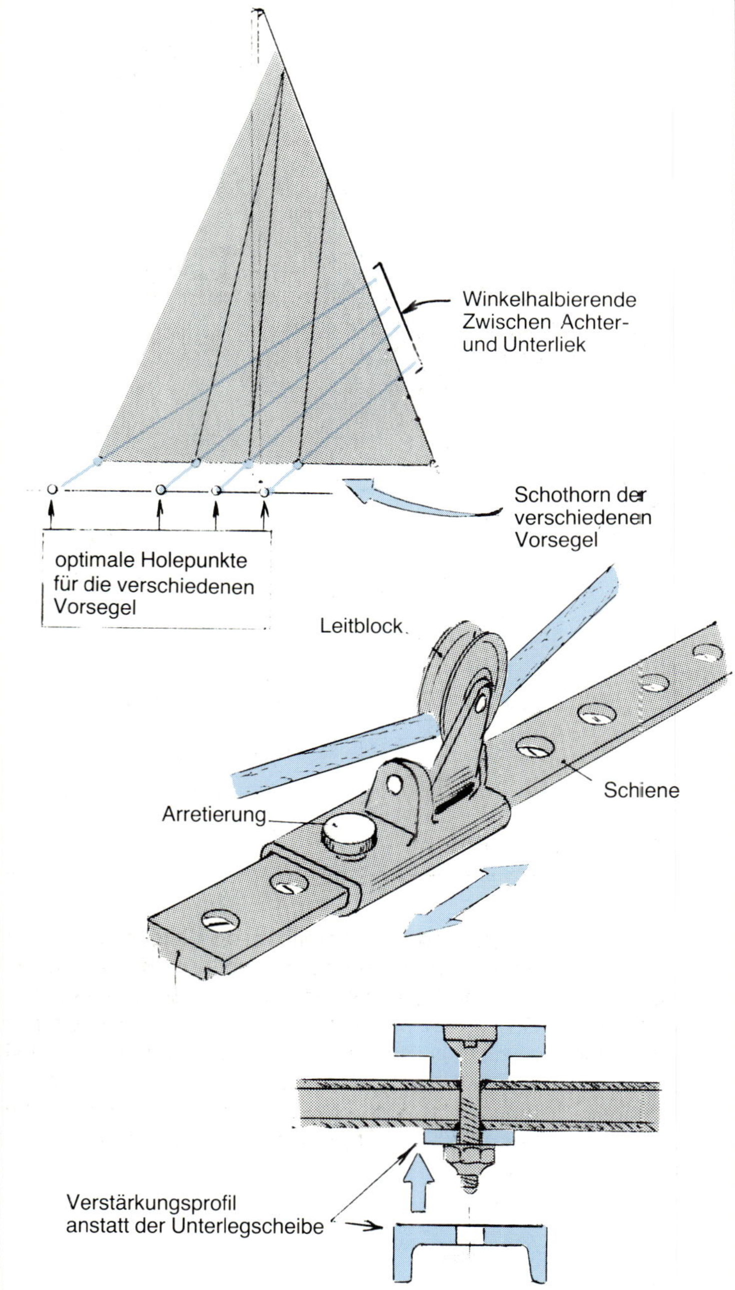

Da man das Vorsegel-Dreieck bis zur Deckshöhe ausnutzt und auf den meisten Booten von der Genua bis zum Sturmsegel gewechselt wird, ergibt sich automatisch die Forderung nach einer langen oder mehreren Leitschienen, da die optimalen Holepunkte für Kurse am Wind als Winkelhalbierende zwischen Achter- und Unterliek über das Schothorn auf Deck führen. Die Schiene sollte nach vorne und nach hinten noch 20 cm weiterlaufen, als das nach den theoretischen Maßen notwendig wäre.

Vor Antritt einer Fahrt prüft man auch hier, ob der Rutscher gut läuft, die Arretierung einwandfrei funktioniert. Leckagen treten meist auf, wenn der Unterbau zu schwach oder die Schiene einfach ohne Holzeinlage durch das Sandwichdeck gebolzt wurde. Dann hilft nur ein breites Aluminiumprofil als Verstärkung unter Deck und Schiene wie Schrauben mit Dichtungsmasse aufzusetzen (s. auch Traveller). Die Vorsegelschot wird am Schothorn entweder geteilt mit je einem Palstek angeschlagen oder mit einem Schnappschäkel eingehängt, was sich bei einem Segelwechsel vorteilhaft bemerkbar macht, vorausgesetzt man hat einen guten Schnappschäkel gekauft, der nicht beim Schlagen des Segels aufgeht. Allerdings empfinden viele dieses Metallteil am Schothorn als eine Gefahr.

Umlenken von Fallen und Streckern ins Cockpit

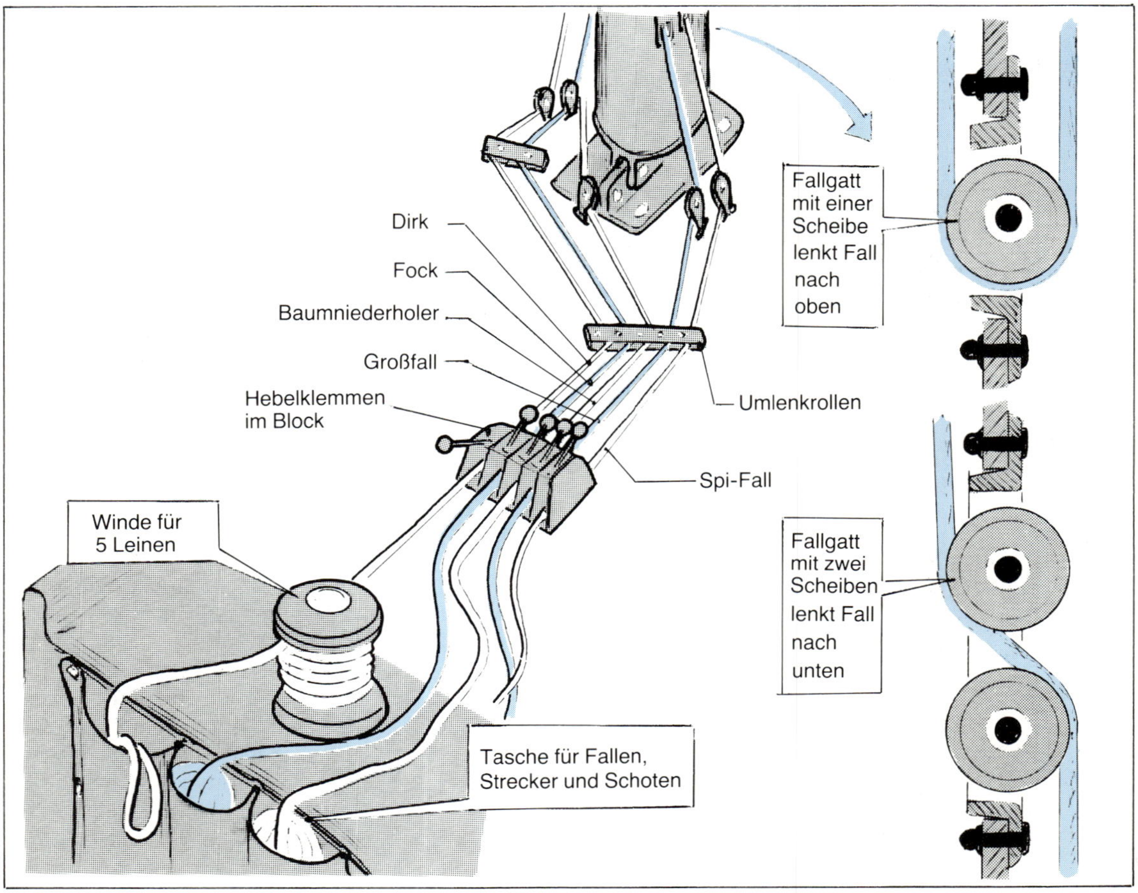

Es läßt sich sehr gut zeigen, wie einfach die wichtigsten fünf Strippen des Mastes ins Cockpit geführt werden können. Man tauscht die Scheibenkästen, die die Fallen nach oben umlenken, aus, so daß das Fall nach unten gezogen werden kann, nimmt die Winschen vom Mast ab, befestigt Umlenkrollen, Klemmen und Winde an Deck, und schon hat man ein vom Cockpit trimmbares Schiff.

Ganz so einfach ist es aber doch nicht. Erstens müssen alle Fallen und Strecker verlängert werden, und das geht nicht durch Spleiß, sie müssen praktisch erneuert werden. Zweitens kommen sehr große Kräfte auf die Umlenkrollen und die Klemmen, so daß man unter das Kajütdach Aussteifungen montieren muß, es sei denn, es wurde von vornherein berücksichtigt, wenn z. B. die Hartholzeinlage im Sandwichdeck im Bereich des Mastfußes groß genug ist, um die Lenkblöcke anzubringen. Eine Alternative ist das Tauschen des Mastfußes. Doch die Kräfte wirken auch an den Klemmen. Dazu kommt dann gleich die Frage – reichen fünf Strippen? Es sind schnell 8–10, wenn man anfängt, vom Cockpit aus total zu trimmen.

Wichtig sind die Segeltuchtaschen, die Fächer in entsprechender Größe haben, sonst hat man im Cockpit ein fürchterliches Durcheinander.

Schot- und Fallwinden

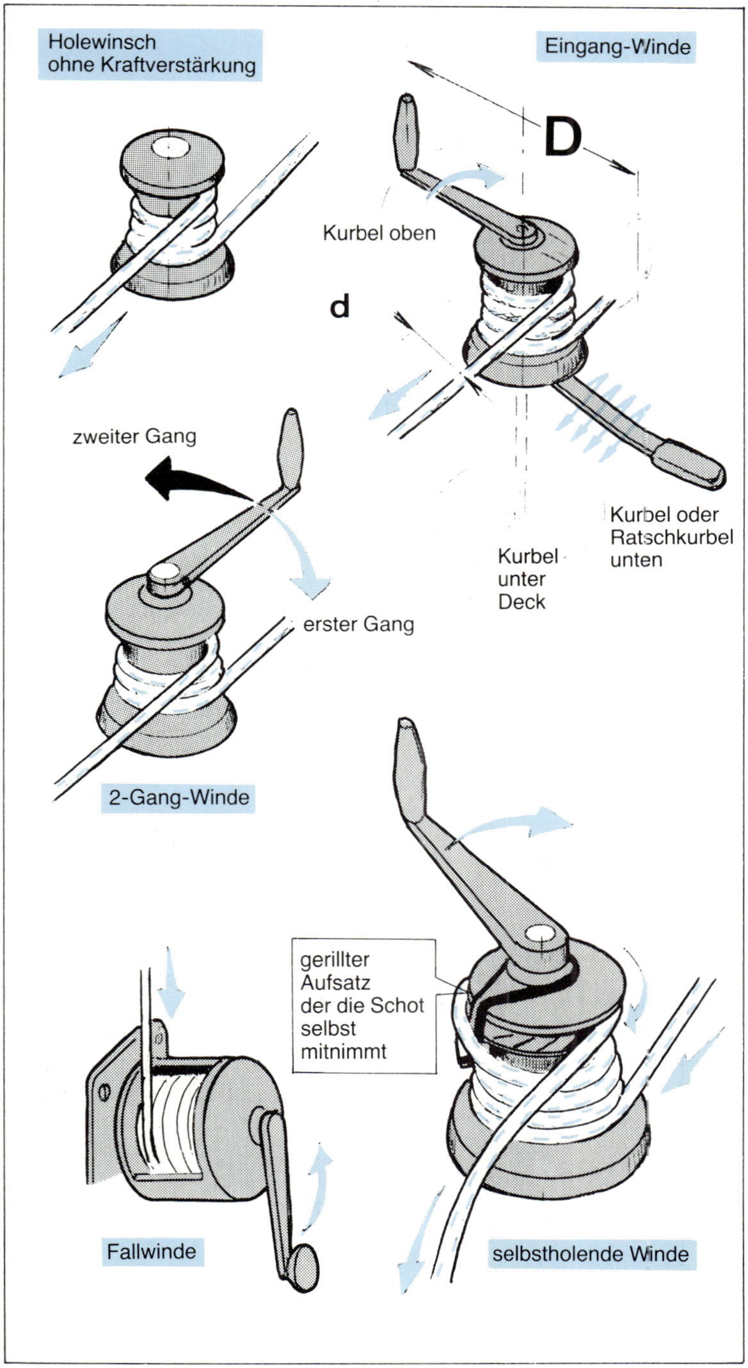

Sie heißen Winschen und sind eigentlich Spills, zumindest die Schotwinden. Sie ermöglichen einem, große Segelflächen zu beherrschen und mit ordentlich Power zu trimmen. Die einfachste Form und fast nur auf kleinen Booten anzutreffen ist die Holewinsch, die die Kraft nicht übersetzt. Die Winden mit Kurbel haben von vornherein auch ohne Getriebe ein „Kraftübersetzungsverhältnis", das dem Durchmesserverhältnis des Kurbeldrehkreises zu Trommeldurchmesser entspricht und so um 5 bis 7:1 liegt. D. h., wenn die Kurbel 250 mm lang ist (Drehkreis 500 mm) und die Trommel einen Durchmesser von 100 mm hat, ist die Kraftübertragung 5:1. Das wiederum bedeutet, wenn Sie mit 200 N (20 kg) an der Kurbel drehen, wirkt auf die Schot ein Zug von 1000 N (100 kg). 2-Gang-Winden haben dann Kraftübertragungen (nicht Getriebeübersetzung) von ca. 20:1 und die 3-Gang-Winschen gar bis 70:1, womit Sie die gigantische Zugkraft von 14 000 N (1,4 t) entwikkeln können; dafür müssen Sie allerdings viel kurbeln.
Die gängigen Arten sind in den Skizzen gezeigt. Für ganz große Yachten gibt es inzwischen elektrisch und hydraulisch angetriebene Winschen, die auch bereits über Computer zentral gesteuert werden.
Die richtige Winschgröße für den entsprechenden Verwendungszweck und die Segelgröße können Sie nach der Tabelle auf Seite 44 auswählen.

Aufbau der Winschen

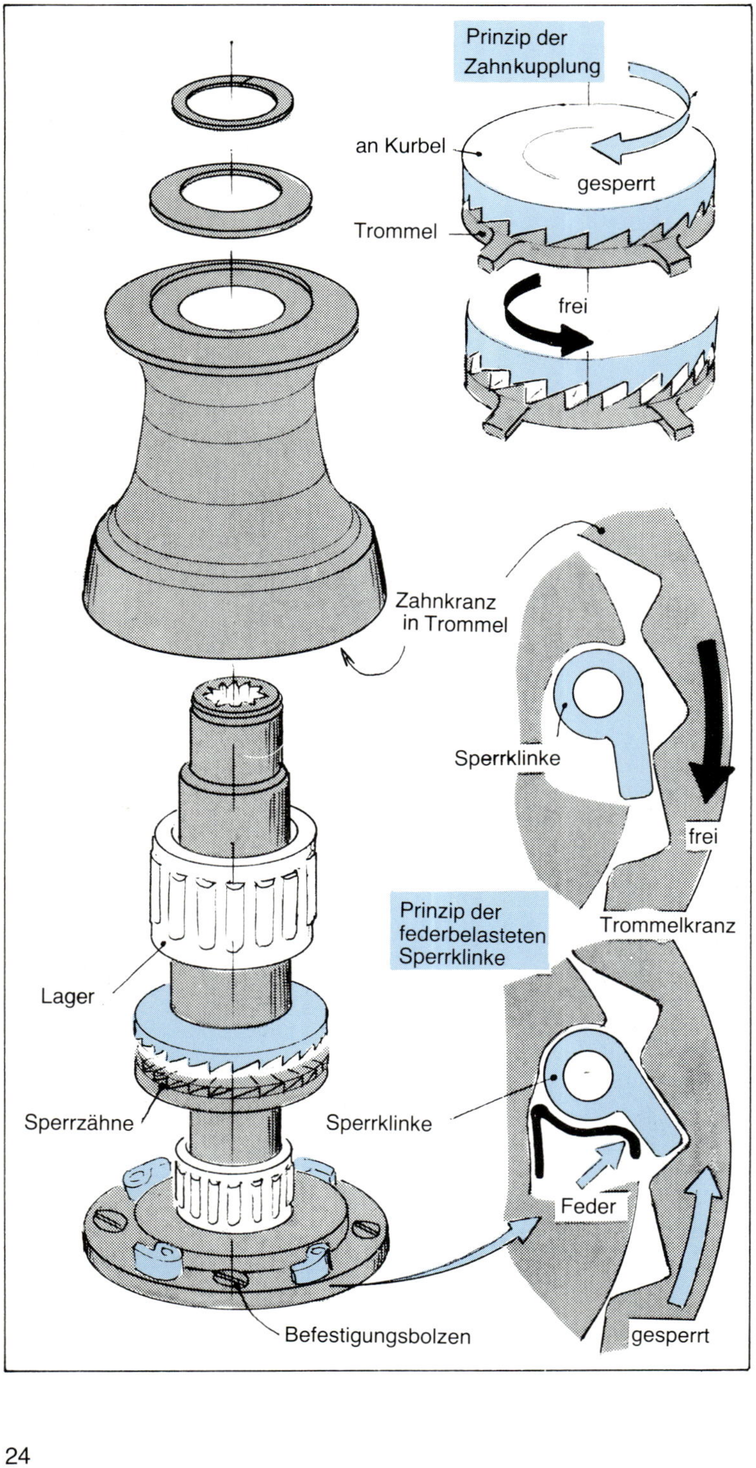

Die 1-Gang-Winsch besteht praktisch nur aus der Grundplatte mit Achse, einem Sperrklinken-Kranz und den Sperrzähnen an der Trommel. Kleine, einfache Winschen laufen meist auf einer Kunststoffbuchse als Lager, während die aufwendigeren 1-Gang-Winschen Kugellager haben.

Geöffnet werden die Winschen durch Abnehmen des Sicherungsringes oder Abschrauben des Holebügels, danach läßt sich die Trommel abheben. Moderne, richtig gebaute Winschen sind so konstruiert, daß dann keine Federn oder Sperrklinken herausfallen und man die Winde Stück für Stück auseinandernehmen kann.

Die 1-Gang-Winsch wird durch Sperrklinken nach der einen Seite gesperrt und nach der anderen Seite freigegeben. Die untenliegende Kurbel als Ratschkurbel hat ebenfalls eine Sperrklinke, die beim Kurbeln die Trommel mitnimmt und auf dem Rückweg öffnet. Die 2-Gang-Winsch ist in der Funktion etwas komplizierter, sie hat ein Planetengetriebe, das im 1. Gang (Kurbel im Uhrzeigersinn) durch Ausrasten von Sperrklinken oder eines Sperrkranzes nicht mitdreht. Im 2. Gang, wenn die Kurbel gegen den Uhrzeigersinn gedreht wird, rastet der Direktantrieb aus, und das Planetengetriebe wird durch Sperrklinken mitgenommen.

Nach dem gleichen Prinzip arbeiten auch die 3-Gang-Winschen, nur wird der 3. Gang durch Knopfdruck oder Einrasten eines Hebels eingeschaltet, so daß dann ein zweites Planetengetriebe mit anderer Übersetzung die Trommel treibt.

Zugrichtung der Winsch, Pflege der Winschen

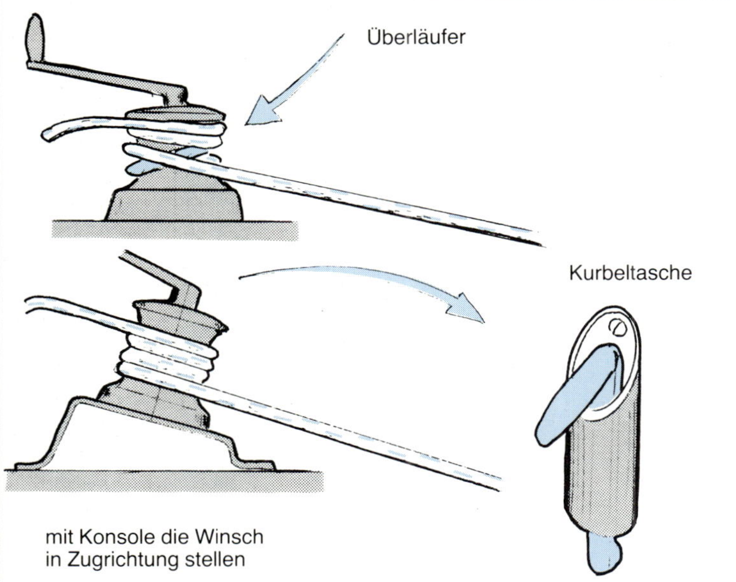

mit Konsole die Winsch in Zugrichtung stellen

Zugrichtung der Winsch

Bei der Montage von Winschen ist darauf zu achten, daß die Trommel richtig zur Zugrichtung steht, da sich sonst Überläufer bilden, die nicht nur den Manöverablauf stören, sondern auch gefährlich sind. Überläufer vermindern die Reibung an der Trommel, so daß die Schot schlagartig durchrauschen kann. Wird die Arbeit auf diese Weise bei einer bereits montierten Winsch gestört, muß die Zugrichtung kontrolliert und entweder die Schot durch einen Leitblock etwas umgelenkt oder die Winsch auf eine Konsole gestellt werden. Kurbel nach Durchsetzen abnehmen! Die Tasche kann man sich aus Schlauch selbstmachen.

Pflege der Winschen

Gute Winschen sind recht pflegearm. Von Seiten der Hersteller wird empfohlen, sie einmal im Monat aufzumachen (Trommel abnehmen), das alte Fett abzuwischen, die Lager neu zu fetten und die Sperrklinken zu ölen. Ich glaube, daß das zwar richtig ist, meine aber, daß bei normalem Wochenendbetrieb die gründliche Reinigung im Herbst und eine Schmiermittelerneuerung einmal im Sommer genügen müßte.
Nehmen Sie nicht zu viel Fett, es verklebt sonst die Sperrklinken und führt zu Störungen.
Wichtig ist, daß man gutes Winschenfett verwendet, da normale Fette unter Einfluß des Seewassers sofort verharzen.
Wichtig ist auch, daß man weder normales Kfz-Benzin noch Diesel- oder Heizöl zum Reinigen, sondern nur säurefreies Petroleum oder Waschbenzin verwendet. Gleich nach dem Reinigen alle Teile wieder einfetten, da Staub, Sand und Flugrost der Tod für jede Winsch sind.
Nach dem Zusammenbau die Funktion prüfen.

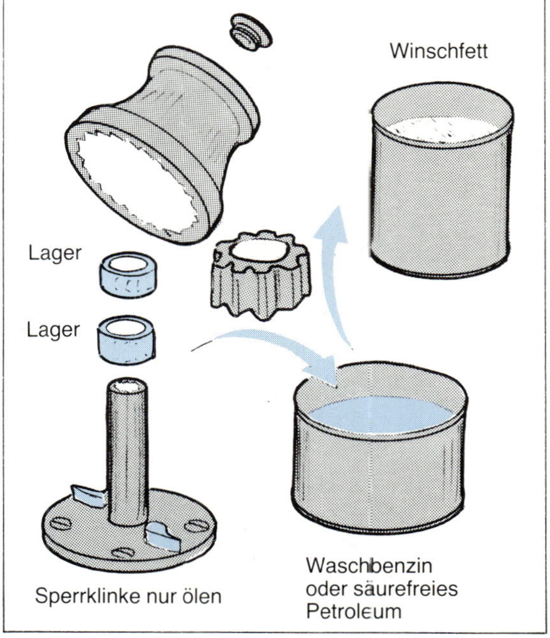

Reffen

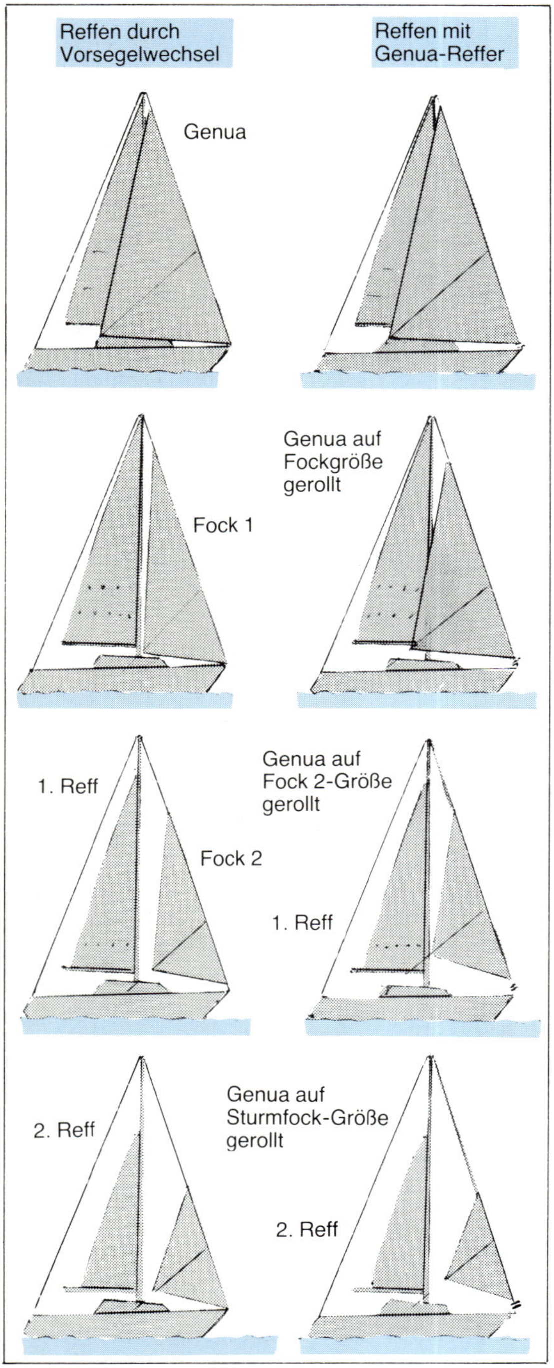

Eine Yacht muß ihre Segelfläche dem Wind anpassen. Bei entsprechend sportlicher Einstellung des Skippers fährt man bei wenig Wind eine möglichst große Segelfläche, d. h. Genua und Groß, wechselt bei auffrischendem Wind über Genua 2, Fock 1, Fock 2 und bei weiter zunehmendem Wind zur Schwerwetter- und Sturmfock. Das Groß wird ebenfalls verkleinert, bis es schließlich durch das Try-Segel ersetzt wird. Das ist der Weg von Windstärke 2 bis Windstärke 8 und mehr. Normal und entsprechend häufiger ist jedoch der Wechsel im Bereich von 4 bis 7 Windstärken, d. h. von der Genua über Fock 1 zu Fock 2 und das Groß mit 2 Reffs verkleinert. Auf Yachten mit kleiner Crew ist dieser Segelwechsel nicht nur ein zweifelhaftes Vergnügen, sondern auch eine Frage der Sicherheit. Seit es Segel gibt, wird über das Problem des Reffens intensiv nachgedacht. In den letzten 10 Jahren haben sich Stagsegelreffer enorm weiterentwickelt und eine entsprechende Verbreitung auf Fahrtenschiffen gefunden. Einige Jahre war man der Auffassung, daß das Großsegel, durch Drehen des Baums gerefft, eine gute Lösung sei. Heute ist erwiesen, daß der Stand des Großsegels am besten mit Reffbändseln zu erreichen ist, um ausreichend Weg nach Luv zu machen. Es gibt zwar auch eine Reihe von Experimenten, das Großsegel zum Mast hin zu reffen, doch alle Probleme sind da noch nicht überwunden.
Auf den folgenden Seiten wird auf die einzelnen Reffsysteme eingegangen.

Sturmsegel: In den Sicherheitsempfehlungen sind klare Aussagen über die Größe der Sturmfock und des Trysegels gemacht. Demnach soll die Größe des Trysegels 35% des Großsegeldreiecks nicht überschreiten, kein Kopfbrett und keine Latten haben. Das Unterscheidungssignal der Yacht soll so groß wie möglich angebracht sein. Außerdem soll das Trysegel mit losem Unterliek gefahren werden.
Die Größe der Sturmfock wird mit 0,05 x IG^2 begrenzt, wobei IG die Höhe des Fockfallblockes über Deck ist. Eine Schwerwetterfock, die ebenfalls gefahren werden soll, kann $2^1/_2$ mal so groß sein wie die Sturmfock.

Bindereff fürs Großsegel

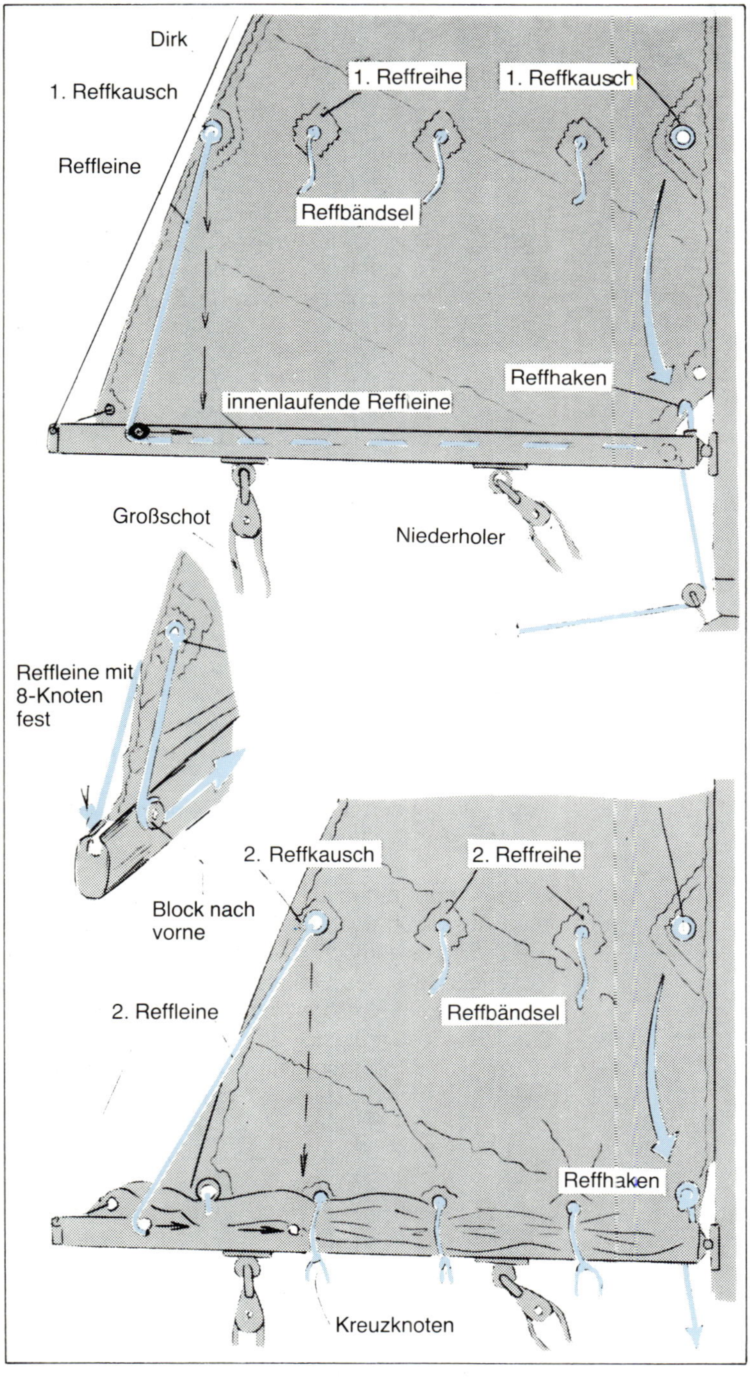

Heute hält man mit gutem Grund das Bindereff für die effektivste Methode zum Verkleinern des Großsegels. Nicht nur im Hinblick auf die durch verbesserte Beschläge vereinfachte Form des Reffens, sondern auch bezogen auf ein optimales Profil, das bei viel Wind den Weg nach Luv sichert.

Selbstverständlich gibt es viele Varianten und Unterschiede im Detail, besonders in der Reffleinenführung in Richtung Mast oder Cockpit und dem Festbinden losen Tuchs.

Reffen ist immer unproblematisch, wenn man es aus seemännischer Sicht richtig, nämlich früh genug macht.

Die Entwicklung zum „Reffen aus dem Cockpit" geht allerdings weiter, und der Gedanke an eine Rollreffvorrichtung fürs Großsegel ist gar nicht so abwegig.

Handgriffe beim Reffen:

1. Baumniederholer fieren
2. Großschot losschmeißen
3. Baum mit Dirk anheben
4. Fall lösen und...
5. Reffkausch einhängen
6. Reffleine durchsetzen
7. Tuch einrollen und am Baum bebinden
8. Fall ganz durchsetzen
9. Dirk einstellen
10. Segel dichtholen

2. Reff:
Der Vorgang wiederholt sich wie beim ersten Reff. Die Reffleine muß aber auf vielen Booten in die zweite Kausch umgesteckt werden.

Patent- oder Drehreff und Vorliekreffer für Großsegel

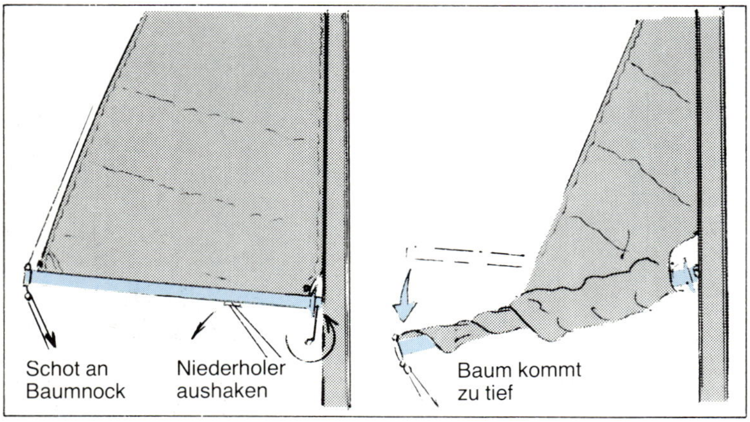

Patent- oder Drehreff für Großsegel

Diese Reffvorrichtung, die das Großsegel auf den Baum aufwikkelt, war vor einigen Jahren als die Refflösung überhaupt eingeführt worden, hat aber ihre Bedeutung fast vollständig verloren, als ihre Nachteile gegenüber dem Bindereff offensichtlich wurden: Schot muß an der Nock angreifen oder auf Schotringen laufen, Baum kommt zu weit runter, Restsegel hat kein gutes Profil.

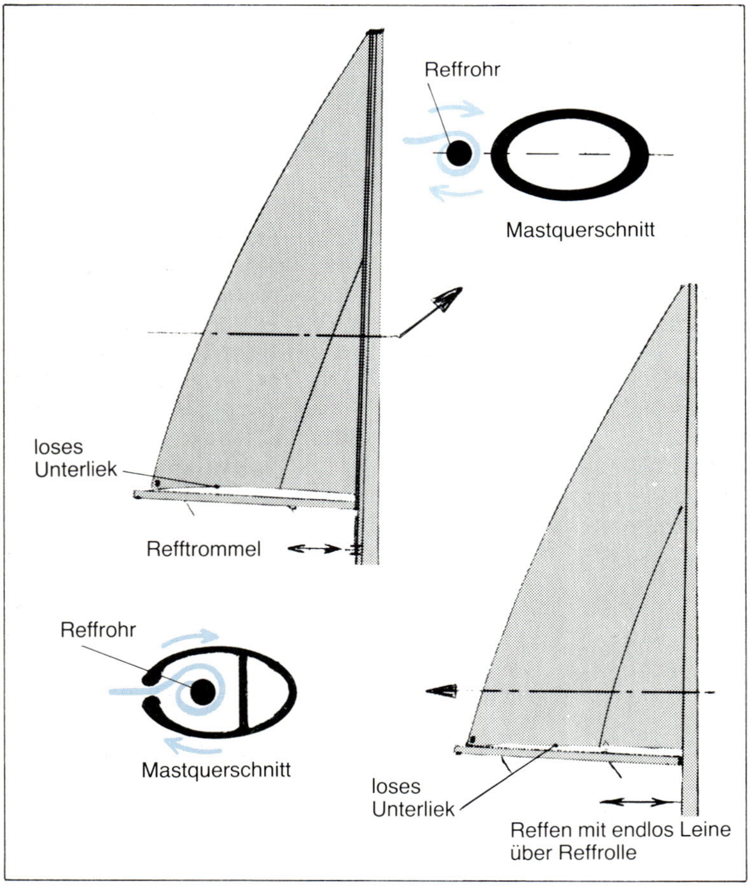

Vorliekreffer für Großsegel

Mit dem unbestreitbaren Erfolg der Stagsegelreffer bemühen sich die Hersteller seit einigen Jahren, auch das Großsegel über das Vorliek zu reffen. Zwei Systeme haben sich entwickelt, die sich im Prinzip dadurch unterscheiden, daß bei dem einen außerhalb des Mastes, beim anderen im Mast gerefft wird. Die Bauelemente sind identisch mit denen der Stagsegelreffer. Der Durchbruch ist aber bis jetzt weder dem einen noch dem anderen geglückt. Dem außen liegenden Reffer, der ein Reffen ohne Anluven ermöglicht, bringt man Vorurteile wegen des Spalts zwischen Segel und Mast entgegen, obwohl der Hersteller mit dem Prinzip der Luftfahrt (Vorflügel) auf mehr Vortrieb verweist. Demgegenüber refft der im Mast liegende Reffer unter Last nicht gut. Zugunsten beider Systeme muß gesagt werden, daß sie bereits auf vielen Fahrtenschiffen und Motorseglern erfolgreich gefahren werden.

Stag- und Vorsegelreffer

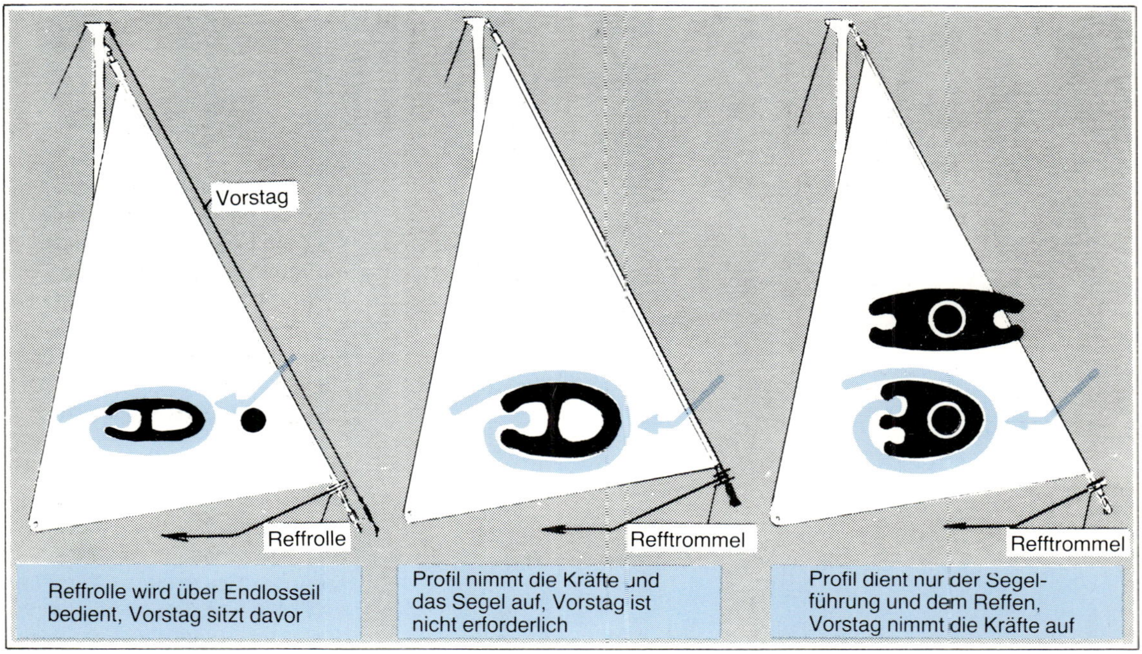

Wichtigstes Argument für die Segler, die den Reffern Skepsis entgegenbringen, ist die Frage nach der Verwindung des Segels, und die wiederum ist nur in vernünftigen Grenzen zu halten, wenn das Profil möglichst verwindungssteif ist.
Die Reffanlagen sind ziemlich wartungsfrei, wenn man von der jährlichen Pflege und dem Durchchekken (wie Rigg und Winschen) absieht.
Beim Kauf muß man sich mit den Details wie Montage, Segelsetzen, Reffen unter Winddruck, Lager der Trommel und des Topplagers usw. auseinandersetzen, um zu einem Vergleich der positiven und negativen Seiten zu kommen.
Eine neuerdings hinzugekommene Variante ist ein Doppelsegel unter der Bezeichnung „Allrounder", das aufgeklappt als Doppelgenua (wie Passatsegel) auch stufenlos reffbar oder zusammengeklappt einseitig gefahren werden kann.
Für Fahrtenschiffe mit kleiner Crew überwiegen in jedem Fall die positiven Aspekte der Stagsegelreffer. Die Stag- bzw. Vorsegelreffer haben sich auf Fahrtenschiffen einen festen Platz erobert. Es gibt Häfen, wo man auf jedem zweiten Schiff eine Reffanlage findet. Sie ermöglichen das sichere und stufenlose Verkleinern der Vorsegelflächen von der Genua bis Null. Der Vorteil liegt aber nicht nur in der Arbeitsersparnis des nicht notwendigen Vorsegelwechsels, des Komforts und der Sicherheit. Wichtig ist auch, daß man die Segelfläche sehr feinfühlig auf das Ruder abstimmen kann und somit Krängung und Ruderdruck (Luv- oder Leegierigkeit) gut unter Kontrolle hat, was das Mehr an Gewicht und Kosten jederzeit für den Fahrtenskipper aufwiegt. Die knapp zwei Dutzend Fabrikate, die nach den ersten sichtbaren Erfolgen der Erfinder auf den Markt drängten, lassen sich, wenn man von den Details absieht, in drei große Gruppen einteilen:

- Reffer mit Profil, das so dimensioniert ist, daß ein Vorstag überflüssig wird
- Reffer nach dem Fockrollenprinzip mit aufgesetztem Profil
- Auf dem Vorstag laufende Reffer

Luv- oder leegierig – das Richtungsgleichgewicht

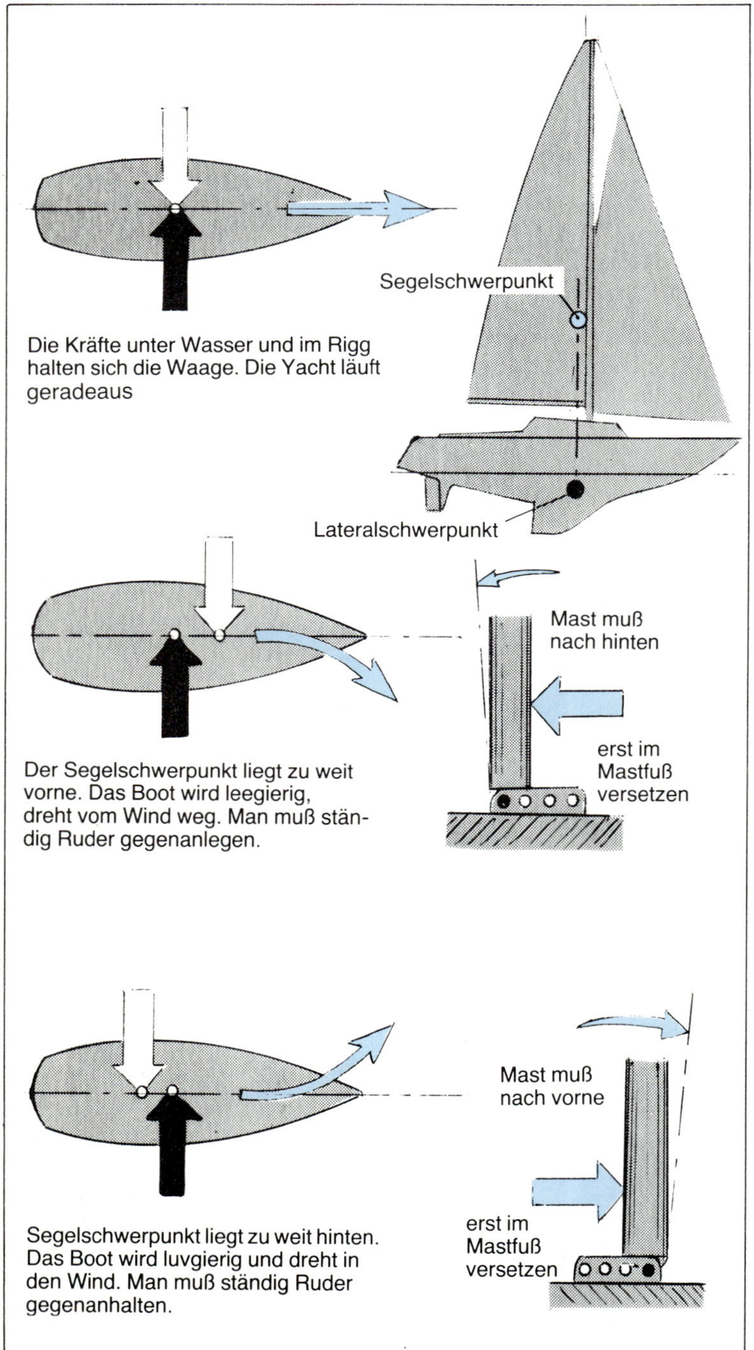

Die Kräfte unter Wasser und im Rigg halten sich die Waage. Die Yacht läuft geradeaus

Der Segelschwerpunkt liegt zu weit vorne. Das Boot wird leegierig, dreht vom Wind weg. Man muß ständig Ruder gegenanlegen.

Segelschwerpunkt liegt zu weit hinten. Das Boot wird luvgierig und dreht in den Wind. Man muß ständig Ruder gegenanhalten.

Die richtige Maststellung ist grundsätzlich senkrecht, dafür ist das Schiff geplant. Und was ich jetzt sehr vereinfacht sage, darf nur in engen Grenzen angewandt werden, es muß immer erst der Spielraum in der Mastspur ausgenutzt werden, bevor man die Neigung des Mastes (Mastfall) verändert, und setzt richtige Segelstellung voraus. Denken Sie beim Neigen oder Versetzen des Mastes immer daran, daß die Püttings nicht mit versetzt werden können (Nock der Saling kippt nach vorne – Mastbruch).

Bei ständiger Leegierigkeit ist also der Segeldruckpunkt zu weit vorne, der Mast muß nach hinten. Erst in der Spur, dann erst mit der Neigung. Sollte das nichts helfen, müssen die Segel vorne verkleinert werden (oder hinten vergrößert).

Bei Luvgierigkeit gilt alles umgekehrt.

Diese Maßnahmen beschränken sich auf das Rigg, da man davon ausgehen müßte, daß in den Toleranzen der Riggverstellung Gleichgewicht zu erreichen sein müßte, richtige Segelstellung und Segelwölbung vorausgesetzt! Ist das nicht der Fall, sollten Sie sich mit einem Konstrukteur oder Segelmacher in Verbindung setzen (sofern das nicht noch in die Zuständigkeit der Werft fällt), um geeignete Maßnahmen zu besprechen. Unter Umständen muß man sogar, bedingt durch die falsche Konstruktion, etwas am Unterwasserschiff verändern.

Mast-Trimmen so gut man's kann

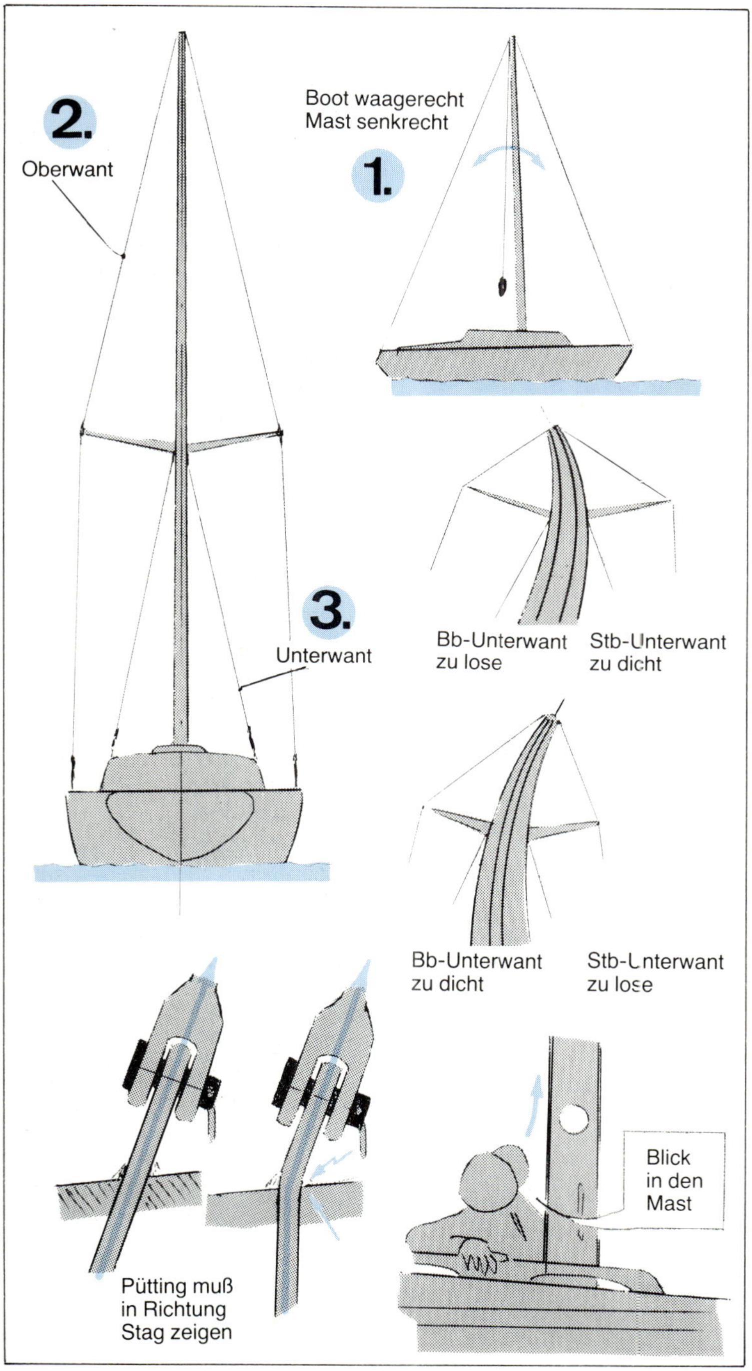

Wenn man davon ausgeht, daß ein gut geschnittenes Segel für einen gut stehenden Mast gemacht ist, gibt es einige Prinzipien, die unumstritten sind.

1. Grundsatz: Der Mast wird in Längsrichtung mit leicht durchgesetztem Vor- und Achterstag senkrecht gestellt. Das prüft man mit einem Gewicht wie Hammer als Lot am Großfall. Das Boot muß horizontal (auf der Wasserlinie) liegen.

2. Grundsatz: Der Mast soll beim Segeln nicht nach Lee biegen, d. h. die Oberwanten müssen möglichst kräftig angeknallt werden. Dazu werden die geschmierten Wantenspanner mit der Hand festgezogen und dann mit Werkzeug noch drei bis fünf Umdrehungen weitergedreht (die Oberwanten müssen richtig knacken).

3. Grundsatz: Der Mast soll beim Segeln auch nicht nach Lee durchhängen. Das wird durch die Spannung der Unterwanten eingestellt. Die beiden vorderen Unterwanten (oder das Babystag) etwas kräftiger durchsetzen, Spanner erst von Hand andrehen und dann mit Werkzeug zwei Umdrehungen weiterdurchsetzen. Die hinteren Unterwanten werden mit der Hand angezogen und dann mit Werkzeug eine Umdrehung weitergedreht.
Jetzt kommt der Blick in den Mast wie in der Skizze. Die Keep oder Güll muß schnurgerade laufen. Prüfen Sie jetzt gleich noch, ob die Richtung der Püttinge genau in Zugrichtung der Wanten läuft, sonst müssen sie richtig gebogen werden.

Topptakelung, Trimmen am Pfahl

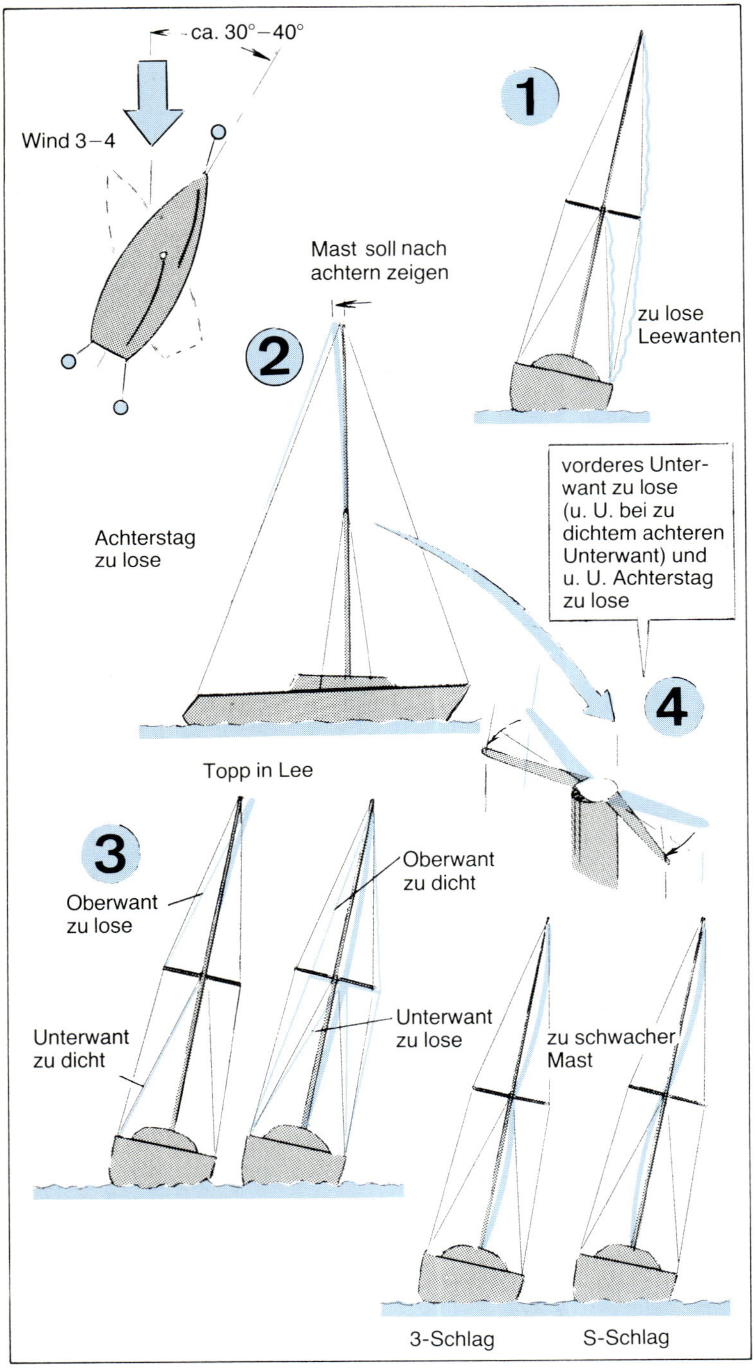

Sie brauchen jetzt nur noch das Achterstag so weit durchzusetzen, daß der Masttopp etwas nach hinten kommt, könnten dann die Segel anschlagen und die erste Trimmfahrt unternehmen, sofern Sie die Wantenspanner gesichert haben. Ich bin jedoch der Überzeugung, daß man das Rigg an Pfählen besser eintrimmen kann, daß man es dort gründlicher macht. Suchen Sie sich einen Platz auf freier Windbahn, auf dem Sie Ihr Schiff mit 30 bis 40° zum Wind festbinden können. Setzen Sie Groß und Fock und trimmen Sie das Rigg nach. Auf diese Weise können Sie in aller Ruhe jedes Stag einstellen.

Zielvorstellung:

1. Lee-Wanten sollen nicht durchhängen.
2. Masttopp soll etwas nach hinten zeigen.
3. Der Mast muß mit Blick auf die Keep ganz gerade sein, der Topp sollte etwas nach Luv stehen.
4. Die Salinge müssen querschiffs stehen oder etwas nach hinten zeigen (auf keinen Fall nach vorne).

Bei neuen Schiffen muß man nach einer Starkwindfahrt oder nach einigen Segelstunden das Rigg noch einmal nachtrimmen. Wenn Sie's nicht wie in den Skizzen schaffen und ein **S-Schlag** oder ein **3-Schlag** entsteht, so sind das typische Zeichen für ein zu schwaches Mastprofil.
Wenn der Topp von Lee absolut nicht wenigstens gerade kommt (am Pfahl bei 3 bis 4), trotzdem Sie immer wieder nachspannen, so ist das ein typisches Zeichen für ein zu schwaches Stag oder eine Veränderung des Rumpfes.

Geteilte Riggs trimmen

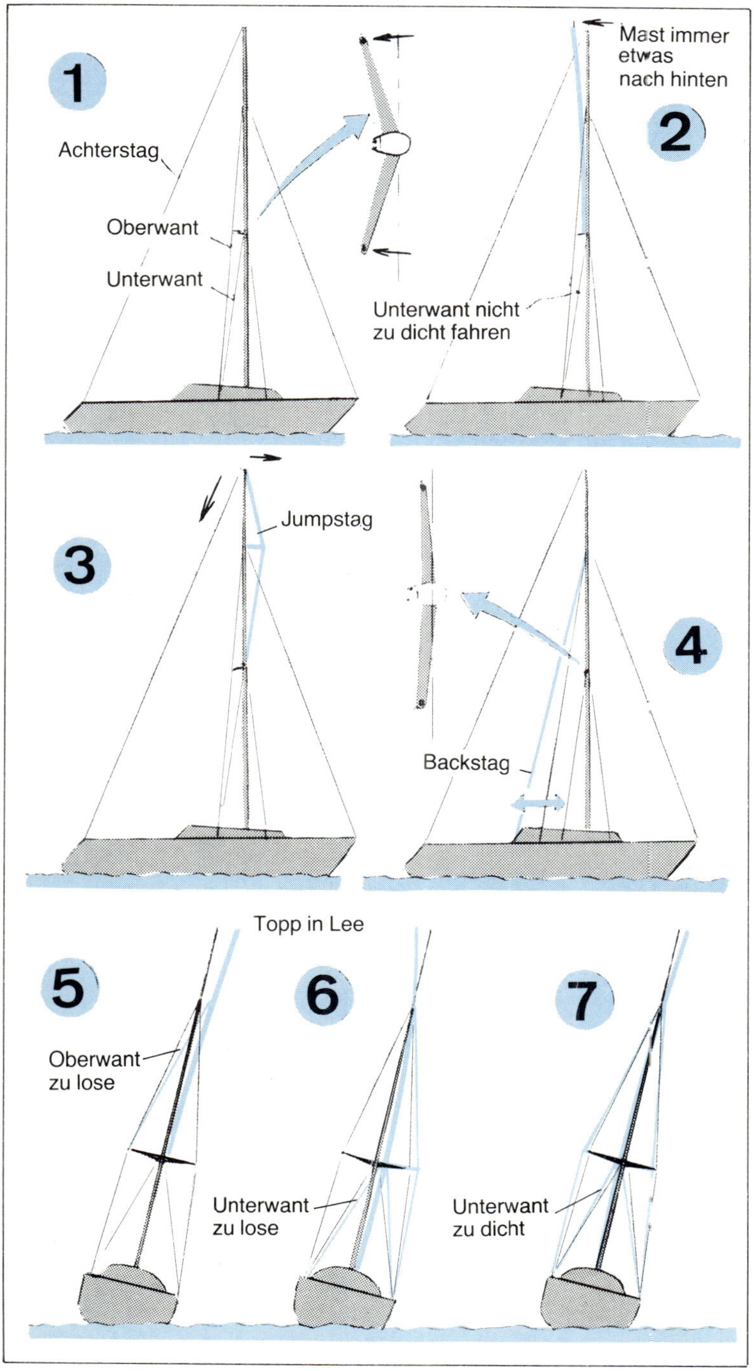

Im Prinzip unterscheidet sich das Segeln und Trimmen von geteilten Riggs in wesentlichen Punkten von der Topptakelung. Die toppgetakelten Riggs stehen steif wie ein Klotz, die geteilten Riggs fährt man flexibel. Sie sind auf Fahrtenschiffen weitgehend Überbleibsel von Regattakonstruktionen und erfordern beim Segeln mehr Aufmerksamkeit als die toppgetakelten Schiffe. Im Prinzip gibt es drei Grundversionen und alle denkbaren Kombinationen dieser drei.

Der Mast wird zuerst geradegestellt, wird aber dann über das Achterstag nach hinten gebogen, um Spannung ins Vorstag zu bringen, unterstützt von Jumpstag, Oberwanten und Backstagen, wobei das Unterwant nicht zu dicht gefahren werden sollte.

Querschiffs gilt auch hier möglichst wenig Durchbiegung nach Lee weder im oberen Teil noch im Bereich der Saling. Ganz ist die Durchbiegung nach Lee aber nicht zu verhindern und wird manchmal sogar zur Vergrößerung der Düse mit dem Vorsegel genutzt.

Der S- und 3-Schlag gilt auch hier als Zeichen eines unterdimensionierten Mastes.

Soweit die Stagen verstellbar sind, werden sie später je nach Windstärke zusammen mit den Segeln auf optimalen Stand getrimmt.

Segel, Checken, Pflegen, Reparieren

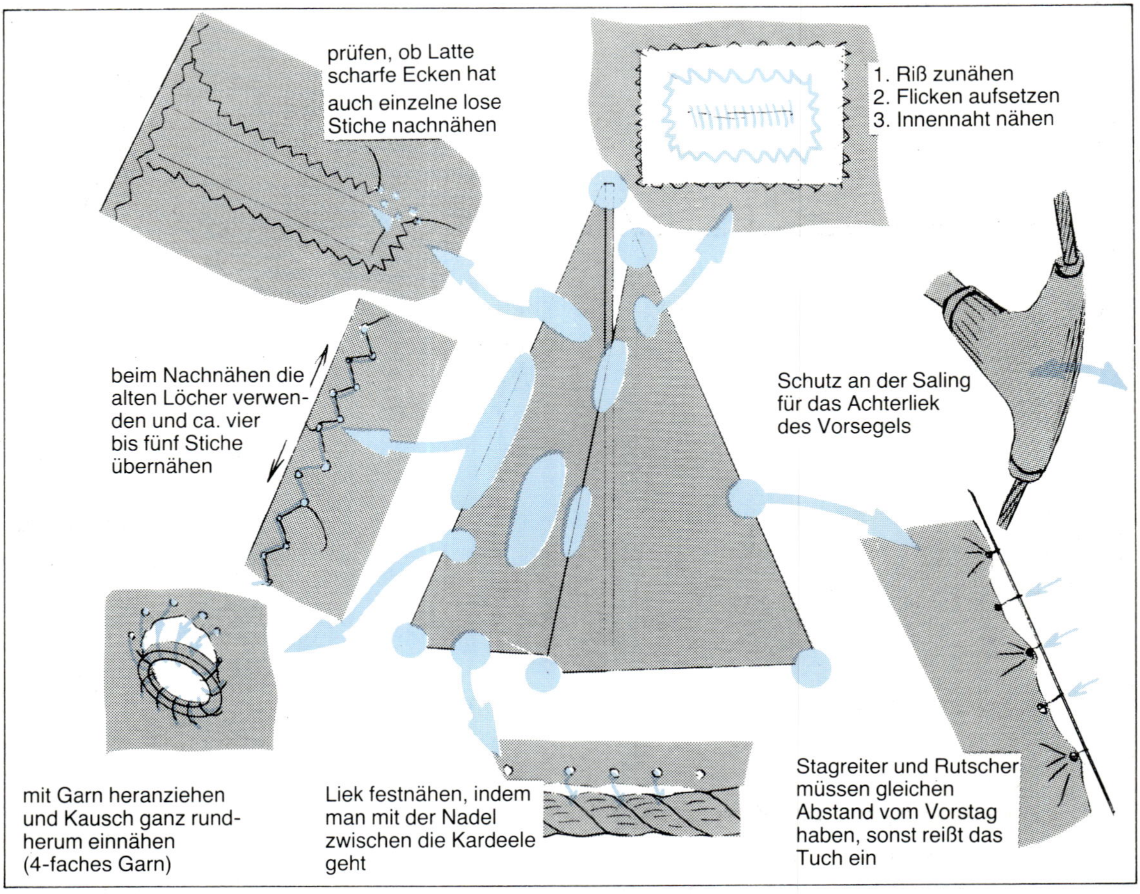

Zumindest im Herbst sollte man am Segel alle Nieten, Kauschen, Laschen, den Kopf, Hals und das Schothorn gründlich durchchecken. Einige offene Stiche entwickeln sich in der darauffolgenden Saison zu schweren Schäden. Sie müssen nachgenäht werden. Wenn Sie Stellen entdecken, an denen starke Spuren schamfilender Beschläge zu erkennen sind, muß im Rigg überprüft werden, ob die Ursache zu beseitigen ist, wie z. B. durch Salingschoner, Tausendfüßler oder Änderungen an den Beschlägen.
Größere Nähte, angerissene Kauschen und Risse im Segel sollte man vom Segelmacher reparieren lassen, im Winter haben auch die Zeit.

Nach dem Durchchecken und Reparieren der Segel sollte man sie, soweit sie in die Badewanne passen, in Wollwaschmittel ausspülen, sonst muß man sich eine saubere Fläche suchen oder auf Rasen gehen und das Segel mit dem Schrubber abwaschen, gründlich sauberspritzen und am Mast oder in 2-Meter-Bahnen gefaltet auf der Wäscheleine trocknen. Flecke werden mit handelsüblichen Fleckentfernern beseitigt. Wenn die Segel richtig trocken sind, faltet man sie über das Unterliek und bewahrt sie den Winter über in einem trockenen Raum auf, ohne sie aber mit anderen Gegenständen zu pressen.

Vorbereitung zum Mastsetzen

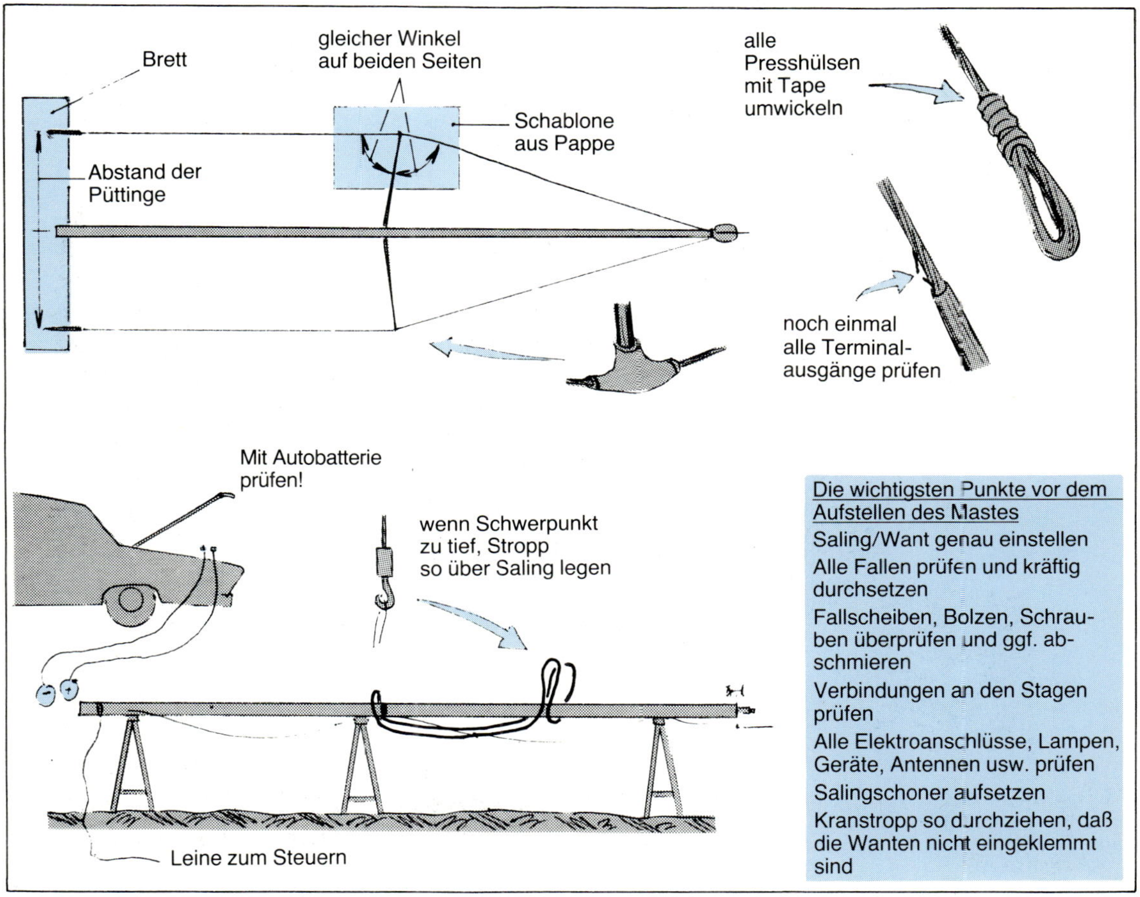

Die wichtigsten Punkte vor dem Aufstellen des Mastes

- Saling/Want genau einstellen
- Alle Fallen prüfen und kräftig durchsetzen
- Fallscheiben, Bolzen, Schrauben überprüfen und ggf. abschmieren
- Verbindungen an den Stagen prüfen
- Alle Elektroanschlüsse, Lampen, Geräte, Antennen usw. prüfen
- Salingschoner aufsetzen
- Kranstropp so durchziehen, daß die Wanten nicht eingeklemmt sind

Falls Sie im Herbst nicht gründlich vorgegangen sind und beschädigte Teile erneuert haben, sollten Sie dies jetzt noch nachholen.
Man sollte den Mast so aufstellen, daß man nicht bereits nach einer Stunde in den Topp muß, d. h. auch die elektrischen Geräte, die Antennen, Lampen usw. überprüfen.
Jetzt haben Sie auch noch Gelegenheit, jeweils die Länge von Backbord- und Steuerbordwant zu vergleichen, so daß an Bord auf jeden Fall durch die Wantlänge ein senkrechter Stand des Mastes garantiert ist.
Wichtig ist das Einsetzen der Saling und das genaue Einstellen ihrer Winkel zum Oberwant. Man kann es wie in der Skizze machen, muß aber die speziellen Angaben des Riggherstellers beachten. Für alle Salinge gilt jedoch, daß der Winkel zum oberen und unteren Teil des Oberwants gleich sein muß. Das prüft man am besten mit einer Schablone.
Legen Sie den Mast auf jeden Fall auf eine Persenning oder auf eine Folie, um ihn vor Schmutz zu schützen. Schmutz schadet in jeder Form. Binden Sie den Mast so an den Kranhaken, daß der Schwerpunkt tief genug unter der Befestigung liegt. Liegt Ihre Saling sehr tief, müssen Sie mit einem zweiten Stropp wie in der Skizze nachhelfen.

Mastsetzen mit dem Kran

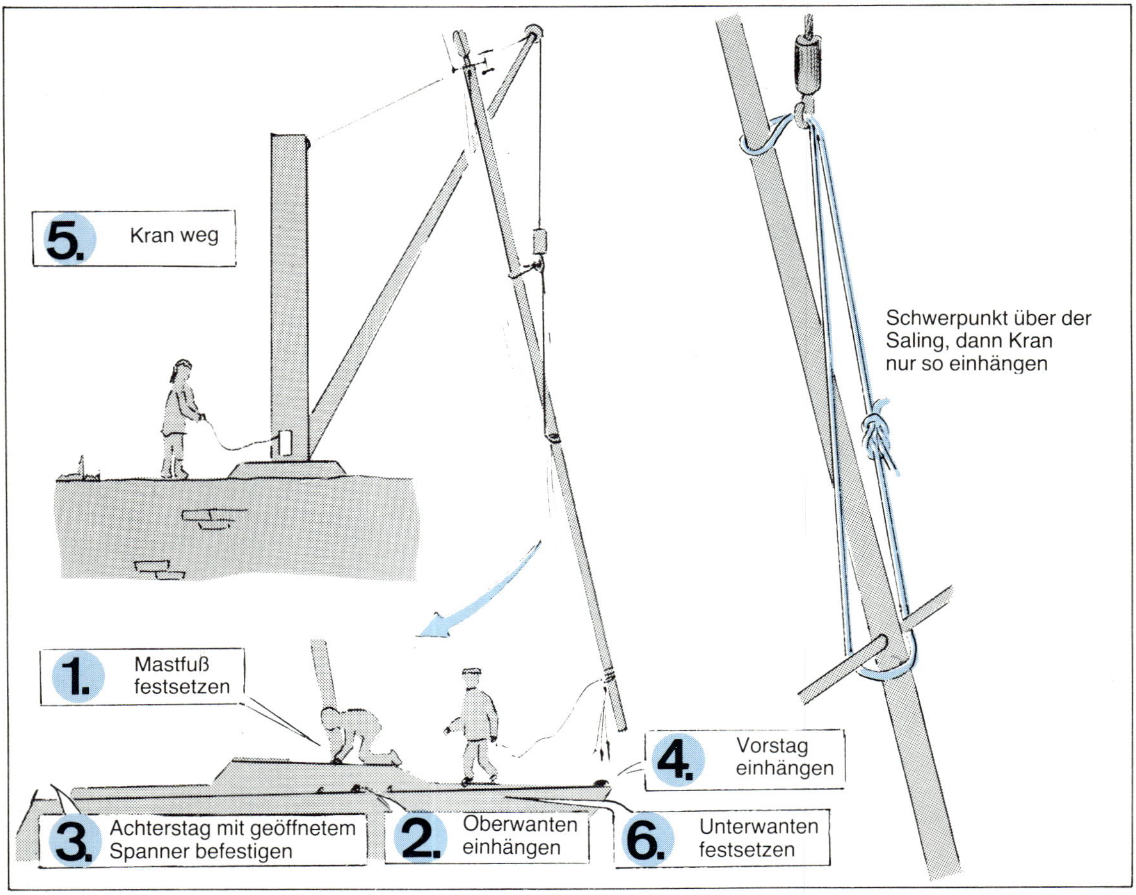

Es ist die einfachste Methode, den Mast mit dem Kran aufzustellen. Doch kann das eine Angstpartie werden, wenn nicht alles gut vorbereitet ist, die Kinder an Deck herumkrabbeln und die Frau auf einem abenteuerlich schaukelnden Gerüst, das sich Mastkran nennt, die Winde bedient. Es ist natürlich überhaupt kein Problem, mit ein paar starken Männern den Mast aufzustellen.

Gut vorbereitet heißt, daß die Wanten und Stagen richtig an den Mast gebunden sind, die Fallen hart durchgesetzt wurden und das Werkzeug, passende Schlüssel für Muttern, der Dorn, die Kombizange, Schraubenzieher und Hammer in einem Eimer bereit stehen. Gearbeitet wird immer mit der Ruhe, auch wenn mal eine Welle kommt und der Wind ziemlich weht.

Wenn der Mast wie in der Skizze am Seil hängt, muß der Achterstagspanner ganz lose gestellt werden. Nachdem der Mast mit Oberwanten, Achterstag und Vorstag eingehakt ist, kann der Kran ausgeklinkt werden. Dann setzt man noch die Unterwanten ein, zieht alle Spanner von Hand an, wobei man gleich ungefähr auf den senkrechten Stand des Mastes achtet. Wenn jetzt die Schlange am Mastkran groß ist, wird das Boot verholt und dann das Rigg richtig getrimmt.

Mastsetzen ohne Kran

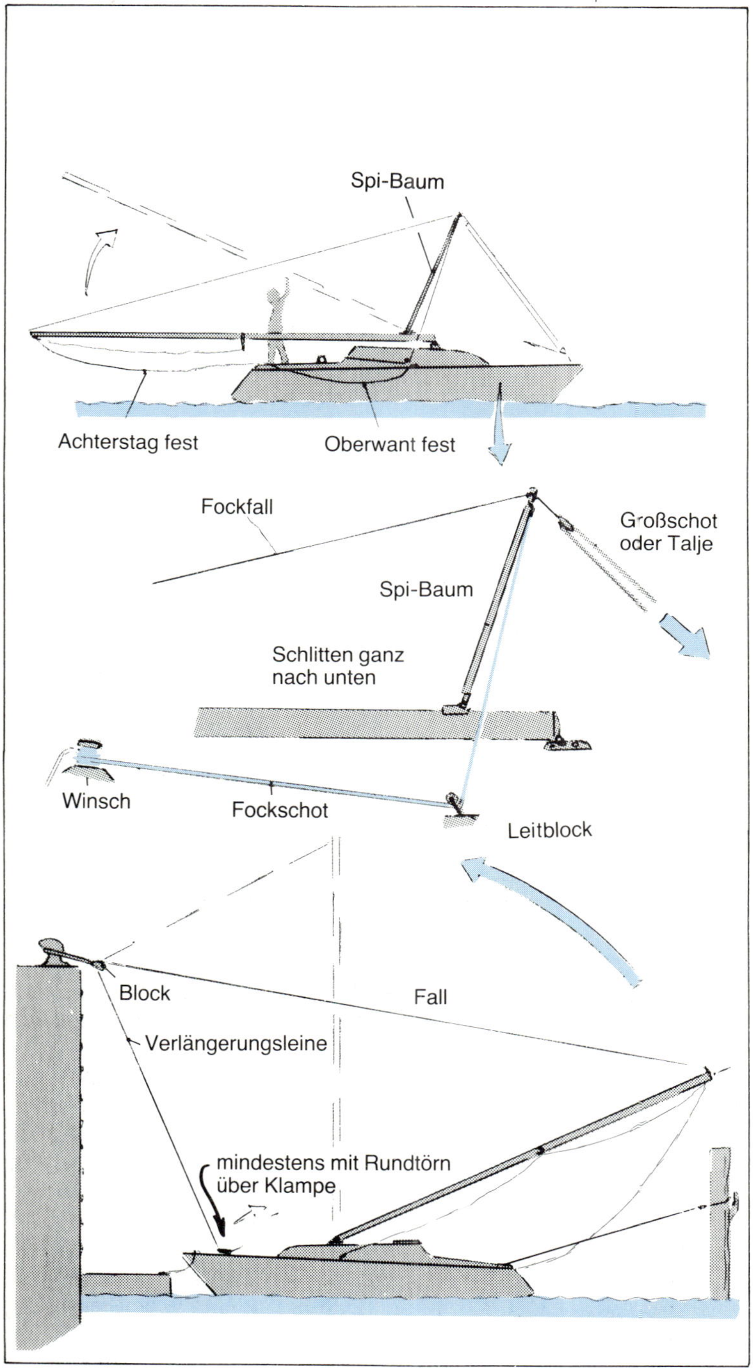

Wenn der Mast liegt, kann man ihn nicht ohne Hilfe einer Spiere oder eines höher gelegenen Punktes aufstellen, da man kein ausreichend großes aufrichtendes Moment über Taljen oder Schoten erzeugen kann.

Die Vorbereitung ist klar: Mast mit Fußbolzen in Mastspur einsetzen, Achterstag mit losem Spanner und die Oberwanten einhängen und dann je nach den Gegebenheiten den Mast hochziehen.

Man muß die Leine, an der man den Mast anhebt, immer so führen, daß sie sehr schnell belegt werden kann, damit der Mast nicht runterknallt, wenn z. B. der Ziehende von einer Wespe gestochen wird. D. h. bei der oben gezeigten Methode, beim Nachfassen immer die Schot in die Klemme legen, bei der unten gezeigten Methode die Leine immer über die Klampe oder einen Leitblock zur Winsch führen.

Der als Jütt benutzte Spi-Baum ist natürlich nur eine Notlösung. Die ganze Vorrichtung muß von mindestens zwei Mann bedient werden, da auch die Fockschot mit steigendem Mast immer etwas gefiert werden muß.

Besser ist ein hochgelegener Punkt, der eigentlich nur etwa 2 m über Deck sein muß – ein Baum, ein Dalben, eine Pier oder das Fall eines anderen Bootes, wenn man sich genau dahinter legt.

Wer in einem brückenreichen Revier zu Hause ist, sollte sich eine Spreizjütt bauen (s. dort).

Klappmast mit Spreizjütt

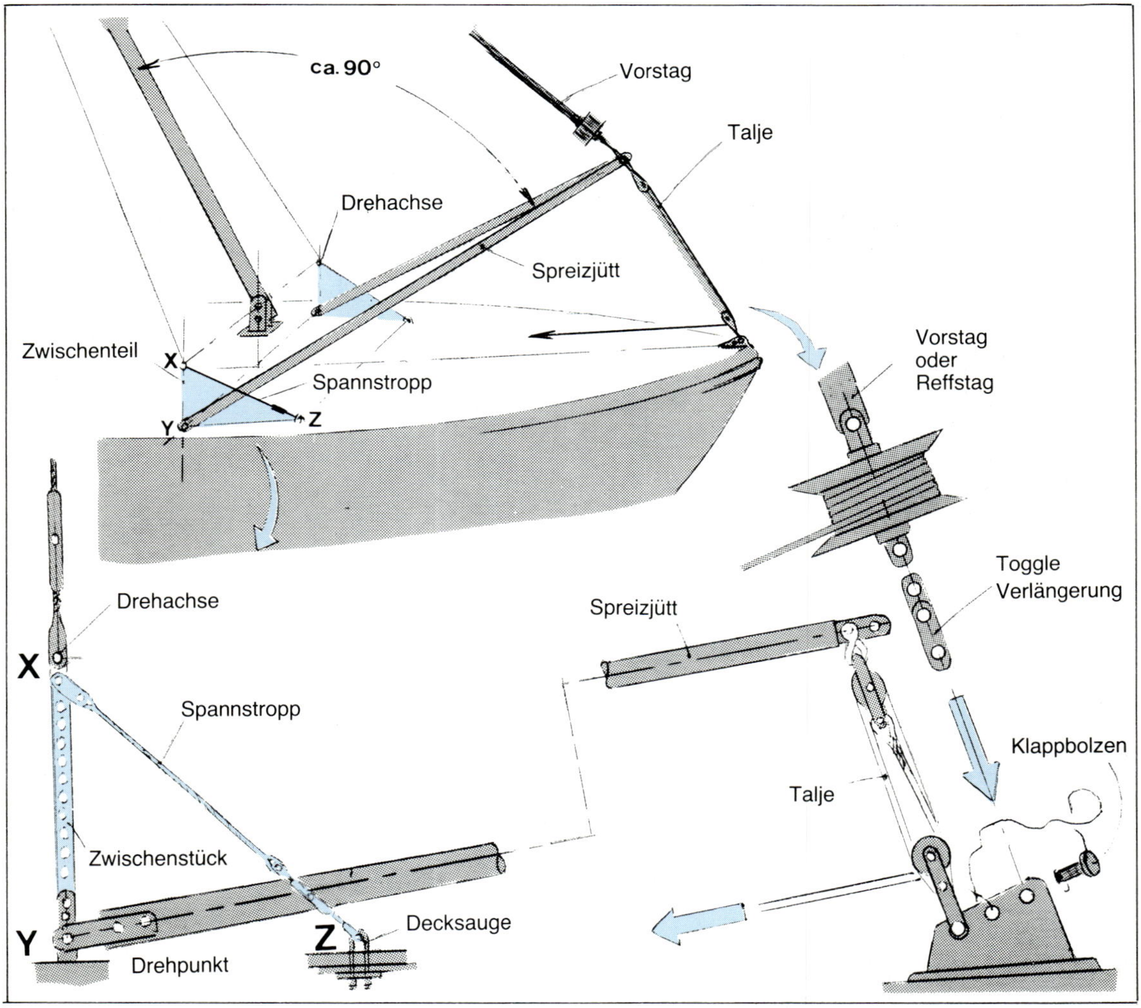

Das eigentliche Problem der meisten Klappmastvorrichtungen liegt darin, daß der Drehpunkt der Oberwanten nicht auf der gleichen Achse wie der Drehpunkt des auf dem Kajütdach stehenden Mastes liegt. Gelöst wird das einfach durch ein Zwischenstück an den Oberwanten, die mit Spannstropps nach vorne gezogen sind. So eine Vorrichtung, das Dreieck XYZ kann natürlich auch aus Rohren geschweißt sein, läßt sich soweit vervollkommnen, daß man den Mast beim Klappen gar nicht ganz nach hinten auflegen muß.

Achtung! Wellen erzeugen enorme Kräfte im teilweise geklappten Rigg. Das kann man nur machen, wenn der Mastfuß und die Augen der Spannstropps durchgebolzt sind und festigkeitsmäßig in der Größenordnung der Unterwanten liegen.
Während längerer Fahrten sollten Keile zwischen Mastfuß und Koker die Bolzen entlasten, so daß die Kräfte direkt in die Maststütze übertragen werden.
Die Unterwanten fährt man auf kräftigen Pelikanhaken, und das Vorstag bekommt einen Klappbolzen.

Masttransport

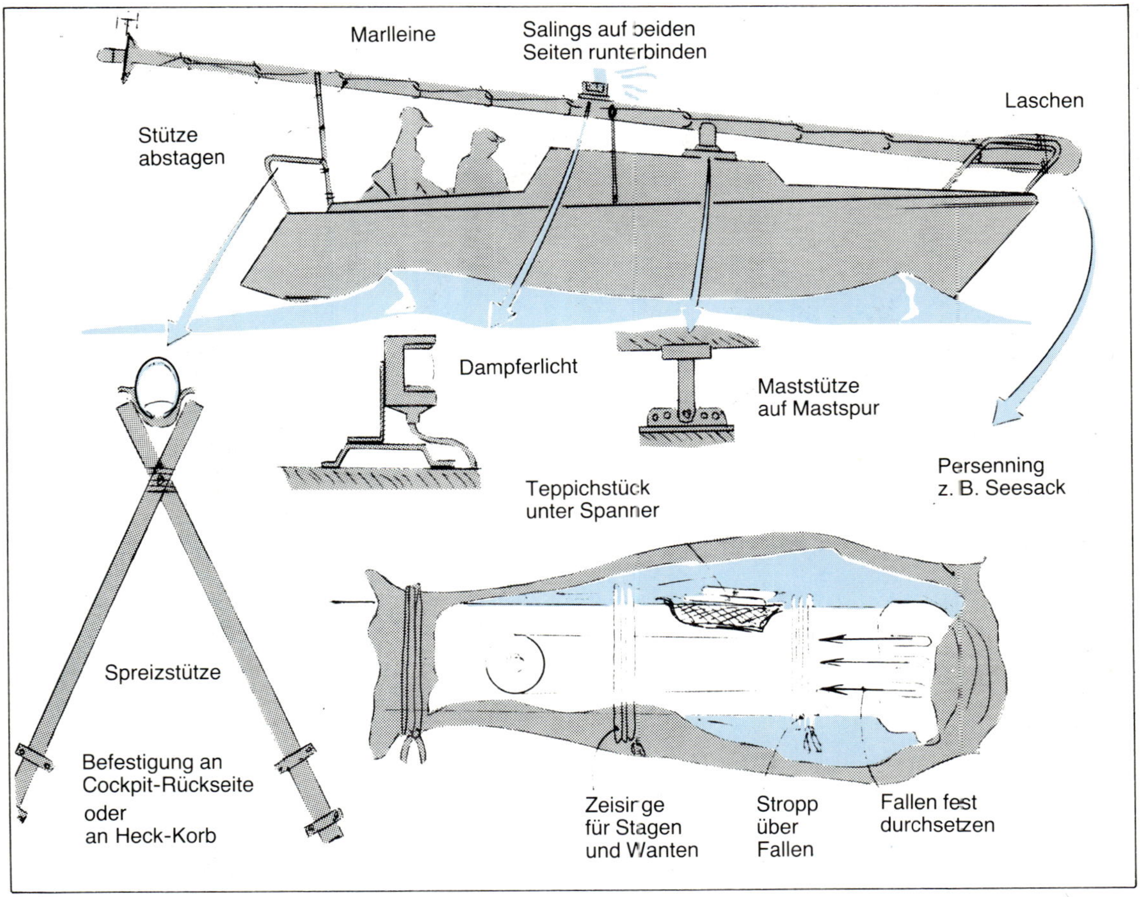

So wie in der Skizze fährt man den Mast richtig. Schon an Land wird der Mast klargemacht. Dem Mastfuß gilt besondere Aufmerksamkeit. Zuerst werden alle Fallen so eingeschäkelt, daß die Schäkel nicht die Eloxierung des Mastes zerschaben, dann werden die Fallen hart durchgesetzt und belegt. Die Stagen und Wanten bekommen zwei oder drei eigene Zeisinge und werden als Bucht um den Mastfuß gelegt (nicht zu eng und nicht mit Gewalt, damit sie auf keinen Fall verbogen werden). Unter die Spanner kommt noch ein Stück Teppich. Der ganze Fuß wird mit einem Persenning-Stück eingebunden, dann kann der Mast an Bord. Der Mastfuß wird in den Durchstieg des Bugkorbs gelegt. Für hinten baut man sich eine Spreizstütze wie in der Skizze, die so hoch ist, daß der Mast am Aufbau klarkommt und im Cockpit Stehhöhe entsteht. Die Salinge werden seitlich heruntergebunden; wenn die Reise länger dauert, nimmt man sie ab.

Achtung! Wenn Sie nachts fahren, müssen Sie daran denken, daß Sie zusätzlich zu den Seitenlichtern und dem Hecklicht auch das Topplicht brauchen. Es reicht, wenn man es wie in der Skizze von der Konsole losschraubt und senkrecht an einem Winkel befestigt

Arbeit im Mast

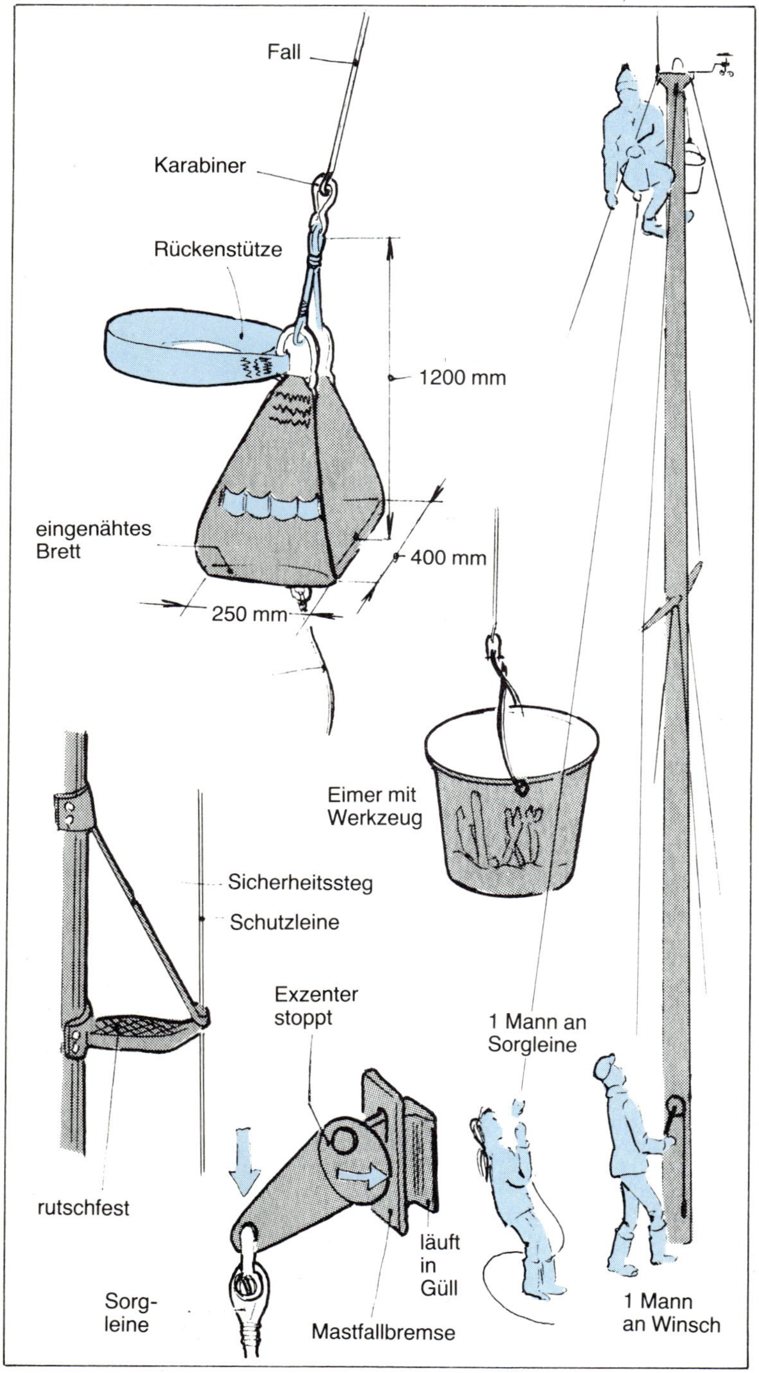

Der Masttopp sollte vor jeder größeren Reise und selbstverständlich im Frühjahr und Herbst gründlich durchgecheckt werden. Im Hafen ist auch die Arbeit im Mast nicht besonders problematisch, wird aber mit kleiner Crew auf See zu einem ungeheuren Kraftakt.

Ein vernünftiger Bootsmannsstuhl sollte zur Grundausstattung jeder Fahrtenyacht gehören. Die Skizze zeigt eine genähte Komfortversion mit Holzverstärkung, während der herkömmliche einfache Bootsmannsstuhl nur aus einem Holzbrett und vier Stropps besteht. Eingehakt wird der Bootsmannsstuhl in ein Fall. Wer besonders sichergehen will, nimmt den Lifebelt und ein zweites Fall.

Ein Mann gehört an die Winsch zum Hochkurbeln, ein zweiter Mann hält die Sorgleine dicht am Mast.

Jede Arbeit im Topp wird vorher gut durchdacht. Die Reserveteile und das Werkzeug kommen in eine Pütz und in die Halteschlaufen des Bootsmannsstuhls.

Stufen am Mast zum Hochklettern sind bei Fahrtenyachten häufiger geworden. Es gibt natürlich ein halbes Dutzend verschiedener Varianten.

Eine gute Hilfe ist die Mastfallbremse, ein Edelstahlbeschlag, der an einer kurzen Sorgleine in der Mastgüll hochgeführt wird. Er stoppt über den Exzenter, wie in der Skizze dargestellt, die Abwärtsbewegung.

Einziehen von Fallen und Kabeln

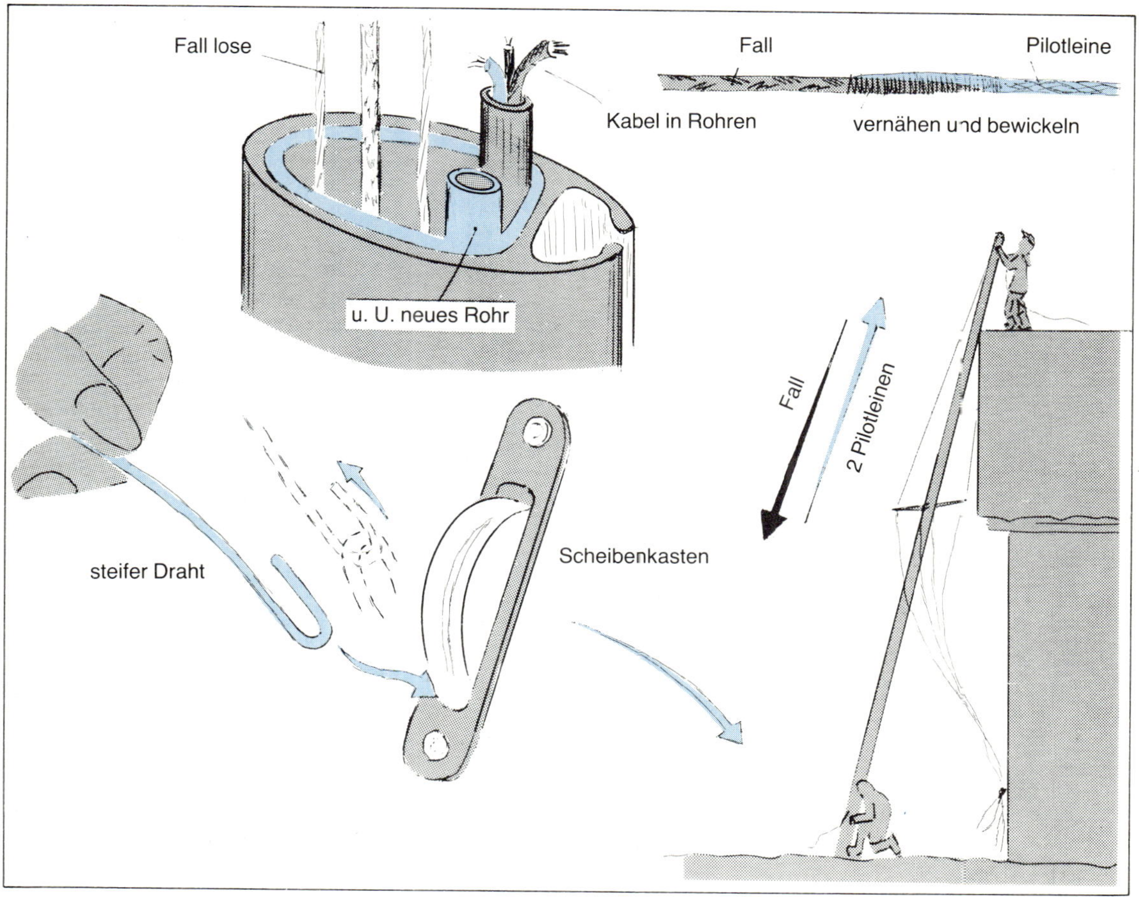

Man muß das Nachrüsten von Fallen und Kabeln gelassen sehen. In den meisten Fällen ist es nicht besonders schwierig. Den Idealfall bietet der Mast, dessen Wandung mit einer Schaumschicht verklebt ist, die Fallen lose laufen und die Kabel in einem Rohr geführt sind. Für ein neues Fall ist so immer Platz, und es lohnt dann meist gar nicht, den Mast hochkant hinzustellen, es sei denn, er ist zusätzlich mit querliegenden Schaumblöcken zur Führung von Fallen und Kabeln gefüllt. Man kann natürlich eine Spirale oder Pilotleine einfädeln, dann das Fall oder das Kabel durchziehen. Es ist aber einfacher, mit einem vorhandenen Kabel oder dem Fall zwei Pilotleinen durchzuziehen, mit denen man das ausgezogene Fall und das neue wieder einzieht. Unter Umständen wird es notwendig, den Scheibenkasten auszubohren und später neu einzunieten. Die Blind- bzw. Pilotleinen werden mit dem Fall von unten nach oben eingezogen, die Fallen dann von oben nach unten (wegen der Kausch oder dem Stopper). Kabel sind meist etwas schwieriger: Gemacht wird es genauso, nur ist es in den kabelführenden Rohren schon häufig sehr eng. Ein neu eingesetztes Rohr wäre dann die richtige Lösung, dazu müssen allerdings Mastfuß und Toppbeschlag abgebaut werden.

Notrigg

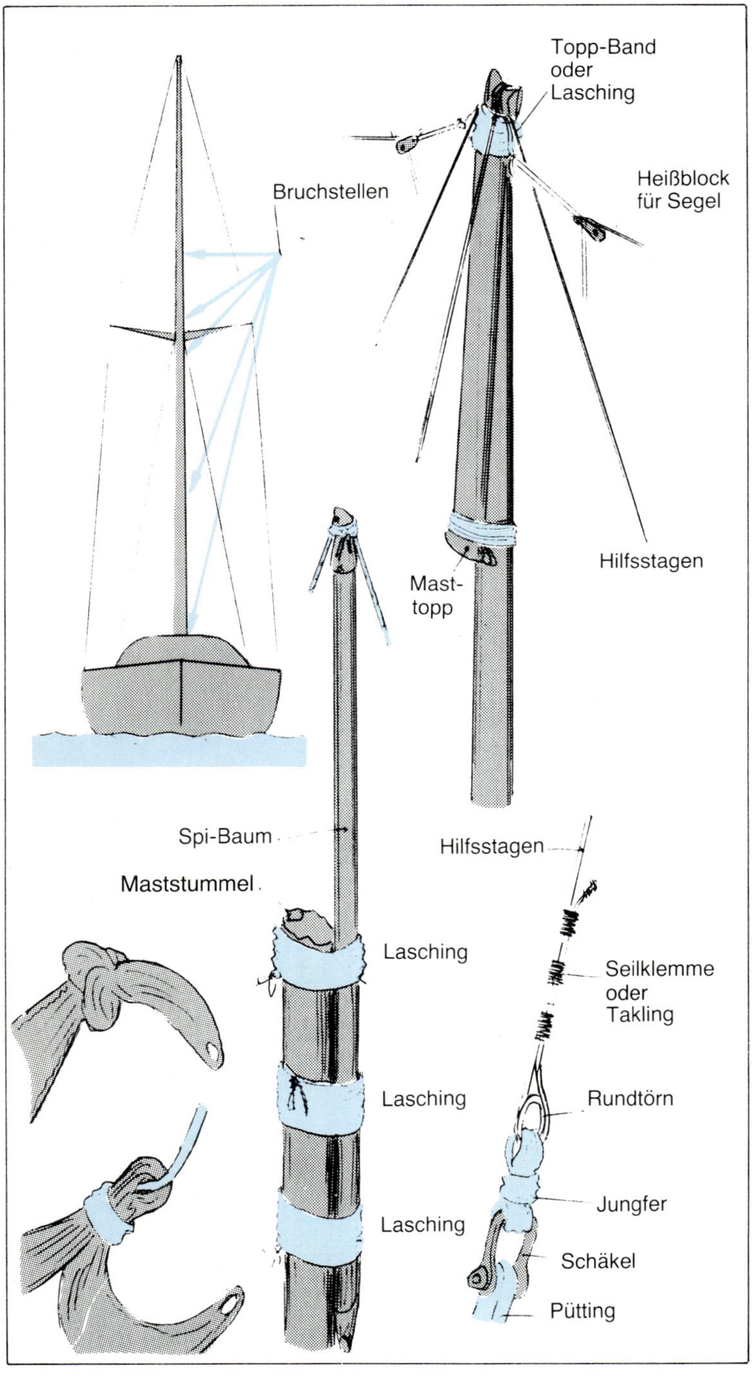

Auf Regatta-Yachten brechen Masten, weil zu viel Segel zu lange stehenbleiben und geteilte Riggs wesentlich mehr Aufmerksamkeit vom Rudergänger und dem Skipper erfordern als toppgetakelte Fahrtenyachten. Auf Fahrtenyachten, obwohl viel seltener, ist Mastbruch meist mit schlechtem Wetter verbunden und spielt sich häufig in der Nacht ab, wenn die Welle nicht richtig zu sehen ist und dann mehrere Faktoren zusammenkommen, die einzeln auftretend dem Rigg nichts ausmachen. Eigentlich ist das einzige Mittel gegen Mastbruch auf Fahrtenyachten rechtzeitiges und in der Nacht vorbeugendes Reffen.

Wenn es dennoch kracht, weil das Oberwant aus der Saling springt, ein Stag reißt oder bei einer Patenthalse überlastet wird, ist die wichtigste Frage: Sind noch alle Mann an Bord und gesund?! Danach muß je nach Situation der Mast sofort gekappt werden, damit er das Schiff nicht leck schlägt, oder er kann geborgen werden (was bei kleiner Crew sehr schwierig sein kann, aber besser ist) bzw. so ans Schiff gebunden werden, daß er keinen Schaden anrichtet.

Das Notrigg muß man meist aus dem Maststummel in Kombination mit einer Spiere bauen. Die Segel macht man durch Abbinden mit Zeisingen oder einfach durch Knoten passend.

Daten für Leinen, Schoten, Fallen

Eigenschaften 3litziger Trossenschlag-Seile**

Polyamid-Seile DIN 83 330			Polyester-Seile DIN 83 331			Polypropylen-Seile DIN 83 332		
Nenndurch-messer	Höchst-zugkraft*)		Nenndurch-messer	Höchst-zugkraft*)		Nenndurch-messer	Höchst-zugkraft*)	
mm	da N	kp	mm	da N	kp	mm	da N	kp
6	735	750	6	554	565	6	539	550
8	1320	1350	8	1000	1020	8	941	960
10	2040	2080	10	1560	1590	10	1400	1425
12	2940	3000	12	2220	2270	12	1990	2030
14	4020	4100	14	3120	3180	14	2740	2790
16	5190	5300	16	3980	4060	16	3430	3500
18	6560	6700	18	4980	5080	18	4370	4450
20	8140	8300	20	6200	6350	20	5270	5370

*) Die Höchstzugkraft (früher: Seil-Nenn-Reißkraft) wird durch folgende betriebliche Einflüsse gemindert:

- Spleißen (ca. 10 %)
- Sonneneinstrahlung
- innere Erwärmung bei Arbeitsaufnahme
- äußere Erwärmung durch Reibung (Klüse, Spillkopf, usw.)
- Werden Leinen geknotet, ist mit einem Festigkeitsverlust von 50 % zu rechnen.
- In nassem Zustand nimmt die Höchstzugkraft von Polyamidseilen um ca. 10 % ab.

**) Die Festigkeitswerte für geflochtenes Tauwerk liegen beim 8-fach-Geflecht (Schoten) ca. 15 bis 20 % niedriger, bei 16-fach-Geflecht (Schoten) ca. 0 bis 5 % höher und bei Doppelgeflecht (spleißbar für Fallen usw.) ca. 30 bis 40 % höher als beim 3-fach-geschlagenen Tauwerk.

Bei der Pflege von Kunstfaserseilen ist zu beachten:
Nach Antritt der Seereise unter Deck verstauen (Sonneneinstrahlung).
Nicht in der Nähe von Heizkörpern lagern.
Von Zeit zu Zeit Leinen sorgfältig auf innere und äußere Schäden untersuchen. Bei stark beanspruchten Leinen kann sich das Material durch innere Reibung (Wärme) zersetzen, was auch durch Pulverisierung zwischen den Kardeelen zu erkennen ist. Polyamidtauwerk kann hart werden.
Beschädigte Kauschen erneuern. Lose Kauschen neu einspleißen und fest einbändseln.

(nach GL)

Kennwerte und Handelsnamen

Werkstoff Kurzzeichen	Polyamid PA	Polyester PES	Polypropylen PP (schwimmt)
Handelsnamen	Perlon Nylon	Trevira Diolen Terylen	Poly Polyprop Hostalen
Dichte [kg/dm^3]	1,14	1,38	0,19
Reißdehnung [%]	35–50	20–40	20–40
Schmelzpunkt [°C]	225–250	260	163–174
Lichtbeständigkeit	gut	sehr gut	nur UV-stabilisiert gut

Daten für stehendes Gut und Winschen

Festigkeitswerte für Stahlseile und Polystal

Edelstahl, rostfrei mit rechnerischer Bruchlast von ca. 1600 N/mm^2 (ca. 160 kg/mm^2)							Polystal**	
	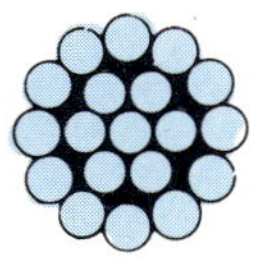		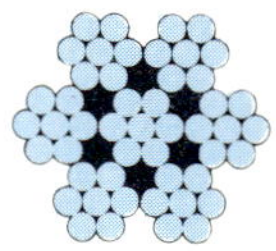		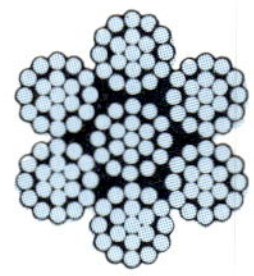			
Seil-	Konstruktion 1 x 19		Konstruktion 7 x 7		Konstruktion 7 x 19			
durchm. mm	Gewicht kg/10 m	Bruchlast N*	Gewicht kg/10 m	Bruchlast N*	Gewicht kg/10 m	Bruchlast N*	Gewicht kg/10 m	Bruchlast N*
3	0,45	8 600	0,37	6 700	0,37	6 650	0,24	8 000
4	0,79	15 300	0,70	12 450	0,64	11 000	–	–
5	1,24	23 900	1,05	18 600	0,94	16 050	–	–
6	1,79	34 400	1,46	26 000	1,49	26 750	0,86	36 000
7	2,43	46 800	1,96	34 500	1,91	33 800	1,35 (7,5 ∅)	60 000
8	3,17	61 100	2,79	49 900	2,35	41 700	–	–

*) 1 kp = ca. 10 N
**) Polystal ist ein neuer Werkstoff aus Glasfasern und Polyesterharz mit und ohne Ummantelung von Bayer/Leverkusen, der z. Z. als stehendes Gut erprobt wird. Vergleichen Sie die Werte zu Edelstahl. Mit Ummantelung sind die ∅ ca. 2 mm größer.

Auswahl der Winschgrößen

Bootslänge:	6 m	¼ Ton	7,5 m	½ Ton	9 m	¾ Ton	10,5 m	11 m	1 Ton	12 m	2 Ton	15 m
Genua:	19 m^2	28 m^2	30 m^2	33 m^2	39 m^2	44 m^2	46 m^2	49 m^2	51 m^2	60 m^2	70 m^2	92 m^2
Empfohlene Kraftübersetzung	16	23	23	25	25	27	27	32	32	36	36	36
Genua mind.:	7:1	7:1 25:1	7:1 25:1	6:1 40:1	6:1 40:1	10:1 45:1	10:1 45:1	10:1 50:1	10:1 50:1	22:1 67:1	22:1 67:1	22:1 67:1
Spinnaker mind.:	7:1	7:1	7:1	7:1 17:1	7:1 25:1	6:1 40:1	6:1 40:1	10:1 44:1	10:1 44:1	10:1 50:1	10:1 50:1	22:1 67:1
Groß mind.:		7:1	7:1	7:1	7:1	7:1 17:1	7:1 17:1	7:1 25:1	7:1 25:1	6:1 40:1	6:1 40:1	10:1 44:1
Genua-Fall mind.:		7:1	7:1	7:1	7:1 17:1	7:1 25:1	7:1 25:1	7:1 25:1	6:1 40:1	6:1 40:1	10:1 44:1	10:1 44:1
Spi-Fall mind.:		7:1	7:1	7:1	7:1	7:1 17:1	7:1 25:1	7:1 25:1	7:1 25:1	7:1 25:1	6:1 40:1	10:1 44:1
Groß-Fall mind.:		7:1	7:1	7:1	7:1	7:1 17:1	7:1 17:1	7:1 17:1	7:1 25:1	6:1 40:1	6:1 40:1	10:1 44:1
Reff-Winsch mind.:		7:1	7:1	7:1	7:1	1:1	7:1	7:1	7:1 25:1	7:1 25:1	6:1 40:1	6:1 40:1
Baumniederholer mind.:		7:1	7:1	7:1	7:1	7:1	7:1	7:1	7:1 25:1	7:1 25:1	7:1 25:1	6:1 40:1

Aus dieser Tabelle können Sie die passende Winschgröße zu den verschiedenen Segeln und der Einsatzart auswählen (aus YACHT). Die erste Verhältniszahl ist die übliche Kraftübersetzung für den ersten (direkten) Gang und die zweite das Kraft-Übersetzungsverhältnis für den zweiten Gang.

Deck, Aufbau und Beschläge

Sicherheit und Funktionalität

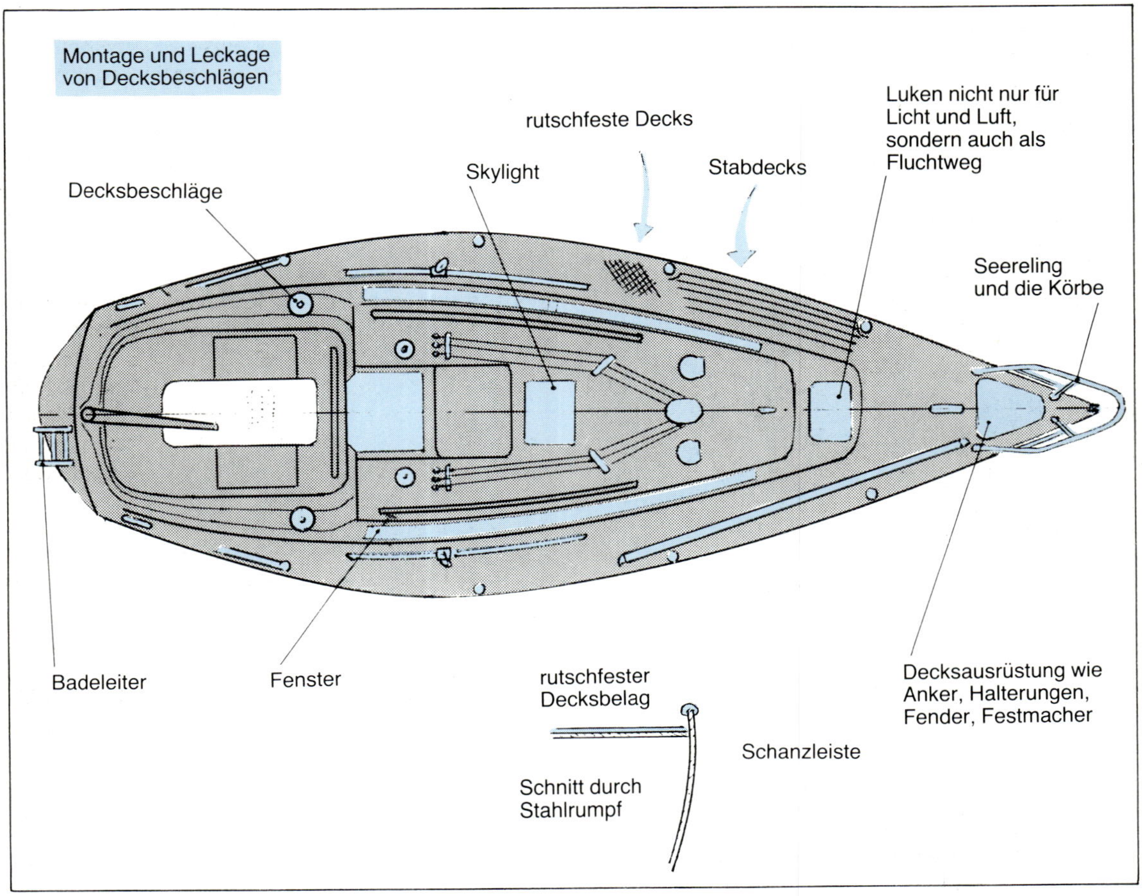

Mit den beiden Begriffen Sicherheit und Funktionalität läßt sich nur die eine Seite von Decks und Aufbauten charakterisieren. Die andere ist das Konzept und die Ästhetik. Während sich das eine klar umschreiben läßt, zumindest die Aspekte der Sicherheit in den Sicherheitsempfehlungen definiert sind, und die Funktionalität eindeutig aus dem Einsatz der Ausrüstungsgegenstände hervorgeht, ist das Konzept und die Ästhetik im wesentlichen vom Bedarf des Raumes unter Deck, der Länge des Rumpfes und dem Zeitgeist geprägt. Auf den folgenden Seiten soll deshalb mehr von der Sicherheit und Funktionalität die Rede sein, vom richtigen Einsatz, der Wartung, Pflege und Instandhaltung.

Da viele dieser Dinge, wie sie die Skizzen oben zeigen, auf dem Standardschiff nicht normal sind, ist an entsprechender Stelle auch der Hinweis auf spätere Montage oder die Möglichkeit des Selbstbaus gegeben.

Rutschfeste Decks und Decksbeläge

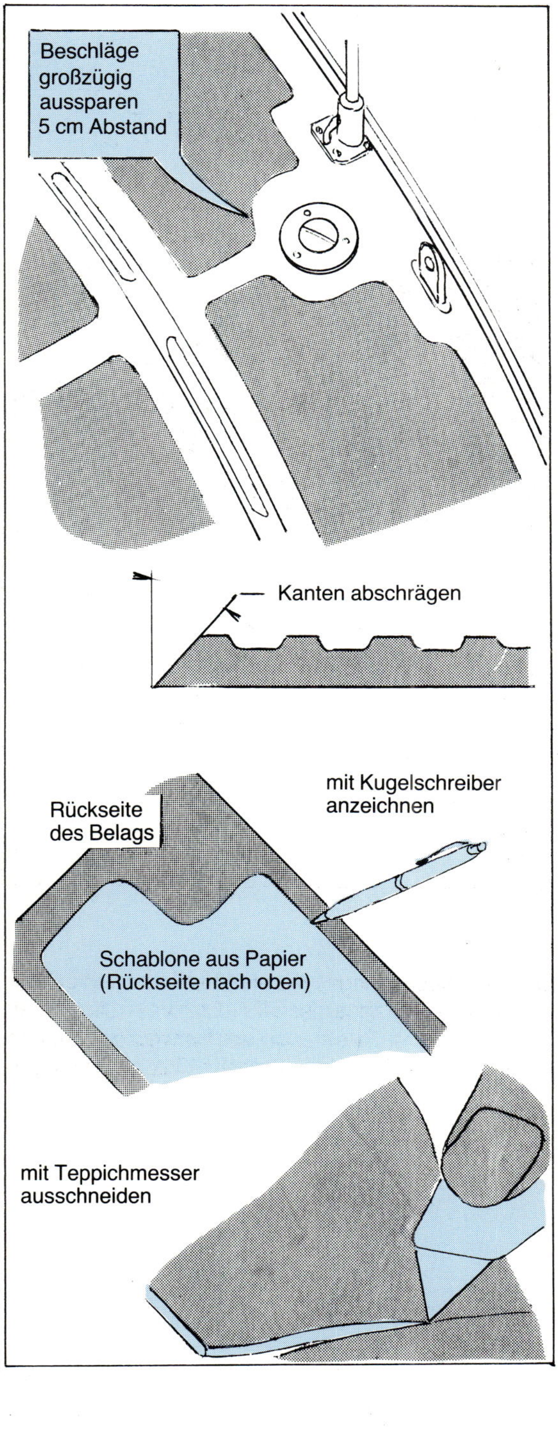

Eine der wichtigsten Voraussetzungen für ein Deck ist die Rutschfestigkeit. Da diese Eigenschaft den Decksmaterialien nicht von vornherein gegeben ist, muß man sie rutschfest machen. Die Methoden reichen von Sand streuen bis zum Teakstabdeck, das man in Seglerkreisen als die Krönung einer Yacht betrachtet.

Bleiben wir erst einmal bei Kunststoffschiffen, die normalerweise von vornherein eingearbeitete rutschfeste Profilflächen haben. Sie sind in die Form eingebaut und werden mit Harz und mehr oder weniger guten Füllstoffen hergestellt. Selbst wenn diese Profilflächen solide gemacht sind, hat man nach einigen Jahren Pflegeprobleme, da der Gelcoat abstößt und der Schmutz aus feinen Bläschen und Rissen schlecht auszuwaschen ist. Für den Serienbauer ist es allerdings eine der preiswertesten Methoden, Decks rutschfest zu machen.

Seit einigen Jahren gibt es die Gummikork-Decksbeläge, die mit 2-Komponenten-Klebern auf Epoxyd- oder Polyurethanbasis aufgeklebt werden und bei richtiger Verklebung lange halten. Sie sind heute dominierend, da sie auf alle einigermaßen glatten Flächen aufgeklebt werden können, gleichgültig welchen Materials. Natürlich müssen Metallschiffe geprimert und grundiert werden, bevor der Gummikork wirklich hält.

Die Verarbeitung ist im Prinzip so einfach, daß man Decks, wenn sie nicht mehr schön genug sind, auch selbst verkleben kann. Es ist bei einigen Fabrikaten nicht einmal notwendig, das profilierte Kunststoffdeck ganz runterzuschleifen, sondern nur anzuschleifen. Sorgfältig arbeiten muß man schon und ganz besonders auf die Temperaturangaben beim Kleber achten. Man beginnt mit dem Vorbereiten der Flächen, die je nach Material angeschliffen und entfettet werden müssen.

Das Verkleben der Decks mit Gummikork erfordert eine eingehende Planung, da die Plattengrößen maximal 1 x 2 m sind, so daß man einigermaßen wirtschaftlich arbeitet und gleichzeitig den Stoß von Platten entsprechend meidet.

Das Rutschfest-Machen von Decks mit Sand oder durch Einrühren von Antirutsch-Substraten, wie sie von den Farbherstellern angeboten werden, sollte man eigentlich nur als Notlösung betrachten.

Hauptteile des Stabdecks

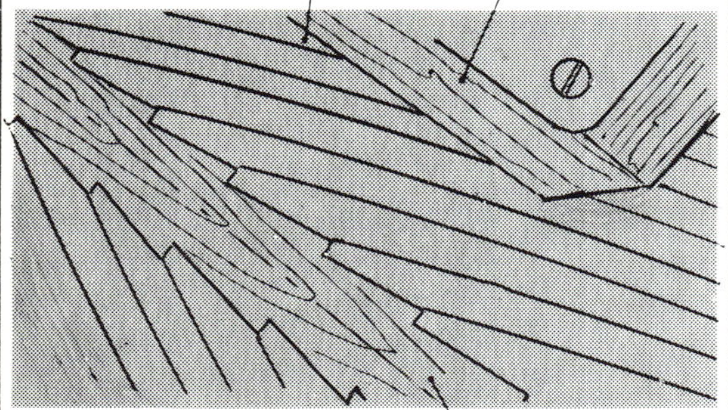

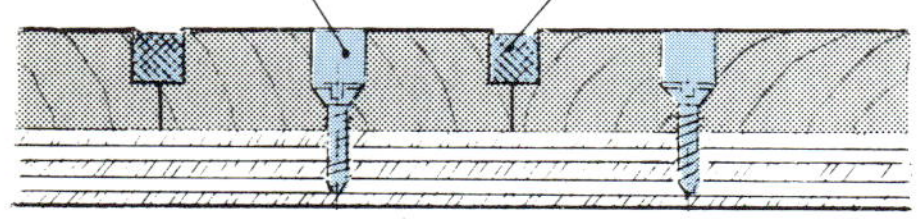

Schnitt durch ein Sperrholzdeck mit verschraubten Stäben

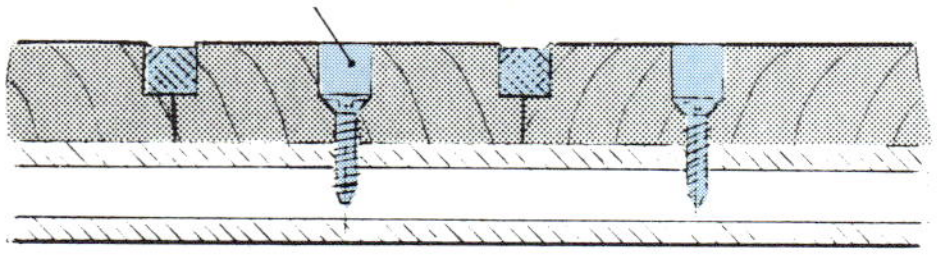

Schnitt durch ein Sandwichdeck

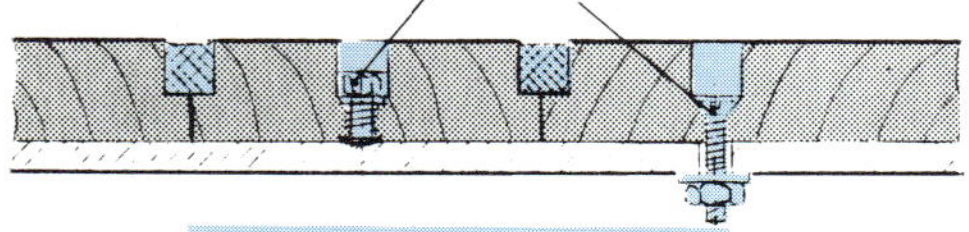

Schnitt durch ein Stahldeck

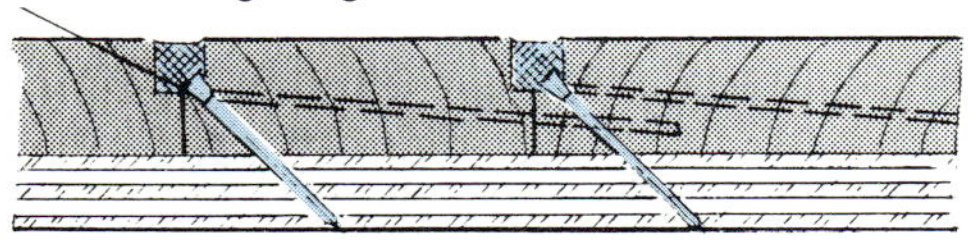

Schnitt durch ein Holzdeck mit verdeckter Nagelung

Teuer ist das Stabdeck, weil die Verlegung sehr zeitaufwendig ist. Am höchsten von allen Decksbelägen wird es eingeschätzt, weil es das Schiff unumstritten „schön“ macht. Die leichte Biegung der Stäbe zwischen den starken und oft aufwendig geschnitzten Laibungen und Fischen verleiht dem Betrachter das Gefühl von Sicherheit, und rutschfest sind die Stäbe natürlich auch.
Der erste Lebensabschnitt der Stabdecks kann mit etwa 10 bis 15 Jahren angenommen werden, dann ist eine Verjüngungskur notwendig. Das ist ein sehr aufwendiges Verfahren, da man die Nuten und die Querholzdübel 5 mm tiefer legen muß, einfach weil das Deck um diese 5 mm abgeschrubbt, abgewittert und abgewaschen ist. Nach dieser Verjüngungskur kann man dem Deck noch einmal 8 bis 10 Jahre geben.
Selbstbau ist schwierig, es muß auf jeden Fall überprüft werden, ob das Gewicht, das da an Deck kommt, keine Schwierigkeiten macht.
Als Vergußmasse verwendet man im Prinzip drei verschiedene Arten – organische Kautschuke, synthetische Kautschuke und Polyurethanmassen. Die 2-Komponentenkleber sind heute so gut, daß man selbst bei Metallschiffen auf die bisher sehr aufwendige mechanische Befestigung verzichten kann und die Stäbe nur noch verklebt.
Die Pflege ist einfach. Das Deck wird öfter mal geschrubbt und im Frühling und im Herbst mit Teakpflegemittel eingerieben.

Reparaturen: Als Alarmzeichen muß man auf dem Stabdeck Stellen werten, die nicht trocknen. Das sind jene Stellen, wo sich die Vergußmasse vom Stab gelöst hat und Wasser eingedrungen ist. Da diese Stellen mindestens 14 Tage austrocknen müssen, um sie zu reparieren, ist das eine Arbeit für den Herbst. Die Nut wird an beiden Seiten 10 cm weit ausgekratzt, trocknet bis zum Frühjahr gründlich aus und wird dann geprimert und neu ausgegossen. Wichtig ist, daß man die Unterseite der Fuge mit Klebeband verklebt, so daß die Vergußmasse nur an den seitlichen Flanken haftet.

Beschläge an Deck

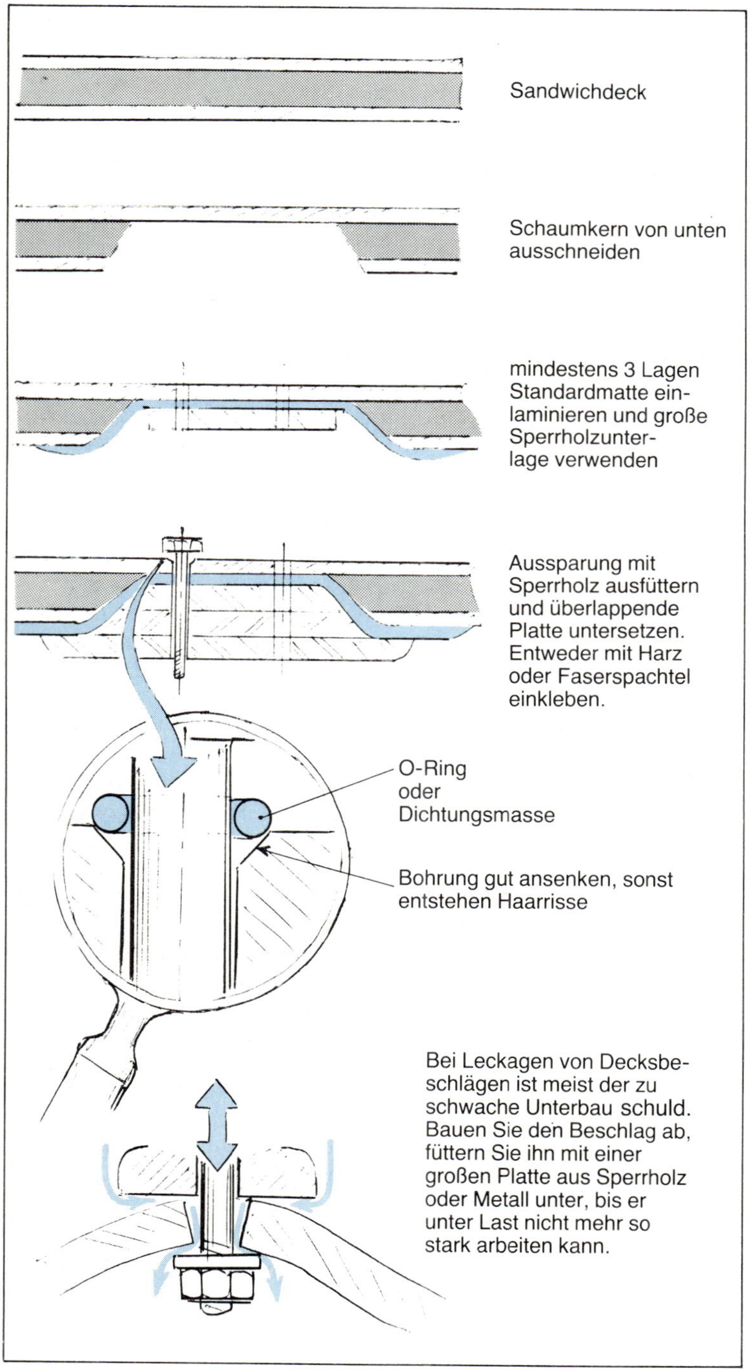

Es gibt an Deck so gut wie keinen Beschlag, dessen Befestigung man auf die leichte Schulter nehmen sollte. Ist der Untergrund zu weich, dauert es nicht lange und die Befestigungsbolzen fangen an zu lecken, wenn nicht sogar schwererer Schaden entsteht.

Holzdecks und Kunststoffdecks ohne Sandwicheinlage sind relativ unkompliziert, da man einen Beschlag je nach seiner Belastung mit einer Verstärkung als Unterlage einfach durchbolzt.

Bei Stahl- und Aludecks stellen sich so lange keine Probleme, solange nicht geschweißt werden muß. Ist das der Fall, muß innen die Wegerung und Isolierung abgenommen werden, außerdem muß nach dem Schweißen sowohl innen als auch außen mit äußerster Gründlichkeit das ganze Farbsystem neu aufgebaut werden.

Problematisch sind auch Sandwichdecks, da man Beschläge nicht an beliebiger Stelle anbringen kann, es sei denn, es wurde von der Werft statt des Schaumkerns bereits Holz vorgesehen oder das Deck in diesem Bereich eingezogen. Der Sandwichkern selbst hat keine ausreichende Festigkeit, um stärker belastete Beschläge durchzubolzen. Ist man dennoch gezwungen, durch Nachrüsten des Schiffes einen Beschlag anzubauen, muß die in den Skizzen gezeigte Arbeit durchgeführt werden.

Bei der Beseitigung von Leckagen ist es wichtig, die Löcher im Deck gut anzusenken und gutes Dichtungsmaterial, Dichtungsmasse und u. U. auch O-Ringe zu verwenden.

Fenster, Bullaugen

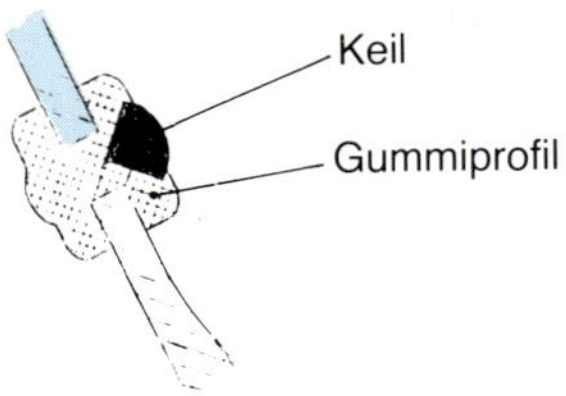

Fenster mit Gummiklemm-Profil für alle Glasarten

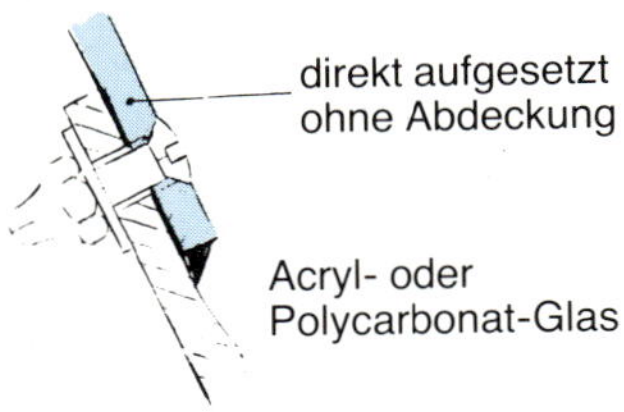

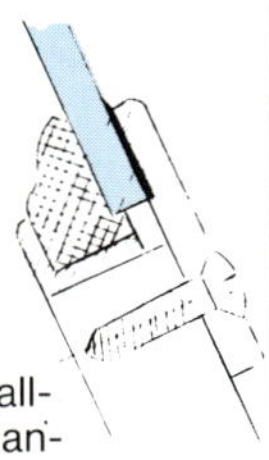

Festfenster mit Metallprofil, in vielen Varianten mit abgedeckter Verschraubung und Ausgleichsprofil für innen

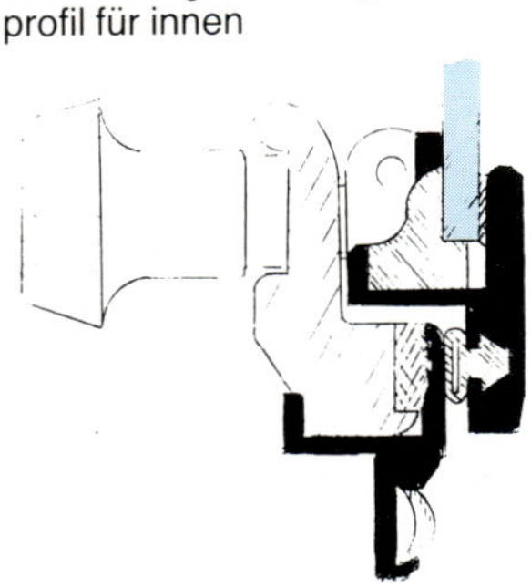

Schnitt durch ein Klappfenster mit Metallprofil, Schraubknebelverschluß, Gummidichtung und abgedeckter Verschraubung

Leckagen treten immer im Bereich der Verschraubung oder gealterter Gummidichtungen auf

Vom Material her muß man bei Fenstern und Luken zwischen Acryl-, Polycarbonat- und den Silikat-Gläsern unterscheiden. Silikat-Glas ist das, was wir unter Glas verstehen, und als normales Kristallglas, Ein-Scheiben-Sicherheits- und Mehr-Scheiben-Sicherheits-Glas zu bekommen. Das Glas hat gegenüber den Acryl- und Polycarbonat-Gläsern den Vorteil, daß es nicht zerkratzt und absolut UV-fest ist.

Kristallglas ist heute jedes normale Fensterglas (Floatglas), dessen Oberflächen nach dem Gießen im Zinnbad geglättet sind und somit einen unverzerrten Durchblick gestatten. Die Eigenschaften sind klar, die Scheibe fliegt mit gefährlichen Splittern raus.

Ein-Scheiben-Sicherheitsglas ist eine vernünftige Lösung. Es splittert ganz klein, wird aber undurchsichtig und fliegt u. U. raus.

Mehr-Scheiben-Sicherheitsglas ist sehr teuer, zerbricht in kleine Splitter, bleibt aber durchsichtig und fliegt nicht raus.

Acryl- und Polycarbonat-Gläser haben den Vorteil, daß sie elastischer sind. Durch UV-Stabilisierung bringen sie dem Licht auch entsprechende Widerstandsfähigkeit entgegen und lassen sich auch gekrümmt montieren.

Von der Konstruktion her muß man zwischen Fest-, Schiebe- und Klappfenstern unterscheiden.

Schiebe- und Klappfenster sollten grundsätzlich eine Metalleinfassung haben.

Festfenster gibt es praktisch in drei qualitativ unterschiedlichen Varianten mit Metalleinfassung, Gummieinfassung und direkt aufgesetzt.

Wissen sollte man, daß nach den Sicherheitsempfehlungen Fenster vor der größten Breite des Rumpfes nicht nach innen klappbar sein sollen.

Festfenster mit Gummiklemmprofilen sind nur für Fahrten innerhalb der 20 sm-Grenzen empfohlen. Direkt aufgesetzte Kunstgläser müssen mindestens 20 mm überlappen und eine Mindeststärke von 7 mm haben.

Sehr wesentlich ist die Überprüfung der Scheibenqualität bei Fenstern von Deckshäusern, da diese großen Scheiben bei Seeschlag sehr harten Belastungen ausgesetzt sind.

Leckagen an Festfenstern kann man meist nur beseitigen, wenn man sie ausbaut und mit dauerelastischer Dichtungsmasse neu abdichtet.

Gummidichtungen und Gummiprofile altern im Laufe der Zeit. Sie lassen sich dann nicht mehr abdichten, sondern müssen erneuert werden.

Der Einbau von Fenstern ist unproblematisch, wenn sie durch ihre Größe nicht die Festigkeit des Aufbaus gefährden. Deshalb sollte man, wenn man nachträglich Fenster zur Lüftung oder für mehr Licht einbaut, kleine Fenster mit Metallrahmen einbauen (s. auch Luken).

Fenster in der Rumpf-Außenhaut sollten Festfenster sein. Das ist ein sehr wichtiger Gesichtspunkt, da ein offenes Bullauge bei Lage sehr leicht eine Tonne Wasser ins Schiff bringt, bevor man's merkt.

Schwerwetterblenden sind bei richtiger Fensterdimensionierung nicht mehr notwendig (nach GL).

Luken und Skylights

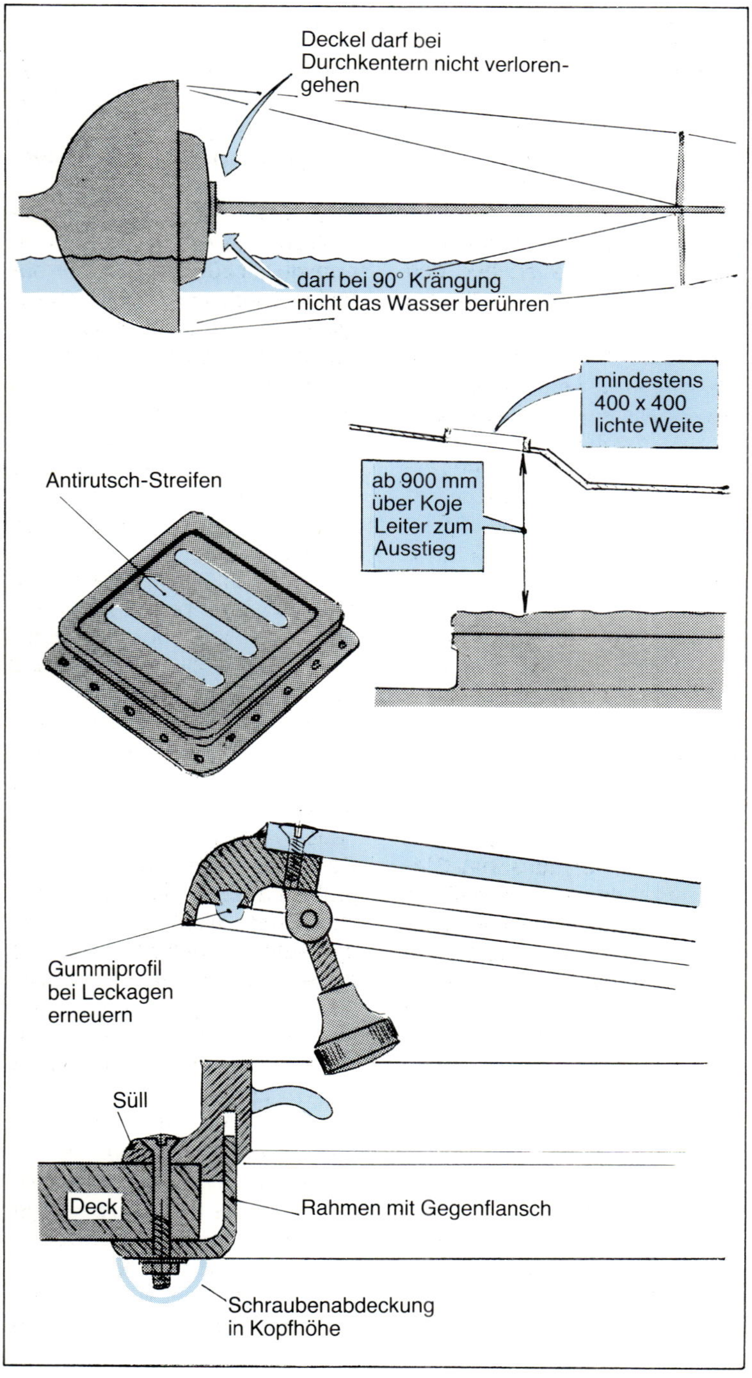

Ein Luk bringt Licht, Luft und kann als Ausstieg dienen.
Nach den Sicherheitsempfehlungen gehört neben dem Niedergang noch mindestens ein Luk ins Kajütdach oder Deck, das als Fluchtweg dienen kann.
So ein Luk soll eine lichte Weite von mindestens 400 x 400 mm haben. Der Verschluß muß von außen wie von innen zu betätigen sein. Man braucht also noch mal etwas zum Verschließen, wenn man von Bord geht.
Die handelsüblichen, metallgefaßten Luken sind heute überwiegend mit Kunstglas (normales Glas taugt nicht) ausgestattet, und man kann getrost darauf herumtrampeln, ohne daß was passiert.
Obwohl man es häufig anders sieht, gehören Luken für meine Begriffe mit Scharnieren nach vorne, dann kann man sie auch bei Regen etwas länger offenlassen.
Der Einbau eines Luks ist nicht sehr schwierig. Schwierig ist nur die Anfertigung eines Holzrahmens, da man die Bucht des Decks ausgleichen muß. Bei Sandwichdecks sollte man auch von innen einen Schraubrahmen untersetzen. Bei allen Luken die Schrauben abdecken, da sie in Kopfhöhe gefährlich sind.
Die Mindesthöhe für Lukensülls ist 50 mm.

Wichtig: Prüfen Sie, ob Sie und Ihre Kinder ohne fremde Hilfe aus dem Luk im Vorschiff herauskommen. Oft geht's nicht ohne Leiter.

Niedergang

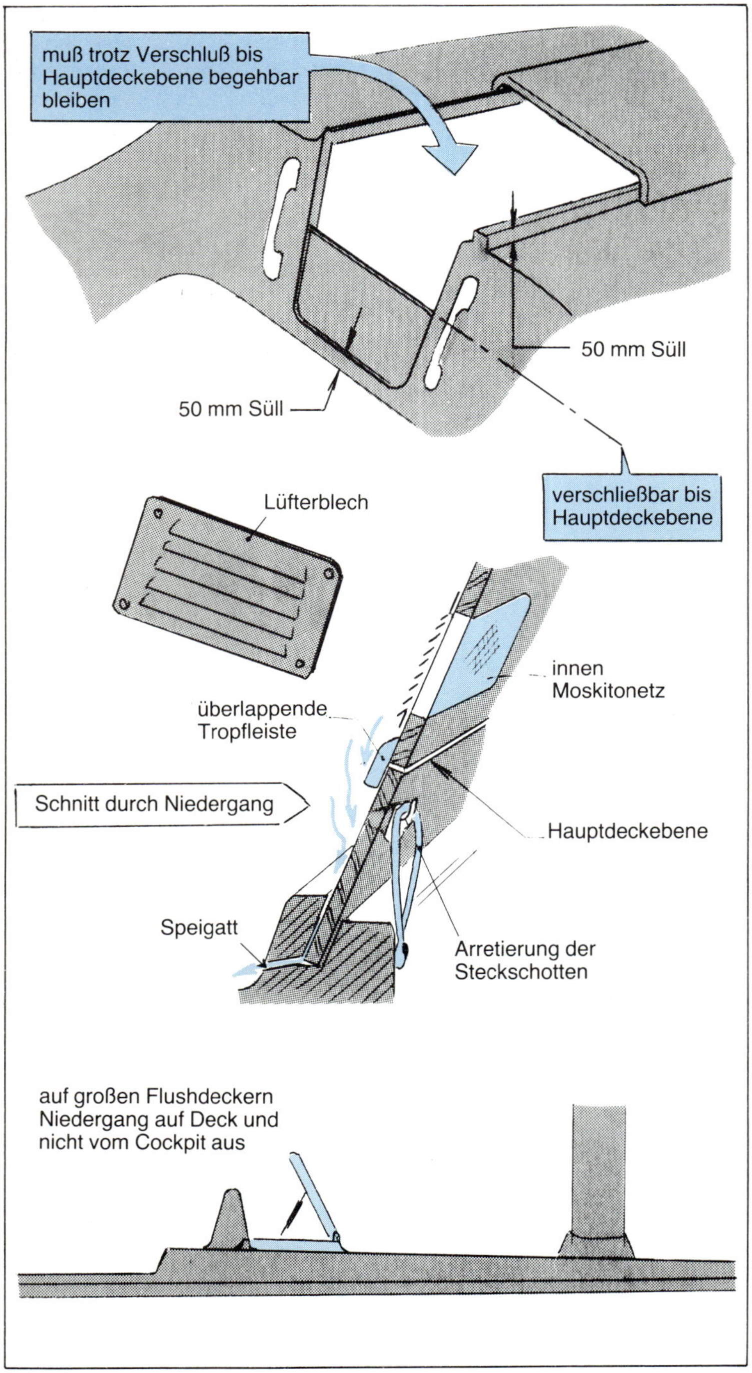

Der Hauptniedergang wird überwiegend durch das Schiebeluk und die Steckschotten verschlossen. Er bildet die größte Öffnung im Deck einer Yacht und sollte dementsprechend wetterdicht verschließbar sein. Dieser Begriff bedeutet, unter allen Wetterbedingungen kein Wasser durchzulassen, d. h. Steckschotten und Schiebeluk müssen sehr kräftig und mit guten Dichtungen gebaut sein. Weitere Empfehlungen gehen dahin, daß das Niedergangs-Luk ein Süll von mindestens 50 mm haben soll, daß der Niedergang noch begehbar sein muß, wenn er bis zur Höhe des Hauptdecks verschlossen ist und daß die Steckschotten gesichert werden, damit sie beim Durchkentern nicht verlorengehen.
Die Forderung, daß die Steckschotten mit einer Sorgleine am Schiff befestigt sein müssen, um nicht über Bord gespült zu werden, scheint mir nur mit viel Umstand erfüllbar zu sein, da das Steckschott, wenn es nicht gebraucht wird, ohnehin weit weggestaut wird.
Da Steckschotten die gleiche Neigung wie das Kajütschott haben, müssen sie gegen Regenwasser abgedichtet sein. Das macht man mit kleinen Tricks (s. Skizzen). Für Mückenreviere sollte man sich einen Steckrahmen mit Moskitonetz bauen. Für unsere Breiten sind Lüfterbleche zu empfehlen.
Große Flushdecker haben ihre Niedergänge nicht mehr in den Cockpits, sondern an der höchsten Stelle der Deckswölbung, so daß bei vollgeschlagenem Cockpit auf keinen Fall Wasser in das Schiff eindringen kann.

Badeleitern, Badeplattformen

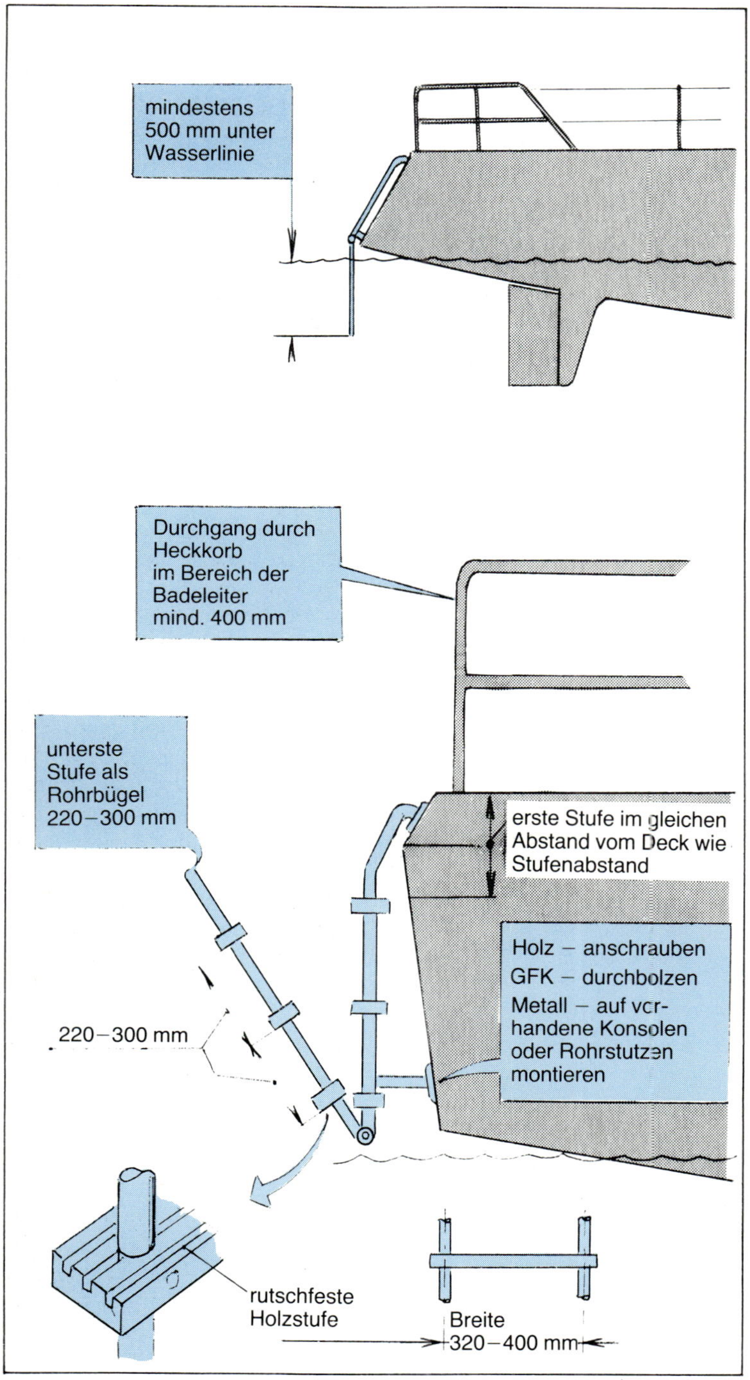

Auch wenn die Badeleiter unter dem Druck diverser Institutionen und Sicherheitsfanatiker schon fast nur noch als „Sicherheitsleiter" bezeichnet wird, so werde ich sie weiterhin Badeleiter nennen, denn dafür ist sie in erster Linie gedacht. Daß sie gleichzeitig durch ihr Vorhandensein einen wichtigen Sicherheitsaspekt erfüllt, dem Überbordgefallenen das Zurückkommen ermöglicht, ist ein unbestreitbarer Vorteil der Badeleiter.

Anbeboten werden viele Varianten und Konstruktionen, sparen sollte man hier nicht. Und beim Kauf vor allen Dingen auf die richtigen Maße und die richtige Klapplänge (s. Skizze) achten.

Bei der Montage sollte man die Löcher gut ansenken und mit Lack versiegeln, sofern es sich um Kunststoffrümpfe handelt.

Bei Metallrümpfen sollten eigentlich serienmäßige Konsolen zur Anbringung der Leiter vorhanden sein. Auf Holzrümpfen wird sie einfach angeschraubt.

Leitern nur so zum Anhängen sind ein schlechter Kompromiß, denn sie sind es, die man im Notfall nicht zur Hand hat oder von der See weggespült werden. Die vielfach gezeigten Sprossen und eingeformten Stufen sind zwar ein Gag, setzen aber artistische Fähigkeiten voraus, um an Bord zu kommen.

Richtig ist eine Klappleiter, die mindestens 500 mm unter die Wasserlinie reicht.

Seereling

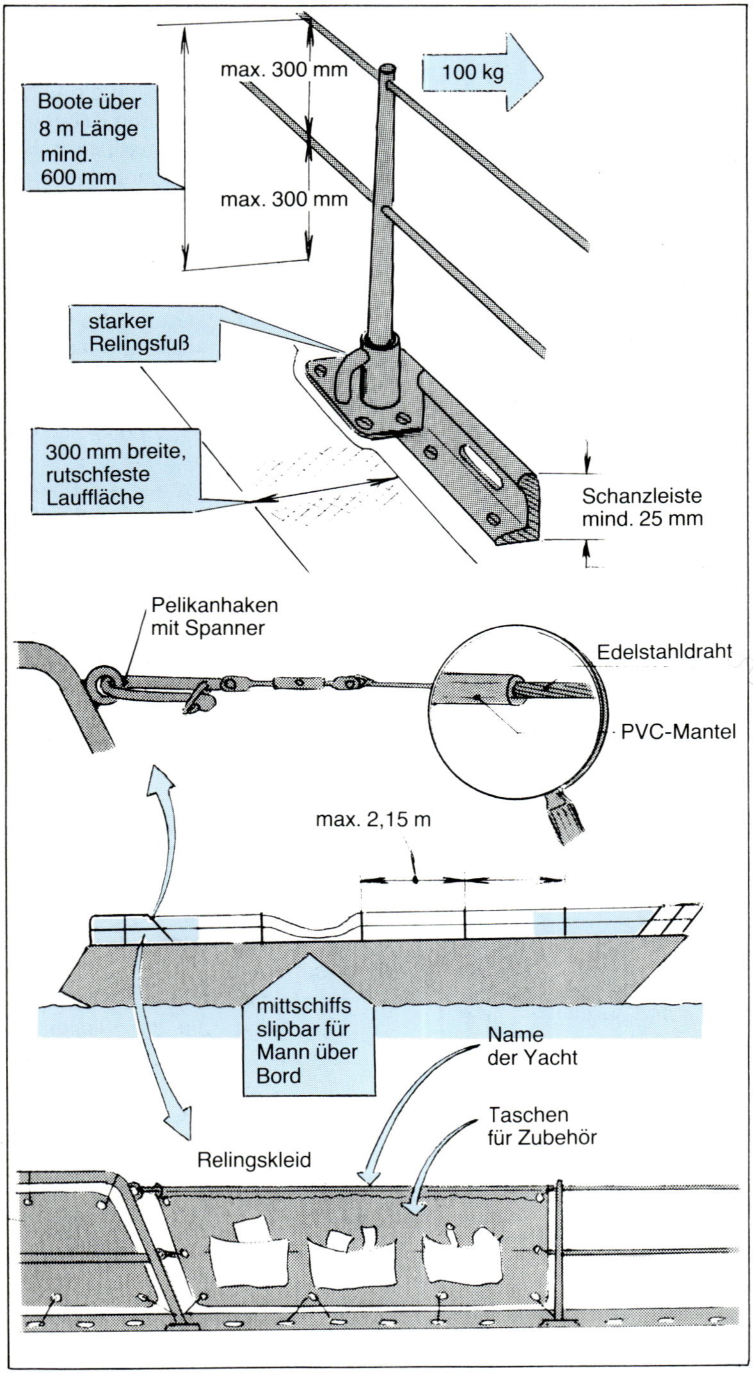

Die Seereling zählt zu den wichtigsten Sicherheitseinrichtungen an Bord. Sie hat aber nur Sinn, wenn sie den Mindestanforderungen entspricht. Die wichtigsten Punkte sind:

- Die Füße der Stützen sind die am meisten belasteten Teile und müssen entsprechende Querfestigkeit haben
- die Höhe von 600 mm reicht gerade, damit ein Erwachsener sich über den Kniekehlen fängt
- für Boote unter 8 m reicht ein Draht in 450 mm Höhe, es sei denn, sie gehen auf große Fahrt
- die Schanzleiste muß sein, sie verhindert ein Abrutschen nach außenbords
- die Stützen dürfen nicht weiter als 10° nach außenbords geneigt sein
- 300 mm breite und rutschfeste Laufflächen sind eine Erweiterung der Empfehlungen, aber vernünftig
- Slipbarkeit im Mittschiffsbereich ist am einfachsten über Pelikanhaken mit Spanner am Heckkorb zu erreichen
- die Sicherheit steigern Relingsnetze im Vorschiffsbereich nicht nur, wenn Kinder an Bord sind
- hinten fährt man gerne Relingskleider, an denen außen der Yachtname aufgespritzt ist und innen Taschen aufgenäht werden können.

Anker und Poller

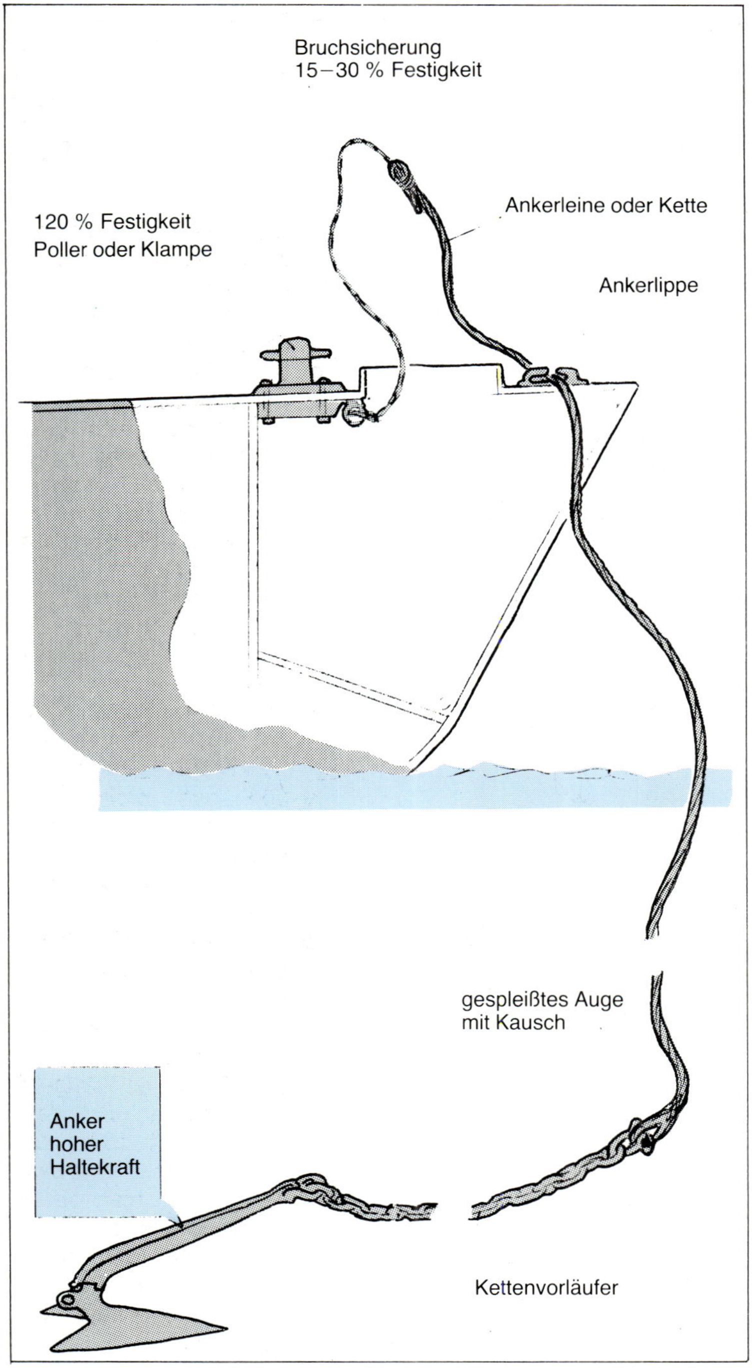

Zwei Anker gehören zur Grundausstattung eines Kreuzers. Nach den Empfehlungen des DSV und des GL wird die Größe der Anker, Leinen und Kettenvorläufer über eine Ausrüstungsleitzahl bestimmt. Während aber der DSV ohne Einschränkung der Größe zwei Anker empfiehlt, ist der zweite Anker nach GL erst ab 2 t aufwärts erforderlich.

Die Anker sollen solche „hoher Haltekraft" sein, das sind nach Auffassung des GL der Bruce-, der CQR-(Pflugschar-), Danforth-, D'Hone-, Heuss-Spezial- und Pool-Anker.

Der Kettenvorläufer ist obligatorisch, die Ankerleine muß mit einem gespleißten Auge mit Kausch am Kettenvorläufer befestigt werden (kein Knoten!). Das Ende der Ankerleine wird am Ankerkasten befestigt, die Verbindung soll aber höchstens 15–30 % Ankerleinenfestigkeit ausmachen. Der Stropp wird am besten so lang gewählt, daß er an Deck reicht und im Gefahrenfall gekappt oder geslipt werden kann.

Ein Anker wird klar zum Werfen an Deck gefahren, der zweite kann etwas weiter weg gestaut werden (aber nicht zu nahe an den Kompaß).

Der Poller oder die Klampe am Vorschiff muß eine Festigkeit von 120 % der Anker- oder Schleppleine haben, was man sich beim Kauf eines Schiffes auf jeden Fall bestätigen lassen sollte.

Ankergröße und Zubehör werden nach der Tafel auf der nächsten Seite bestimmt.

Ankergrößen, Ketten, Leinen

Anker, Ankerketten und Leinen für Segelyachten und Motorsegler (nach GL)

Leitzahl (s. unten)	Verdrängung	Gewicht		Ankerkette *		Schleppleine	
		1. Anker 1)	2. Anker	Länge	Nenndicke 2)	Länge	Nenn-Ø 3)
Z	D						
(m^3)	(t)	(kg)	(kg)	(m)	(mm)	(m)	(mm)
–	bis 0,15	2,5	–	–	–		12
–	bei 0,20	3,0	–	–	–		12
–	bei 0,30	3,5	–	–	–		12
–	bei 0,40	4,5	–	–	–		12
–	bei 0,50	5,0	–	–	–		12
–	bei 0,60	5,5	–	–	–		14
–	bei 0,75	6,5	–	–	–		14
–	bei 1,00	7,5	–	–	–	5 L_{CWL}	14
–	bei 1,50	8,7	–	–	–		14
bis 10	bei 2	10,5	9,0	22,5	6		16
bei 15	bei 3	12	10	24	6		18
bei 20	bei 4	13	10,5	25	6		18
bei 25	bei 5	13,5	11	26	7		18
bei 30	bei 6	15	13	27	7		18
bei 40	bei 8	17	15	29	7		20
bei 55	bei 12	21	18	32,5	8		22
bei 70	bei 17	25	21	36	9	4,75 L_{CWL}	22
bei 90	bei 23	29	25	40	10		22
bei 110	bei 29	34	29	43	10		24

1) Kann um 25 % reduziert werden, wenn das betreffende Fahrzeug ausschließlich auf Binnengewässern (Fahrtbereich V), auf denen starke Strömung und hoher Seegang ausgeschlossen ist, eingesetzt wird.
2) Nenndicke von Rundstahlketten, Güteklasse 3 lehrenhaltig nach DIN 766, Entwurf Juni 1981.
3) 3litziges Trossenschlag-Seil aus Polyamid nach DIN 83330.
*) Leine und Kettenvorläufer statt Kette 1,5mal so lang

Hier stehen die Zahlen (nach GL), nach denen Sie Ihren Anker, die Kette und die Leine auswählen sollten.

Ich habe die Berechnung der Leitzahl (unten) etwas vereinfacht, was darauf hinausläuft, daß Sie gegenüber der Originalformel schneller zu einem richtigen Ergebnis kommen, daß Ihr Anker aber u. U. ein bißchen schwerer ist.

Auf Booten bis 1,5 t darf die Schleppleine als Ankerleine gefahren werden. Der Kettenvorläufer muß 3 m lang sein, die Kette 6 mm Durchmesser haben.

Fährt man auf Booten über 1,0 t statt der Kette eine Leine, muß der Kettenvorläufer bis Leitzahl 55 (bis 8 mm Kette) eine Länge von 6 m haben, darüber 12,5 m.

Die Festmacher können Sie nach der Tabelle unten auswählen.

Ausrüstungsleitzahl (Z)

$$Z = 0{,}6 \times L \times B \times H + A =$$ in die Tabelle oben

Faktor
Rumpflänge (m)
Bootsbreite (m)
Rumpfhöhe (m)

Halbes Volumen der Aufbauten [m^3]

$$A = 0{,}5 \cdot L_A \cdot B_A \cdot H_A$$

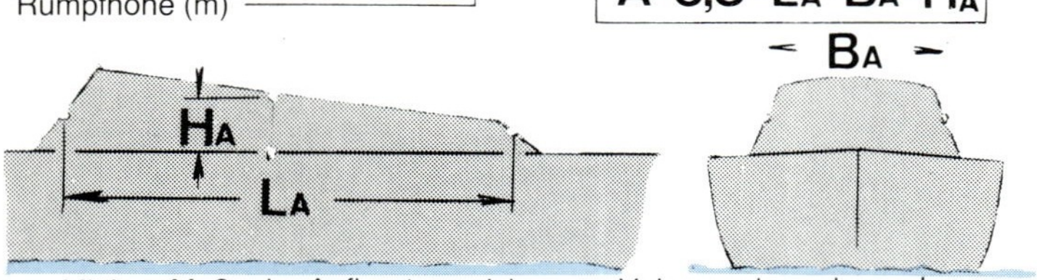

Mittlere Maße der Aufbauten reichen zur Volumensberechnung!

Festmacher

An Bord gehören 4 Festmacher, 2 sollen Bootslänge und 2 die 1,5-fache Bootslänge haben.
Für 3-litzig geschlagenes Polyamid-Tauwerk sind nach GL folgende Durchmesser zu wählen.

Verdr. [t]	Leinen-Ø [mm]
0,2	10
0,6	12
1,0	14
6,0	16
12,5	18
25,0	20

Festigkeitswerte s. S. 44

Cockpit, Steuerung und Instrumente

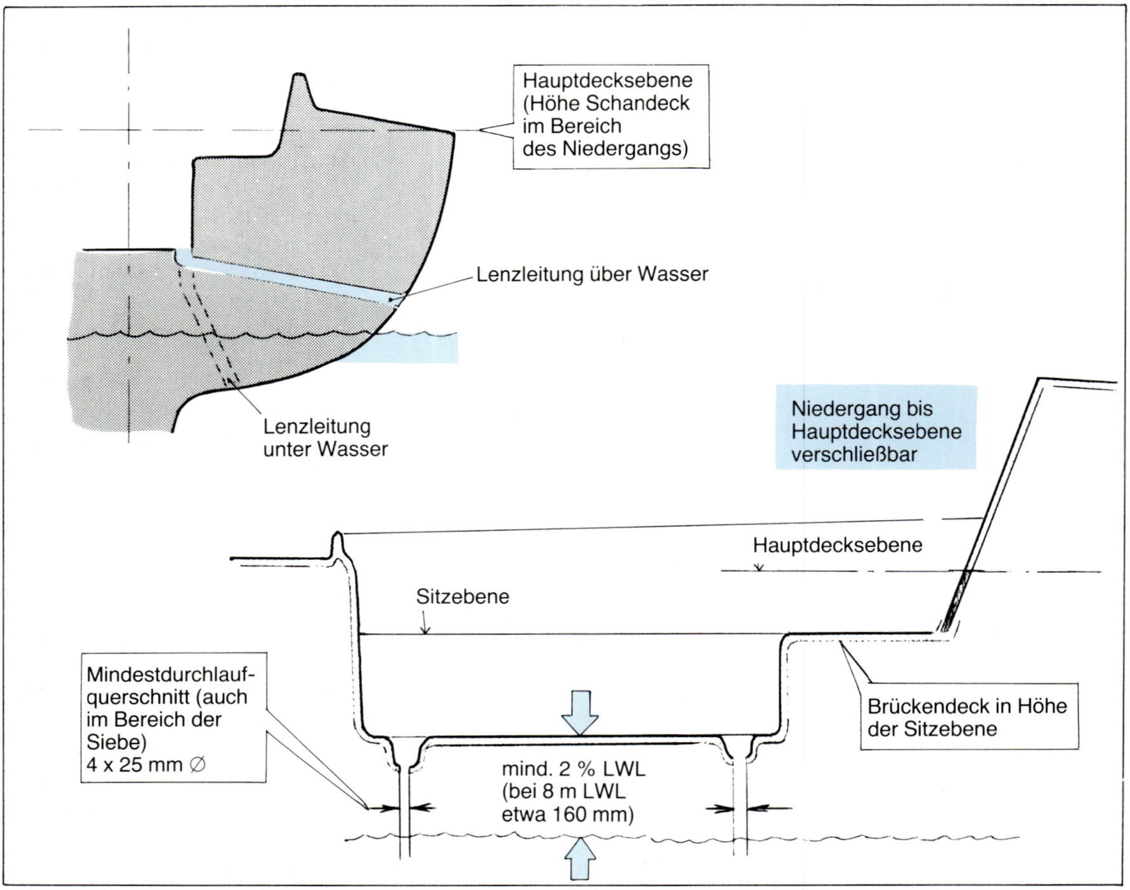

Das selbstlenzende Cockpit und das Brückendeck am Niedergang stellen eines der wichtigsten Kriterien für den Anspruch einer Yacht auf „Seetüchtigkeit" dar. Geht man davon aus, daß die zulässigen Cockpit-Volumina über 2 m^3 liegen, so wird es jedem einleuchten, daß mit einem Brecher zwei Tonnen Wasser ins Cockpit gelangen können, die den Schwerpunkt des Bootes schlagartig nach oben ziehen und die Gewichtsstabilität sowie die Manövrierfähigkeit fast aufheben.

Baumerkmale eines selbstlenzenden Cockpits:

- Der Boden des Cockpits muß mindestens 2 % der „Länge in der Wasserlinie" (LWL) über der Wasserlinie liegen.
- Der Niedergang muß bis zur Höhe der Hauptdecksebene verschließbar sein, gleichzeitig muß man dann trotzdem noch raus- und reingehen können.
- Das Cockpitvolumen soll nicht zu groß sein, wobei (nach Fastnet) auch die Grundfläche zur Cockpithöhe in einem bestimmten Verhältnis stehen muß.
- Die Abflußquerschnitte (auch die der Siebe) müssen bei Yachten ab Baujahr 1972 und über 6,3 m LWL 4 x $^3/_4$ Zoll (20 mm) ∅ betragen. Kleinere und ältere Yachten sollen mindestens 2x1 Zoll (25 mm) ∅ Abflußquerschnitt haben.

Selbstlenzendes Cockpit

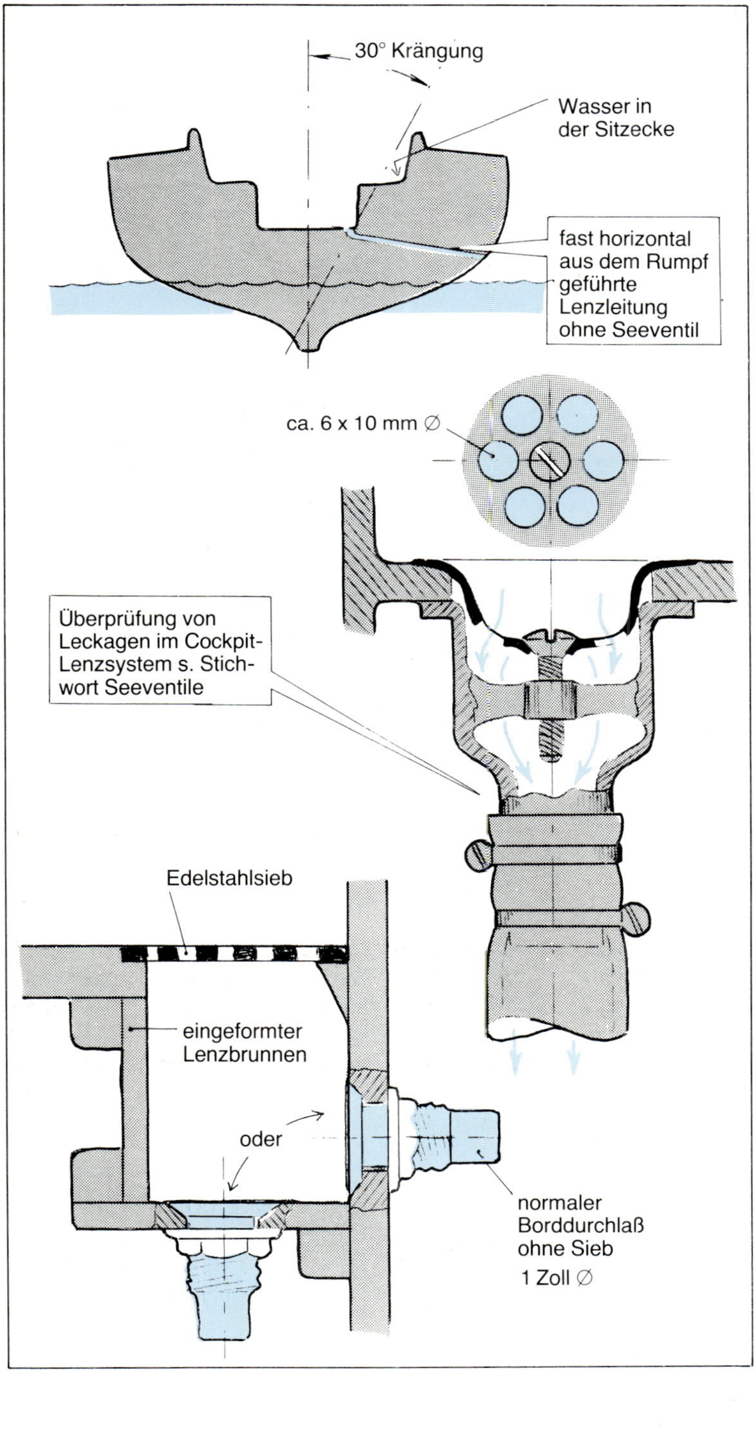

Prinzipiell findet man im Yachtbau drei Wege zur Wasserabführung aus dem Cockpit.

Die herkömmliche Art mit nach unten aus dem Rumpf geführten Lenzrohren und Seeventilen.*

Die Abführung des Wassers durch Kanäle oder Rohre, die über der Wasserlinie münden.

Der offene Spiegel auf modernen Regatta-Yachten, der für Fahrtenschiffe nicht empfehlenswert erscheint.

Man kauft natürlich in den meisten Fällen ein Schiff, ohne einen ausreichenden Blick auf das Lenzsystem des Cockpits zu werfen, und handelt sich oft Ärger ein. Die Abflüsse sollten aus Edelstahl sein. Die offenen Querschnitte der Siebe müssen den Sicherheitsansprüchen genügen. Wenn die Schläuche zu den Seeventilen nicht auf geradem Weg verlegt sind, müssen sie mindestens gewebeverstärkt sein.

Wahrscheinlich wird man in Zukunft immer häufiger den eingeformten Lenzbrunnen im Cockpit finden, und zwar mit größeren Abdecksieben, da die handelsüblichen Abflüsse dem gestiegenen Anspruch nach großen Abflußquerschnitten schlecht gerecht werden.

Die Skizze zeigt einen hölzernen Lenzbrunnen, wie man ihn nachträglich in den Cockpitboden einbauen könnte, um zwei zusätzliche Abflüsse anzubringen, die den Gesamtquerschnitt erweitern.

* Nach GL sind keine Seeventile mehr vorzusehen, wenn das Abflußrohr Rumpffestigkeit hat.

Cockpit-Konzept mit Pinnensteuerung

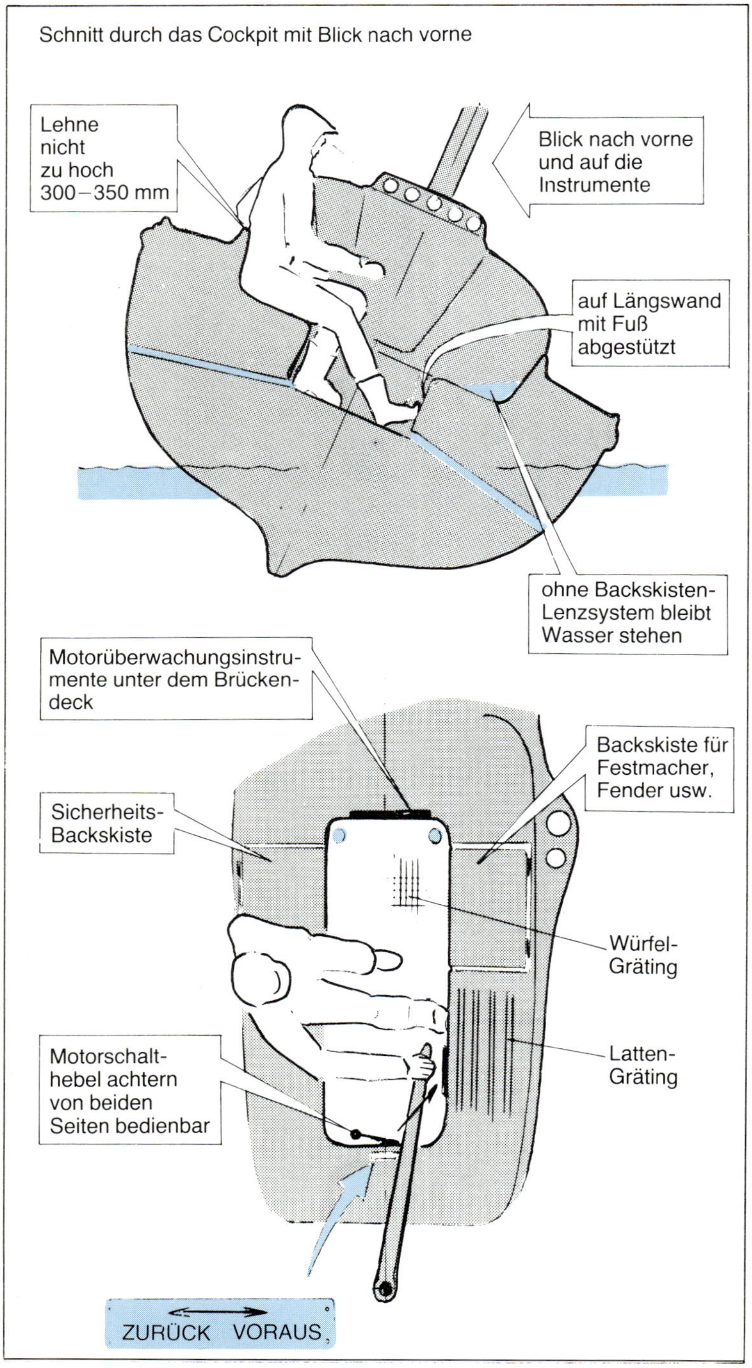

Die Pinnensteuerung ist die direkteste Steuerung, da der Steuerdruck direkt auf die Hand wirkt und nicht mit Gestänge, Ketten oder Hydrauliks „manipuliert" wird.

Beim Kauf sollten Sie sich, falls sie bei gutem Wetter den Probeschlag segeln, zumindest vorstellen, daß das Boot 30° Lage schiebt, und sich überlegen, was z. B. das Wasser macht, das vom Himmel, vom Segel und über das Deck kommt. Sie sehen die wichtigsten Punkte in der Skizze. Kann man gut nach vorne sehen? Haben die Backskisten ein eigenes Lenzsystem? Ist der Cockpitboden rutschfest? Sind die Maße wie Sitzhöhe, Lehnenhöhe, Abstützbreite richtig usw. usw?

Wenn Sie das Boot bereits besitzen und das Gefühl haben, daß z. B. die Sitzhöhe zu gering ist oder die Lehne zu hoch, können Sie das, wie auf den folgenden Seiten beschrieben, z. B. mit Grätings ausgleichen. Der Schalthebel für den Motor, an der Achterkante Cockpitwanne plaziert, schaltet zwar nicht mehr richtungsanalog wie auf der Seitenwand, ist aber von Backbord wie von Steuerbord zu erreichen.

Auch dem Lenzsystem der Backskisten und ihrem wasserdichten Verschluß wurde auf den folgenden Seiten ein besonderer Platz eingeräumt. Ein Punkt, der immer noch zu kurz kommt.

Cockpit-Konzept mit Radsteuerung

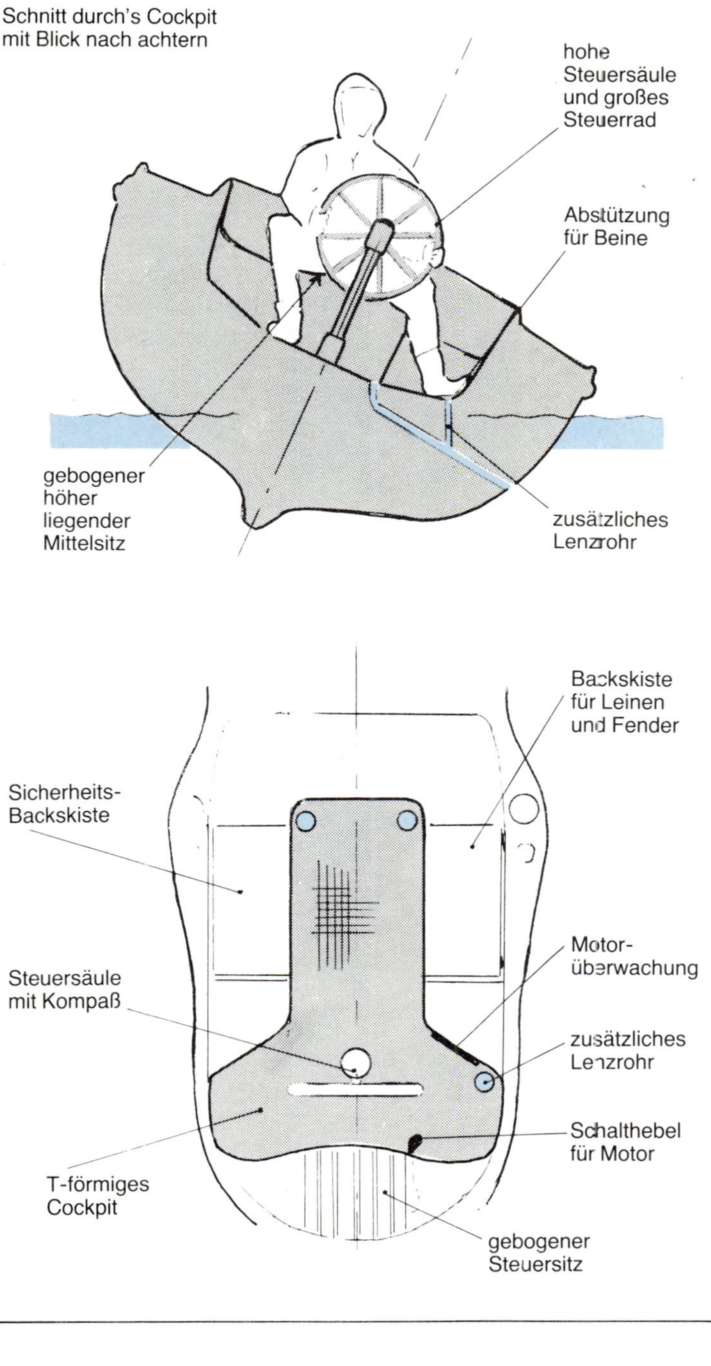

Die Radsteuerung ist nicht so direkt wie die Pinnensteuerung. Wie weit der Steuerdruck übertragen wird, hängt vom System ab. Dennoch hat die Radsteuerung einen ganz wesentlichen und auch unumstrittenen Vorteil – man kann sie unabhängig vom Ruderschaft ganz weit achtern oder mittschiffs aufstellen.

Der Steuermann braucht einen Mittelsitz, der etwas höher liegt als die normale Sitzebene, damit er gute Sicht nach vorne hat. Die Cockpits mit der schmalen Wanne, die für Quersitzende ideal zum Abstützen ist, muß dann aber T-förmig für die Beine des Steuernden ausgeführt sein.

Die Steuersäule wäre zwar ein idealer Platz für andere Instrumente, das ist jedoch wegen der Kompaßablenkung (siehe Kompaß) nicht möglich. Es sei denn, Sie haben eine ablenkungsfreie Kompaßtochter in der Säule. Fahren Sie jedoch einen normalen Magnetsteuerkompaß, muß die Schaltung des Motors nach unten, auch die Motorüberwachungsinstrumente und das Zündschloß müssen weit weg. Selbst das Gestänge und die Kette der Steuerung müssen antimagnetisch sein.

Auch für das T-förmige Cockpit gelten die gleichen Gesichtspunkte für das Lenzsystem wie für die pinnengesteuerten Schiffe (s. links).

Lattengrätings und Klappsitze

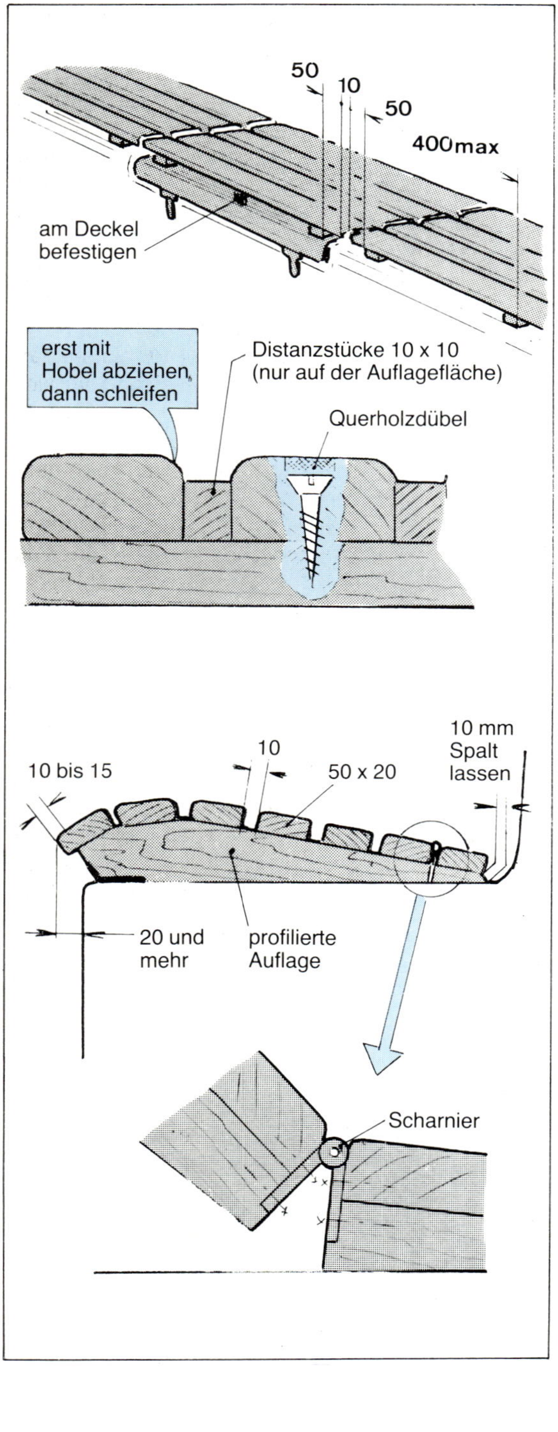

Grätings haben den Vorteil, daß man einerseits trokken sitzt und steht, daß man aber auch andererseits die Möglichkeit hat, in ein Stahl- oder Kunststoff-Cockpit auf elegante Weise Holz zu bringen, was dem Schiff mehr Wärme gibt und das Gefühl der Sicherheit vermittelt.

Die einfachere und preiswertere Form dieser Holzroste ist die Lattengräting. Auf quer zur Sitzfläche liegende Auflageleisten werden die Grätingleisten geschraubt. Handwerklich ist das nicht besonders schwierig, wenn man bereits gehobelte Leisten beschafft.

Ich will natürlich niemandem andere Holzsorten einreden, aber Teak ist nicht nur nach meiner Überzeugung das beste Holz an Deck, allerdings auch sehr teuer. Selbstverständlich kann man auch andere Leistenquerschnitte wählen, z. B. 20 x 30 hochkant. Hüten Sie sich jedoch davor, zu breite Bretter zu verwenden, weil es vielleicht auf den ersten Blick schneller geht und etwas preiswerter wird, oder etwa mit dunkellasierter Fichte oder Kiefer ein afrikanisches Rotholz zu imitieren. Auf diese Weise gerät Ihre Gräting optisch leicht in die Nähe eines Bretterverschlages Marke Hasenstall.

Die Befestigungsform in den Skizzen ist nur eine von verschiedenen Varianten. Am schlechtesten ist die direkt durchgebolzte Gräting, da sich der darunter ansammelnde Schmutz auf die Dauer nicht wegspülen läßt und die Gräting im Herbst abgenommen werden sollte.

Im Bereich der Backskisten sollte man die letzten beiden Leisten mit Scharnieren verbinden und die Lattengräting an der Vorderkante mit einem Gummistropp am Backskistendeckel befestigen. Dadurch kann sich die Gräting zum Backskistendeckel beim Öffnen relativ verschieben, und man hat keine Probleme.

Würfelgrätings

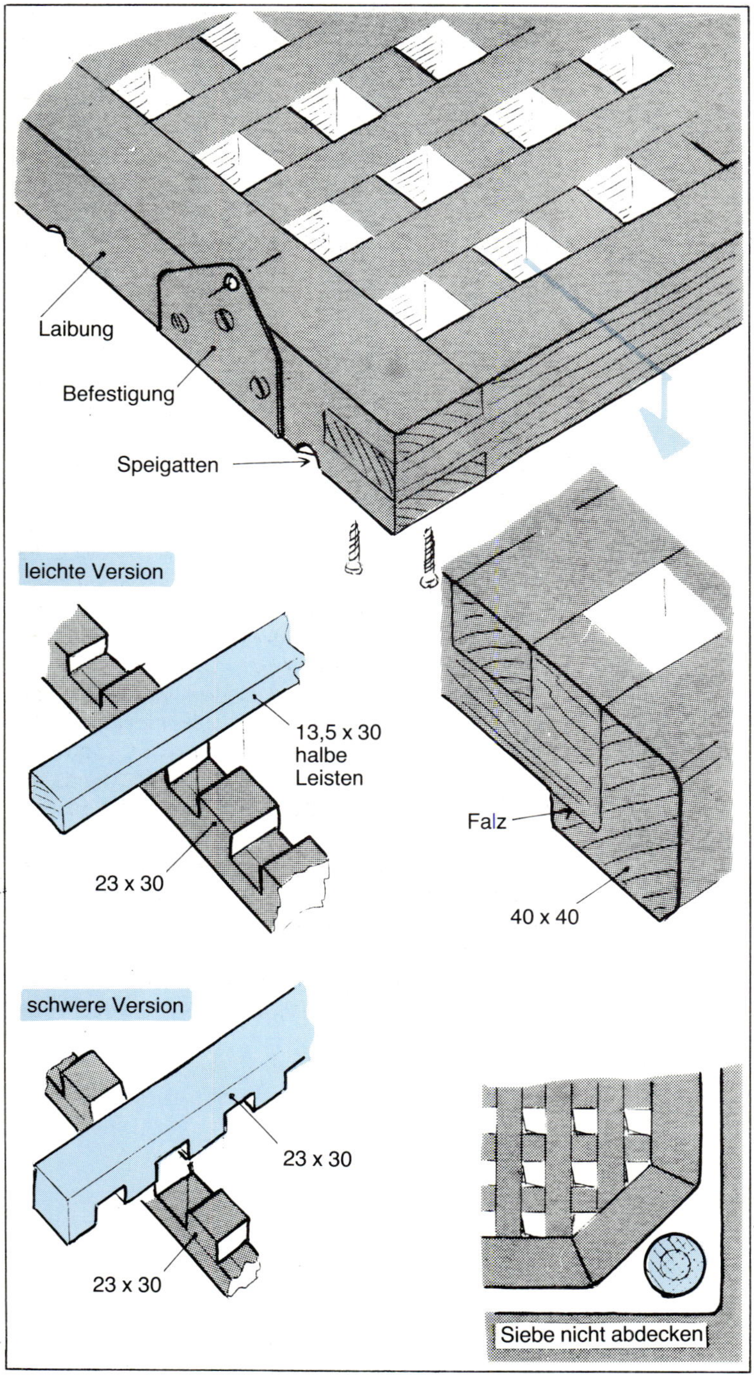

Würfelgrätings sind das hölzerne Schmuckstück in einem Cockpit. Sie sind aber sehr teuer, sehr schwer und erfordern viel Geduld und handwerkliches Geschick, wenn sie professionell aussehen sollen. Es sei denn, man kauft Halbfabrikate, nämlich bereits gefräste Grätingleisten.

Auch die schwere Würfelgräting muß im Cockpit vor dem Herausfallen arretiert werden.

Die Skizzen zeigen die beiden „echten" Würfelgräting-Versionen mit solider Laibung (Einfassung). Die leichtere Version mit halbierten Querleisten kann man durchaus als die bessere bezeichnen, da die herkömmliche schwere Version optisch und von der Standfestigkeit auch nicht mehr hergibt, aber viel mehr Aufwand bedeutet.

Natürlich gibt es auch hier ein halbes Dutzend Ersatzlösungen, aber sie sind leicht als Imitation zu erkennen.

Bei der Würfelgräting wird auch mit dem Holz etwas mehr gespielt, man wählt hellere oder dunklere Laibungen oder sogar helle Querleisten und dunkle Längsleisten.

Alles in allem muß man aber auch hier sagen – Teak eignet sich am besten, da lackierte Grätings (auch wenn es nur die Laibung ist) nicht nur die Rutschfestigkeit beeinträchtigen, sondern auch sehr schwer zu pflegen sind.

Backskisten-Dichtungen und -Lenzrohre

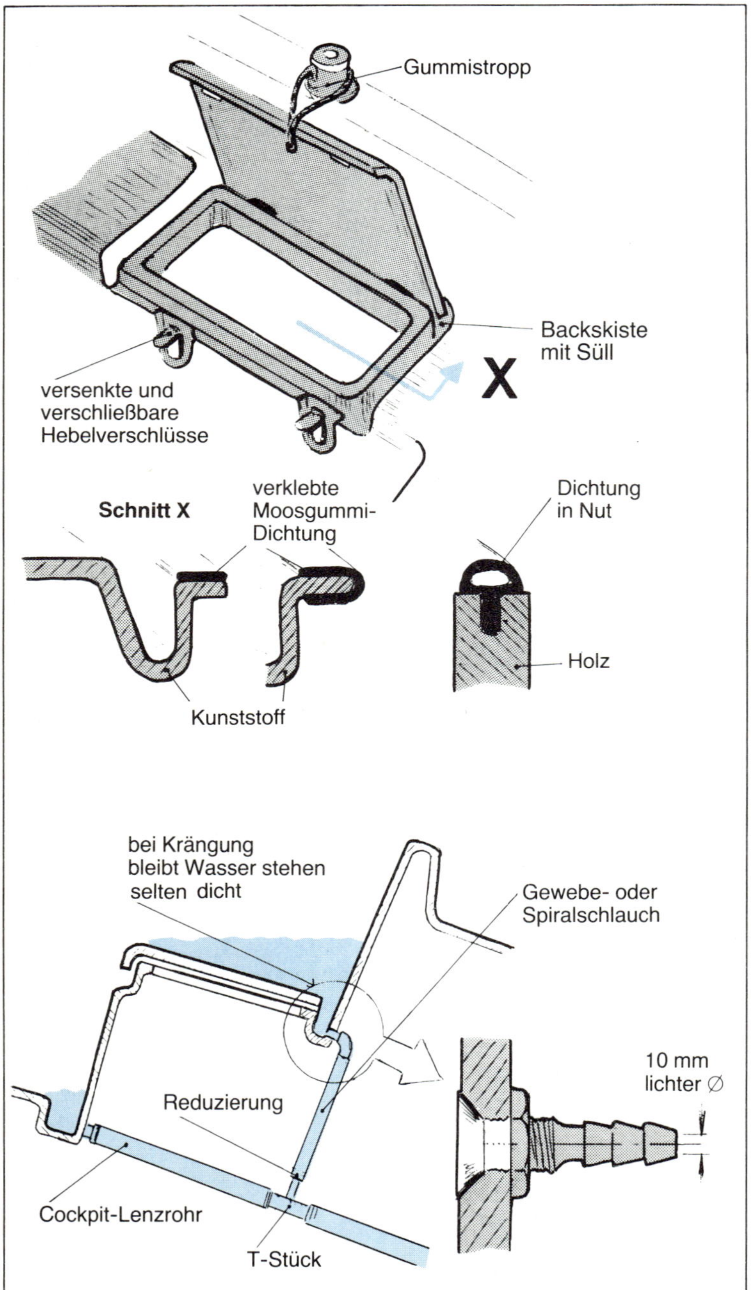

Es ist ein uraltes Problem auf Segelbooten, daß auf der Lee-Seite die Backskisten nicht trokken bleiben, da das Wasser bei Krängung auf dem Deckel stehen bleibt und dann auch durch gute Dichtungen eindringt. Konsequent lösen läßt sich das nur mit einer Lenzleitung, die den Süll um den Backskistendeckel entwässert. Dazu muß man allerdings auf jeder Seite mindestens eine 10 mm große Entwässerung einbauen, z. B. mit einem reduzierten T-Stück in das Cockpit-Lenzrohr führen. Stößt diese Lösung aus Platz- oder Sicherheitsgründen auf Schwierigkeiten, läßt sich das Wasser auch ins Cockpit ableiten.
Die Dichtung der Backskistendeckel sind meist nach zwei Jahren abgefallen und müssen erneuert werden. Es bieten sich im wesentlichen die in Schnitt X gezeigten Möglichkeiten an.
Wichtig ist, daß man einen wasserfesten Kleber für Gummi und Kunststoff verwendet. Verwenden Sie weiche moosgummiartige Dichtungen oder Hohlprofildichtungen.

Wichtig: Backskisten müssen fest zu verriegeln sein (Sicherheit beim Durchkentern), gleichzeitig sollte man Verschlüsse wählen, die man auch absperren kann. Außerdem müssen die Verschlüsse versenkt angebracht sein, da sie sonst einen ständigen Verletzungsherd für die Unterschenkel darstellen.

Lenzsystem

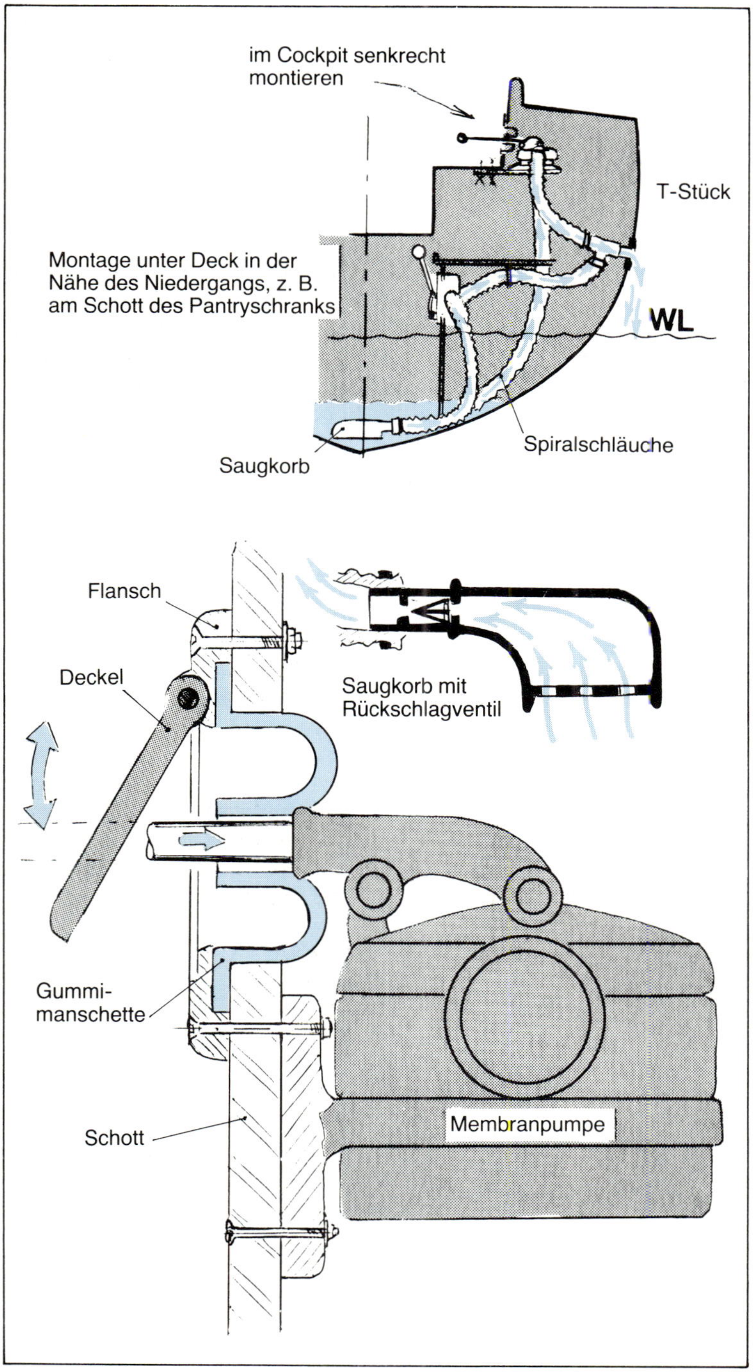

Nach den Sicherheitsrichtlinien sind zwei voneinander unabhängige Lenzpumpen empfohlen, eine unter Deck, eine im Cockpit. Die Größe der Pumpen wird nach den Empfehlungen des Germanischen Lloyd der Verdrängung gleichgesetzt

bis 2 t – 2000 l/h
bis 3 t – 3000 l/h
bis 4 t – 4000 l/h
über 4 t – 5000 l/h

45 Pumpschläge pro Minute hält man für die richtige Pumpgeschwindigkeit. Weitere Forderungen sind, daß jeder wasserdicht abgeschottete Raum und jede Pumpe eine eigene Lenzleitung hat. Der Saugkorb soll gut zugänglich sein. Der Pumphebel muß entweder fest an der Pumpe angebracht sein oder in der Nähe gehaltert werden.
Der Abfluß der Lenzpumpen muß nach außenbords und nicht ins Cockpit führen. Eine der Pumpen soll eine Membranpumpe sein.
Der Fachhandel hat Pumpen zur Flanschmontage, wie in der Skizze dargestellt, mit deren Hilfe es sehr einfach ist, vernünftig den Sicherheitsempfehlungen zu folgen. Bauen Sie die Lenzpumpe an ein senkrechtes Schott, da der horizontale Einbau immer dazu führt, daß Wasser in der Gummimanschette stehenbleibt.
Im Herbst, wenn man innen die Bilge ausspült, sollte man gleich sehr aufmerksam die Funktion der Lenzpumpen prüfen und darauf achten, daß kein Wasser in den Leitungen stehenbleibt.

Ruderanlagen

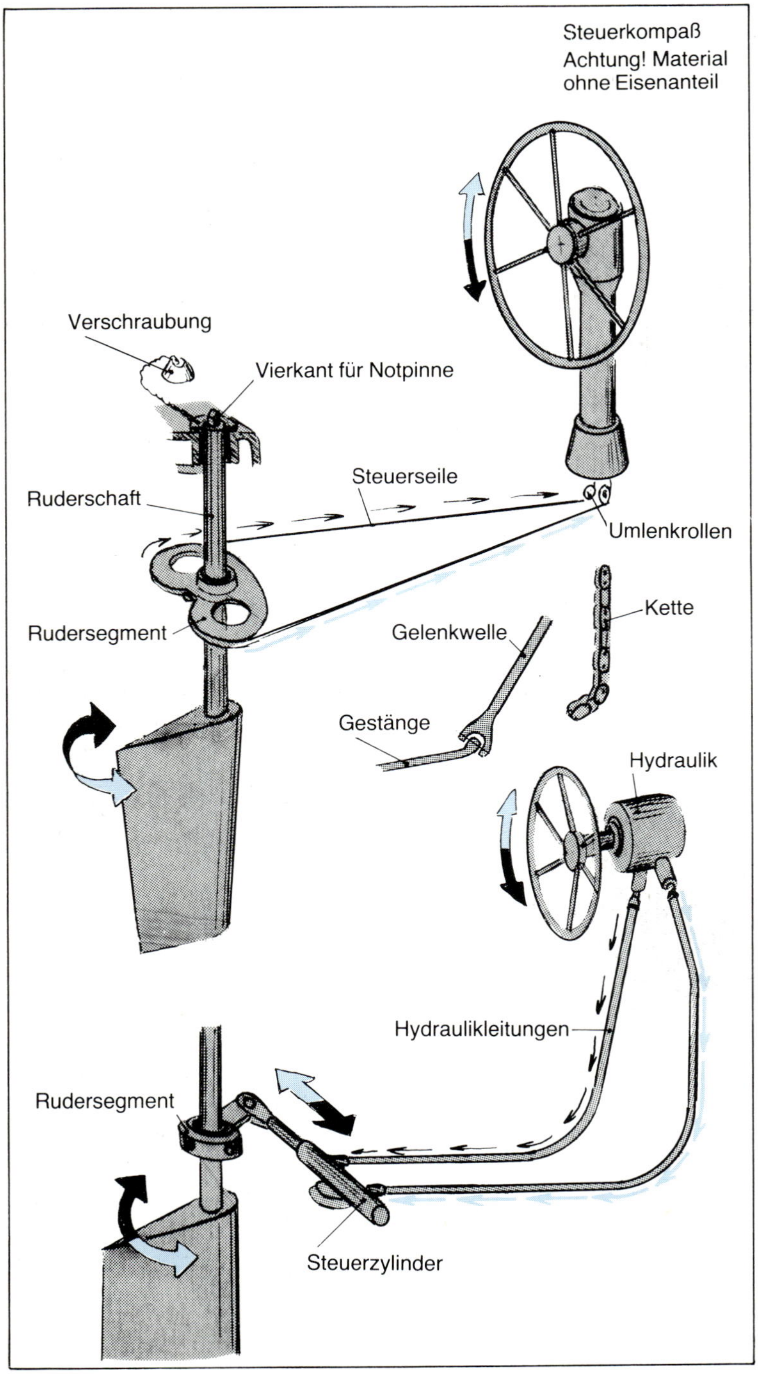

Die Einfachheit und die direkte Ruderdruckübertragung der Pinnensteuerung ist nicht zu übertreffen. Ab einer bestimmten Bootsgröße jedoch ist die Pinne zu schwer zu handhaben, wird zu lang, beansprucht zuviel Platz beim Steuerausschlag und zwingt den Rudergänger in eine ungünstige Position.

Zum Teil ist die Radsteuerung, die ja ohne Fernübertragung nicht möglich ist, Gefühls-, Gewohnheits- oder Prestigesache. Nachteil der Radsteuerung, und zwar gilt das für jedes System, ist der relativ hohe Wartungsaufwand und der finanzielle Mehraufwand gegenüber der Pinnensteuerung, da alle Teile in der Steuersäule aus eisenfreiem Material sein müssen, um den Steuerkompaß nicht abzulenken. Außerdem setzt die Umlenkung von mindestens 2 x 90° einigen technischen Aufwand voraus. Bowden- und Seilzüge sowie Ketten müssen die richtige Spannung haben und wie alle anderen bewegten Teile, Rollen und Lager abgeschmiert werden. Die Hydrauliks sind ebenfalls teuer und brauchen regelmäßige Pflege.

Im Herbst (mit Hilfe der Betriebsanleitung) alle bewegten Teile reinigen, konservieren, Seile entspannen und die Anlage im Frühjahr mit entsprechender Sorgfalt in Gang bringen.

Selbststeueranlagen

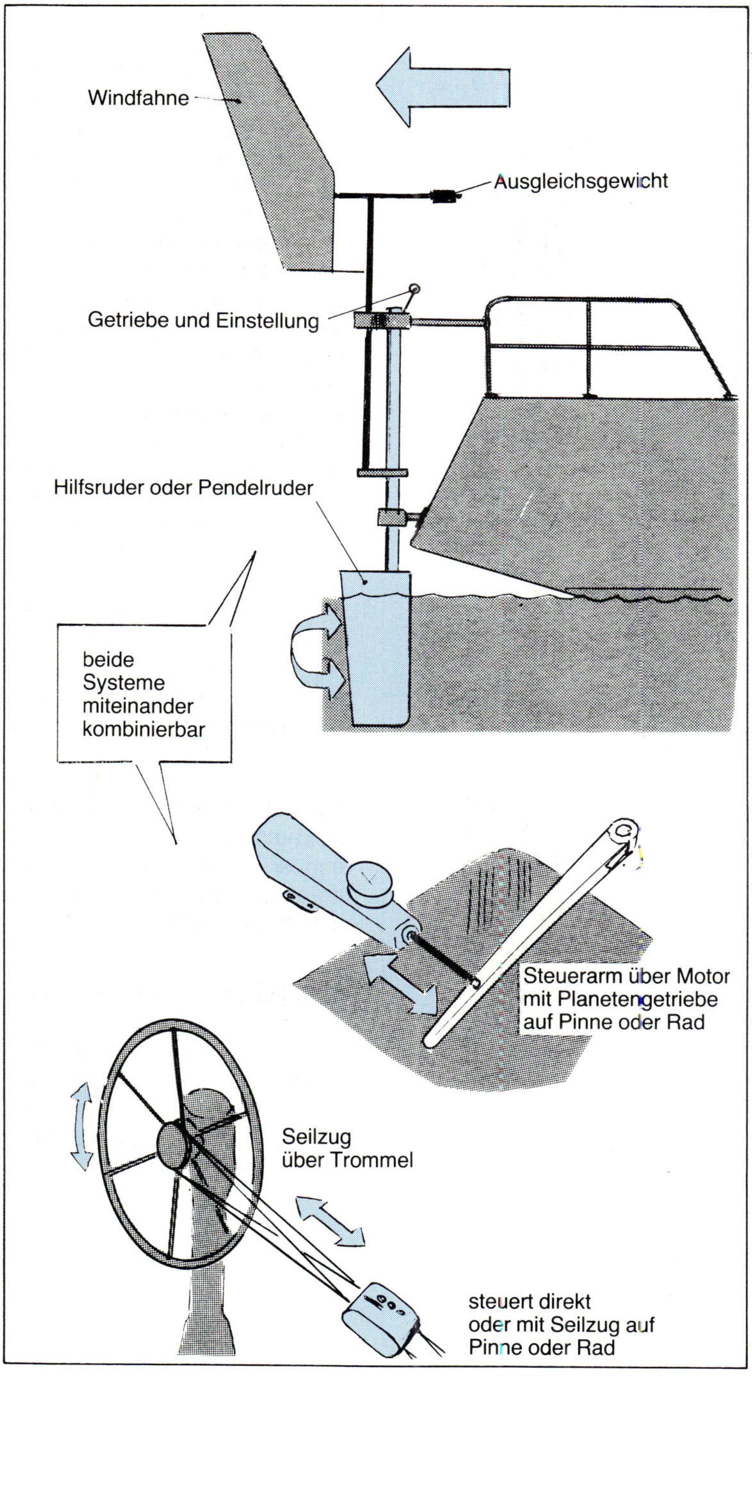

Wer seine Zeit nicht immer am Ruder zubringen will, hat die Möglichkeit zwischen einem halben Dutzend Wind-Steueranlagen (Skizze oben) und einigen kompaßabhängigen Selbststeueranlagen (Skizze unten) zu wählen, die zudem wenig Strom verbrauchen.

Die Montage ist relativ einfach und die Anbauanleitungen recht übersichtlich. Die Befestigung der Wind-Steueranlagen nimmt kaum eine Stunde in Anspruch.

Ähnlich simpel ist auch die Montage der kleinen Selbststeueranlagen, die nur einen Stromverbrauch von 2 bis 5 Watt haben und kompaßabhängig steuern. Sie sind so beschaffen, daß sie sich auch mit dem Windfahnenruder koppeln lassen.

Die Windfahnenruder bedürfen z. T. überhaupt keiner Wartung, außer daß man sie einmal mit Metallreinigungsmittel etwas auf Glanz bringt oder mit Frischwasser gründlich abspült. Einige Fabrikate haben Nadellager, die 1- bis 2mal im Jahr neu gefettet werden müssen.

Elektro-mechanisch arbeitende Selbststeueranlagen sind ebenfalls sehr wartungsarm und werden wie andere elektronische Geräte behandelt.

Achtung mit Eisenteilen und stromführenden Kabeln im Bereich des Steuerkompasses! Immer den Schutzabstand beachten. Zum Transport und Slippen wird die Windfahnen-Steuerung abgenommen.

Kompaß

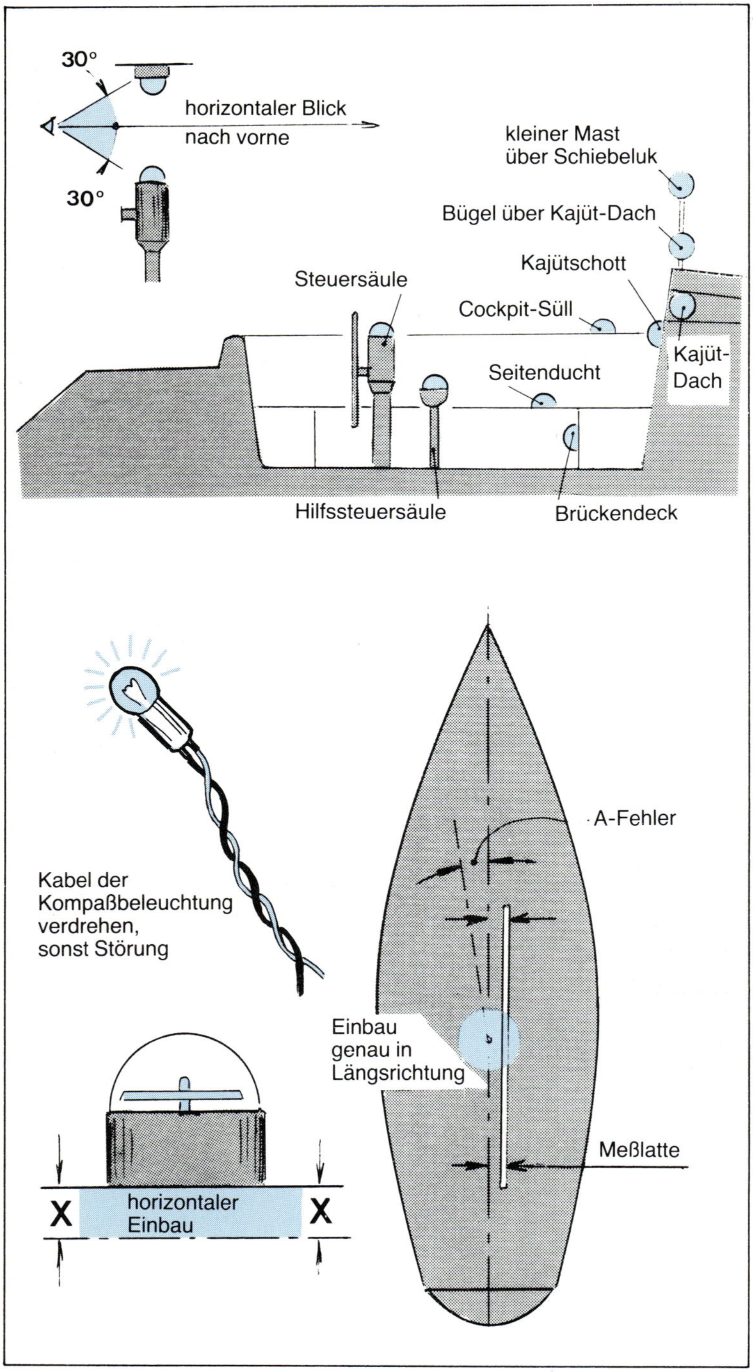

Der Kompaß hat als Navigationsgerät Nr. 1 besondere Bedeutung. Wenn man ihn kauft, sollte man lieber etwas mehr Geld anlegen und sich für ein Gerät entscheiden, das reparierbar ist.

Bei Kunststoff und Holzbooten braucht man im allgemeinen keine Kompensiereinrichtung, da die Deviation in den tolerierbaren +/− 5° liegt, die in der Steuertabelle aufgefangen werden.

Wichtig ist, daß der Schutzabstand horizontal von etwa 1 m und vertikal ca. 0,6 m von stromführenden Kabeln sowie Eisenteilen eingehalten wird. Besonders zu beachten sind in dieser Hinsicht auch Steuerseile und Steuerketten, der Traveller und die Baumbeschläge. Viele mäßig legierte Edelstahlsorten sind ebenfalls nicht antimagnetisch.

Bei Stahlschiffen ist es sehr schwierig, den Kompaß störungsfrei aufzustellen. Man sollte ihn auf jeden Fall symmetrisch aufstellen und gleich einen Kompaß mit Kompensiereinrichtung kaufen oder auf einen Fluxgate-Kompaß ausweichen.

Der Fluxgate-Kompaß ist ein System, das aus einer Magnet-Gebersonde besteht, die störungsfrei aufgestellt werden kann, einer Abstimmeinheit, in der man sogar die Mißweisung ausgleichen kann, und mehreren Anzeigegeräten, die dann bei einigen Fabrikaten den wahren Kurs anzeigen.

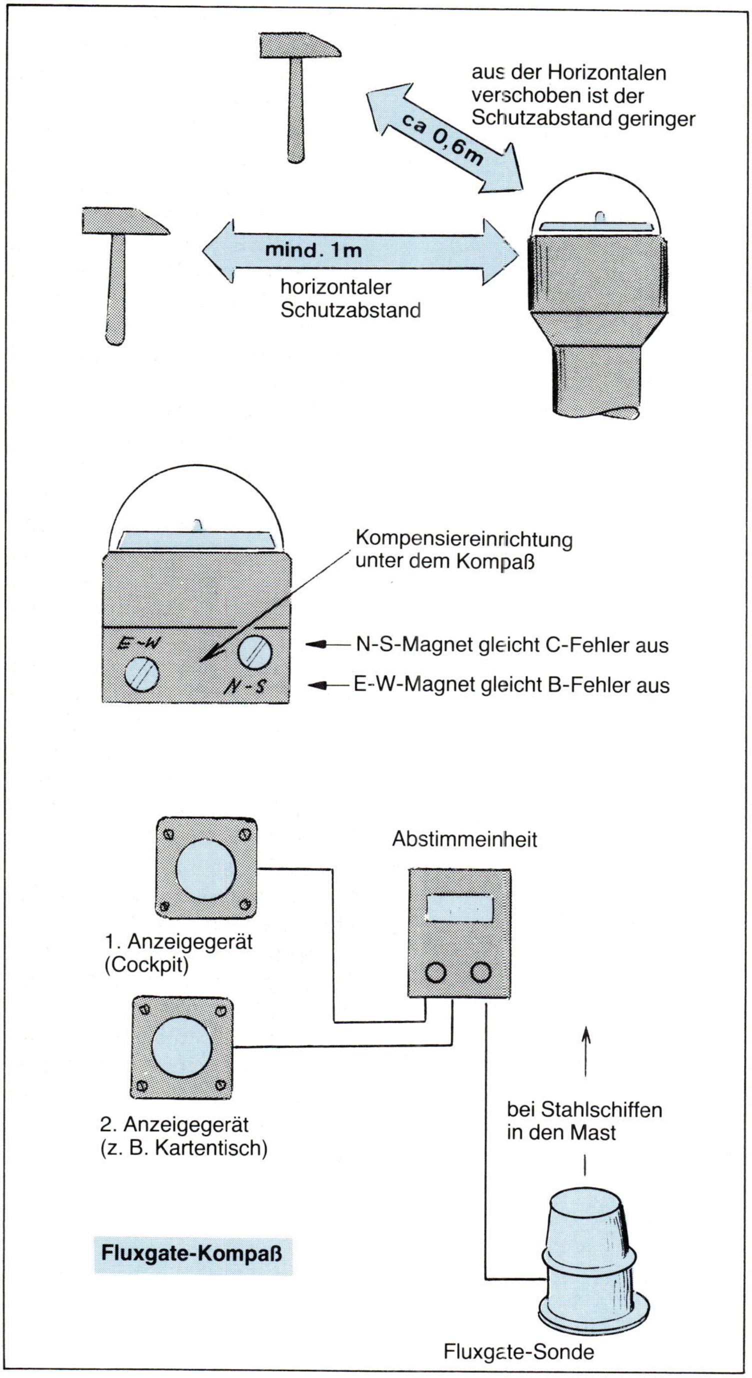

Fluxgate-Kompaß

Diese Fernkompasse sind zwar 2- bis 3mal so teuer wie Magnetkompasse, steigern aber den Komfort wesentlich, da auch mehrere Anzeigegeräte angehängt werden können.

Für den Einbau eines Magnetkompasses ist neben dem Schutzabstand zu beachten, daß der Kompaß möglichst horizontal und ganz genau in Längsschiffsrichtung aufgestellt wird. Jede Abweichung von der Längsachse geht später als ständiger Fehler in die Navigation.

Nach den Sicherheitsbestimmungen hat ein Reservekompaß an Bord zu sein, ein Handpeilkompaß erfüllt diese Funktion.

Bei Stahlschiffen verändert sich der Schiffsmagnetismus im Laufe des Winterlagers, so daß im Frühjahr einmal neu kompensiert werden muß. Bei Kunststoff- und Holzbooten sollte man hin und wieder auf einem Tonnenstrich eine Kompaßkontrolle durchführen. Ansonsten sind gute Kompasse wartungsfrei. Falls Sie einen Kompaß mit Kunststoffkuppel haben, gilt es mit Pflegemitteln (wegen der schleifenden Bestandteile) besonders vorsichtig zu sein.

Navigationsgeräte im Rahmen der Mindestausrüstung

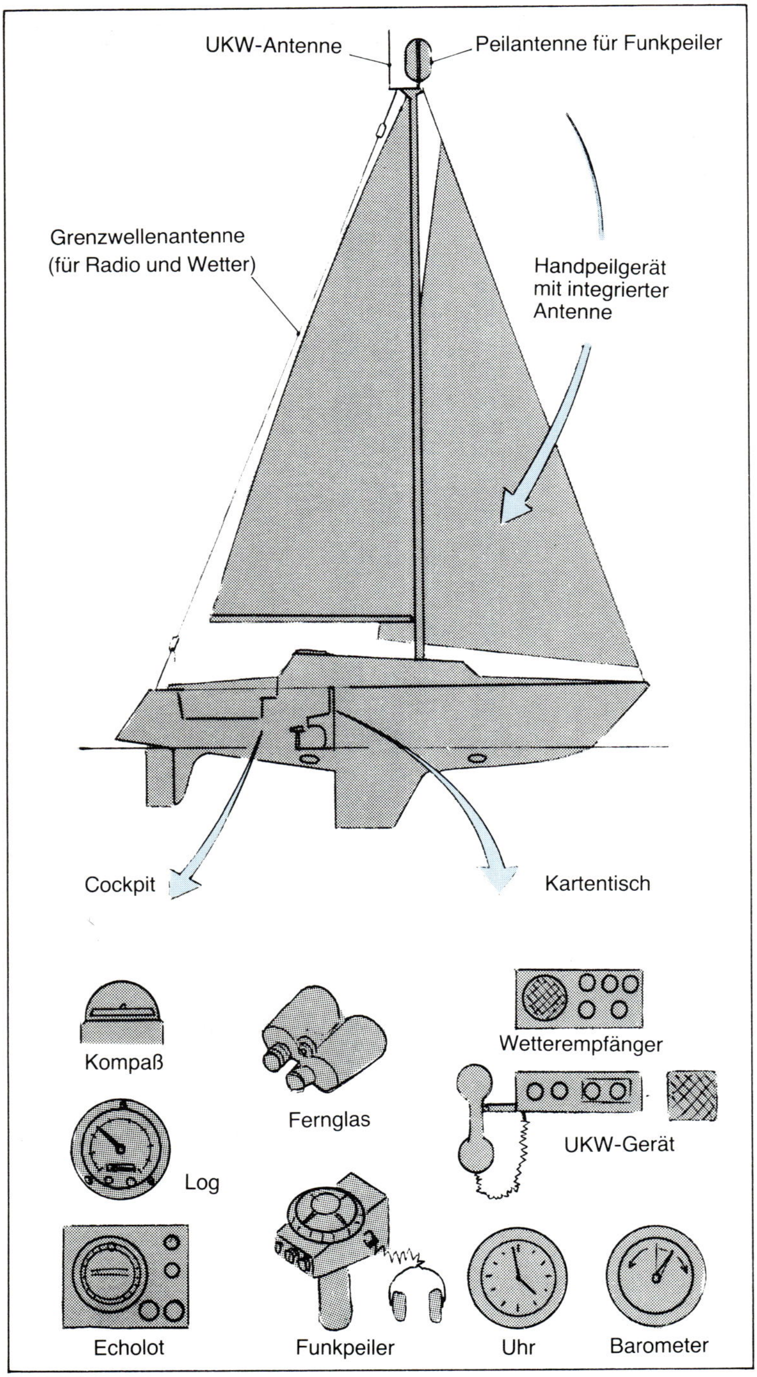

Die Sicherheitsrichtlinien definieren ganz genau den Mindestumfang an Navigationsgeräten in einem m. E. vernünftigen Maß.

Neben den Seekarten, Leuchtfeuerverzeichnissen und üblichen Handbüchern sowie dem Zeichenzubehör werden Log (Geschwindigkeitsmesser und Meilenzähler), Echolot (kann auch ein Handlot sein) und Funkpeiler (moderne Handfunkpeiler reichen im allgemeinen aus) gefordert, weiter ein Radio, geeignet für den Empfang von Wetterberichten, sowie ein Barometer, eine Uhr und ein Fernglas. Für den mittleren Seeraum wird eine UKW-Sprechfunkanlage mit 55 Kanälen empfohlen, für die ein Sprechfunkzeugnis erforderlich ist.

Natürlich ist für die Geräte keine Qualität definiert, dennoch ist zu empfehlen, auf Küstenfahrt erprobte Seegeräte zu kaufen. Die Wartung und Reparatur bzw. der Versuch einer Defekt-Eingrenzung ist auf Seite 183 zusammengefaßt. Wesentlich für eine zuverlässige Funktion ist natürlich sorgfältiger Einbau und vernünftige Handhabung.

Beim Einbau ist besonders auf die richtige Geberposition, den störungsfreien Verlauf der Geberleitungen und die richtige Wahl der Antennen zu achten.

Beim Peilen mit Handfunkpeilern ist zu empfehlen, die Richtantenne hinter das Achterstag oder vor das Vorstag zu halten, um brauchbare Peilungen zu bekommen.

Rumpf, Ruder und Seeventile

Hauptteile des Kunststoffrumpfes

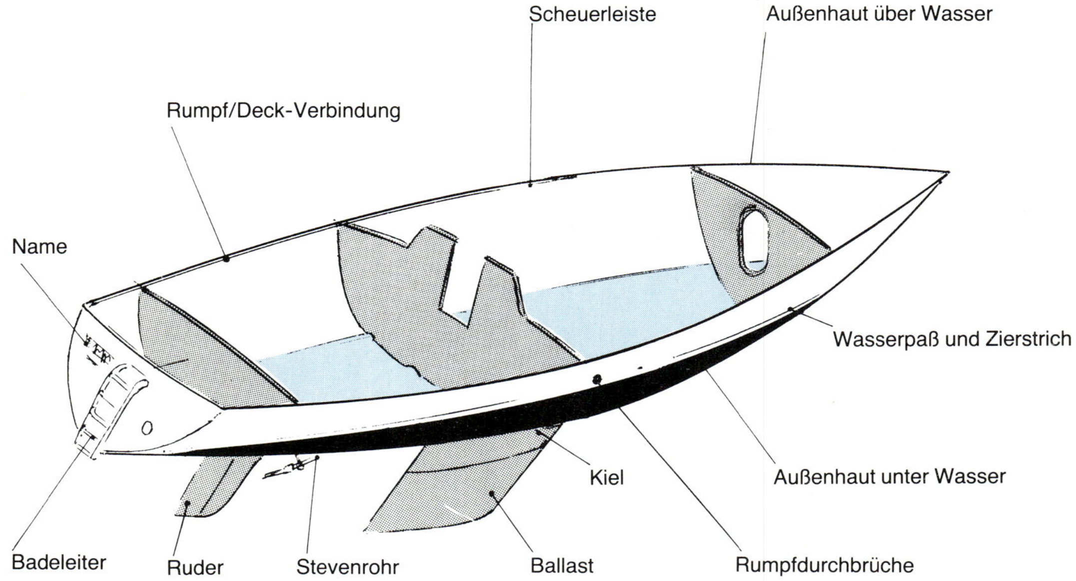

Jedes Rumpfmaterial hat seine besonderen Eigenheiten und setzt eine besondere Anatomie der Hauptteile des Rumpfes voraus. Die auftretenden Probleme für Instandhaltung und Reparatur sind dementsprechend materialspezifisch.

Hier geht es erst einmal um den Kunststoffrumpf, mit dessen industrieller Herstellung sich auch das Bild von den Hauptteilen, nämlich der Anatomie des Rumpfes gewandelt hat.

Der Kunststoffrumpf besteht aus einer wasserdichten Schale, die aus einem „Guß" gefertigt ist. Die tragende Festigkeit entsteht durch die konstruktiven Elemente wie Kiel, Stringer, Schotten, Wrangen und schließlich durch die Verbindung von Rumpf und Deck. Diese konstruktiven Elemente werfen bei Kunststoffbooten, wenn sie richtig dimensioniert und verarbeitet sind, keine besonderen Probleme auf. Leckagen am Kiel und der Deck/Rumpf-Verbindung sowie ihre Beseitigung sind an entsprechender Stelle besprochen. Auf den folgenden Seiten finden Sie zu den hier aufgezeigten Teilen und Problemgruppen entsprechende Ausführungen, ebenfalls immer mit Blick auf Sicherheit, Wartung, Pflege und Reparatur.

Rumpfdurchbrüche und Bordanschlüsse

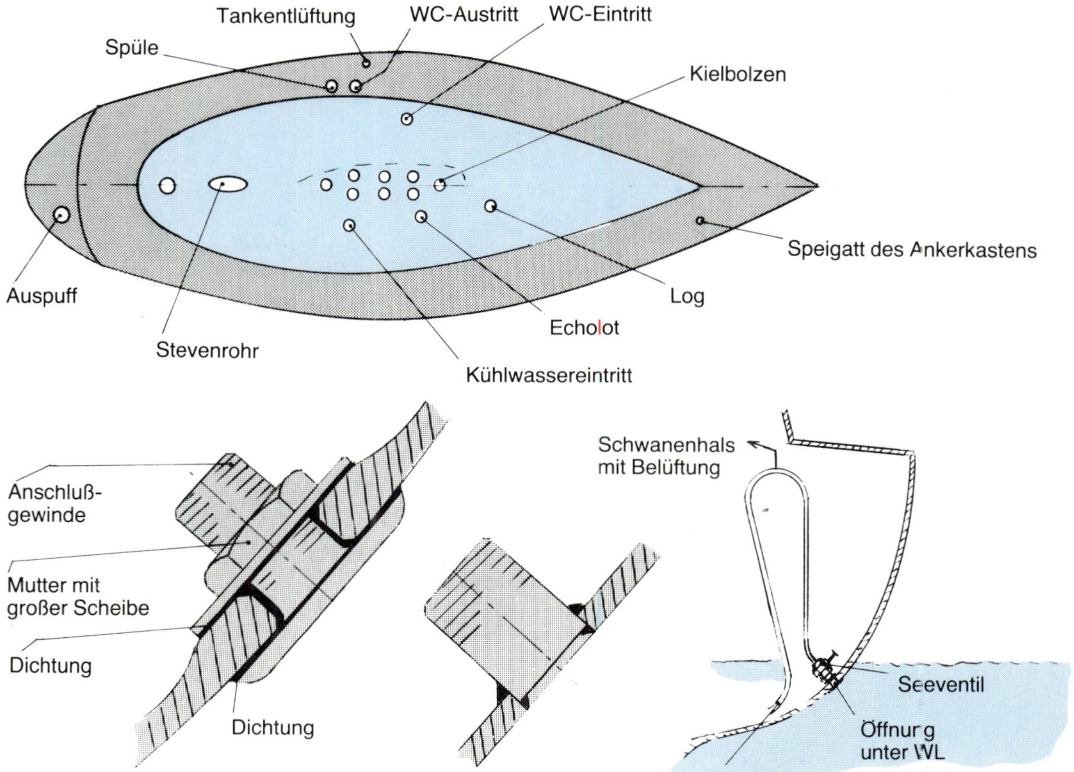

Bordanschluß für Kunststoff- und Holzyachten

eingeschweißter Bordanschluß bei Metallyachten

Man versucht zwar, die Löcher im Rumpf schon von der Konstruktion her auf ein Minimum zu beschränken, dennoch sieht ein Rumpf mit dem üblichen Komfort des Familienkreuzers, wie die Zeichnung oben zeigt, eher wie ein Sieb aus.

Alle Rumpfdurchführungen außer Stevenrohr und Kielbolzen reduzieren sich auf mehr oder weniger gleichartige Borddurchführungen, die bei Holz- und Kunststoffbooten verschraubt, bei Metallschiffen von vornherein eingeschweißt sind. Für die normale Schlauch- oder Rohrleitung unterscheidet man nur noch, ob über oder unter Wasser. Jede Borddurchführung unter Wasser muß durch ein Seeventil gesichert sein, damit die Yacht nicht bei Rohrbruch oder Leckage in einem wasserführenden System volläuft und sinkt.

Eine weitere Sicherung bieten die Schwanenhälse. Das sind bis zum Hauptdeck hochgezogene Schlauchschleifen, die ein Eindringen des Außenbordswassers verhindern. Schwanenhälse, deren Austritt und Leitungssystem unterhalb der Wasserlinie liegen, sollten eine Entlüftung haben, damit bei einer Leckage unterhalb der Wasserlinie nicht von außenbords Wasser angesaugt wird.

Bordanschluß

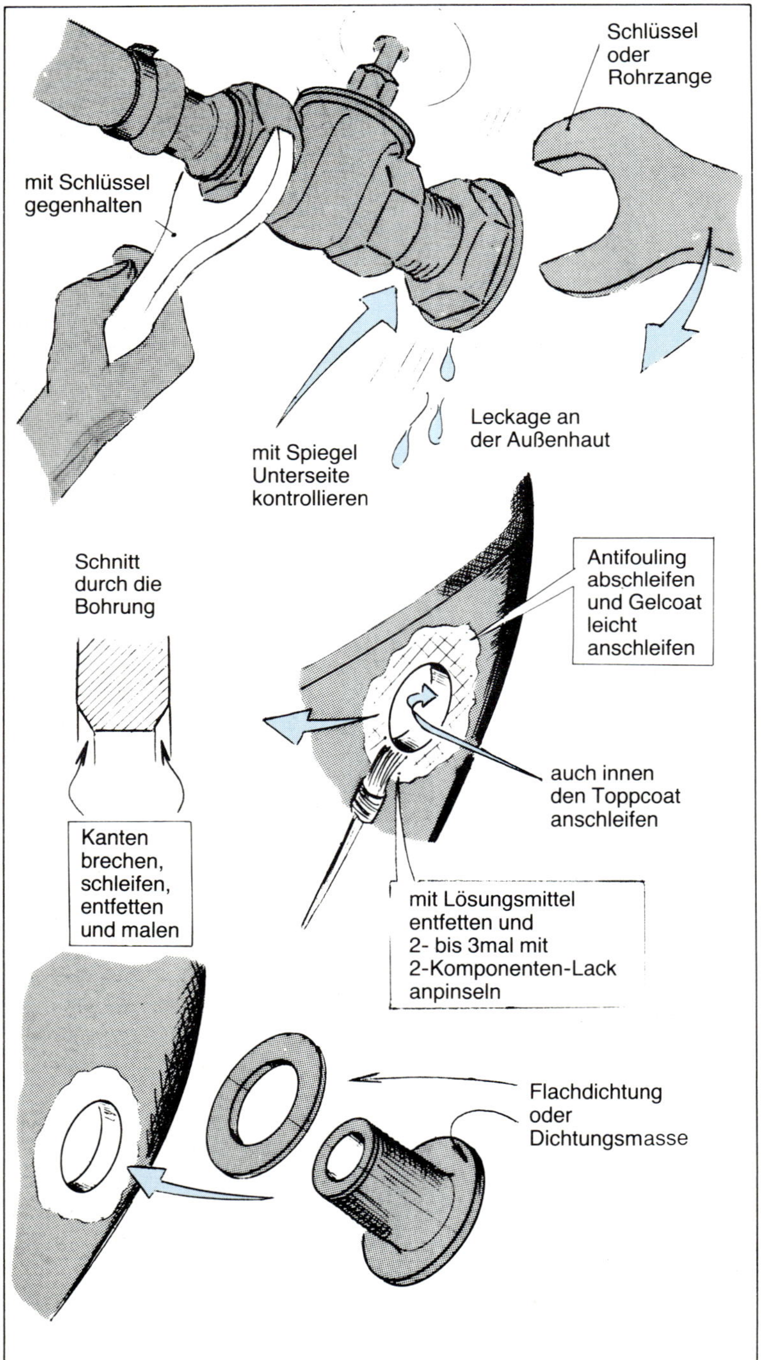

Normalerweise hat man mit Bordanschlüssen relativ wenig zu tun, es sei denn, sie fangen an zu lekken. Liegt das Boot im Wasser, versucht man wie in der Skizze die Mutter etwas nachzuziehen. Bei neuen Booten kommt eine derartige Leckage häufig vor, da sich die Dichtungen setzen und die Verschraubung zu lecken beginnt. Danach passiert erst einmal ein paar Jahre gar nichts, bis schließlich die Dichtungen zu altern anfangen und wiederum zu lecken beginnen. Bevor Sie jedoch an der Außenbordsverschraubung mit großen Schlüsseln herumwürgen, sollten Sie mit einem Spiegel und der Taschenlampe prüfen, ob die Flüssigkeit nicht an der Unterseite der Rohrleitungen entlang läuft (z. B. Leckage am Schlauch oder Kondensat). Ziehen Sie die Verschraubung nicht mit aller Gewalt, sondern mit etwas Gefühl an. Wenn die Leckage nicht hundertprozentig zu beseitigen war, muß der Bordanschluß herausgenommen und neu abgedichtet werden. Bei der Gelegenheit können Sie gleich eine Kinderkrankheit der Serienbauer beseitigen, indem Sie die Schnittflächen der Bohrungen mit 2-Komponenten-Polyurethanlack versiegeln. Das hat aber nur dann Sinn, wenn als Dichtungsmasse nicht Silikonkautschuk verwendet wurde. War dies der Fall, kann man nur die alte Masse so gut es geht abkratzen, die Dichtfläche primern und mit neuer Dichtungsmasse einsetzen.

Bordanschluß einsetzen

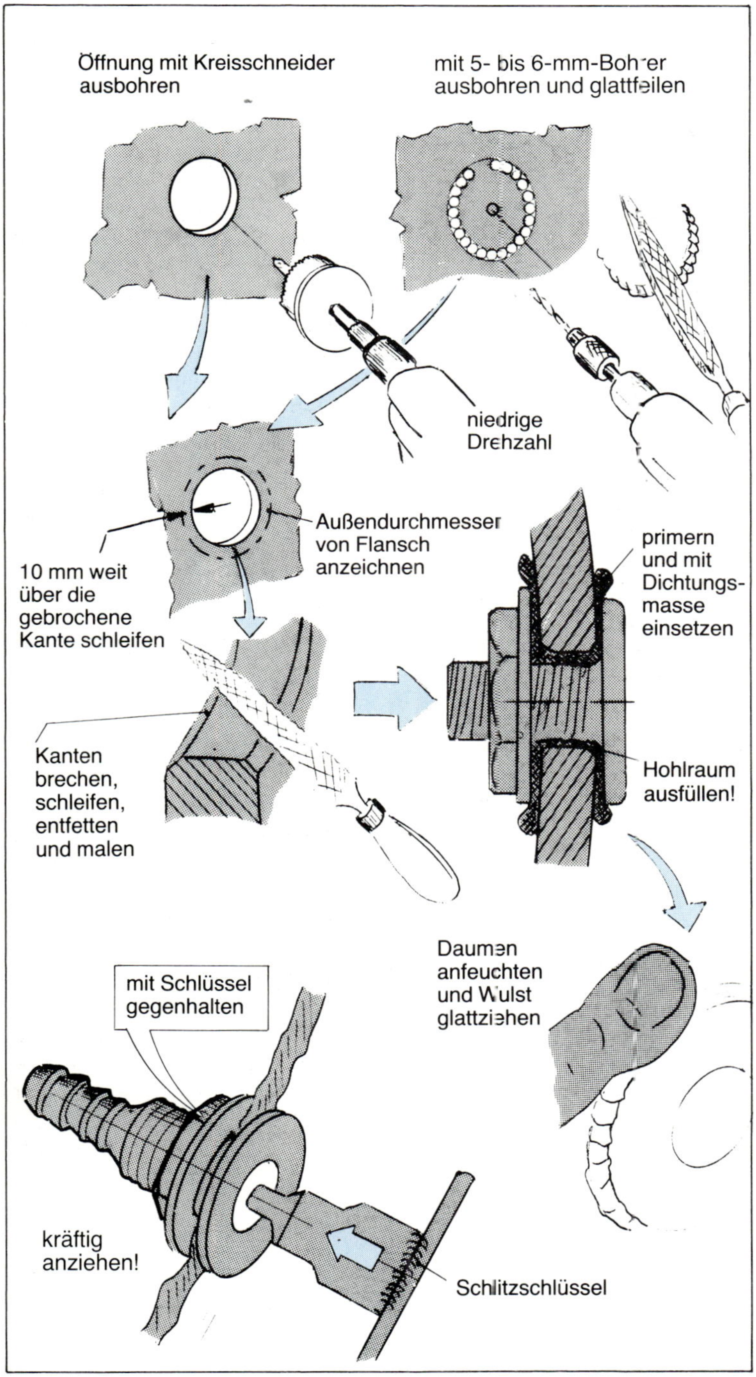

Die Borddurchführungen müssen, sofern sie aus Metall sind, aus seewasserbeständiger Bronze sein. Lassen Sie sich das beim Kauf ausdrücklich bestätigen. Normales Sanitärmessing kann schon nach wenigen Tagen so weit korrodiert sein, daß das Schiff in Gefahr gerät.

Das Einsetzen des Bordanschlusses gilt prinzipiell für alle Varianten. Über Wasser gibt es auch Rumpfdurchführungen (z. B. Heizung), bei denen der Flansch mit Schrauben befestigt wird.

Sicherlich sind die auf dem Markt befindlichen Bordanschlüsse nicht optimal gelöst, da das Einsetzen und Festziehen problematisch ist und, wenn es sorgfältig sein soll, mit einem Spezialschlüssel geschehen muß, da man sonst nicht mit ausreichender Kraft halten kann oder den Flansch ruiniert. Reparaturwerften haben allerdings solche Werkzeuge und verleihen sie auch.

Für alle Löcher im Rumpf gilt: Kanten der Bohrung brechen, Innen- und Außenseite etwas anschleifen und mit 2-Komponentenlack versiegeln. Das ist deshalb wichtig, da die Metallteile auch in einer Bohrung Kondensat ansetzen, das dann in das Laminat einzieht und die Festigkeit herabsetzt.

Soll die Leitung an einer Borddurchführung mit einem Seeventil oder einer anderen Verschraubung fortgesetzt werden, sollten Sie, wie auf der nächsten Seite beschrieben, verfahren.

Seeventile

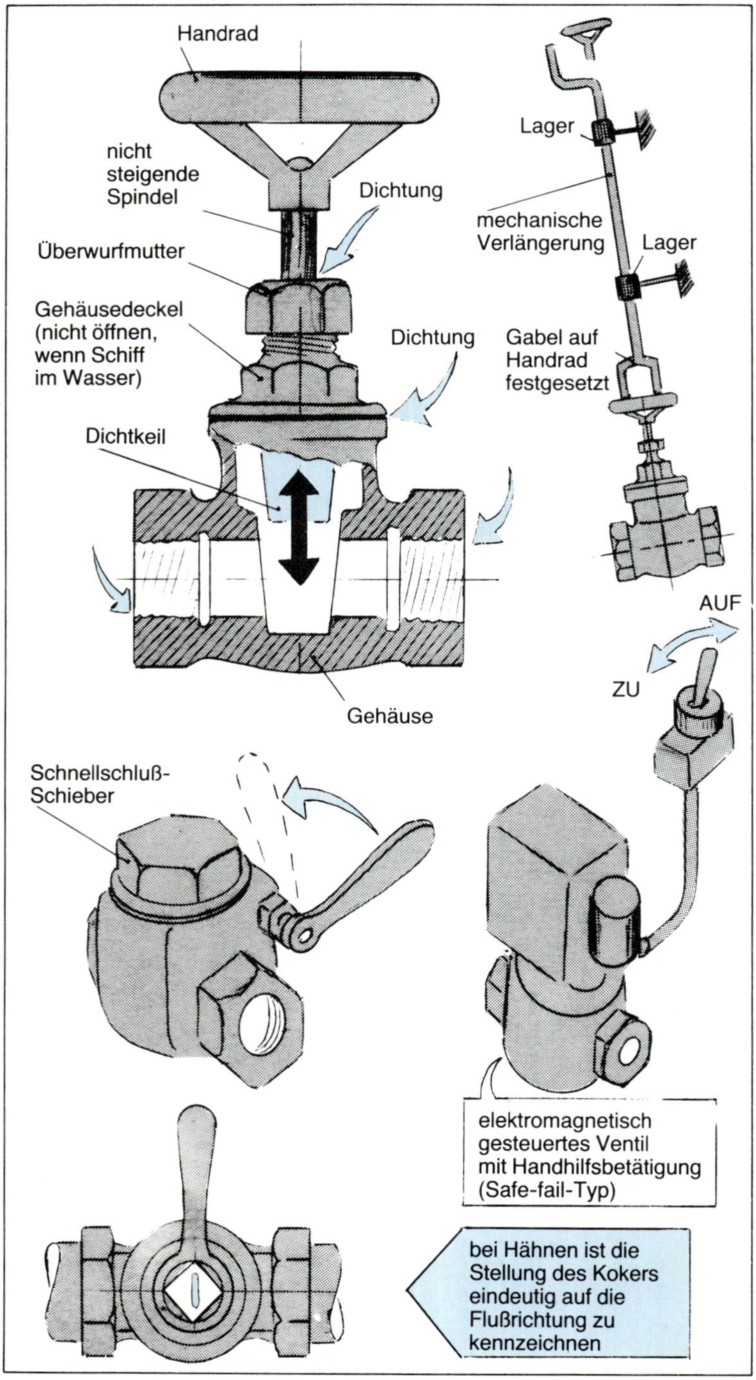

Seeventile sind Absperrorgane für Rohrleitungen, die im Unterwasserbereich durch die Bordwand führen. Vom Aufbau her handelt es sich meist um Schieber mit nicht steigender Spindel. Für den Kauf gilt: Lassen Sie sich die Seewasserbeständigkeit des Seeventils bestätigen. Sanitär-Absperrorgane haben Legierungsbestandteile, die nicht seewasserbeständig sind.
Der Aufbau und die möglichen Leckstellen gehen aus der Schnittzeichnung hervor. Da die Drücke in den Leitungen nicht groß sind – es handelt sich hauptsächlich um Ansaugleitungen – kann man die Seeventile auch gut von Leckagen freihalten.

Achtung: Auf keinen Fall den Gehäusedeckel öffnen, wenn das Schiff im Wasser liegt. Dann fliegt der Dichtkeil heraus, und Wasser strömt über den gesamten Querschnitt ins Schiff.

Damit man nicht immer kopfüber tief unten die Seeventile öffnen und schließen muß, kann man Verlängerungsgestänge anbringen oder die Ventile elektromagnetisch (sehr teuer) steuern.

Seeventile werden geschlossen, wenn man für längere Zeit von Bord geht, damit bei einem Rohrleitungsschaden unterhalb der Wasserlinie das Schiff nicht volläuft und sinkt.

Seeventile, Einbau und Pflege

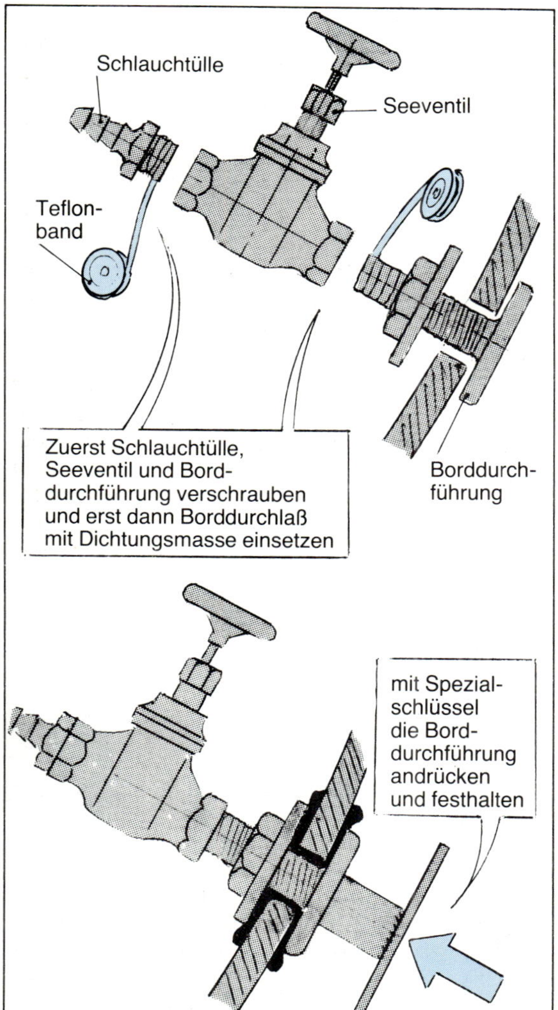

Beim Einbau eines Seeventils ist es besser, erst die Einheit Borddurchlaß, Seeventil und Anschlußstutzen, z. B. die Schlauchtülle, in sich zu verschrauben, um die Verbindung wirklich hundertprozentig abzudichten (Skizze oben). Jetzt ist es möglich, das Seeventil so zu stellen, wie man es wünscht (z. B. senkrecht), und dann erst die Borddurchführung festzuziehen. Ist die Borddurchführung bereits eingebaut, muß man das Anschlußgewinde doppelt mit Teflon-Band bewickeln, um bei richtiger Abdichtung auch die gewünschte Ventilstellung zu erreichen, d. h. man muß das Ventil so weit festdrehen, daß es dichtet und gleichzeitig die richtige Stellung hat. Überschreitet man diesen Punkt, muß eine ganze Umdrehung weitergedreht werden, was u. U. dazu führt, daß die Borddurchführung losgerissen wird und später leckt.

Den Sicherheitsrichtlinien entsprechend sollten Seeventile einmal im Jahr kontrolliert und gefettet werden. Gefettet, das bedeutet aufschrauben und die Spindel in der Gewindemutter des Dichtkeils fetten. Ich glaube, diese Empfehlung ist überholt und führt zu unnötigen Leckagen. Man sollte Seeventile alle 3 bis 5 Jahre einmal öffnen und, sofern vom Material her nötig, die Spindel und Gewindemutter des Dichtkeils sowie den Spindelteil im Dichtungsbereich der Überwurfmutter einfetten. Bei der Gelegenheit müssen allerdings die Dichtungen (O-Ringe und andere Dichtungen) erneuert werden.

Zu kontrollieren ist dann besonders der Dichtkeil und die Spindel auch in Hinsicht auf Korrosionserscheinungen. Treten welche auf, muß deren Ursprung gesucht und durch Materialumstellung oder eine Opferanode beseitigt werden.

Funktionsprüfung (jährlich nach dem Aufslippen): Drehen Sie alle Seeventile vor dem Aufslippen zu. Wenn der Rumpf dann aus dem Wasser gehoben abtrocknet, kann man an den Borddurchlässen prüfen, ob die Ventile, Hähne oder Schieber dicht sind. Rieselt einige Stunden Wasser aus der Borddurchführung, ist das entsprechende Seeventil zu überprüfen.

Schieber kann man natürlich auch kontrollieren, indem man sie von innen betätigt und von außen mit der Taschenlampe leuchtet.

Die Seeventile der Cockpit-Abflüsse prüft man, indem man sie zudreht, das Cockpit 10 cm hoch mit Wasser füllt und unter den Rumpf guckt, ob es leckt.

3-Wege-Hähne müssen so installiert sein, daß eine falsche Schaltstellung ein Eindringen von Außenbordswasser unmöglich macht.

Ruder

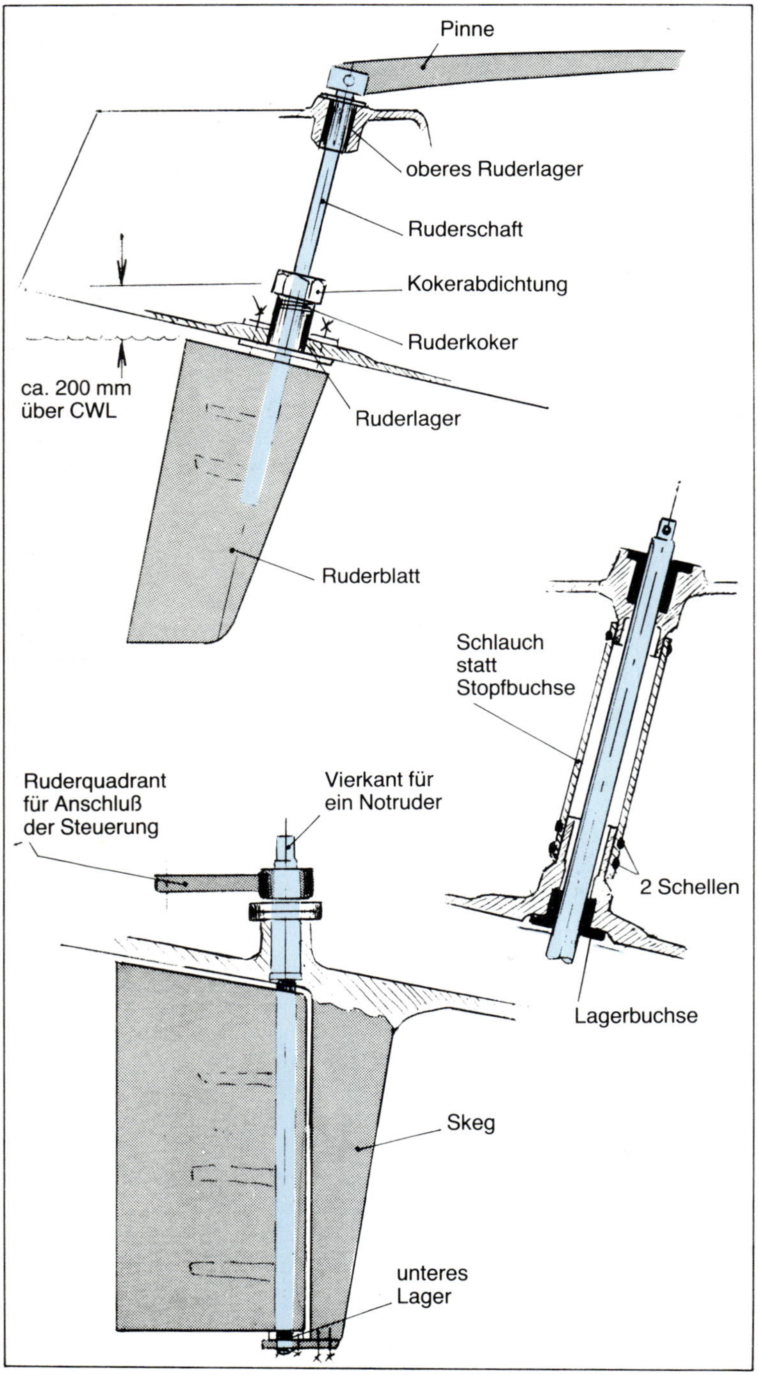

Ruder sollten, wenn sie fachgerecht gebaut sind, weitgehend wartungsfrei sein. Tatsächlich treten häufig Schwierigkeiten auf, die ihre Ursache in mangelhafter Konstruktion der Lager, des Kokers und der Abdichtung haben. Die Skizzen zeigen die Hauptteile der üblichen Ruderanlagen, so daß man sich am eigenen Schiff eine Vorstellung machen kann, wo eine Leckage oder die Schwergängigkeit des Ruders oder ein plötzlich auftretendes Flattern zu suchen sind.

Die Lagerbuchsen bestehen überwiegend aus Kunststoffen. Sie sind wartungsfrei und haben je nach Material- und Konstruktionsqualität eine Lebensdauer von 5 Jahren aufwärts. Wenn keinerlei Störungen auftreten und das Ruderspiel nicht unangenehm groß wird (Flattern, Zittern, Rucken), reicht es, das Ruder alle 3 Jahre einmal auszubauen und die Lagerbuchsen, die Abdichtungen und den Ruderschaft zu kontrollieren.

Anders sieht es bei Rudern mit Bronzebuchsen aus. Hier ist je nach System etwa alle 50 Betriebsstunden die Fettpresse oder Stauferbuchse nachzudrehen und das Ruder alle zwei Jahre auszubauen, die Lagerschalen und die Abdichtung nicht nur auf Verschleiß, sondern auch auf elektrogalvanische Korrosionsschäden zu überprüfen.

Als Leckstelle kann eigentlich nur die Abdichtung des Ruderkokers in Frage kommen.

Stevenrohr

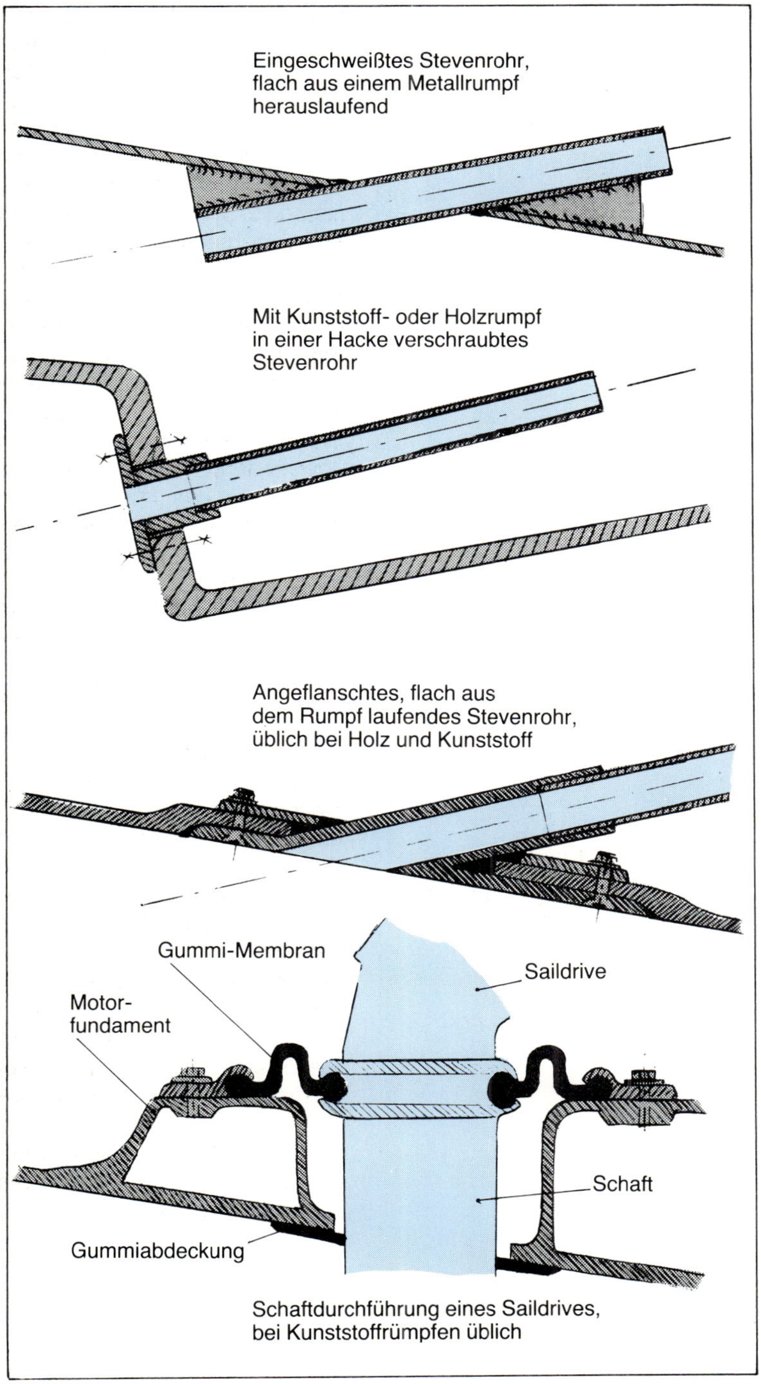

Das Stevenrohr ist die herkömmliche Rumpfdurchführung für die Welle. Es ist je nach Konstruktion ein festes Bauteil des Rumpfes oder wird als selbständiges Element angeflanscht.

Im Stevenrohr läuft die Welle des Motors, die zum Schiffsinneren hin abgedichtet ist.

Das Stevenrohr selbst, gleichgültig ob in den Rumpf integriert oder angeflanscht, bietet selten Anlaß zu Schwierigkeiten, sie liegen meist im Bereich der Stopfbuchse oder den Lagern, wenn Welle und Motor nicht richtig fluchten (s. Wellenanlage). Tritt eine Leckage an der Stevenrohr/Rumpfverbindung auf, sollte man sich an eine Werft wenden, es sei denn, es handelt sich um eine angeflanschte Version, bei der man die Dichtung mit einigem Geschick selbst erneuern kann.

Seit der Entwicklung des Saildrive entfällt bei vielen Booten, die diesen neuen Antrieb haben, das Stevenrohr, da der Schaft des Antriebs im Bereich des Fundaments mit einer gewebeverstärkten Gummimembran abgedichtet wird.

Kiel und Ballast

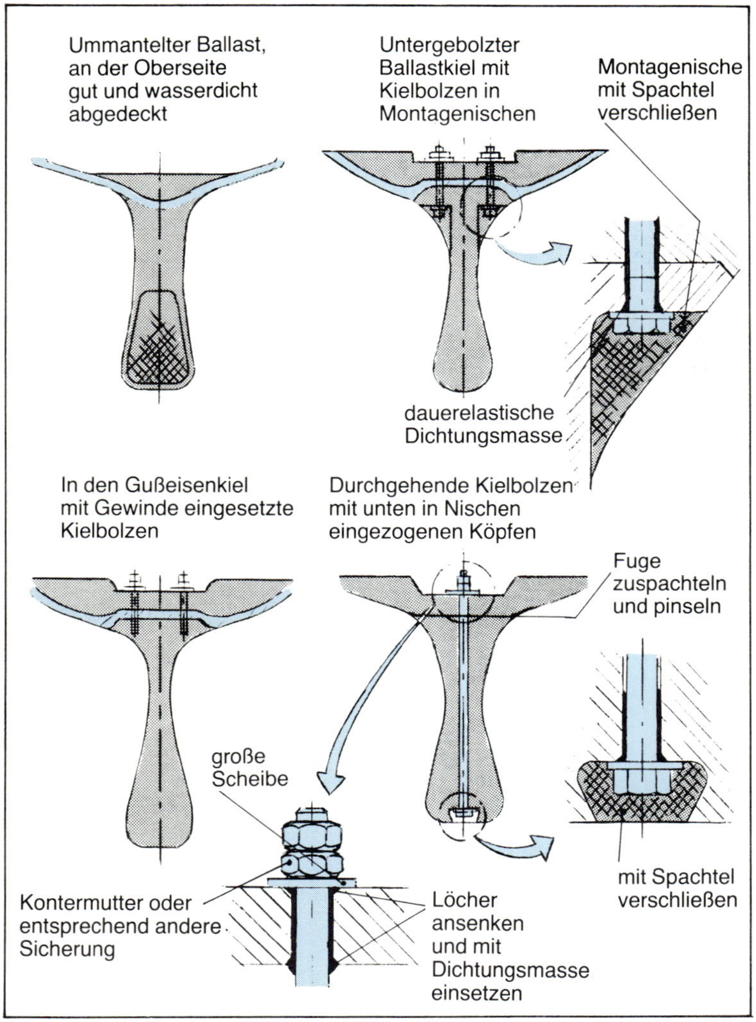

Der in einem Hohlkiel untergebrachte Ballast muß so befestigt sein, daß er auch beim Durchkentern nicht herausfallen oder verrutschen kann. Selbstverständlich ist er auch gegen Feuchtigkeit zu schützen. Das gilt insbesondere für die bilgeförmig eingezogenen Kunststoffabdeckungen, die, nachdem das Boot über den Winter ausgetrocknet ist, gründlich mit Toppcoat gestrichen werden sollten. Der untergebolzte Ballastkiel wird mit dauerelastischer Dichtungsmasse untergesetzt. Besonders wichtig für eine gute Abdichtung ist das Ansenken der Löcher im Rumpf, so daß die Dichtungsmasse dort einen Wulst bildet und in das Loch hineingedrückt wird.

Heute sollten alle Kielbolzen aus Edelstahl sein, so daß eine Überprüfung der Bolzen innerhalb der Verbindung selbst wie bei älteren Schiffen (siehe nächste Seite) nur im Zweifelsfall erforderlich ist.

Wird zum Ansetzen des Kiels Silikonkautschuk eingesetzt, ist ein späteres Spachteln und Malen der Verbindungsfuge Rumpf/Kiel nur schlecht möglich. In diesem Fall sollte man einen Wulst aus Dichtungsmasse, auf dem weder Farbe noch Antifouling halten, in Kauf nehmen.

Der Bleikiel ist unkompliziert und wird ohne besondere Vorbehandlung mit Antifouling gestrichen.

Der Gußeisenkiel muß vor dem Anstrich mit Antifouling mit Rostschutz behandelt werden.

Da aber beide Kielarten relativ rauh aus der Gußform kommen, werden sie im allgemeinen gespachtelt, um eine glatte Oberfläche zu erhalten, was dann wiederum einen sorgfältigen Farbaufbau oder Grundanstrich vor dem Antifouling erfordert.

Es ist keineswegs üblich, aber berechtigte Forderung in den GL-Richtlinien: Kielbolzen sind möglichst fest anzuknallen, die Muttern zu kontern, Kronenmuttern mit Splinten zu sichern. Extragroße Scheiben oder Platten sollten selbstverständlich sein.

Ballastkiele auf älteren Yachten, Schwert- und Hubkielwinden

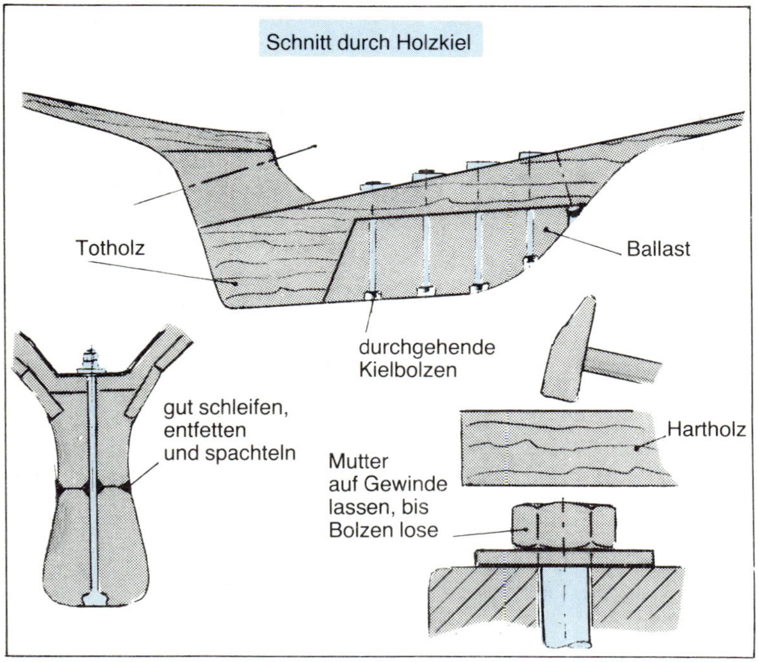

Ballastkiele auf älteren Yachten

Wenn Sie ein altes Holzschiff oder ein ganz frühes Kunststoffschiff mit verzinkten Kielbolzen kaufen, sollten Sie, sofern die Bolzen einzeln herausnehmbar sind, diese Stück für Stück durch Edelstahlbolzen ersetzen, ohne den Ballast selbst loszunehmen. Sind die Bolzen in den Gußeisenkiel direkt mit Gewinde eingesetzt, so sollten Sie besonders bei Holzschiffen vor einer Gewaltkur nicht zurückschrecken und den Ballast im Herbst abbauen, die Bolzen prüfen und, wenn von der Bauart her möglich, durch Edelstahlbolzen ersetzen.
Beim Herausschlagen erst die Mutter noch auf dem Gewinde lassen.

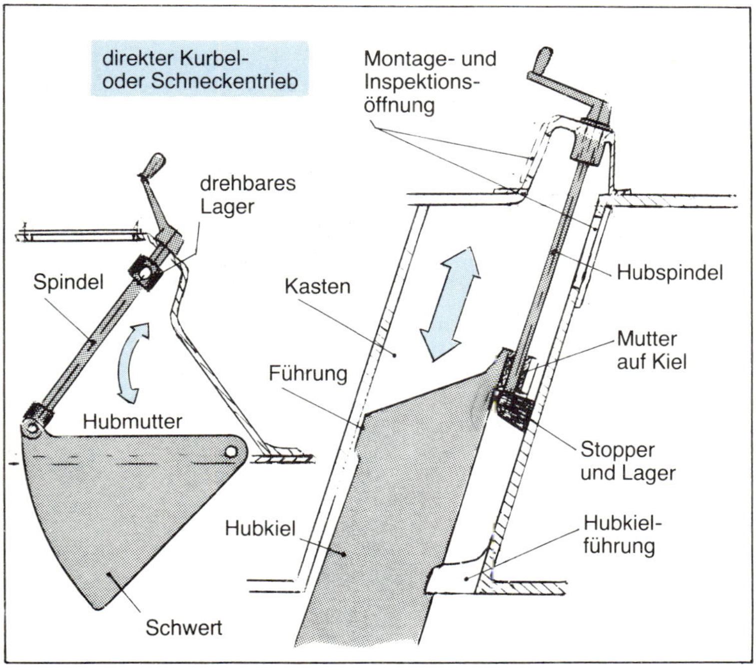

Schwert- und Hubkielwinden

Es ist auch hier wie bei all der Technik: Richtige Materialwahl und solide Konstruktion ersparen Ärger. Die Skizzen zeigen das Prinzipielle der Hubvorrichtungen mit Spindel. Teilweise werden auch Seilzüge mit Winden eingesetzt.
Für alle Schwerter und Hubkiele gilt: Wenn keine ausreichenden Montage- und Inspektionsöffnungen vorhanden sind, mindestens alle zwei Jahre (besser jährlich) Schwerter und Hubvorrichtung ausbauen, alle Teile checken und gut eingefettet wieder einbauen. Die Schwerter und die Kiele sowie das Innere der Kästen (soweit zugänglich) gründlich von Bewuchs befreien und mit Antifouling streichen.

Rumpf/Deckverbindung

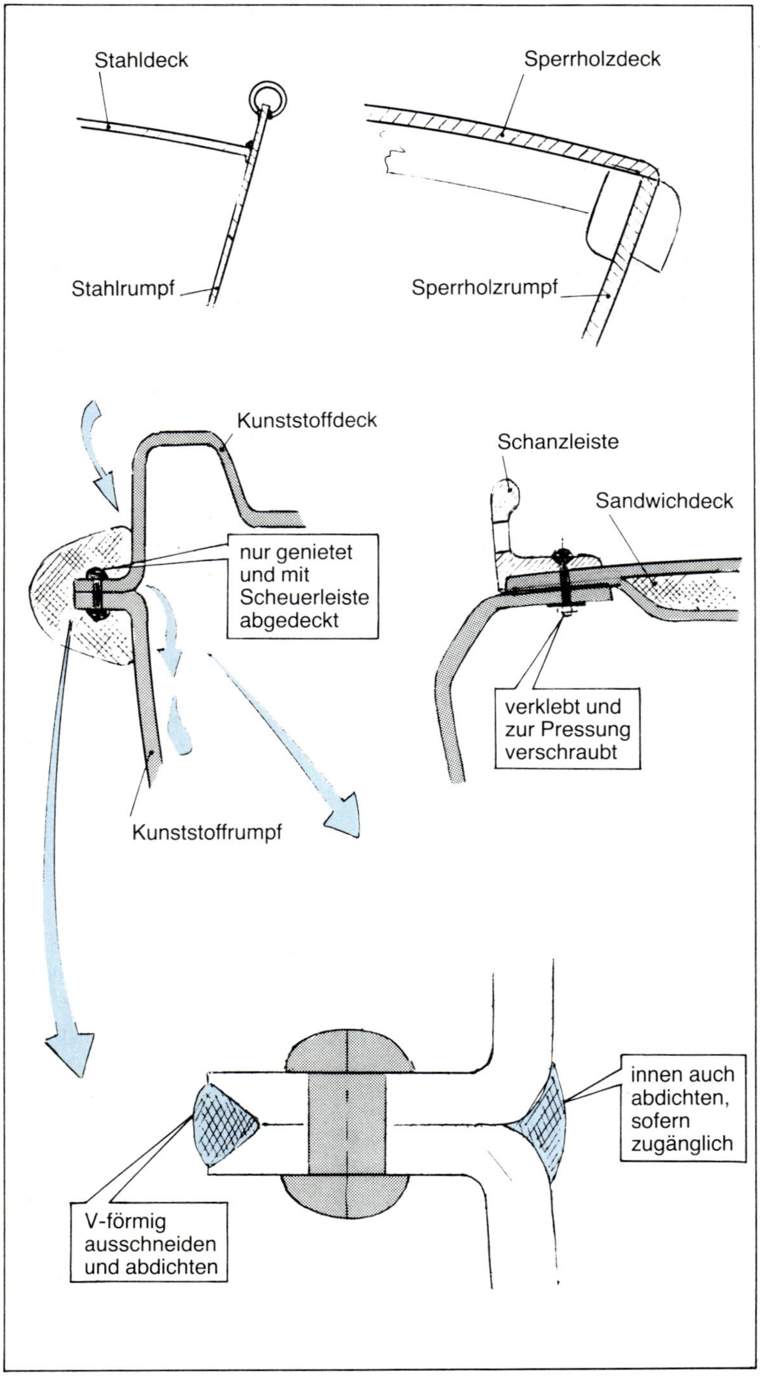

Die Rumpf/Deck-Verbindung ist bei vielen Serienschiffen eine ständige Quelle für Leckagen, deren nachträgliche Abdichtung schwierig ist.

Bei Stahlschiffen mit Stahldeck und modernen Schiffen aus Sperrholz oder formverleimten Schichten ist die Verbindung wasserdicht. Anders bei Stahlschiffen mit aufgesetzem Holzdeck, konventionell gebauten Holzschiffen und Kunststoff-Serienschiffen, deren Rumpf/Deck-Verbindung im Schnellverfahren ohne Verklebung nur genietet oder geschraubt ist.

Schiebt das Schiff Lage, dann wird vorne Wasser unter die Scheuerleiste gepreßt und läuft in der Mitte oder sogar hinten nach innen. In solchen Fällen hat es wenig Zweck, die Leckstelle von innen abdichten zu wollen. Das hält, wenn man Glück hat, vielleicht einen Sommer. Besser ist es, das Schiff im Herbst einer Radikalkur zu unterziehen:

Scheuerleiste abbauen, bis zum Frühjahr durchtrocknen lassen, Stoßstelle außen anrauhen, entfetten, primern, mit Dichtungsmasse verschließen und die Scheuerleiste wieder anbauen. Wenn man von innen an die Stoßstelle herankommt, kann man auch dort noch eine Naht mit dauerelastischer Dichtungsmasse aufsetzen. Das hat aber nur Sinn, wenn auch außen abgedichtet wurde.

Notruder

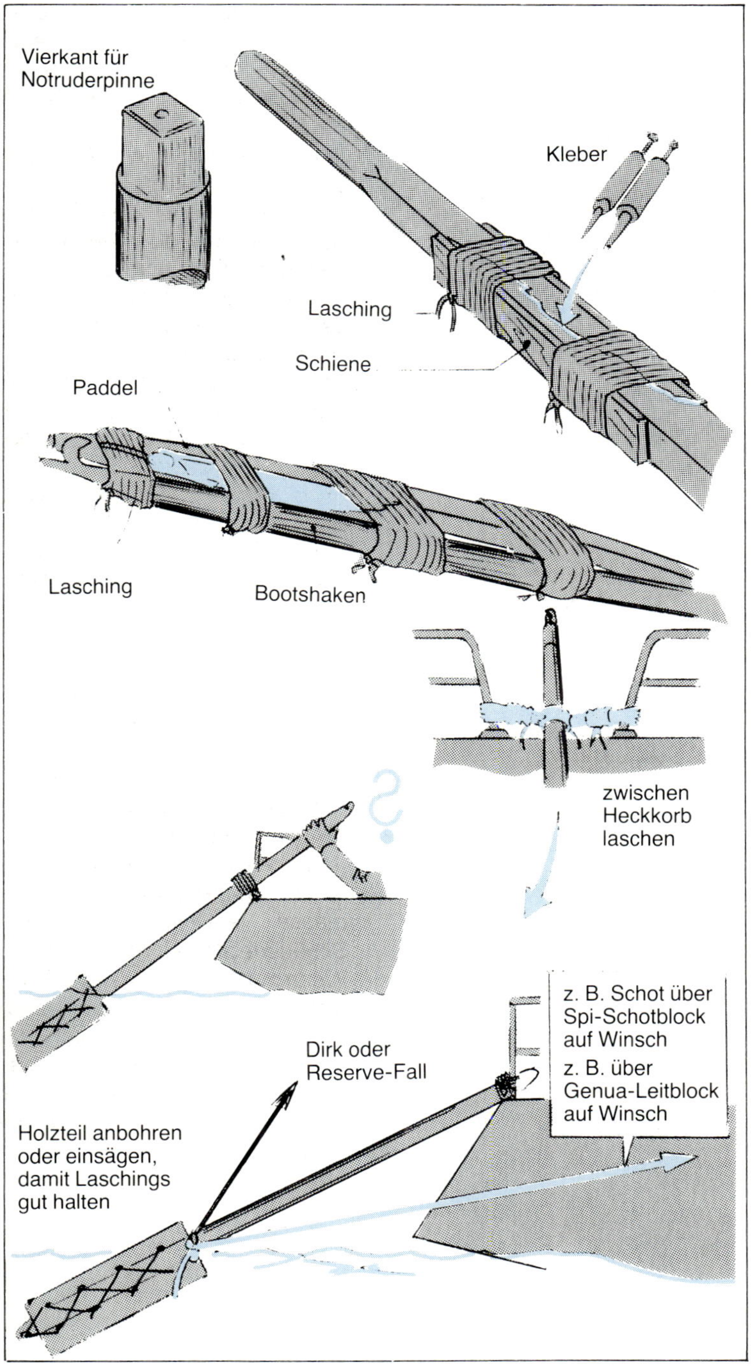

Ruderbruch ist wie Mastbruch ein ziemlich schwerwiegender Schaden, der sehr leicht zur Katastrophe führen kann, wenn noch dazu die kurze Lateralfläche eines modernen Rumpfes ein Steuern mit Segeln kaum erlaubt.
Der in den Sicherheits-Richtlinien vorgesehene Vierkant auf dem Ruderschaft ist nur eine Alternative zur gebrochenen Pinne oder einem Defekt in der Ruderanlage. Eine gebrochene Pinne wird geklebt, verliert man einen Teil, nimmt man Paddel und Bootshaken zu Hilfe.
Bei Ruderbruch eines angehängten Ruders läßt sich häufig mit den Scharnieren am Spiegel etwas improvisieren. Saß das Ruder unter dem Rumpf, muß mit einer Spiere und einem Bodenbrett oder einer Schranktür ein Notruder gebaut und nach hinten rausgehängt werden.
Auf kleinen Kreuzern kann man den Spi-Baum etwa auf Mitte zwischen den Rohren des Heckkorbs laschen und wohl mit Hand steuern. Auf großen Yachten muß auf jeder Seite eine Schot über einen Block zu Winschen geschoren werden, um so die extremen Ruderkräfte bändigen zu können. Die Belastung des improvisierten Ruders in der Welle ist enorm, deshalb müssen die Verbindungen sorgfältig gelascht werden. Es gibt Empfehlungen von erfahrenen Seeseglern, ein Bodenbrett als Notruder bereits vorbereitet an Bord zu fahren, was für normales Fahrtensegeln aber nicht notwendig ist.

Loch im Rumpf

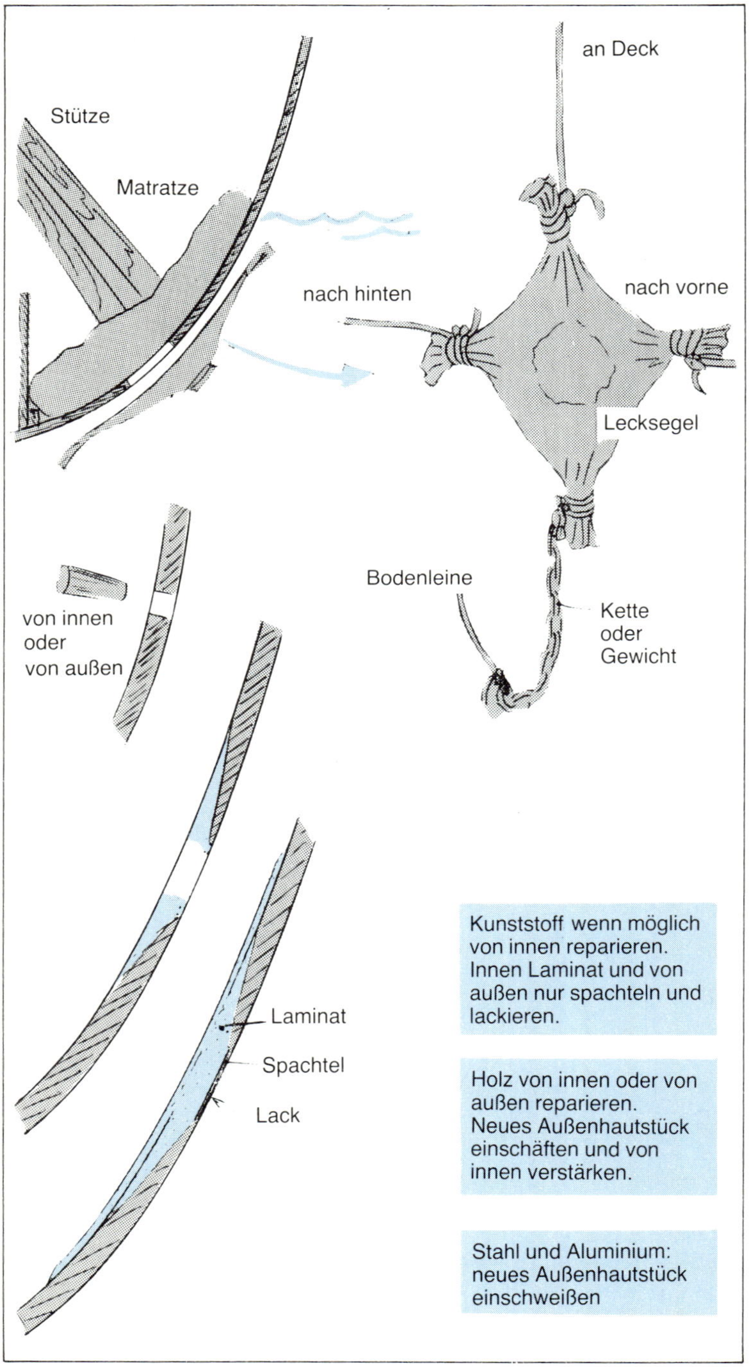

Löcher im Rumpf sind selten. Noch seltener sind große Löcher unter der Wasserlinie, die innerhalb von wenigen Sekunden einen Seenotfall heraufbeschwören und eine blitzartige und radikale Reaktion des Skippers und der Crew erfordern, um das Leck sofort abzudichten.

Dennoch sollte man wenigstens einmal konsequent darüber nachgedacht haben. Für ein abgebrochenes Seeventil sehen die Sicherheitsrichtlinien einige Weichholzpflöcke vor, die man je nach Umstand von außen oder innen in das Loch schlägt.

Gegen größere Lecks gibt es das traditionelle Lecksegel bzw. die handelsübliche Alternative, den Lecksegelschirm (bis 60 x 60 cm), der von innen durch das Loch gesteckt werden kann und durch Spreizen das Leck mit einer PVC-Membran schließt.

Für eine erste Hilfe, insbesondere an Stellen, wo ein Einsetzen des Leckschirms oder Lecksegels nicht möglich ist, hilft ein Kojenpolster oder eine Matratze mit Stütze zum Kajütdach oder so ähnlich oft vor starkem Wassereinbruch. Richtig reparieren läßt sich jede Rumpffraktur allerdings erst im Hafen (s. Skizze).

Das Wichtigste ist, daß die Rumpffestigkeit nicht leidet, die Außenhaut gut der Oberfläche angepaßt wird und bei Kunststoff, Holz und Metall eine ausreichend gute Lackschicht das Material vor Feuchtigkeit schützt.

Wohnraum, Pantry und WC

Lebensqualität unter Deck

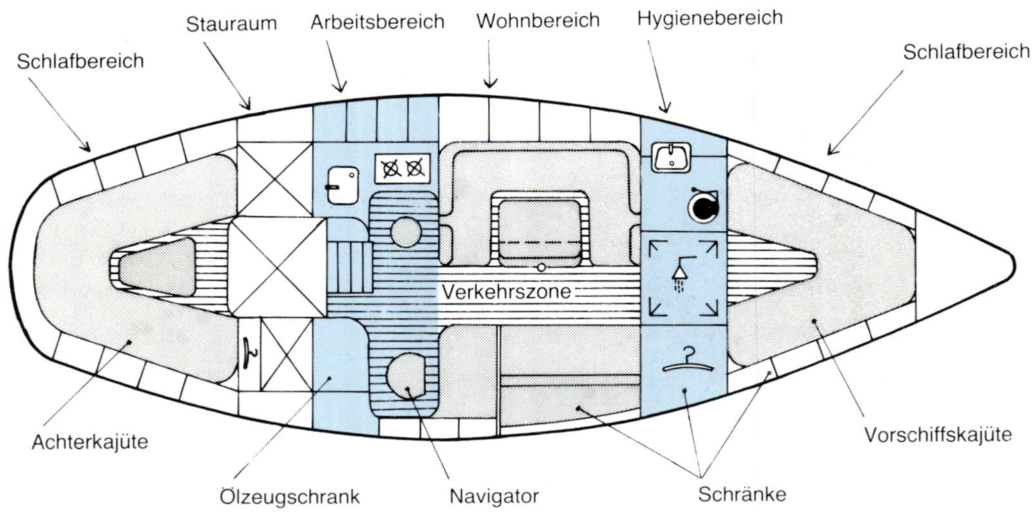

Selbstverständlich kann man nach dem Kauf nichts Prinzipielles mehr unter Deck verändern. Ich meine damit die Funktionalität und Aufteilung der Arbeits-, Wohn-, Schlaf- und Persönlichkeitsbereiche. Dennoch gibt es unzählige Möglichkeiten, sowohl die Sicherheit, den Komfort und somit auch die Lebensqualität unter Deck zu heben. Ein Standardschiff zum Standardpreis, das weiß jeder, taugt zum Fahren und zum Wohnen nicht allzu viel. Mit Lüftung, Stauräumen, Möbeln, Tischen, Kojen, Polstern, Teppichen und sogar der Rumpfisolierung ist es bis auf wenige Ausnahmen nicht weit her. Erst die Sicherheit des Skippers und die Liebe der Bordfrau beleben mit geschickter Hand und Phantasie das Innere eines Schiffes, geben mit Dutzenden von Kleinigkeiten und aufmerksamer Pflege der Atmosphäre die Ausstrahlung, die das Wohlbefinden und die Geborgenheit ausmachen. Nach den neuen Richtlinien des GL gilt bis 10 m Länge für Wohnräume je Person eine Koje und ein Sitzplatz. Die Kojenmindestmaße sind 1900x500 (als mittlere Breite). Die lichte Raumhöhe soll in der hinteren Kajüthälfte mindestens 1,50 m betragen und auf großer Fahrt 1,70 m.

Die Skizze oben zeigt, worauf es beim Raumangebot im wesentlichen ankommt, da man ein Schiff so aufteilen, einrichten und vollstauen sollte, daß die Persönlichkeitsphäre des Einzelnen z. B. durch eine Koje und mindestens einen daneben befindlichen Schrank oder ein kleines Schapp möglichst bequem und ungestört ist; daß der Wohnbereich vom Arbeitsbereich (Pantry und Navigatorecke) und vom Schlafbereich eindeutig getrennt sind, und daß der Ruhende den Arbeitenden nicht behindert und umgekehrt.

So bekommt eine Yacht räumlich erst den richtigen Komfort für längere Reisen, wenn der Wohnbereich, also der Salon zum Schlafen nicht umgebaut werden muß. Das oben gezeigte Einrichtungskonzept ist demnach für vier Personen gerade richtig. Selbstverständlich kann man so ein Schiff für's Wochenende oder kurze Törns mit sechs Personen besetzen, aber von Lebensqualität unter Deck kann dann keine Rede mehr sein.

Griffe, Schnapper, Stopper und Haken

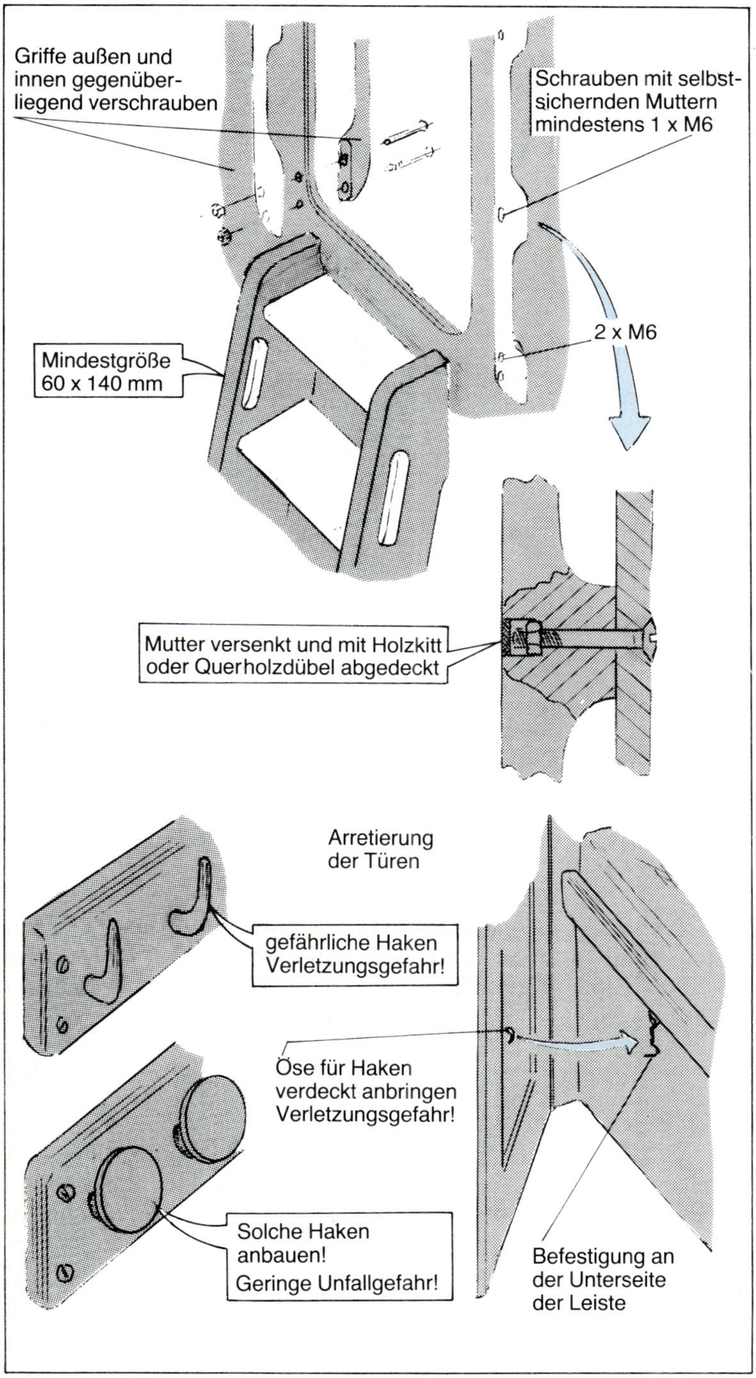

Eigentlich weiß man erst nach einem Sommer, wo wirklich was an Bord hingehört. Dennoch kann man gleich nach dem Kauf des Bootes mit einer Handvoll Beschläge unter Deck zu Werke gehen. Im allgemeinen fehlen Griffe, an denen man sich in kritischen Situationen festhalten kann, das ist insbesondere am Niedergang, der Pantry, den Bänken und dem WC der Fall. Der Mangel an Haken für Handtücher, Jacken, Ölzeug, Schwimmwesten usw. ist ebenfalls auf den ersten Blick zu entdecken.
Die Arretierung offener Türen ist aus seemännischer Sicht eine zwingende Notwendigkeit und im Serienbau keineswegs konsequent gehandhabt.
Sieht man vom Anbau der Haltegriffe einmal ab, die eine ziemliche Festigkeit haben müssen, so ist die Montage kleiner Haken und Halterungen nicht sehr schwierig, da meist Holz oder Sperrholz die Unterlage bildet. Etwas komplizierter wird die Anbringung der Beschläge, wenn sie an Kunststoffteilen wie Schotten, Innenschale oder Außenhaut befestigt werden sollen. Es ist in jedem Fall besser, etwas mehr Aufwand mit der Befestigung auch der kleinen Beschläge zu treiben als sie nur für kurze Zeit mit selbstschneidenden Schrauben irgendwo an die Innenschale zu klatschen.

Tische

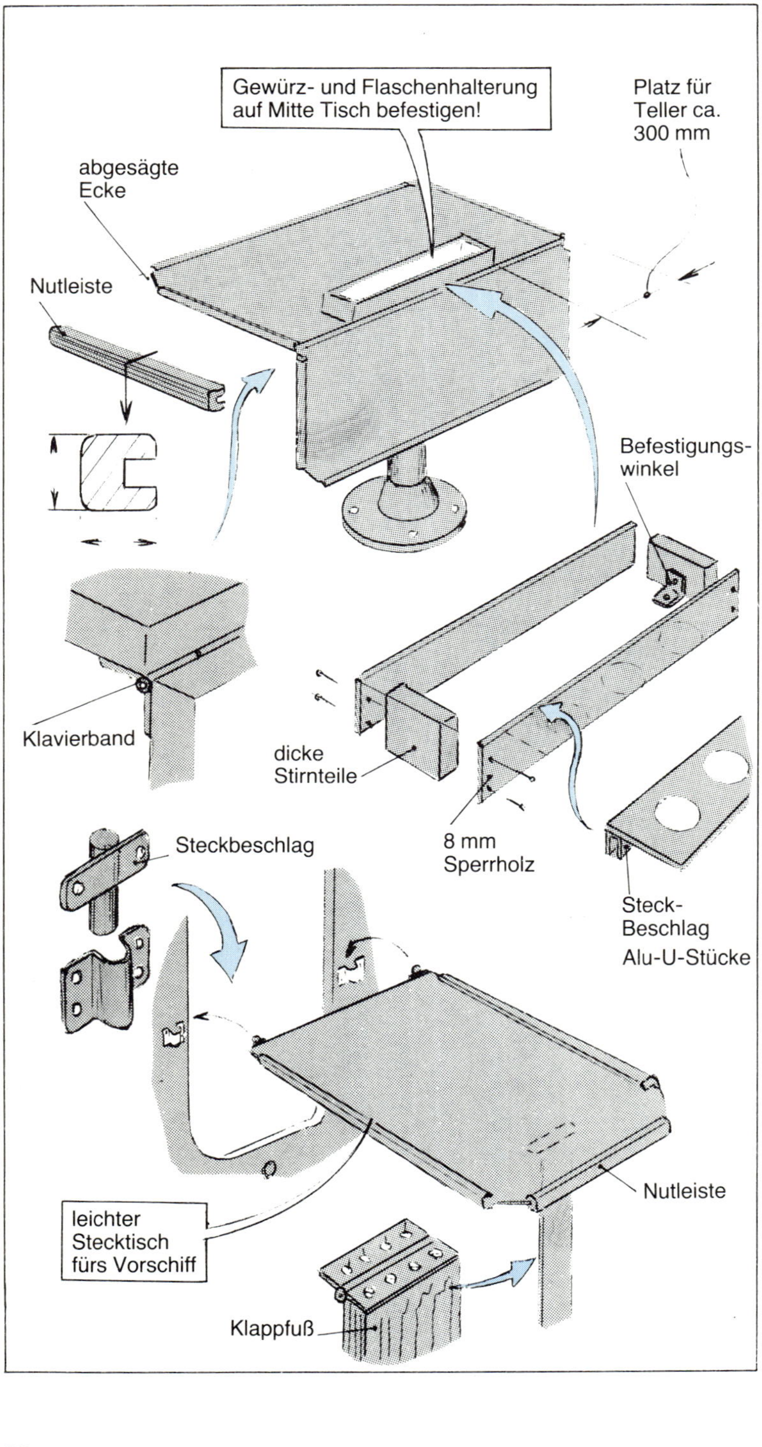

Der Standard im Yacht-Tischbau ist zumindest durch die nach allen Seiten drehbaren und in der Höhe verstellbaren Tischbeine gestiegen. Dennoch begnügen sich die Werften teilweise mit einfach furnierten Tischkanten ohne Schlingerschutz. So praktische Kleinigkeiten, die zwar sehr zeitaufwendig sind, wie z. B. ein Gewürz- und Flaschenbord in der Mitte des Tisches, fehlen ganz. So kann man mit relativ geringem Aufwand, wie in der Skizze dargestellt, einen relativ primitiven Salontisch zu einem sehr praktischen, ansehnlichen Möbel machen. Selbst ein Steckzusatz als Gläserhalter für schlechtes Wetter ist eine brauchbare Erweiterung eines schon vorhandenen Mittelkastens.

Zusatztische, die den Komfort wesentlich steigern, gibt es selten. Die Skizze unten zeigt eine leicht zu bauende Ausführung, die man alternativ im Vor- oder Achterschiff und im Hafen oder am Anker auch in analogen Beschlägen im Cockpit befestigen kann.

Tischplatten sollte man mit 2-Komponentenlacken „beschichten“ und wirklich so lange pinseln, bis der Lack nicht mehr in die Poren einfällt.

Kojen

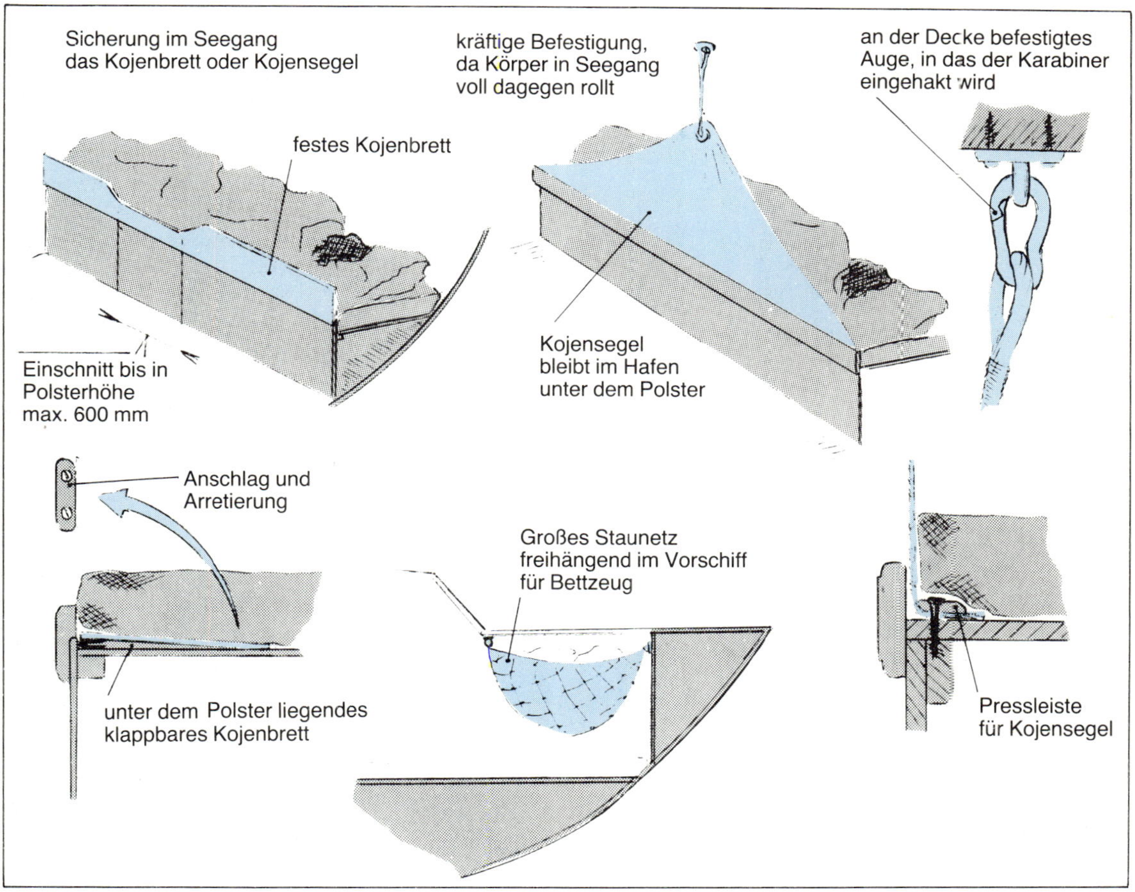

Ideal ist eine breite Koje im Hafen und eine schmale Koje mit hohem Kojenbrett oder -segel auf See. Es gibt eine Reihe von Seglern, die im Hafen die Doppelkoje benutzen und auf See in die Hundekoje kriechen, weil der Körper dort eher zur Ruhe kommt. Ob man normalem Bettzeug oder dem Schlafsack den Vorzug gibt, mag jeder selbst entscheiden. Ich persönlich glaube, daß der Körper sich unter einer leichten, losen Zudecke (z. B. Steppdecke mit synthetischer Füllung) den verschiedenen Temperaturen in Relation zur eigenen Verfassung besser anpassen kann.

Was man über Polster wissen muß, steht auf der nächsten Seite. Die frische Luft beim Schlafen und eine hautfreundliche und gut isolierte Außenhaut sind ebenso wichtige Punkte für das Wohlbefinden im Bett und ebenfalls auf den folgenden Seiten beschrieben.

Bettzeug sollte bei jeder sich bietenden Gelegenheit gelüftet und an die frische Luft gehängt werden. Im versteckten Bettkasten, wo das Bettzeug nach althergebrachter Meinung untergebracht sein sollte, bleibt es klamm. Besser, man bringt es in einem wie in der Skizze gezeigten Netz im Vor- oder Achterschiff unter. Dann ist es zwar aus dem Wohnbereich verschwunden, kann aber trotzdem (auch unter Deck) besser durchtrocknen.

Polster, Lehnen, Sitze

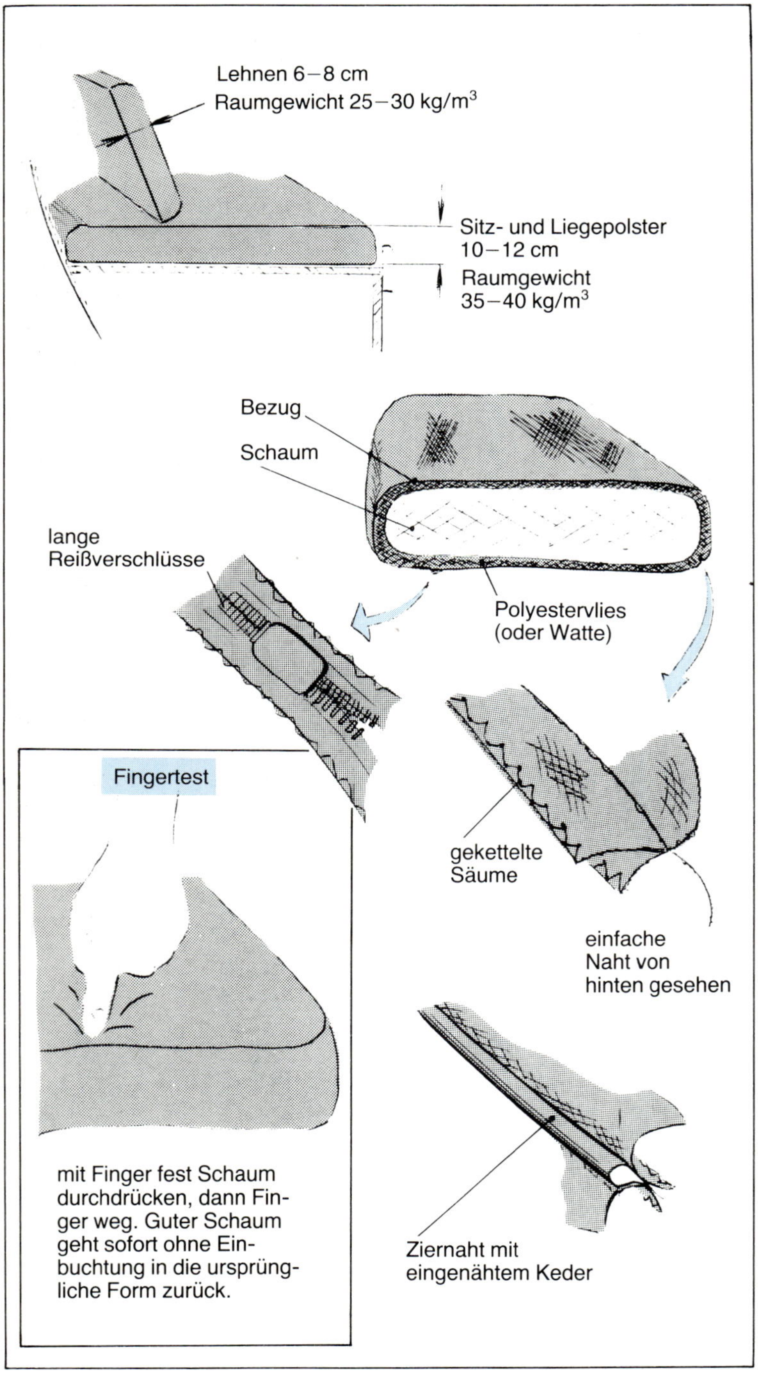

Der Begriff Polster faßt an Bord alles wie Matratzen, Sitze und Lehnen zusammen, also alles, was gepolstert ist. Wenn Sie mit dem Schiff schlechte Polster gekauft haben, merken Sie das bereits nach einem, spätestens aber nach zwei Jahren, wenn die Polster ihre Elastizität verlieren. Gute Polster zu beurteilen, ist nicht ganz einfach. Die Schäume auf Polyäther-Basis lassen sich je nach Rezeptur hart oder weich, geschlossen- oder offenporig, atmungsaktiv oder körperunfreundlich einstellen. Das Raumgewicht ist die wichtigste Größe, über die man die Qualität beurteilen kann. Und das Raumgewicht kann man wiederum in Grenzen mit dem Fingertest (wie Skizze) prüfen.

Was die Bezugsstoffe betrifft, so gibt es einige tausend Stoffarten, so daß man selbst bei einem gut sortierten Fachgeschäft immer nur einen Bruchteil der Stoffe zu sehen bekommt. Schwere Fehler vermeidet man, wenn man vollsynthetische Stoffe wählt, deren Qualität u. a. von der Licht-Dichte abhängt (wenn man den Stoff gegen das Licht hält). Je durchsichtiger, um so schlechter! Wichtig ist, daß der Stoff an den Nähten gekettelt ist (zumindest grobe Stoffe) und der Bezug einen großen Reißverschluß hat.

Polster, Lehnen, Sitze

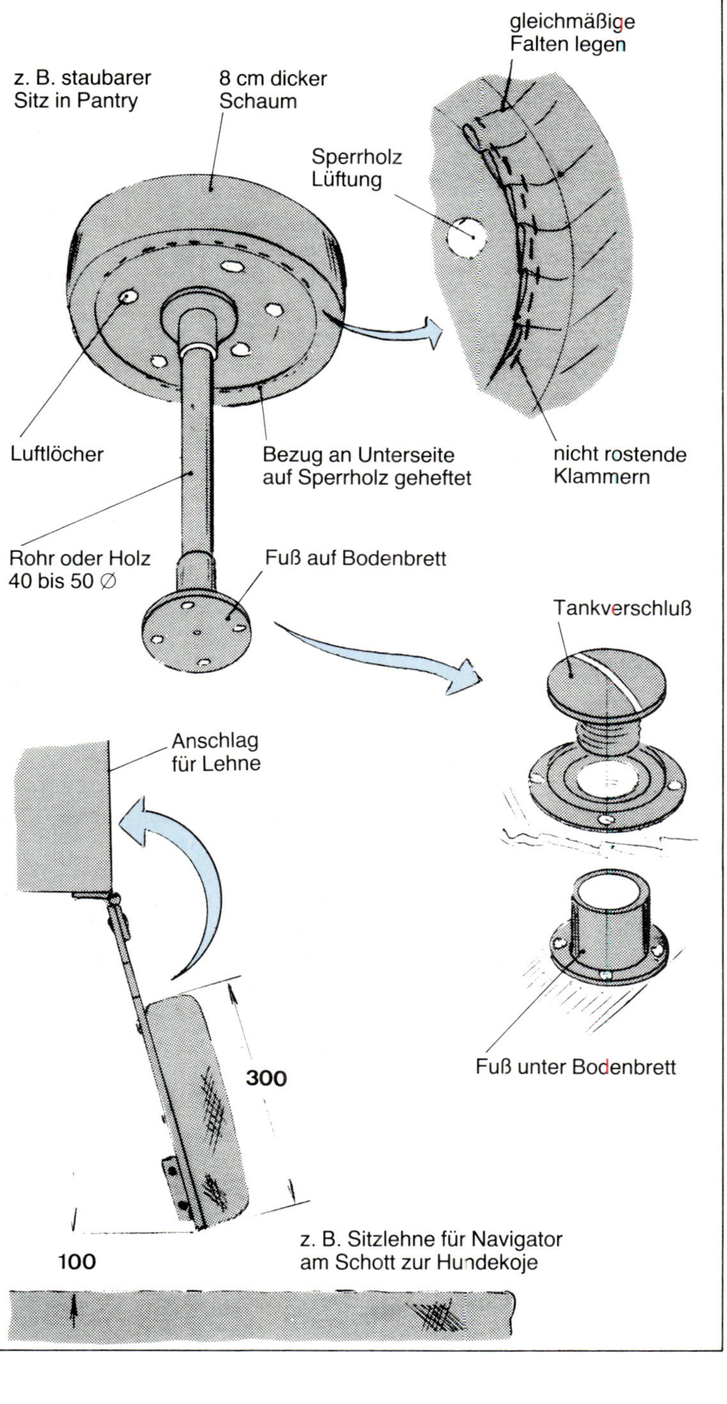

z. B. Sitzlehne für Navigator am Schott zur Hundekoje

Stoffe aus Baum- und Schurwolle haben selbstverständlich nach wie vor gewisse Vorteile (z. B. Körperfreundlichkeit, nicht statisch aufladbar), sie sind aber feuchtigkeitsempfindlich, und man muß, um Spak zu vermeiden, die Polster öfter zum Lüften hochstellen.
Weiter sollte man keine Kojenpolster kaufen, bei denen der Schaum nicht mit einem Polyestervlies umgeben ist. Nur dann können nämlich die Bezüge richtig und faltenfrei arbeiten.

Schwimmende Schäume: Polster aus schwimmfähigem Schaum werden immer wieder unter dem Aspekt der Sicherheit angeboten. Das ist Quatsch! Sie sind nur teuer und körperunfreundlich.

Winterlager und Pflege: Wenn es platzmäßig geht, sollte man die Polster und Sitze mit nach Hause nehmen. Die Bezüge werden abgenommen und zur Reinigung gebracht. Hat man zu wenig Platz, sollte man zumindest alle Polster hochstellen, so daß sie gut von Luft umströmt werden können.

Fußböden und Teppiche

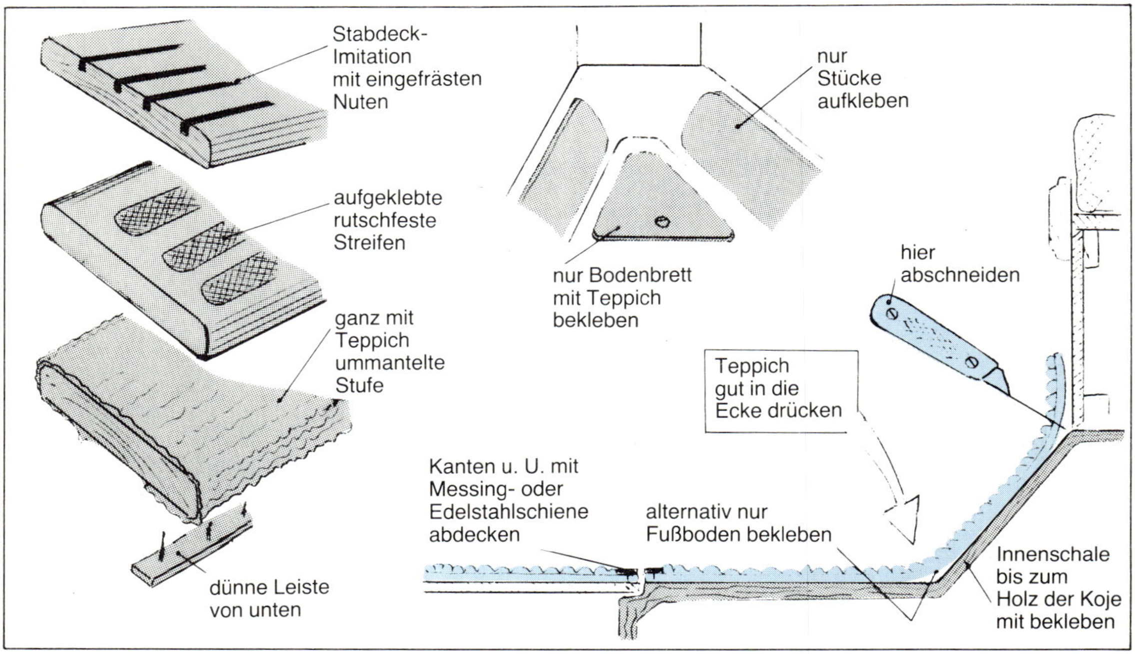

Die Fußböden unter Deck reichen von echten Holzstäben bis zu schlecht überzogenen Holzimitationen aus Kunststoff, von der nackten, an einigen Stellen rutschfest gemachten Innenschale bis zum Superteppich. Selbst spiegelglatt lackierte Bodenbretter findet man nicht so selten.

Mit Blick auf die Sicherheit ist gegen einen rutschfesten Holzboden nichts einzuwenden, bei den blanken Teilen der Innenschalen ist das schon anders. Auch der glatt lackierte Fußboden mag in den ersten Tagen den Holzfan begeistern, ist aber erstens nicht rutschfest und bereits nach einigen Wochen zerkratzt.

Auf vielen Yachten ist es ganz natürlich geworden, die Fußböden mit Auslegeware zu überdecken. Dazu braucht man keinen Teppichleger, sondern etwas Geduld und praktische Veranlagung. Auf alle Fälle sollte man den Teppich verkleben. Etwas schwieriger wird es bei herausnehmbaren Bodenbrettern, doch auch dieses Problem kann man lösen, indem man einige Zentimeter vom Rand wegbleibt, wodurch sogar gute, dekorative Effekte erzielt werden. Es gibt Eigner, die den Teppichboden sogar bis zur Koje hochgezogen haben.

Die Auslegeware muß voll synthetisch und rollstuhlfest sein, alles andere ist relativ bedeutungslos, ob man nun Flausch, Schlingenware oder Hirtenteppich nimmt. Das mag jeder persönlich entscheiden. Im Arbeits- und Wohnbereich sollte man aber ein Material wählen, das in der Farbe unempfindlich und robust ist.

In vielen Fällen wird das Ausschneiden einer Papierschablone empfohlen, deren Form man dann auf den Teppich überträgt. Ich glaube, das sollte ein Sonderfall bleiben. Es scheint mir nach eigener Erfahrung besser, den Teppich an Ort und Stelle direkt einzuschneiden, wie es die Teppichleger auch machen. Man kann bei zu komplizierten Formen auch, wie schon erwähnt, einige Zentimeter vom Rand wegbleiben und dadurch einfache geometrische Formen finden. Die Skizzen zeigen dazu noch einige Tips.

Rumpfisolierung und Dekor-Verklebung

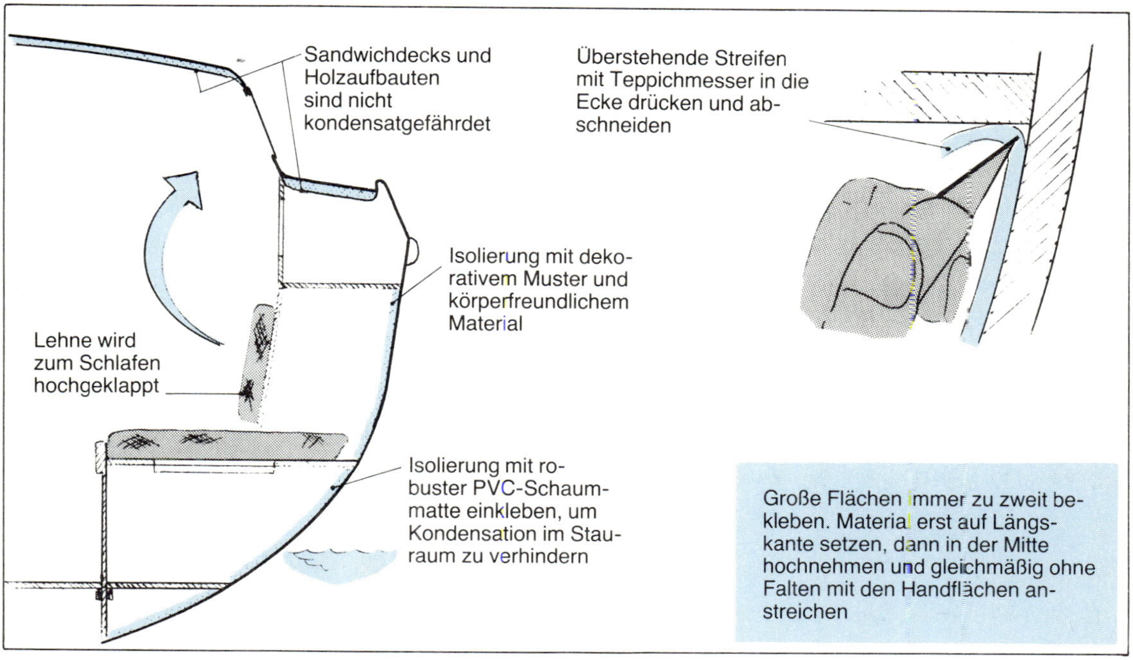

Bei Kunststoff- und Metallschiffen gibt es neben dem rein dekorativen Aspekt noch einen Faktor, der dazu zwingt, bestimmte Teile der Außenhaut zu isolieren: Kondensation. Sie tritt häufig an den Innenflächen des Unterwasserbereichs auf und in extremen Wettersituationen an allen nicht isolierten Rumpfteilen.

Ein weiterer Grund, bestimmte Außenhautteile zu isolieren, ist die Tatsache, daß kalte Wandflächen den menschlichen Körper zu erhöhter Wärmeabgabe durch Strahlung zwingen, was von uns als unangenehm empfunden wird.

Die Rumpfflächen von Metallschiffen lassen sich nicht einfach verkleben, sie werden heute überwiegend mit Mineralwolle isoliert oder durch eine Wegerung angedeckt.

Wir beschränken uns hier auf das Kunststoffboot von etwa 9–10 m Länge mit Sandwichdeck und nicht isoliertem Rumpf.

Zur Auswahl stehen eine Reihe von Materialien, von Kork über Holzfurniere, Gewebe, Schaummatten mit und ohne Kaschierung, fast alle synthetischen Teppiche bis hin zum Rauhleder und Flauschfell.

Je nach Struktur des Isoliermaterials lassen sich auch Unebenheiten gut abdecken. Wenn man es geschickt anfängt, sind auch die Flächen nicht besonders groß und die Verklebung nicht viel schwieriger als das Tapezieren.

Wichtig ist, daß das Material in sich kein Wasser aufnimmt und voll synthetisch (bis auf Furniere und Kork) ist. Und daß man vor allem wasserfeste Kleber, die nur einseitig aufgetragen werden brauchen, kauft. Kontaktkleber sind für die räumliche Verklebung von elastischem Isoliermaterial ungeeignet, da sich das Material nach Kontakt der Klebeflächen nicht mehr verschieben läßt.

Die Teile werden grob mit etwa 5 cm Übermaß zugeschnitten und nach dem Aufkleben an den Rändern mit dem Teppichmesser nachgeschnitten. Immer zu zweit arbeiten.

Natürliche Belüftung

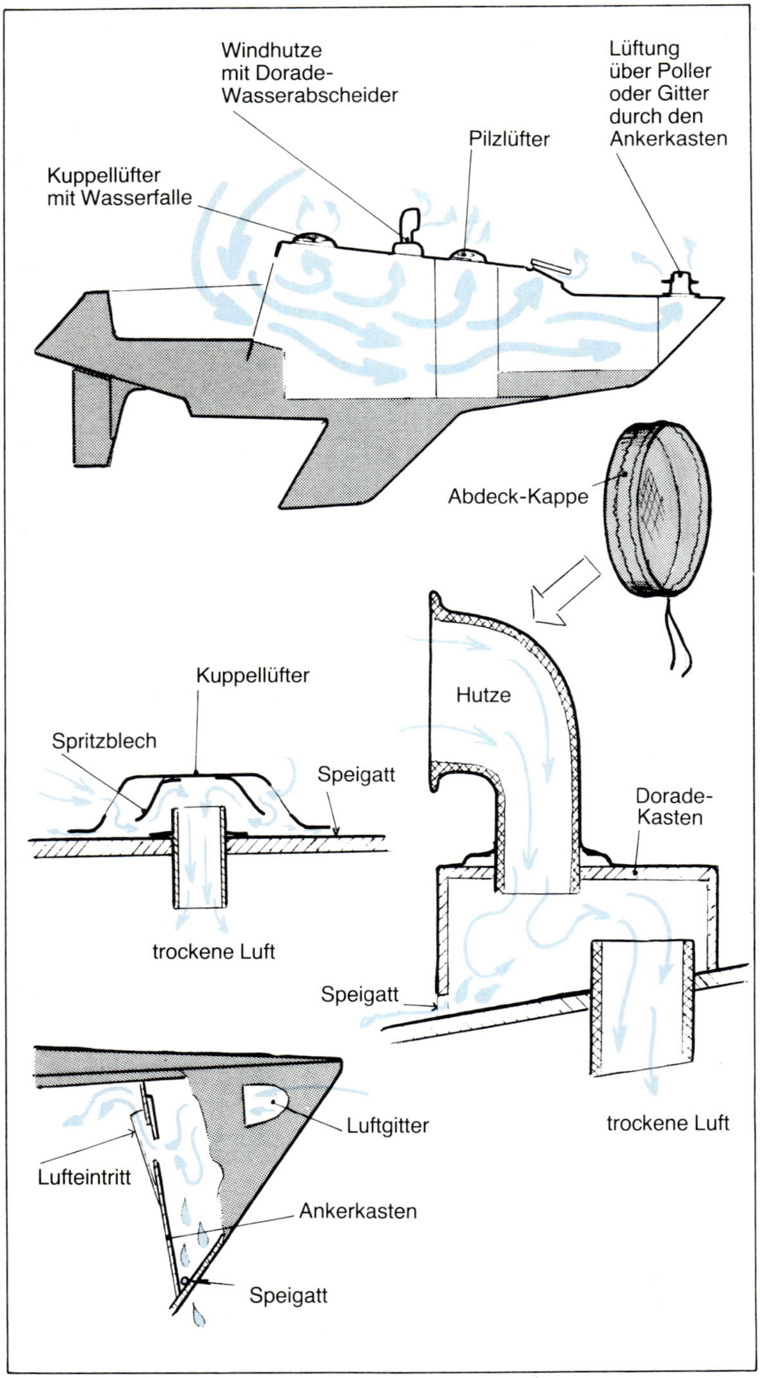

Zwei Schwerpunkte muß man bei der Lüftung unter Deck ganz besonders berücksichtigen:

1. Frischluft befördert Feuchtigkeit aus dem Schiff,
2. Frischluft fördert das Wohlbefinden der Crew, solange sie nicht als Zugluft empfunden wird.

Die normale natürliche Belüftung ist nur wirksam, wenn Wind weht. Natürlich kann man Lüfter nicht beliebig groß machen, da jeder Lüfter mehr oder weniger ein Loch im Aufbau oder Deck bedeutet, das bei gleichzeitigem Luftdurchtritt gegen Spritz- und Schwallwasser geschützt sein muß. Das nämlich muß auch eine Eigenart der Lüftung sein: Sie muß „bei dichten Schotten" in hartem Wetter funktionieren, ohne daß zu viel Wasser unter Deck läuft.

Die Skizzen zeigen den normalerweise entstehenden Lüftungskreislauf, wenn die Lüfter auf Saugen stehen. Das hat den Vorteil, daß der Luftstrom nicht als unangenehme Zugluft empfunden wird.

Prinzipiell gehört in jeden Raum mindestens ein Lüfter, in den Salon zwei. Die Türen werden mit Luftgittern verbunden.

Vernünftig ist ein Kuppellüfter in der Pantry, zwei Windhutzen im Salon, mindestens ein Pilzlüfter im WC und eine Belüftung des Vorschiffs über den Ankerkasten.

Lüfterhilfen und Zwangsbelüftung

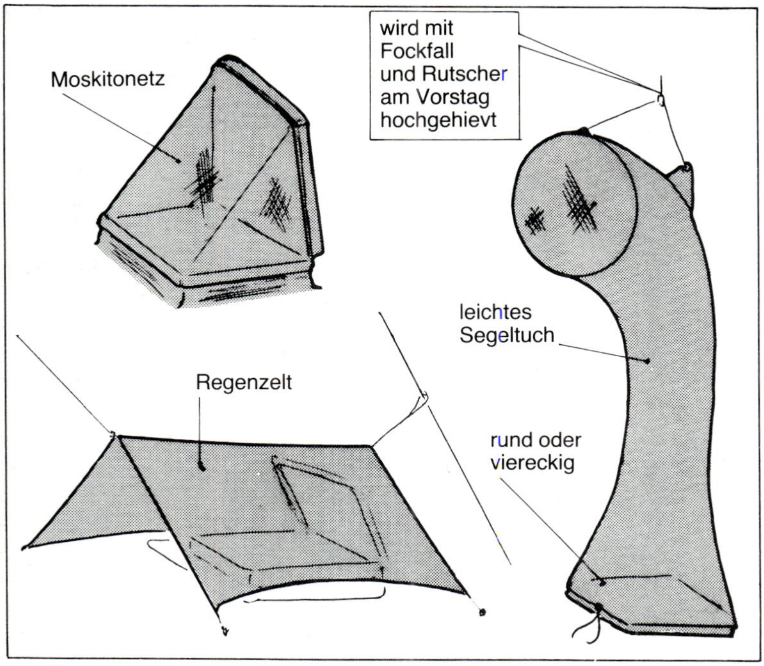

Lüfterhilfen bei wenig Wind

Schon in unseren Breiten sind windstille Tage mit viel Sonne unter Deck schlecht zu ertragen. Noch schlimmer ist es weiter im Süden. Hier hat die Phantasie der Fahrtensegler Lüfterhilfen geschaffen, die jeden Lufthauch einfangen: das Regenzelt über dem offenen Luk, die Riesenhutze aus leichtem Segeltuch und die Fliegennetzkappe. Eine relativ einfache Arbeit für die Bordfrau, die mit der normalen Haushaltsnähmaschine die dünnen Stoffe gut bewältigen kann.

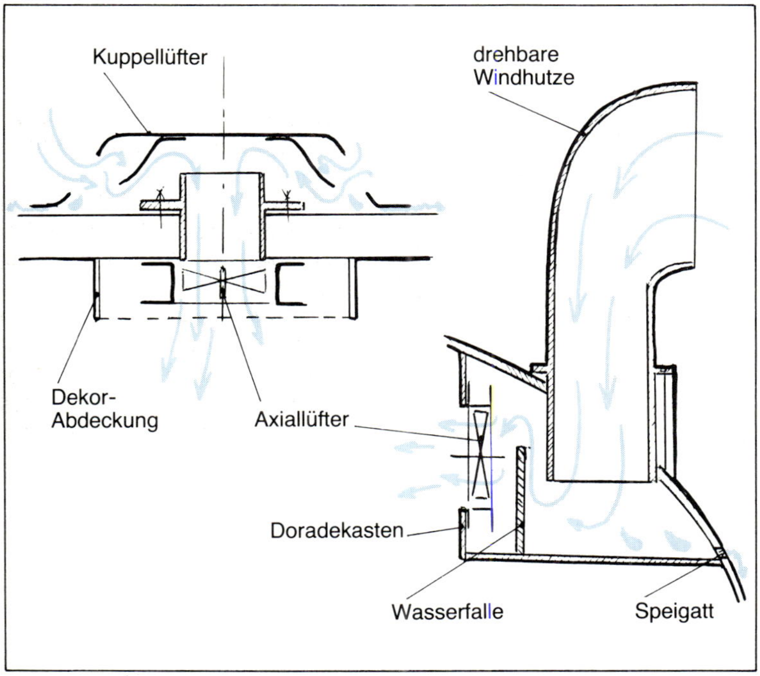

Zwangsbelüftung für heiße Tage

Zwangsbelüftung bedeutet, einen elektrisch angetriebenen Lüfter zu verwenden, was natürlich die E-Bilanz (siehe dort) belastet. Wenn man jedoch den für zugluftfreie Belüftung notwendigen Luftwechsel zur Grundlage nimmt, braucht man für einen Salon von (2x2x3 m) 12 m^3 bei fünfmaligem Luftwechsel 60 m^3 Luft. Moderne Lüfter sollte man bei Segelbooten immer saugen lassen.

Faustformel für Luftwechsel auf Yachten:

4- bis 8-facher Luftwechsel in Salon und Steuerhaus

1- bis 2-facher Luftwechsel je Person in Schlafräumen.

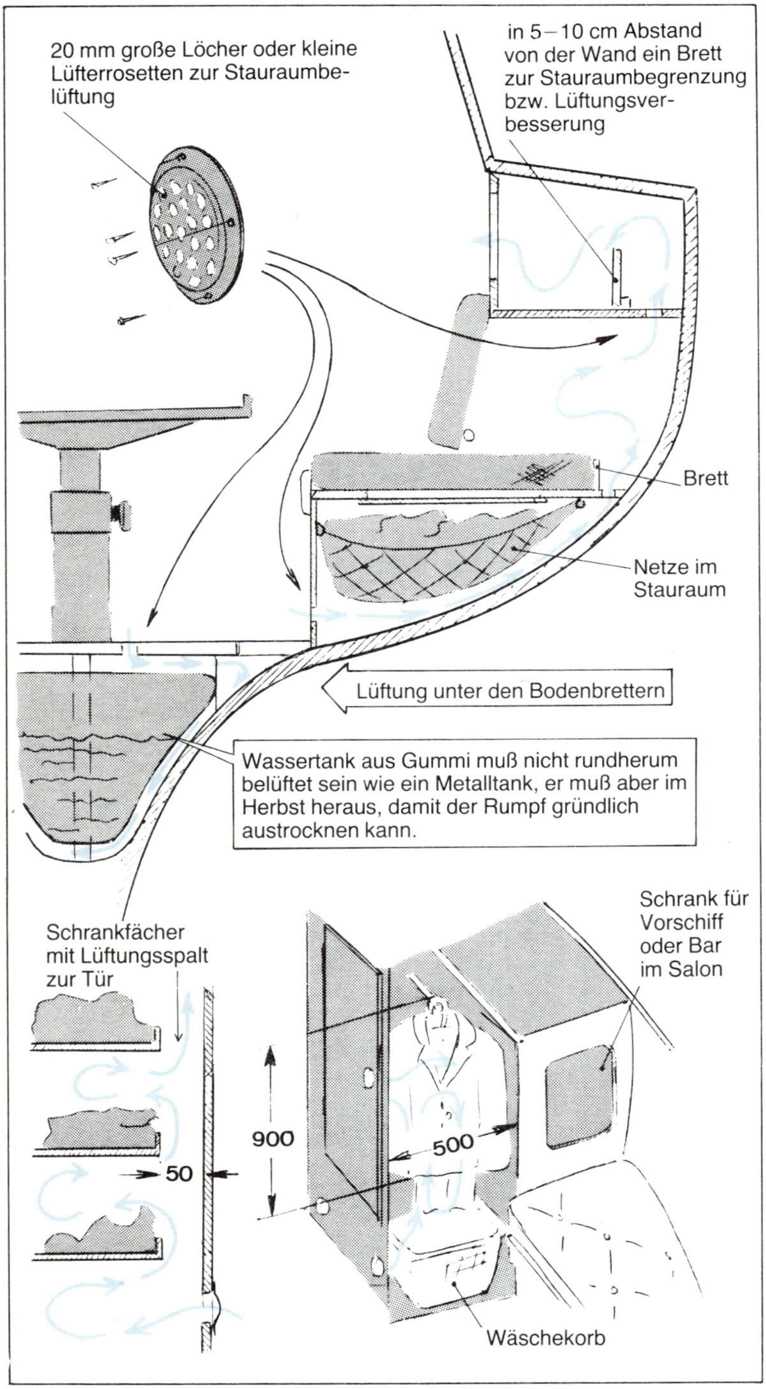

Stauräume sind werftseitig immer zu wenig unterteilt und deshalb unpraktisch. Daß sie auf der Außenhautseite isoliert sein sollten, wurde bereits im Abschnitt Rumpfisolierung besprochen. Ein weiteres Manko ist die Belüftung, die der Eigner in jedem Stauraum prüfen sollte. Es müßte jedem einleuchten, daß sich in einem schlecht belüftetem Stauraum leichter Feuchtigkeit bildet und Pilze und Bakterien eher ihr Unwesen im Staugut treiben, als dies in einem gut durchlüfteten Raum der Fall ist.

Wichtig ist die Belüftung der schmalen Spalte unter den Bodenbrettern, wo ohnehin am schnellsten Kondensat auftritt. Trocken bleibt die Wäsche auch in den Kojenkästen, wenn sie in Netzen die Außenhaut nicht oder nur stellenweise berührt. Die Schwalbennester, Borde oder Schränke unter den Seitendecks sollte man mit einer Leiste an der Rückseite etwas verkürzen und Lüftungslöcher bohren.

Die Unterteilung der Schränke ist ebenfalls einige Gedanken wert. Die großen Schränke sind meist zu tief und zu hoch. Den hinter den hängenden Kleidern abgeschotteten Raum sollte man entweder als Schrank für den Salon oder das Vorschiff öffnen, da er hinter den hängenden Kleidern ungerne genutzt wird. Wenn Fächer eingebaut werden, sollten sie zur Tür einen Lüftungsspalt von ca. 50 mm haben.

Stauraumgrößen und Stauplan

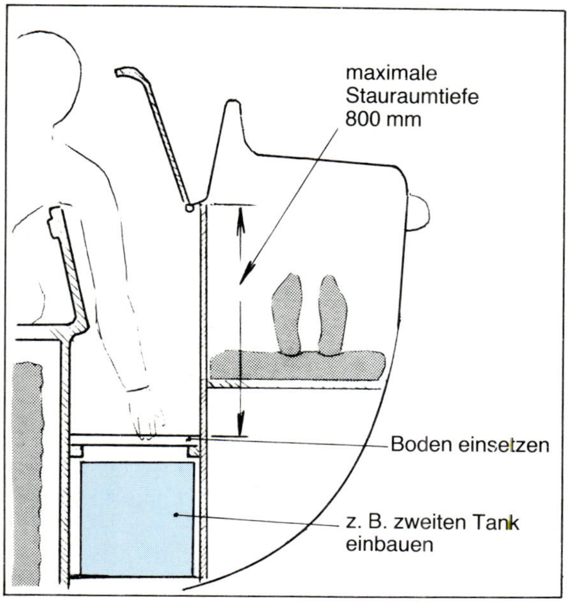

Stauraumgrößen

Viele Stauräume sind nur deshalb unpraktisch, weil sie zu groß sind und das Staugut „nur reinkommt", ohne seinen zugeordneten Platz zu haben. Das gilt auf vielen Schiffen insbesondere für Stauräume im Cockpit-Bereich, wo häufig nicht einmal ein Längsschott den Raum unter den Seitendecks trennt. Ganz schlecht sind zu tiefe Stauräume. Man verkürzt sie durch Einlegen von herausnehmbaren Böden und, selbst wenn der Raum darunter unbenutzt bleibt, ist das besser als zu tiefer Stauraum.

Wichtig: Jeder Gegenstand an Bord sollte seinen festen zugeordneten Platz haben!

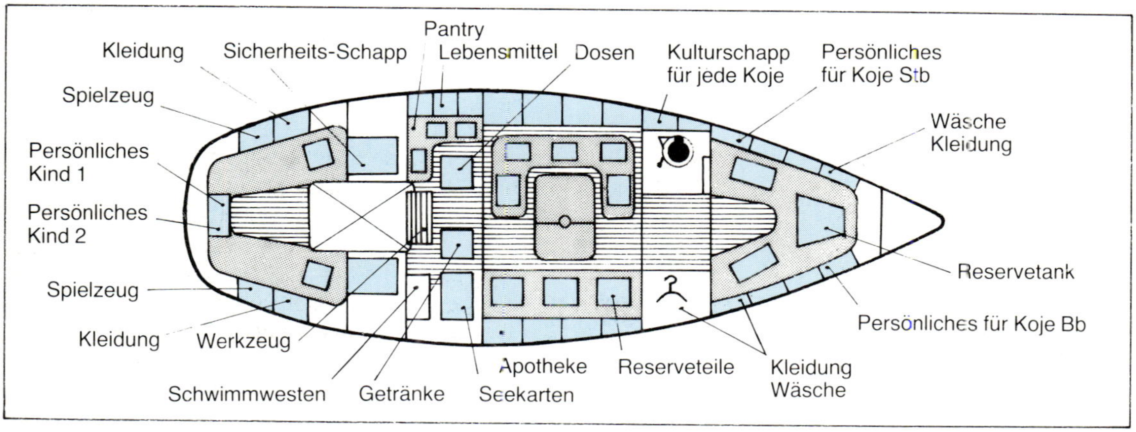

Stauplan

Wenn man sich nach einem Sommer im Schiff wohlfühlt und sich „häuslich" eingerichtet hat, sollte man vor dem großen Ausräumen im Herbst einen Stauplan anfertigen. Ich will hier keine Rollenverteilung vornehmen, dennoch glaube ich, daß, wenn der Skipper sich um den technischen Kram kümmert, die Stauplangeschichte ein Job für die Bordfrau wäre. Das braucht nicht gezeichnet sein, man kauft sich einfach ein kleines Heftchen, Format DIN A 6 mit etwa 50 Seiten, gibt vorne oder hinten beginnend jedem Stauraum seine Seite und schreibt auf, was wohin gehört. Dann hat man erstens im Frühjahr eine Checkliste zum Vollräumen und zweitens im Handumdrehen die „gewohnte" Ordnung. Die Zeichnung soll nur zeigen, wieviel Stauräume (blau) es z. B. auf einem 10-m-Schiff gibt. Sie erhebt keinen Anspruch auf Vollständigkeit.

WC-Systeme

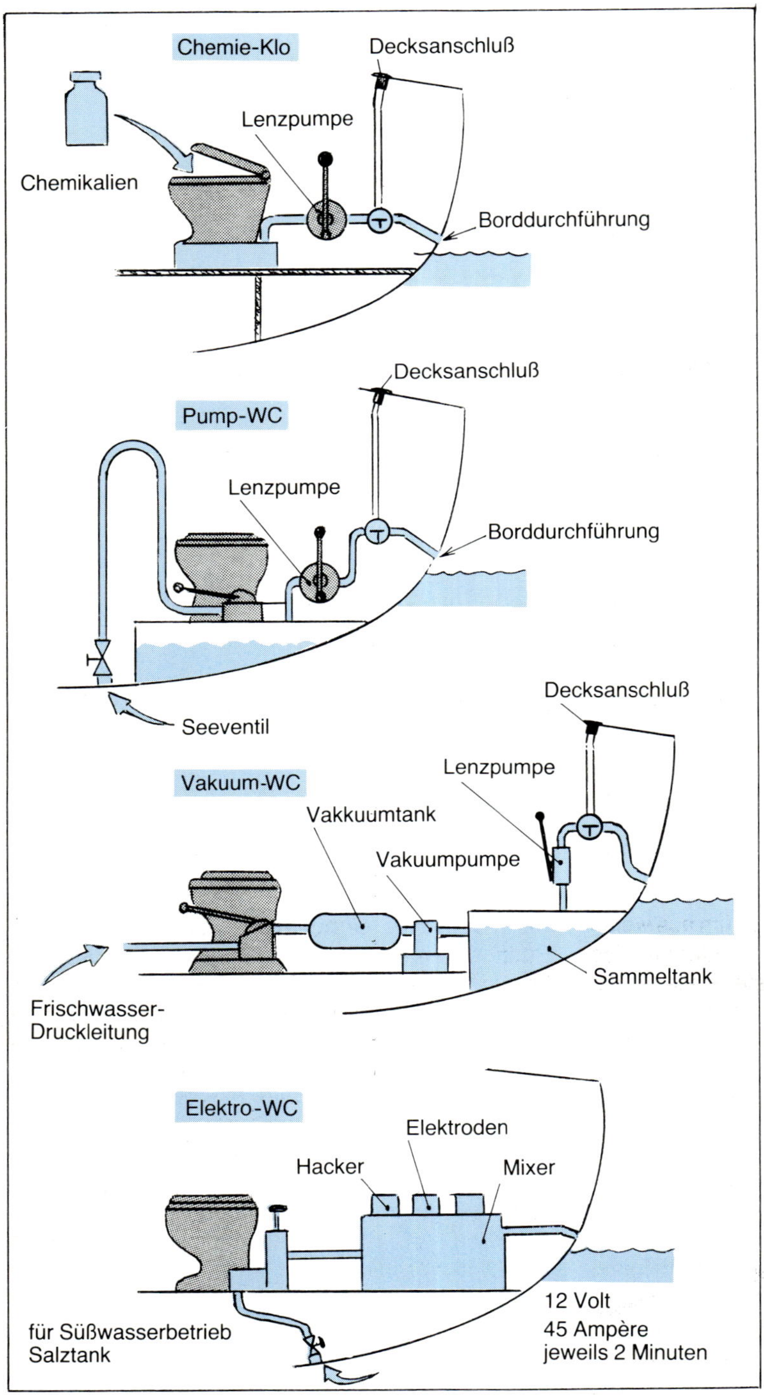

Es ist keine Frage mehr: Im Hafen wird das Bord-WC nur benutzt, wenn ein geschlossenes System vorhanden ist.
Zur Zeit gibt es vier Systeme:

Chemie-Klo – ist die preiswerteste Möglichkeit. Die für Boote geeigneten Typen haben einen Frischwasser- und Fäkalienbehälter, der alternativ auch an eine Decks- und Außenbordsleitung angeschlossen werden kann. Über den Zusatz von Ätzkali oder Formalin ist natürlich keiner glücklich.

Pump-Klo mit Fäkalientank – hier gibt es integrierte Systeme, bei denen der Tank gleich unter dem Klo sitzt. In den meisten Fällen wird man aber wohl aus Platzgründen auf einen getrennten Tank ausweichen müssen.

Pump-Klo mit Vakuumsystem – hier wird von einem Vakuumtank abgesaugt. Das System benötigt aber einen Druckwasseranschluß und verbraucht Strom. Der Vorteil: geringe Spülmengen und somit große Kapazität kleiner Tanks.

Elektrolyt-System – hier wird elektrolytisch „kaltverbrannt". Der verbleibende Rest ist umweltfreundlich und kann auch in den Hafen abgelassen werden. Nachteil: hoher Stromverbrauch.

Beachten Sie, daß die Austrittsleitungen nicht mehr unter der Wasserlinie durch den Rumpf führen, wie bisher überall empfohlen. Über der Wasserlinie austretend braucht man weder Schwanenhals noch Seeventil.

Pump-WCs und Fäkalientanks

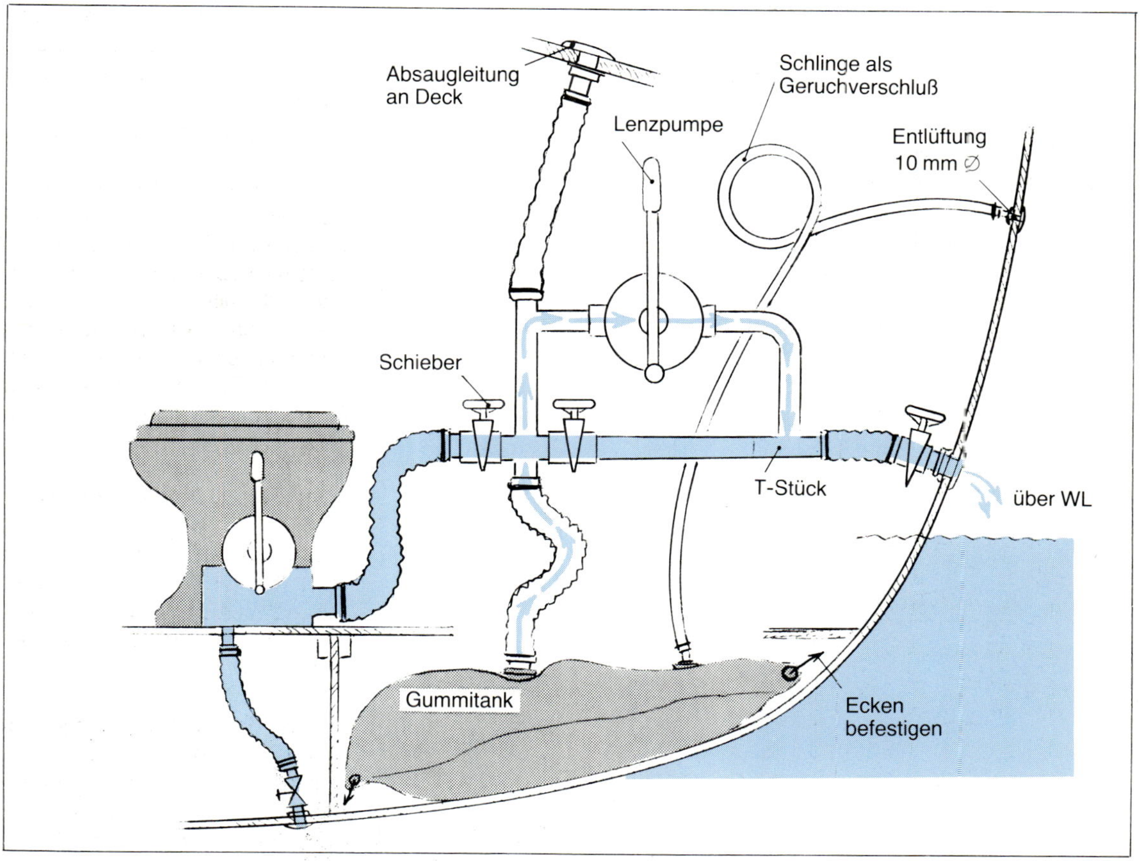

Das „liebe" alte Pump-Klo ist ein Ungetüm aus vielen mehr oder weniger edlen Metallen und Gummi, das viel zu schnell altert. Die schwächste Stelle ist die Kolbenpumpe mit den Klappen und Dichtungen, die je nach Betriebsart und Revier alle zwei bis vier Jahre im Rahmen der Frühjahrsarbeiten ausgetauscht werden sollten. Die WCs mit Membranpumpe sind etwas unempfindlicher.

Zu späterem Einbau eines Fäkalientanks eignen sich Gummitanks am besten. Die Skizzen zeigen die einfachste Art der Kombination von Pump-WC mit Fäkalientank.

Zu beachten ist besonders, daß es Schläuche und Anschlüsse nach dem Zoll- und metrischen Maßsystem gibt, die untereinander gemischt sehr schwer zu montieren sind und ständig zu Leckagen führen.

Als Lenzpumpe eignet sich eine Membranpumpe. Statt der teuren 3-Wege-Hähne wurden nur Schieber verwendet. Das sieht zwar kompliziert aus, ist aber besser. Außerdem kann die ganze Einheit mit Schiebern und Pumpe aus PVC-Rohr geklebt und mit Schläuchen angeschlossen werden. Der Decksanschluß kann geplant werden (er ist bereits international genormt = ISO 4567-1978), ist aber kaum akut, da es in den Häfen noch keine Abpumpstation gibt. Das Volumen des Tanks muß so dimensioniert sein, daß es Ihren Liegegewohnheiten gerecht wird. Für eine Familie im Wochenendbetrieb reicht ein 70-l-Tank allemal.

Pantry

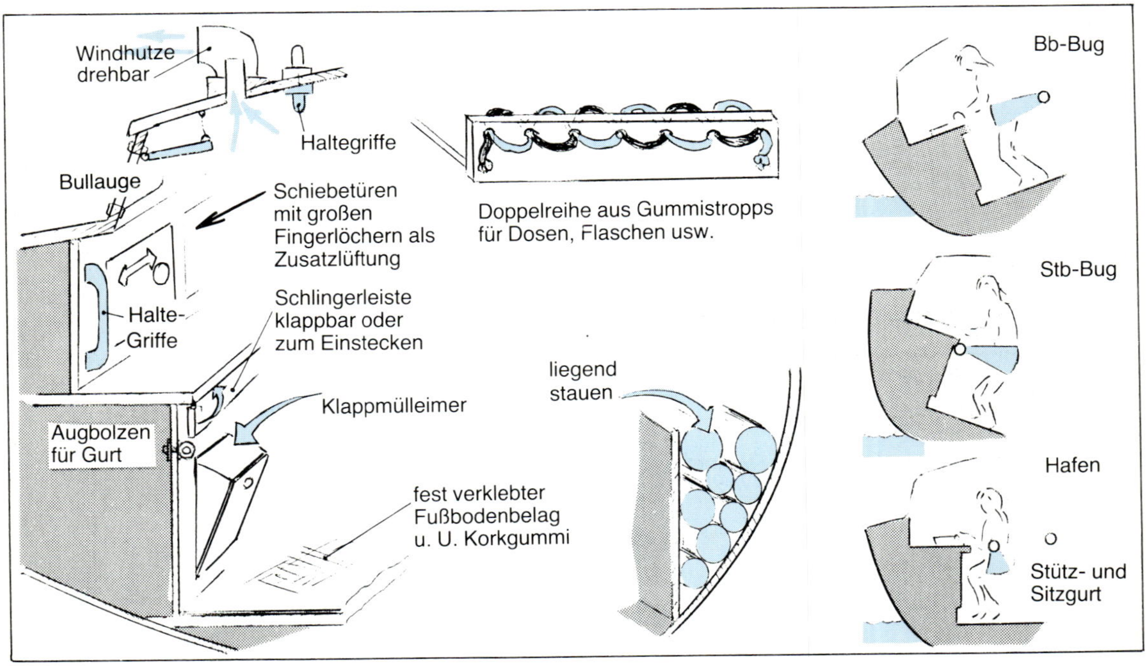

Die Pantry ist nicht einfach die Kochecke und somit der von der Bordfrau am meisten frequentierte Quadratmeter. Die Pantry sollte jedenfalls, ähnlich wie der Platz des Navigators, eine auf engstem Raum hoch funktionalisierte und technisierte Ecke sein, aus der man mit möglichst wenig Aufwand möglichst großen Nutzen zieht. Und daß das Kochen einer warmen Mahlzeit im Seegang eher akrobatische und Zauberkünste voraussetzt als die Fähigkeiten eines Staub wischenden Hausmütterchens, sollte sich herumgesprochen haben. Hier allerdings die ideale Pantry vorzustellen, würde den Rahmen dieses Buches sprengen. Ich halte deshalb eine Handvoll Tips für die richtige Lösung, da kann sich jeder seinen Gewohnheiten entsprechend einrichten. Immerhin ist es ein Unterschied, ob man im Wochenendbetrieb nur an Bord frühstückt, sich tagsüber aus der Thermosflasche ernährt und abends gemütlich ins Hafenrestaurant geht oder mit einer kochfreudigen Bordfrau auf Langfahrt ist.
Bei einer richtig eingerichteten Pantry eines Fahrtenschiffes sind im allgemeinen drei Systeme, die funktionieren müssen, das sind der Kocher, der Kühlschrank und die Spüle mit dem Trinkwasser-System. Jeder Gegenstand, jede Gewürzdose, alles muß seinen vorherbestimmten Platz haben.
Die Halterungen in den Stauräumen müssen so beschaffen sein, daß das Staugut nach Reduzierung auf einen Bruchteil nicht herumfliegt.
In die Pantry gehört, auch wenn es Strom kostet, mindestens eine 25-Watt-Lampe, besser 2 getrennte 10-Watt-Lampen.
Eines der wenigen Fenster, die sich öffnen lassen, gehört in die Pantry. Eine drehbare Hutze, auf Saugen gestellt, gehört ebenfalls in die Kochecke.
Schapps mit Schiebetüren sollte man den Klapptüren vorziehen, da die Schiebetüren nach vorne hin keinen Raum beanspruchen.
Netze und Gummistropps in den Schapps sind von großem Vorteil.
Ein Sitz- und Stützgurt ist für's Kochen im Seegang eine wichtige Voraussetzung.

Trinkwasser-System und Spüle

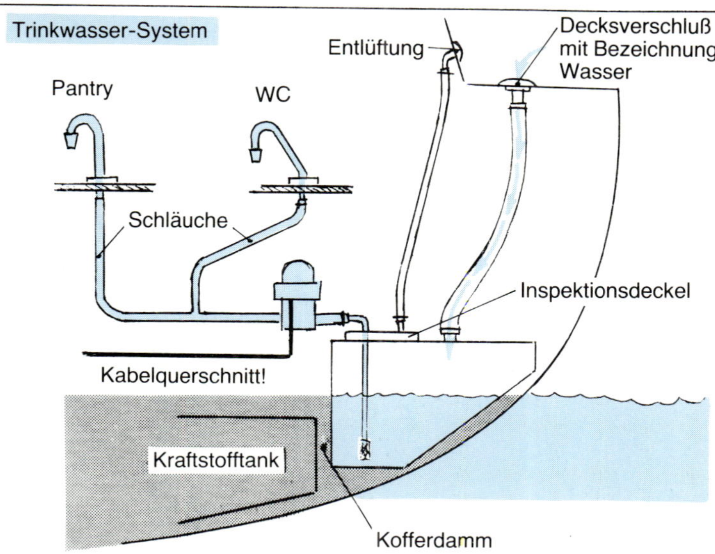

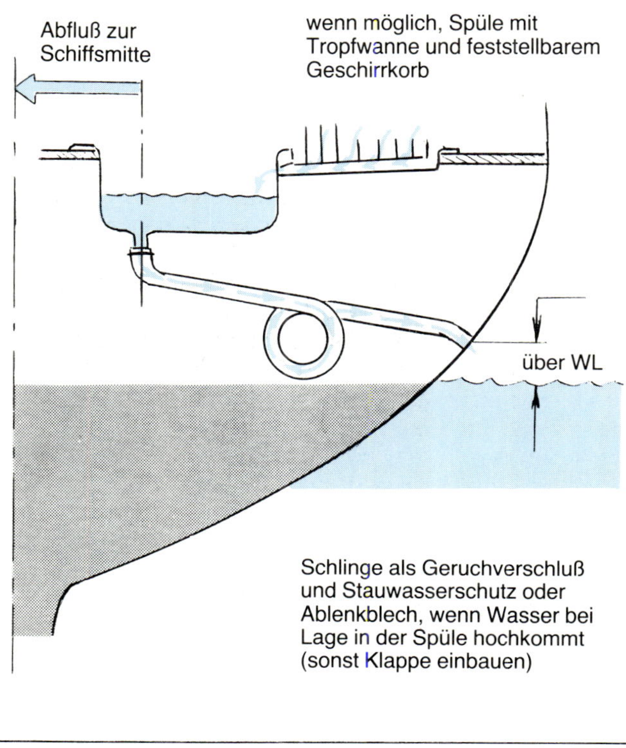

Es ist heute keine Zauberei, gutes Trinkwasser an Bord zu haben, da die Silber- und Silber/Chlor-Präparate ohne Bedenken angewendet werden können, da sie das Trinkwasser über Monate nicht nur keimfrei, sondern auch frei von Beigeschmack halten. Je nach Größe der Yacht löst man das Trinkwasser-Problem mit einem Kanister mit Fuß- oder Handpumpe oder einer elektrisch betriebenen Druckwasseranlage, wie sie heute auf mittleren Kreuzern bereits Standard ist. Die Pumpe schaltet bei Druckabfall in der Leitung automatisch ein, und man sollte aufmerksam werden, wenn sie es zu oft tut, denn dann liegt irgendwo eine Leckage vor.
Die Skizzen zeigen die wichtigen Bauteile eines Trinkwasser-Drucksystems. Die Pumpe muß so montiert sein, daß man gut an die Kabelanschlüsse und, sofern sie nicht ganz gekapselt ist, an die Kohlen des Motors heran kann. Als Schlauchleitungen kann man gewebeverstärkten Kunststoffschlauch verwenden.
Wichtig ist, darauf zu achten, daß der Abfluß der Spüle zur Schiffsmitte und die Spüle mit der schmalen Seite querschiffs liegt. Eine Tropffläche mit einer Halterung für einen Geschirrkorb ist eine wesentliche Erleichterung.

7–10 l Wasser pro Tag und Person gelten als sehr komfortabel, 3–5 l reichen für Langfahrt, 2,5 l pro Tag und Person schränken das Wohlbefinden an Bord nicht ein.

Gasanlage

Gasflasche in Stauraum mit Abfluß nach außen

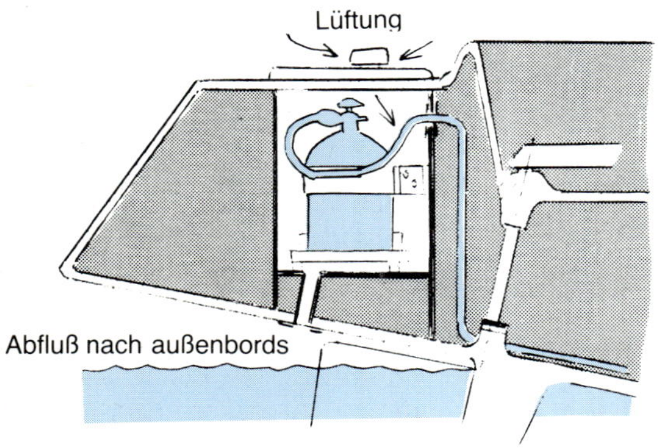

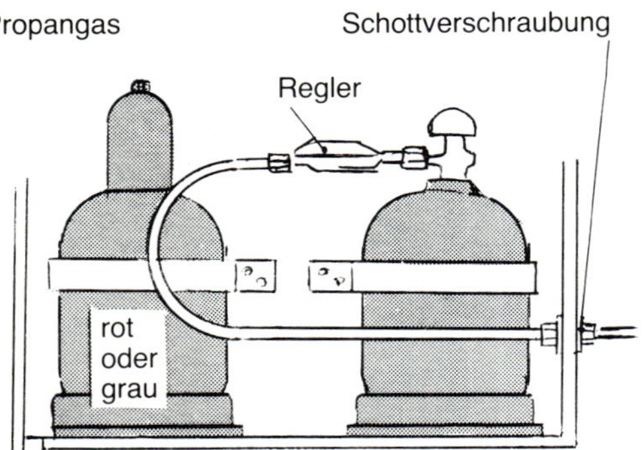

1 Flasche fest angeschlossen, die Reserveflasche fest gehaltert daneben

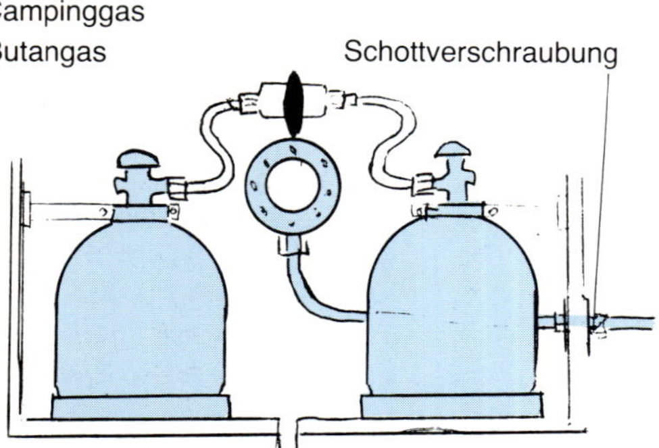

Beide Flaschen an das System angeschlossen und fest gehaltert (keine Reserveflasche)

Gas an Bord ist mehr eine Frage der Weltanschauung als eine Frage der Logik. Es ist unbestritten, daß Gas sowohl für Kocher, Backofen, Heizung und als Warmwasserbereitung einen enormen Komfort bietet, da die Verbrennung geruchlos und geräuschlos vonstatten geht. Der Haken ist, daß man nicht so recht weiß, wann die Zeitbombe zu ticken beginnt, und gute Gaswarngeräte sind teuer.
Die größte Sicherheit erreicht man mit einer richtig installierten Anlage, durch den Kauf der richtigen Geräte mit Zündsicherung, einer korrekten Handhabung und einer regelmäßigen Prüfung.

Prüfung der Gasanlage: Die Leitungen können mit einem Spray oder mit Seifenwaser auf Leckage überprüft werden (Blasenbildung).
Die Zündsicherungen lassen sich ohne Hilfsmittel prüfen. Eine kalte Zündsicherung stellt spätestens nach 5 s die Gaszufuhr ab. Und wenn man die Flamme eines Verbrauchers ausbläst, muß die Zündsicherung spätestens nach 60 s ebenfalls schließen. Die in dieser Zeit austretende Gasmenge gilt als nicht gefährlich.
Die Druckprüfung einer Anlage sollte man einem Fachmann überlassen, den man bei jedem Verdacht holen sollte.

Sicherheitseinrichtungen: Das größte Maß an Sicherheit garantiert gründliche Wartung und sorgfältiger Umgang mit der Anlage!
Das bedeutet auch gründliches Schließen der Ventile, wenn die Anlage außer Betrieb ist.

Verbrauch: Eine vierköpfige Familie kommt mit einer 5-kg-Flasche im Sommer etwa vier Wochen aus, wenn das Gas nur zum Kochen und zum Heizen an einigen kühlen Abenden benutzt wird.

1 Kocherflamme verbraucht	100–200 g/h
1 3-flammiger Propangaskocher mit Bratröhre	700 g/h
normale Bootsheizung	200–300 g/h
Gaslampe (75–100 Watt)	40 g/h

Nachfüllen im Ausland: Adapter für unterschiedliche Flaschenabmessungen sind schwer zu kriegen und, solange keine einheitliche Normung das Anschlußgewinde festlegt, muß an den Nachfüllstellen sehr viel improvisiert werden, auch wenn an verschiedenen verantwortlichen Stellen das Gegenteil behauptet wird.

Kocher und Backofen

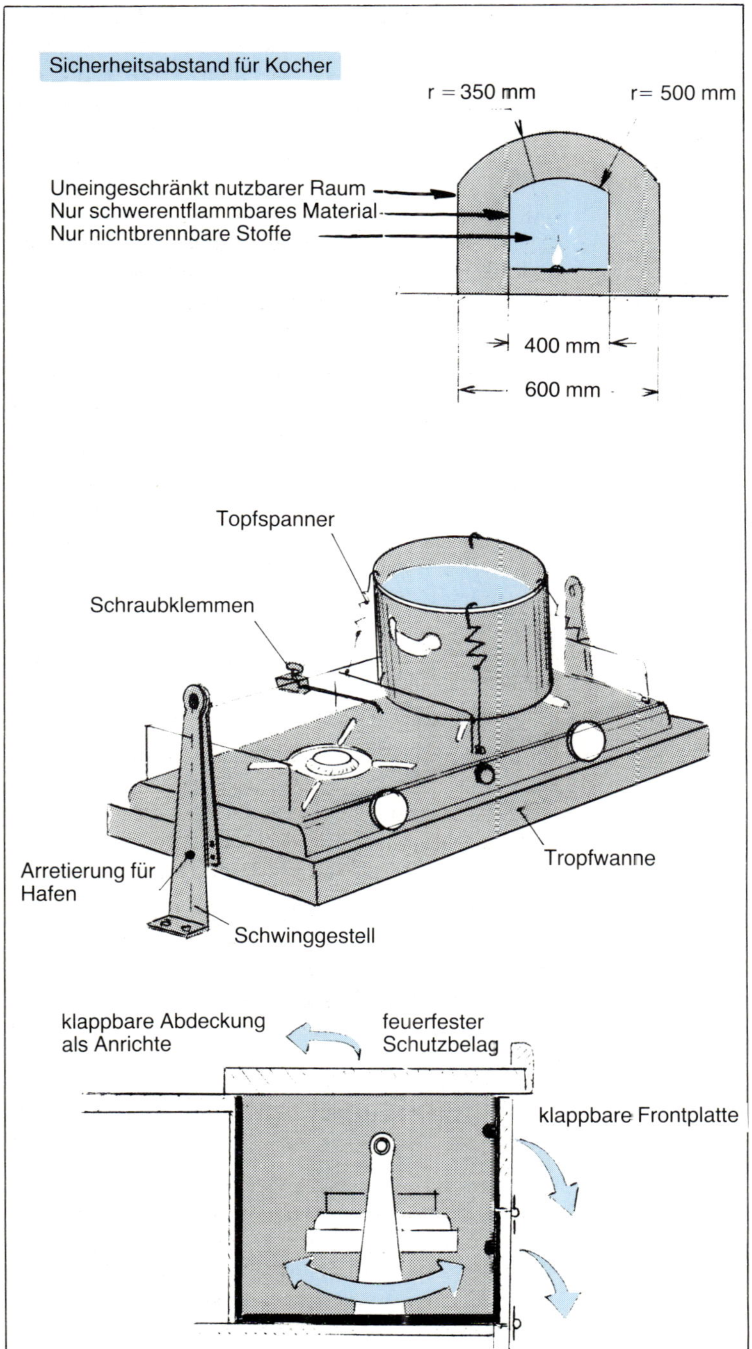

Vom Brennstoff her gibt es Gas- oder Grill-, Petroleum- und Spirituskocher. Sie haben überwiegend offene Flamme. Eine Empfehlung zu geben, die sich auf ein bestimmtes System bezieht, wäre unvernünftig. Hier muß jeder die Vor- und Nachteile selbst abwägen.

Unabhängig vom Brennstoff gibt es rund um den Kocher eine Reihe von Dingen, die genauso wichtig sind wie der Brennstoff des Kochers. Das ist das Schwinggestell, die Tropfwanne, der Sicherheitsabstand (nach GL) für offenflammige Brennstellen und die Halterung für die Kochtöpfe.

Heizwerte im Vergleich:

Brennstoff	kJ/kg	kcal/kg
Gas	47 000	11 000
Petroleum	4[illegible] 000	9 700
Spiritus	27 000	6 500

Wichtig:

Prüfen Sie die Gebrauchsanleitung beim Kauf des Kochers. Sie muß ausführliche Wartungsanweisungen und Fehlersuchtabellen enthalten. Hören Sie bei der Beratung genau zu und kochen Sie die ersten Male im Hafen, wobei der Kocher auf Leckagen, Druckverlust und ähnliches überprüft werden sollte. Reinigen Sie auf jeden Fall vorschriftsmäßig die Brenner und dichten Sie jede kleinste Leckage ab.

Der Reservekanister für den Kocherbrennstoff gehört in die Cockpit-Backskiste und wird dort fest gehaltert.

Navigatorplatz

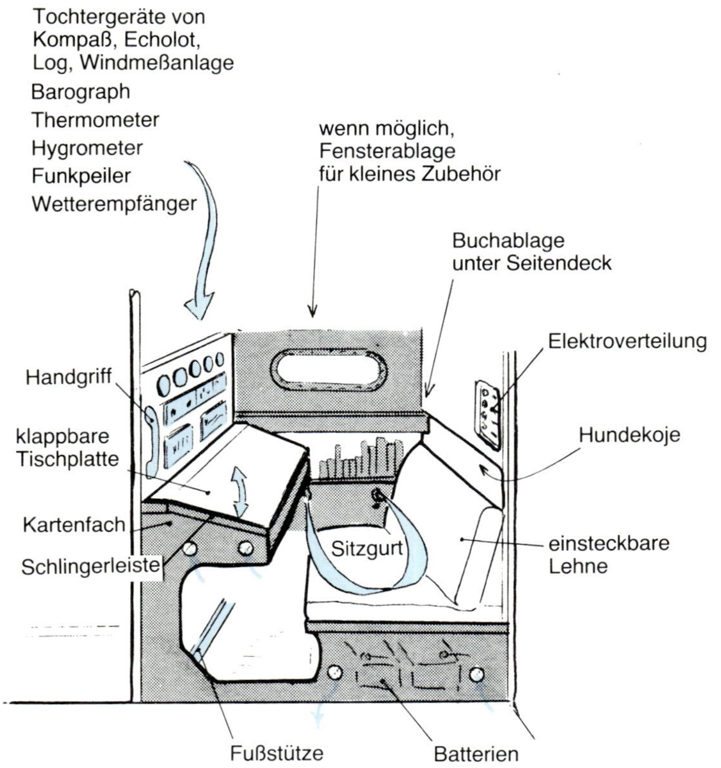

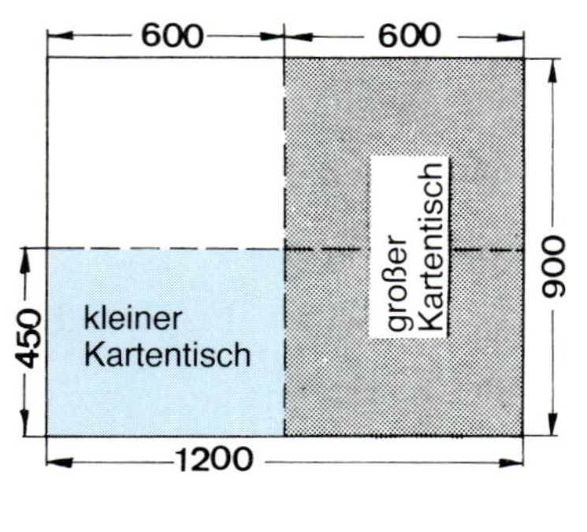

Die Überwachungs- und Navigationsinstrumente teilen sich in zwei Gruppen – jene, die im Cockpit zur ständigen Information des Steuermanns sein müssen, und jene, die dem Navigator bei der Arbeit zur Verfügung stehen müssen. Auf Segelyachten wird häufig auch die E-Verteilung im Bereich des Navigators untergebracht. Da der Platz meist an Steuerbord neben dem Niedergang liegt und die Pantry auf Backbord ihren Platz findet, werden auch die Batterien an Steuerbord untergebracht, damit alle Kabel möglichst kurz gehalten werden können.

Anstreben sollte man, daß der Navigator in Fahrtrichtung sitzt, was natürlich eine Frage der Bootsgröße ist. Auf großen Yachten mit Deckshaus legt man den Navigatorplatz nach oben. Der Kartentisch sollte möglichst groß sein. Sehr häufig sieht man Navigatorecken, die so gebaut sind, daß man die Karten rollen muß. Das ist m. E. ein Fehler; da die gerollten Karten nach Einwirkung von Feuchtigkeit äußerst widerspenstig werden und ein Kartentisch selten 900x1200 groß sein kann, muß die Karte ohnehin gefaltet werden.

Am besten man rüstet sich mit Sportbootkarten aus, die es von verschiedenen Herstellern (auch bei den Seekarten-Vertriebsstellen) gibt, die haben ein Format von ca. 600x430 mm

Selbstverständlich müssen alle Instrumente übersichtlich und funktionsgerecht angeordnet sein, um dem Navigator die Arbeit so gut wie möglich zu erleichtern. Wie man die Instrumente und Geräte wartet, siehe Kapitel Elektrik.

Sicherheit und Ausrüstung

Sicherheits- und Seenotausrüstung

Die Sicherheits- und Seenotausrüstung betrifft einen kleinen Teilaspekt der Seemannschaft. Geprägt wird der Begriff und sein Inhalt von verschiedenen Interessengruppen in dem Bestreben, die Mindestausrüstung für bestimmte Seegebiete zu definieren, was im Ernstfall bezogen auf die Verantwortlichkeit des Skippers schwerwiegende und rechtsverbindliche Bedeutung erlangen kann.

Sinngemäß ist auch der Umfang dieses Kapitels bemessen und beschäftigt sich in erster Linie mit der vernünftigen Auswahl, Unterbringung, Anordnung und Instandhaltung dieser Ausrüstungsgegenstände.

Den neuesten Richtlinien des ORC (Offshore Rating Council) liegen wohl die weitgehendsten Erfahrungen zugrunde. Sie sind weltweit anerkannt, und alle Regattayachten bemessen ihre Mindestausrüstung danach.

Die ORC-Richtlinien sind von der Kreuzer-Abteilung des DSV für Fahrtenschiffe noch etwas „vertieft", da man mit Recht von der Annahme ausgeht, daß Fahrtenyachten selten so gut besetzt sind wie Regattaschiffe.

Diese Richtlinien, die vom Germanischen Lloyd fast ohne Veränderung übernommen und in den neuesten „Richtlinien für den Bau und die sicherheitstechnische Ausrüstung von kleinen Wassersportfahrzeugen" veröffentlicht wurden, bilden somit die Grundlage dieses Kapitels, da sie zumindest dem Aspekt Sicherheit und Seenot in seemännisch vernünftigen Grenzen gerecht werden, wenn auch der häufig strapazierte Begriff der Mindestausrüstung auf diesen Ausrüstungsumfang bezogen die Tatsache verschleiert, daß man in Wirklichkeit in einen kleinen Küstenkreuzer gar nicht mehr hineinstopfen kann. Der in diesen Richtlinien geforderte Ausrüstungsumfang ist zwar vernünftig, wenn man ihn aber einstuft, und zwar mit dem Maßstab des sicherheitsbewußten Skippers, muß er als sehr solide, ja umfassend eingestuft werden. Vieles davon hat man vor einigen Jahren noch als Luxus angesehen, heute gehört's einfach dazu, auch wenn man mit viel Ausrüstung die Tatsache nicht aus der Welt schaffen kann, daß eine Rettungsinsel kein Ersatz für gute Seemannschaft sein kann, sondern bei richtigem und konsequentem Einsatz nach Verlust des Schiffes das Überleben sichert.

In den Sicherheitsrichtlinien werden die Anforderungen für die Ausrüstung von Yachten in vier Fahrgebiete eingeteilt. Das mag für Regattaschiffe von Bedeutung sein, wenn sie unter Verzicht auf eine Lenzpumpe oder den Notproviant 1,45 kg Gewicht sparen oder ähnliches. Mit Blick auf Fahrtenschiffe reduziert sich jedoch die Substanz der Sicherheits- und Seenotausrüstung auf das Fahrgebiet 2, so daß man vom seemännischen Standpunkt ausgehend konsequenter sagen muß, „seegehende Yachten", die im Folgenden beschrieben sind, sollen die in der Zeichnung rechts gezeigten Ausrüstungsgegenstände mitführen, ohne daß dem Skipper aus dieser Sicht im Ernstfall eines Seenotfalls Leichtsinn zu unterstellen wäre.

Das heißt, wenn der Anspruch Fahrtenschiff, seegehend oder seetüchtig, gestellt wird, dann muß das Segelboot in der Lage sein, seinen Baumerkmalen und der Ausrüstung entsprechend mittlere Seeräume zu befahren, worunter man offene Distanzen von 200 bis 300 sm verstehen muß – bei aller Relativität, die einer solchen Aussage anhaftet.

Die Erleichterungen für kurze Törns finden Sie in der Tabelle auf der übernächsten Seite. Die Tabelle wurde so übernommen, wie der Germanische Lloyd das sieht. Sie hat natürlich genau wie die Sicherheitsempfehlungen des Verbandes keine direkte Rechtskraft und, da man sagt, das ganze Werk solle eine Art Diskussionsphase durchlaufen, steht man positiver Kritik sehr aufgeschlossen gegenüber.

Sicherheits- und Seenotausrüstung

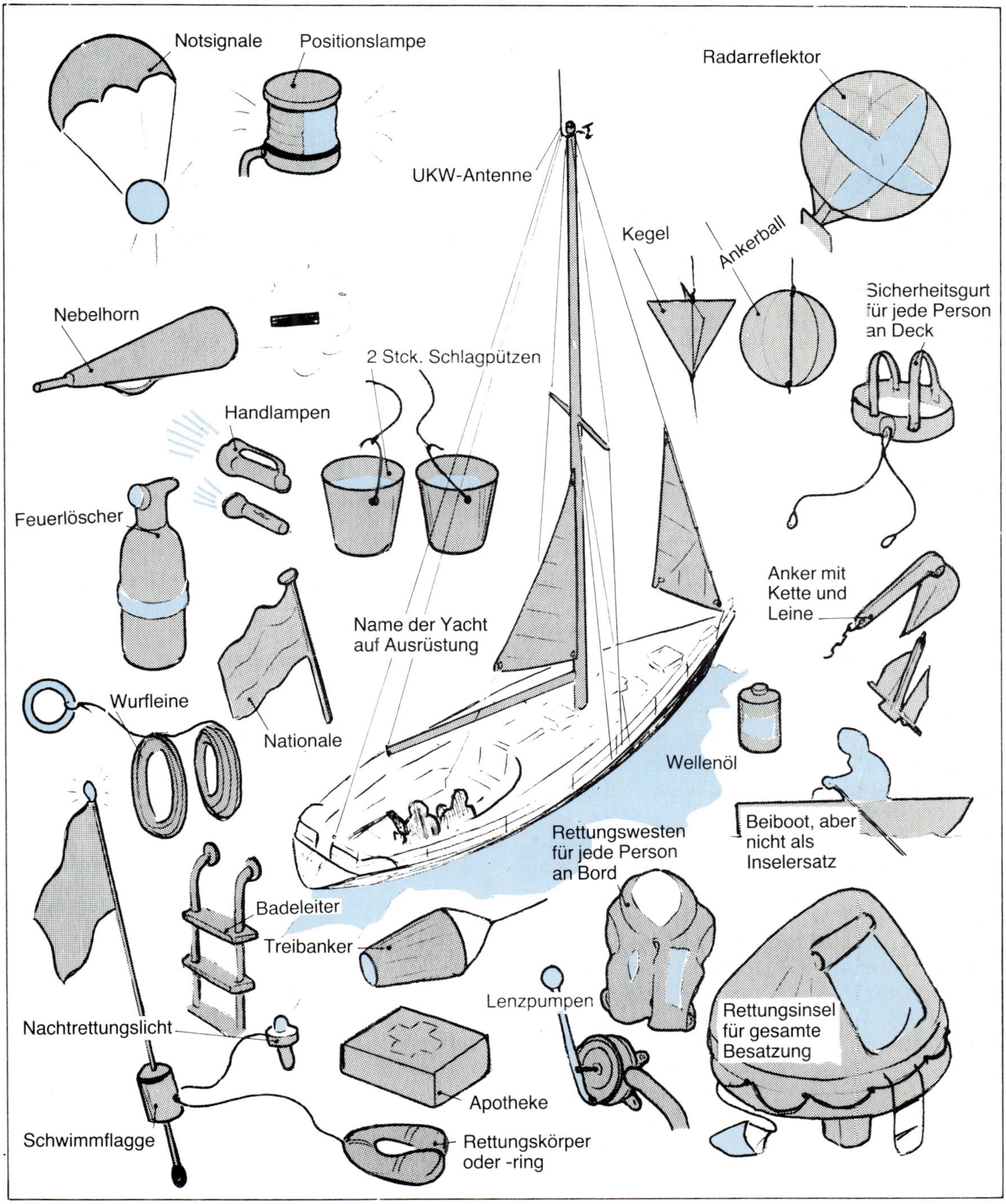

Einteilung der Seegebiete und Navigationsausrüstung

Deutscher Segler-Verband (auch ORC)	Germanischer Lloyd
Seegebiet K 1: analog	**Fahrbereich I:** Uneingeschränkte Seefahrt auf sich selbst angewiesen, ohne Hilfe von außen zu erwarten.
Seegebiet K 2: Reise längerer Dauer nicht allzu-weit von den Küstenlinien, wo im Notfall berechtigte Wahrscheinlichkeit auf Hilfe von außen besteht.	**Fahrbereich II:** Küstenfahrt bis 200 sm und, wenn Inseln vorgelagert, 400 sm von der Küstenlinie entfernt.
Seegebiet K 3: Fahrten über offenes Wasser, aber geschützt und nahe der Küstenlinie.	**Fahrbereich III:** Bis 20 sm von der Küstenlinie und, wenn Inseln vorgelagert sind, bis 40 sm.
Seegebiet K 4: Kurze Fahrten in Landnähe in relativ warmem Wasser und geschützten Gewässern.	**Fahrbereich IV:** Auf geschützten Küstenrevieren bis 3 sm von der Küstenlinie entfernt oder bei vorgelagerten Inseln bis 6 sm.
	Fahrbereich V: Binnenfahrt (bis 1,5 sm vom Ufer) in Watt- und Küstenrevieren bis 0,75 sm vom Ufer.

Hier noch eine gekürzte Definition der vom Deutschen Segler-Verband (auch ORC) und vom Germanischen Lloyd umrissenen Fahrbereiche, deren Sinn und Unsinn ich hier nicht weiter kommentieren möchte. „Gemessen" wird von der Küstenlinie bei mittlerem Hochwasser. Der Bodensee gilt als Fahrbereich III/IV. Nach Empfehlungen der Kreuzer-Abteilung des Deutschen Segler-Verbandes sollte sich ein Fahrtenschiff immer eine Kategorie höher ausrüsten, was für einen Kreuzer, der den Anspruch seetüchtig erhebt, immer auf Kategorie II bzw. Fahrbereich II hinausläuft.

Navigationsausrüstung

Die Tabelle auf dieser und der nächsten Seite gibt den vom GL empfohlenen Ausrüstungsumfang für die verschiedenen Fahrgebiete wieder. Der Text (nicht der Ausrüstungsumfang) ist gegenüber der Originalausgabe etwas gekürzt. Der Fahrbereich III (20/40 sm) kann natürlich nicht ernsthaft als eine Grenze für einen kleinen Kajütkreuzer angesehen werden, und so deckt sich auch hier wieder, was schon vorher zur Empfehlung der Kreuzer-Abteilung gesagt wurde: Ausrüstung nach Fahrgebiet II (K II), während man das Mehr zur uneingeschränkten Fahrt (K I) im Fahrgebiet II als Übertreibung empfinden muß, wenn sich also ein Seekreuzer, der Fahrgebiet II befährt, für I ausrüsten soll, obwohl das eigentlich nur das Chronometer, mehr Fallschirm-Raketen, der Notproviant, Signalflaggen und ein zusätzlicher Rettungskörper sind.

Navigationsausrüstung	Fahrbereich				
	I	II	III	IV	V
1 Schiffskompaß, sorgfältig eingebaut und kompensiert	●	●	●	●	
1 Reservekompaß oder Handpeilkompaß	●	●	●		
Seekarten und nautische Bücher Navigationsausrüstung	●	●	●		
1 Sextant und Chronometer	●				
1 Funkuhr	●				
1 Uhr		●			
1 Funkpeiler	●	●			
1 Echolot oder Handlot	●	●	●	●	
1 Log (Distanzmesser)	●	●	●		
1 Geschwindigkeitsmesser	●	●	●	●	●
Grenzwellen-Sprechfunksender und Grenzwellenempfänger	●				
UKW-Sprechfunkanlage		●			
Rundfunk-Empfänger, geeignet für das Aufnehmen von Wetterberichten		●	●	●	
1 Barometer oder Barograph	●	●	●		
1 Fernglas	●	●	●	●	●

Sicherheitstechnische Ausrüstung

Sicherheitsausrüstung	Fahrbereich I	II	III	IV	V
1 Rettungsweste für jedes Besatzungsmitglied	●	●	●	●	●
Für jede automatisch aufblasbare Rettungsweste 1 Satz Reserve-Preßgasflaschen	●	●	●		
Pfeife, befestigt an jeder Rettungsweste	●	●	●	●	●
1 Sicherheitsgurt zum Einpicken für jedes Besatzungsmitglied	●	●	●		
1 aufblasbares Rettungsfloß für die Aufnahme aller an Bord befindlichen Personen	●	●	●		
Mindestens ein Rettungsring in Hufeisenform, verbunden mit einem selbstzündenden Nachtlicht von mindestens 45 Minuten Brenndauer sowie einem Treibanker in Reichweite des Rudergängers und klar zum sofortigen Gebrauch	●	●	●	●	
Mindestens ein weiterer Rettungsring in Hufeisenform, ausgestattet mit einer Trillerpfeife, Farbbeutel, verbunden mit einem selbstzündenden, hochintensiven, schwimmenden Nachtlicht, weiß, sowie Treibanker und einer Stange mit gelber oder orangefarbiger Flagge. Die Stange muß an dem Ring mit einer 25 Fuß (8 m) langen Schwimmleine befestigt sein.	●				
Seenotsignale 12 rote Fallschirmsignale	●				
4 rote Fallschirmsignale		●	●		
4 rote Handfackeln	●	●	●	●	
2 schwimmfähige orange Rauchtagsignale	●	●	●		
1 Wurfleine	●	●	●	●	
Sturm-Trysegel und Sturmfock	●	●			
Sturmfock und Reffeinrichtung für das Großsegel			●	●	
Sicherheitsleiter	●	●	●	●	●

Allgemeine Ausrüstung	Fahrbereich I	II	III	IV	V
Ankerausrüstung	●	●	●	●	●
2 Lenzpumpen	●	●	●		
2 Stck. Schlagpützen	●	●	●		
1 Lenzpumpe				●	●
1 Schlagpütz oder 1 Ösfaß				●	●
Feuerlöscher und Feuerlöscheinrichtungen	●	●	●	●	●
Lichter (Positionslaternen)	●	●	●	●	●
2 Handlampen, von denen eine zum Morsen geeignet ist, spritzwassergeschützte Bauausführungen	●	●	●		
Reservebatterien und Birne für die Morsehandlampe	●	●	●		
1 Handlampe in spritzwassergeschützter Ausführung mit Reservebatterien und Birne				●	●
1 Schallsignalgerät (Signalhorn)	●	●	●	●	●
1 Schiffsglocke	●	●	●	●	
1 Ankerball, 1 Kegel,	●	●	●	●	●
1 Nationalflagge	●	●	●	●	●
1 Satz internationaler Signalflaggen und internationales Signalbuch	●				
1 Radarreflektor	●	●	●	●	
Bordapotheke, Erste-Hilfe-Ausrüstung und Anleitung	●	●			
Sanitätskasten			●		
Verbandskasten				●	●
Werkzeug und Ersatzteile	●	●	●		
Treibanker, pflanzliches oder tierisches Öl zur Wellenberuhigung	●	●	●		
Notproviant	●				

Rettungsweste

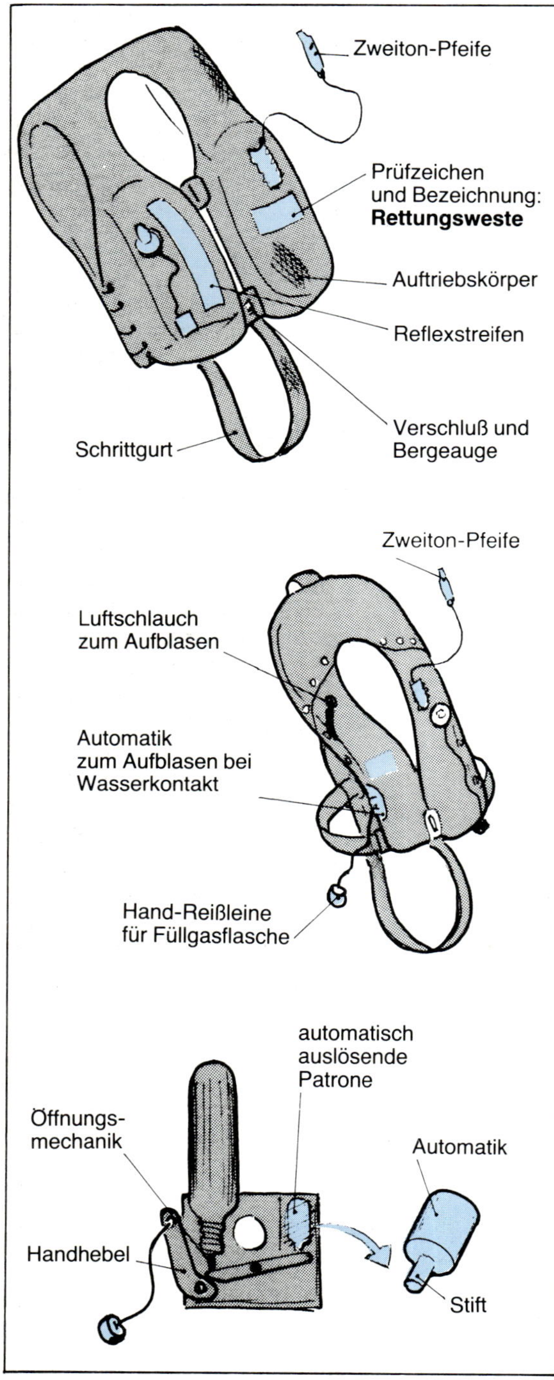

Man hat viel Wirbel gemacht um die Frage, ob das wichtigste Rettungsmittel „Schwimmweste" wie bisher oder „Rettungsweste" heißen soll. Es ist auch entschieden. Wir müssen jetzt Rettungswesten an Bord haben, die ein Prüfzeichen mit der klaren Kennzeichnung als „Rettungsweste" haben. Sie sind etwa doppelt so teuer geworden wie die „Schwimmwesten", sollen aber garantieren, daß man mit dem Mund wenigstens 8 cm über dem Wasser bleibt und sich auch in Ohnmacht aus der tödlichen Bauchlage in die Rückenlage dreht.

Von der Art her gibt es zwei Systeme, die Feststoff- und die aufblasbare Rettungsweste.

Die Feststoffwesten haben, wenn der ausreichende Auftrieb auf der rechten Stelle sitzt (auf der Brust), den Nachteil, daß sie recht unförmig sind, was aus dieser Sicht der aufblasbaren den Vorzug gibt. Mit der aufblasbaren Rettungsweste handelt man sich aber auch nicht nur Vorteile ein. Sie muß automatisch sein, sie muß regelmäßig gewartet werden (wenigstens einmal jährlich) und ist teuer.

Als dritte Variante gibt es und wird es in Zukunft in zunehmendem Maß geben – die Kombination von Life-Jacket und Life-Belt (wie schön einfach die englischen Namen sind). Diese Entwicklung ist logisch, da man „angebunden" sein sollte, wenn's auch für die Rettungsweste Zeit wird.

> Für jede Person an Bord muß eine Rettungsweste vorhanden sein.

Ständige Pflege und Unterbringung an Bord: Die Bedeutung und der Preis der Rettungswesten sollte den Eigner und die Crew veranlassen, die Westen nicht wie Fender oder Leinen in eine Backskiste zu schmeißen.

Rettungswesten gehören auch nicht in Plastiktüten, sondern sollen offen (luftig) in einem leicht erreichbaren Schrank untergebracht sein. Nach Gebrauch, wenn Spritzwasser sie „gesalzen" hat, sind sie in Frischwasser auszuspülen und bei nächstbester Gelegenheit zu trocknen. Überwintern s. S. 203.

Rettungskörper

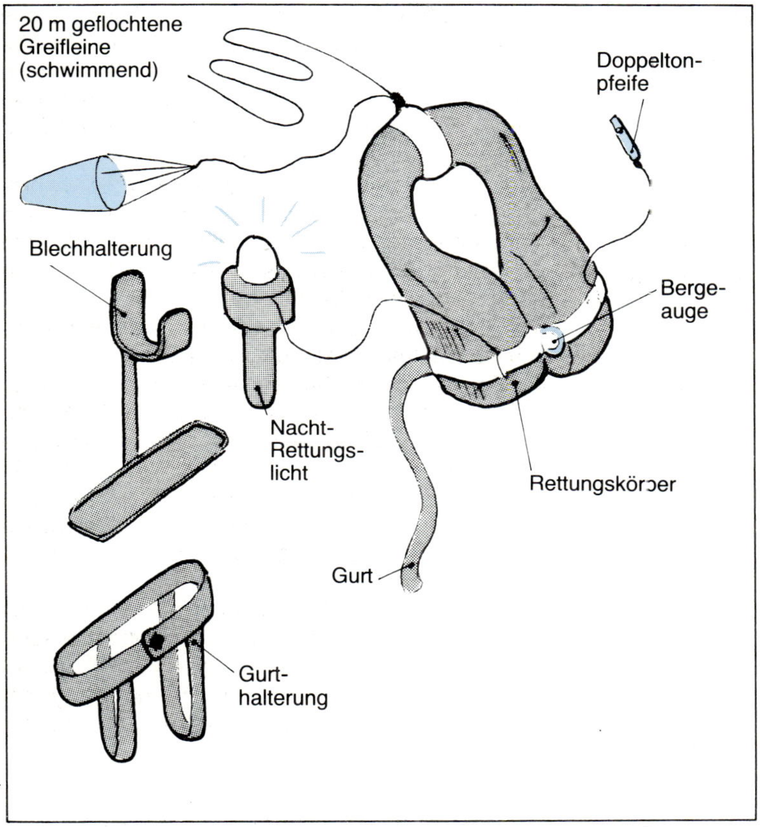

Der Rettungskörper ist nichts anderes als eine positive Weiterentwicklung des traditionellen Rettungsringes. Er ist dem herkömmlichen Ring wesentlich überlegen, da er die gleichen Kriterien erfüllen muß wie die Rettungsweste. Zusätzlich muß man ihn im Wasser gut überstreifen können, und die Gurte müssen nicht nur den Ohnmächtigen halten, man muß ihn auch damit bergen können.

Das Material ist voll synthetisch. Überwiegend handelt es sich um oberflächenverdichtete Thermoplaste, die ziemlich unempfindlich gegen mechanische und chemische Einflüsse sind. Leider sind die Oberflächen nicht besonders UV-resistent, so daß die Rettungskörper nach einigen Jahren „schmutzig" und blaß werden.

Gewartet, gepflegt und überwintert werden sie wie die Rettungswesten (s. S. 203).

Der Platz an Bord ist, wie die Skizze auf der nächsten Seite zeigt, in der Nähe des Rudergängers, wo sie „klar zum Werfen" hängen müssen. Ihre Wirksamkeit wird durch eine zusätzliche Kombination von Nachtrettungslicht, Signalstift, Schwimmflagge, Farbbeutel, Treibanker usw. erhöht. In dieser Hinsicht sollte man allerdings vorsichtig sein, da man leicht durch zu komplizierte Anordnung die Einsatzbereitschaft herabsetzt. Im Ernstfall kommt es hier auf Sekunden an, wobei die Einsatzbereitschaft der Sicherung gegenüber Seegang und Wind entgegensteht. Auf den folgenden Seiten sind einige praktikable Vorschläge skizziert.

Es gehören (nach den Empfehlungen von GL und DSV) zwei Rettungskörper in Reichweite des Rudergängers, einer verbunden mit einem selbstzündendem Nachtlicht (45 Minuten Mindestbrenndauer) und einem Treibanker, der zweite ist mit einer Trillerpfeife, einem Farbbeutel, einem hochintensiven, selbstzündendem Nachtlicht, einem Treibanker und einer Markierungsboje mit Flagge verbunden.

Für Seegebiet 3, das wäre sozusagen für Fahrten im nahen Küstengebiet, braucht dieser zweite Rettungskörper nicht an Bord zu sein.

Nach DSV gehört der 2. Rettungskörper bereits für Fahrgebiet II und nach GL erst für große Fahrt an Bord.

Zubehör und Plazierung der Rettungskörper

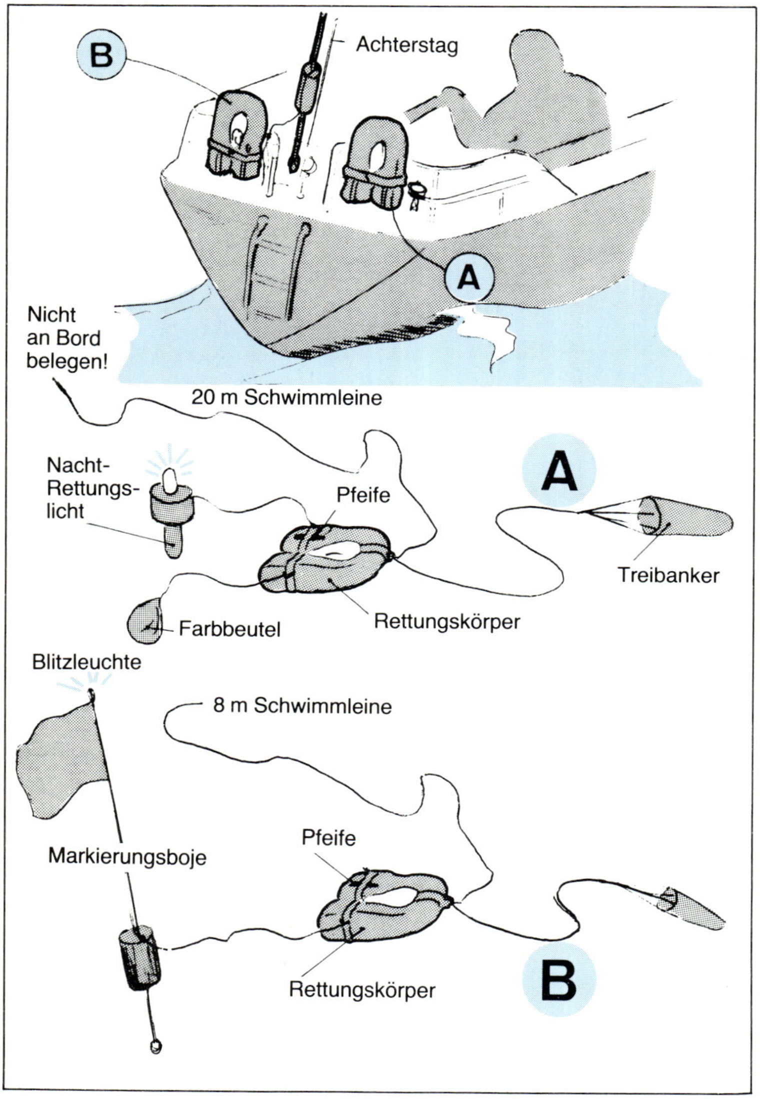

Die Rettungsmittel wie Rettungskörper, Nachtlicht und Markierungsboje müssen in Reichweite des Rudergängers untergebracht sein. Der Heckkorb bei Yachten mit Achtercockpit ist gut geeignet und wird auch überwiegend dazu benutzt, obwohl zumindest einer der Rettungskörper bei Booten mit Pinnensteuerung an der Achterkante Cockpit einen guten und in schwerem Wetter geschützten Platz hätte.

Auf Yachten mit Mittelcockpit befestigt man die Rettungskörper nicht an den Kajütschotten, sondern auf dem Kajütdach oder unter offenen Klappsitzen, die allerdings von vornherein speziell für diesen Zweck vorgesehen sein müssen. Die Ecken an den Kajütaufbauten sollte man frei lassen, da dort die besten und angenehmsten Sitzplätze sind.

Die beiden Skizzen zeigen den Ausrüstungsumfang für die beiden Rettungskörper, wie sie für Fahrtenyachten empfohlen sind. Für Fahrten in geschützten Gewässern bis zum mittleren Seeraum reicht ein Rettungskörper mit dem Zubehör der Version A. Für große Fahrt sind zwei Rettungskörper empfohlen, die unterschiedlich wie A und B ausgerüstet sind.

Insgesamt ist das ziemlich viel Gedöns und, wenn der Rudergänger bei schlechtem Wetter nach Ablauf der Schrecksekunde das alles klar ins Wasser bringen soll, bedarf es brauchbarer Halterungen und peinlichster Ordnung in den dazu gehörigen Verbindungsleinen. Dazu kommt der durchaus strittige Punkt: Soll die Schwimmleine des Rettungskörpers nun eigentlich am Boot befestigt sein oder nicht? Ich neige mehr zu der Gruppe, die sagt: nicht belegen!

Halterungen für Rettungskörper und Zubehör

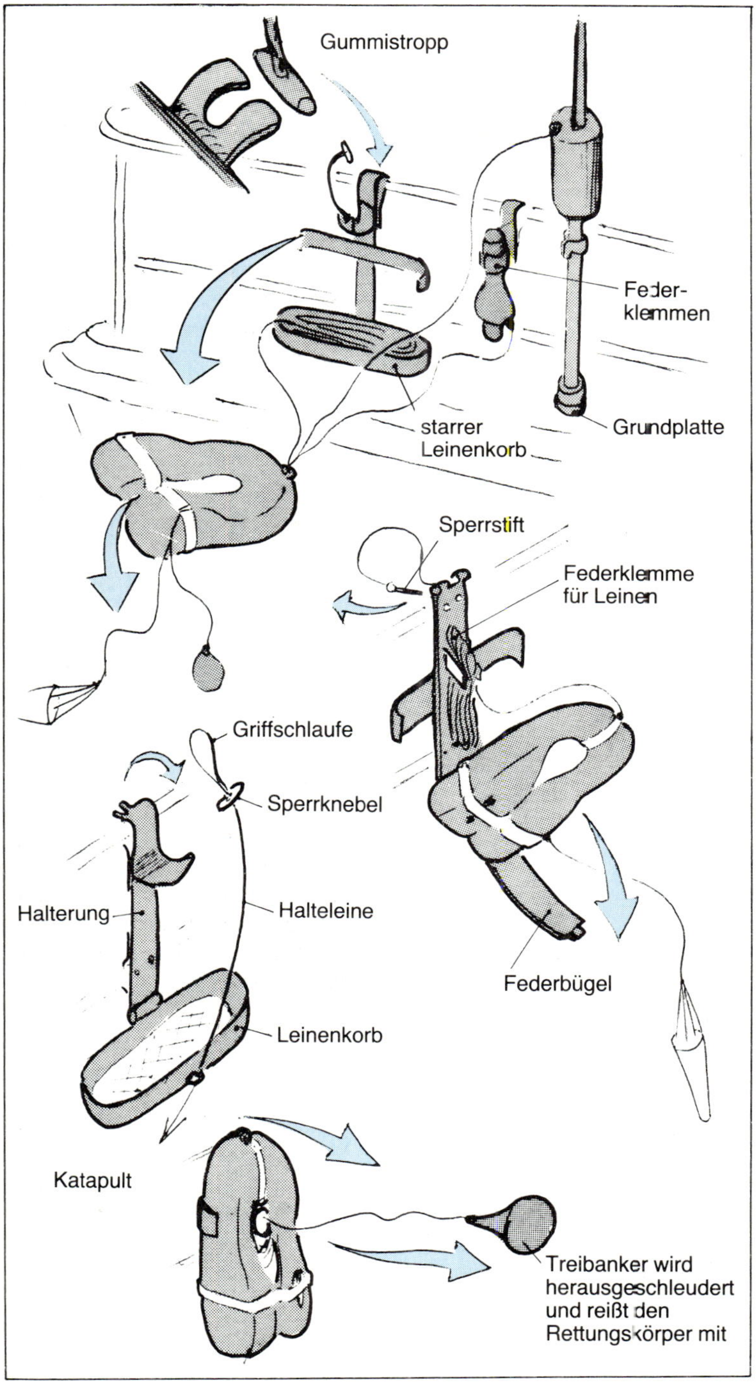

Mit verschiedenen Halterungen bis hin zum Katapult versucht man, den schnellen Einsatz der Rettungskörper mit Zubehör zu erreichen. Die Standardform ist die Gurthalterung, irgendwie am Heckkorb angebändselt.
Schwimmleine und Zubehör bilden zwischen den Schenkeln des Rettungskörpers einen mehr oder weniger wilden Wust. Die nächste Stufe ist die starre Draht- oder Blechhalterung, die mit einem Bodenkorb für Leinen und Treibanker schon ziemlich optimal ist, wenn sie nach hinten offenbleibt und der Rettungskörper nur wie in der Skizze mit einem Gummistropp gesichert ist. Auf dem Weg zur automatischen Schleudervorrichtung kommt dann die Blechhalterung mit Federbügel und Klemme für die Leinen, die durch Herausziehen eines Stifts geöffnet wird. Mindestens gleichwertig ist die daneben gezeigte Selbstbauversion mit Scharnier und Leinenkorb.
Der Leinenkorb bietet die beste Gewähr für ein Klarkommen der einzelnen Zubehörteile.
Die teuerste, aber komfortable Lösung ist ein Katapult, das den Treibanker herausschleudert, der den Rettungskörper mit Zubehör aus der Halterung reißt, wenn er im Wasser zu bremsen beginnt.
Nachtlicht und Markierungsboje werden mit Federklemmen gehaltert, wobei man davon ausgeht, daß der Klemmendruck groß genug ist, um sie nicht durch Wind oder Schwallwasser zu verlieren.

Sicherheitsgurt und Strecktau

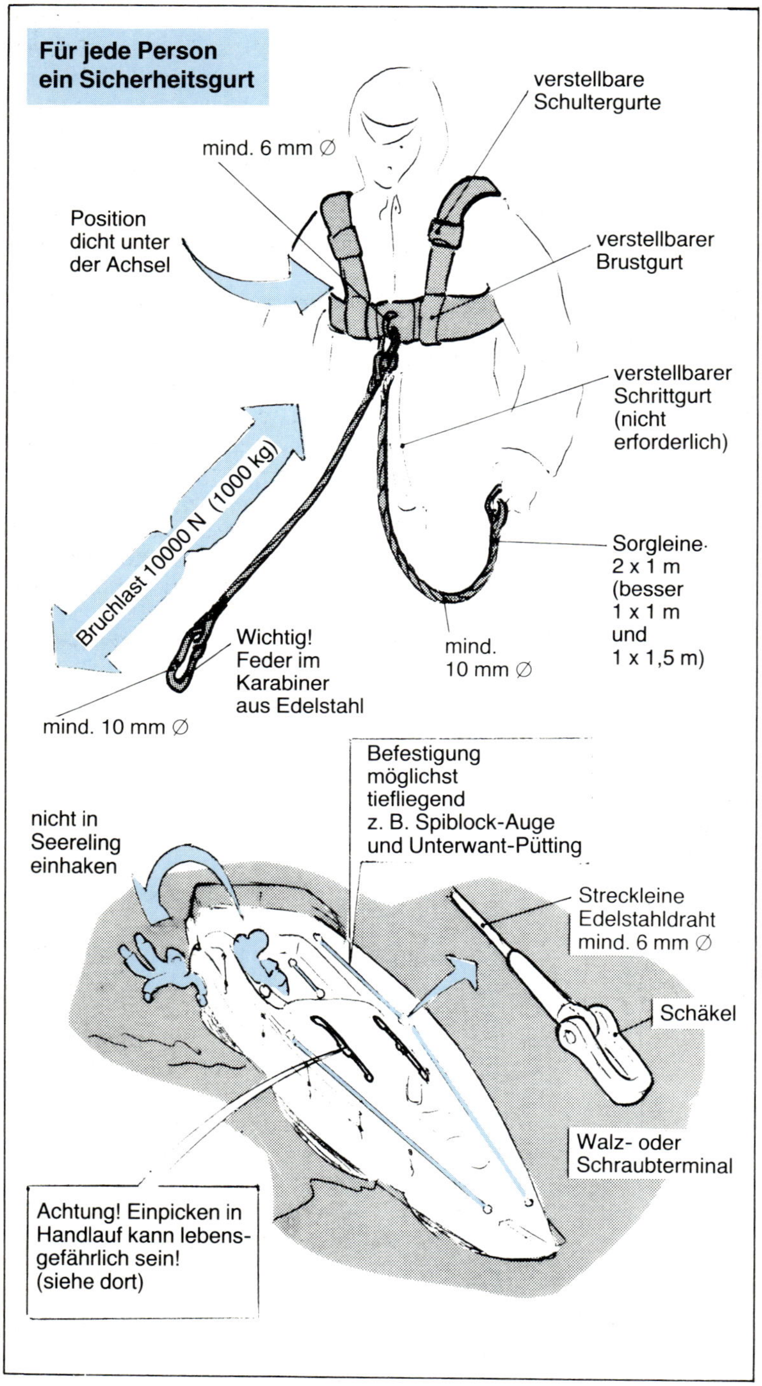

Der Sicherheitsgurt, im Englischen treffender als Life-Belt bezeichnet, kommt seiner Bedeutung nach genaugenommen vor der Rettungsweste. Wenn man ihn konsequent verwendet, braucht man die „Schwimmweste" nur noch bei Totalverlust.

Problem Nr. 1 ist, daß er viel zu wenig eingesetzt wird und daß keiner weiß, daß für jedes Besatzungsmitglied ein Gurt an Bord sein sollte.

Problem Nr. 2: Nicht alle Fabrikate entsprechen den Anforderungen an die Festigkeit, deren Bruchlast nach den Sicherheitsrichtlinien 10 000 N (1000 kg) betragen soll und die man sich beim Kauf garantieren lassen sollte.

Problem Nr. 3: die Befestigungspunkte. Wo kann man sich denn überhaupt einhaken, damit man trotz Gurt nicht außenbords fliegt?

Auf keinen Fall an der Seereling einpicken!

Befestigungspunkte möglichst tief an Deck und mittschiffs suchen. Damit man sich wirklich sicher an Deck bewegen kann, werden, sobald schweres Wetter zu erwarten ist, Streckleinen (6 mm Edelstahl) im Cockpit und an Deck (nicht zu straff) gespannt, die eigentlich vorbereitet sein müßten. Als Befestigungspunkte für die Streckleinen wählt man Decksaugen für Blöcke, Mastkoker, Vorstagbeschlag, Püttinge der Unterwanten usw. Wartung und Pflege s. S. 203.

Markierungsboje und Nachtrettungslicht

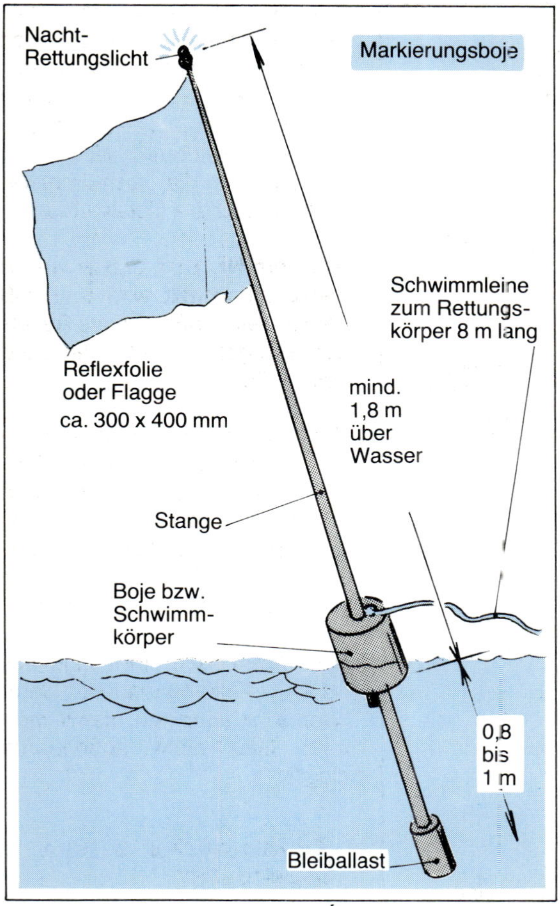

Die Skizze zeigt die Hauptteile einer Markierungsboje, die mit dem Rettungskörper durch eine 8 m lange Schwimmleine verbunden sein soll. Sie erhöht die Chance, den über Bord Gefallenen schneller zu sichten, da die in 1,8 m Höhe gelegene Reflexfolie oder Flagge doch über eine größere Distanz sichtbar bleibt als der Schwimmende. Das setzt aber voraus, daß das Gewicht am Fuß der Boje groß genug ist, damit der Stock auch bei starkem Wind aufrecht genug steht.

Als Leuchte im Topp kann man sowohl eine mit Seewasserbatterie betriebene oder eine mit Trockenbatterien betriebene Blitzleuchte anbauen. Dann ist es aber nicht notwendig, dieses Gespann noch mit einem zweiten Nachtrettungslicht auszurüsten.

Die Halterungen sind auch hier nur zum Teil gut gelöst, was häufig dazu führt, daß zusätzliche Zeisinge im Notfall den sofortigen Einsatz verzögern.

Da so eine Markierungsboje relativ viel Geld kostet, findet man häufig selbstgebaute Varianten mit Bambusstöcken oder Angelruten auf Schaumstoffblöcken.

Wie man die Einzelteile miteinander verbindet und haltert, steht auf Seite 113.

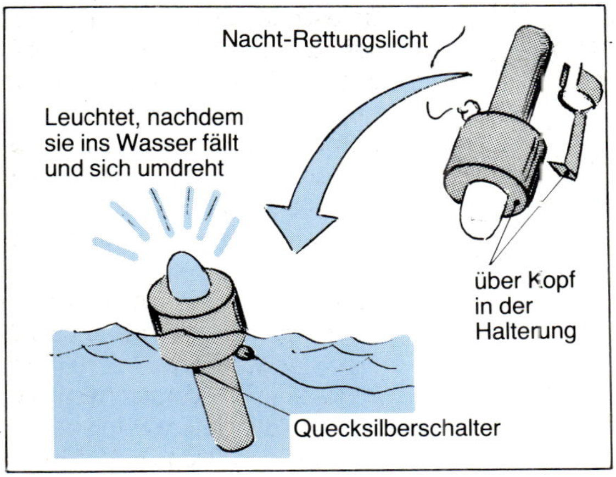

Nachtrettungslicht und Seenotblitz

Es ist naheliegend, daß mit Seewasserbatterie betriebene Nachtrettungslichter keine Kraftwerke sind, die die Wolken erleuchten. Man kann aber davon ausgehen, daß sie wenigstens nach Berührung mit Seewasser die Lampe zum Leuchten bringen, was bei den Superblitzleuchten mit Trockenbatterie nur dann der Fall ist, wenn brauchbare Batterien dies ermöglichen. Das setzt voraus, daß die Trockenbatterien im Herbst rauskommen und im Frühjahr durch neue ersetzt werden oder daß man sie einmal im Jahr wechselt, die Dichtung gründlich überprüft und, sofern sich im Batterieraum Kristallisation zeigt, mögliche Leckagen beseitigt. Durch Kippen der Leuchte sollte man vor Antritt einer größeren Reise auch die Funktion des Quecksilberschalters prüfen.

Rettungsinsel

Mindestausstattung:

3 Handfackeln

1 Reparaturset

1 Signallampe

1 Messer

1 Ösfaß

2 Paddel

Blasebalg
oder Pumpe

1 Treibanker

Für unbegrenzte Fahrt zusätzlich Notproviant

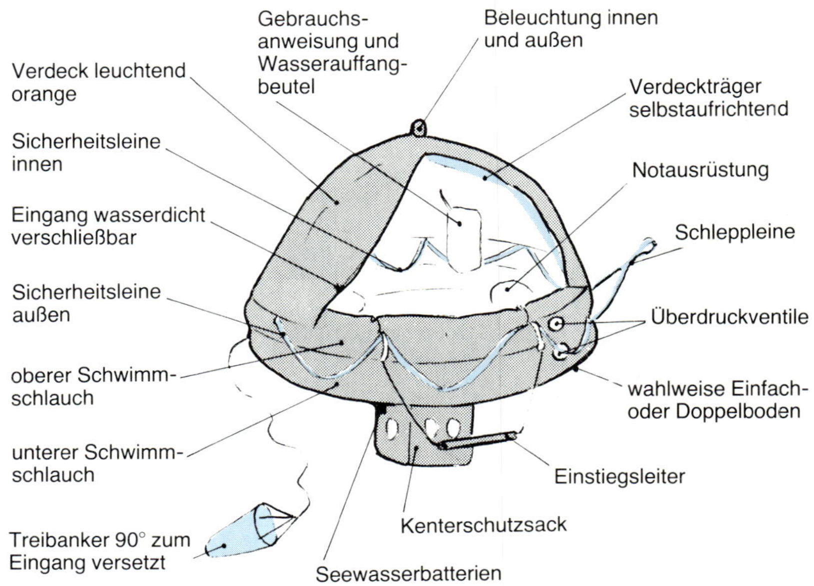

Eine Rettungsinsel ist, wie immer man es dreht, ein teurer Spaß. Nicht nur wegen der hohen einmaligen Anschaffungskosten, sondern weil sie wertlos wird, wenn man sie nicht wirklich jährlich warten läßt. Gewartet wird bei zugelassenen Firmen, und die Wartung umfaßt

jährlich – Funktionsprüfung, Reinigung
alle zwei Jahre – zusätzlicher Tausch der pyrotechnischen Ausrüstung
alle drei Jahre – zusätzlicher Tausch von Proviant, Trinkwasser, Reparatursatz usw.

Die Lebensdauer einer guten Rettungsinsel beträgt vermutlich 15 Jahre (wenn sie immer gewartet wird). In Anbetracht der Tatsache, daß die Rettungsinsel auf See die einzige Möglichkeit bietet, bei Verlust des Schiffes länger als bestenfalls einige Stunden zu überleben, ist es erstaunlich, daß sie immer noch ein Stiefkind ist und daß nur ein Bruchteil derer, die wirklich eine gekauft haben, sie auch regelmäßig warten lassen. Die Hoffnung, man könne den Container oder die Tasche öffnen und die Insel mit dem Blasebalg aufpusten, ist eine Illusion. Es dauert Stunden, und die Insel ist längst versunken, bevor man den Blasebalg überhaupt in die Hand bekommt.

Wichtig:
- ein guter Platz ist auf dem Kajütdach, im Cockpit, an Deck oder am Spiegel
- so befestigt, daß weder Schwallwasser, herumschlagende Ausrüstungsgegenstände oder eine stolpernde Person der Insel etwas anhaben können.

Hinweis: Es wird häufig der Tip gegeben, vor der Wartung die Insel in irgendeinem Gewässer aufzublasen und aus dem Wasser einzusteigen.
Das ist zwar gut und sehr lehrreich. Man sollte aber eine Gruppe von Interessenten sammeln (z. B. Verein), da das Warten nach dem Aufblasen mindestens doppelt so viel Geld kostet wie die Normalwartung.

Plazierung der Rettungsinsel

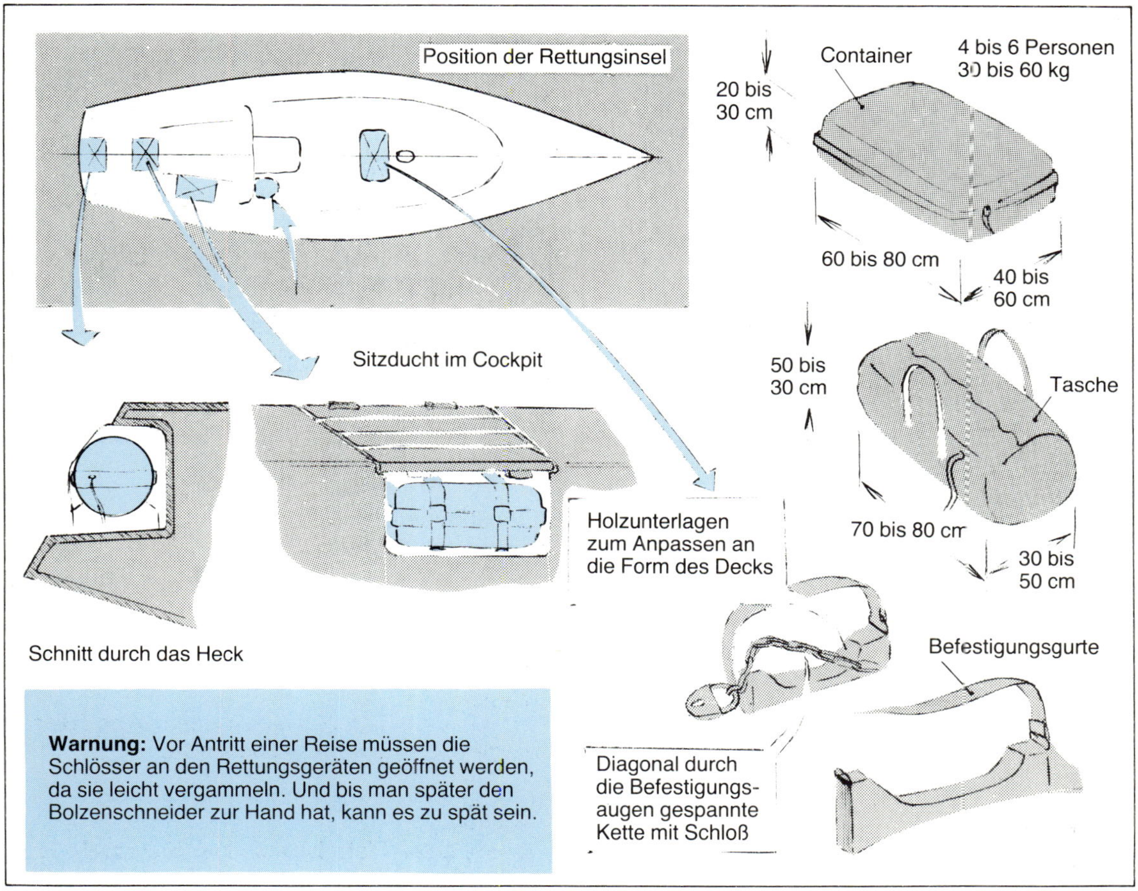

Warnung: Vor Antritt einer Reise müssen die Schlösser an den Rettungsgeräten geöffnet werden, da sie leicht vergammeln. Und bis man später den Bolzenschneider zur Hand hat, kann es zu spät sein.

Für einen mittleren Familienkreuzer ist die Rettungsinsel ein Ungetüm, das nur schwer unterzubringen ist. Wenn der Platz von der Werft nicht speziell vorgesehen ist, bietet sich meist nur die Fläche auf dem Kajütdach hinter dem Mast an, um die Insel nachträglich zu montieren. Und auch das ist nicht unproblematisch, da bei Sandwich-Decks die Schrauben nicht halten (siehe Montage von Beschlägen).

Es wäre an der Zeit, daß sich die Insel-Hersteller auf Maximalmaße einigen, damit die Werften ein Nest für die Insel vorsehen können. Natürlich kann man die Insel in der Tasche auch an Deck laschen. In den Sicherheitsrichtlinien ist zwar auch die Rede davon, daß die Insel bis 40 kg Gewicht in der Tasche auch unter Deck gestaut werden kann, doch das ist ein Zugeständnis an Regattaschiffe mit kraftstrotzender Crew, für Fahrtenschiffe, die meist unterbesetzt sind, aber ungeeignet.

Leider muß man auch die Insel gegen Diebstahl sichern, was man mit einer diagonal gespannten Kette und einem Schloß wie in der Skizze machen kann, es sei denn, man kauft von vornherein die verschließbare Halterung.

Notsignale, Wurf- und Schleppsignale

Für alle Seegebiete:
8 rote Fallschirmsignale
2 rote Handfackeln
2 schwimmfähige orange Rauchsignale

Für Pistole (Kaliber 4)
auf allen Seegebieten
4 Schuß Fallschirm rot
3 Schuß Einstern rot
4 Blitz-Knall-Schüsse
und zusätzlich
(wenn Pistole über Bord)
4 rote Fallschirmsignale
2 rote Handfackeln
2 schwimmfähige orange Rauchsignale

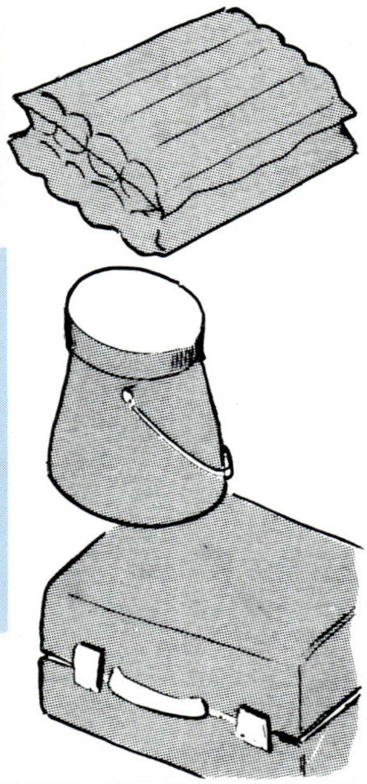

Notsignale

Die pyrotechnischen Notsignale sind, soweit es sich um Raketen, Fackeln und Leuchtpistolenmunition handelt, erlaubnispflichtig.
Die Qualität wird für Fallschirmsignale wie folgt angegeben:

- Mindeststeighöhe 200 m
- Mindestbrenndauer 30 s
- Mindestlichtstärke 1 000 cd

Die Unterbringung auf kleinen bis mittleren Kreuzern ist wie in der Sicherheits-Backskiste auf Seite 120 am besten gelöst. Auf größeren Yachten kommt auch die Navigatorecke oder auf Motorseglern der Steuerstand in Frage. Pyrotechnische Notsignale sollen auf jeden Fall, auch wenn sie eingeschweißt sind, trokken gelagert und vor mechanischer Beschädigung geschützt werden.
Der in der Abbildung aufgeführte Umfang entspricht der Mindestforderung der Kreuzer-Abteilung für Fahrtenyachten!

Achtung: Pyrotechnische Notsignale alle 2 Jahre erneuern!

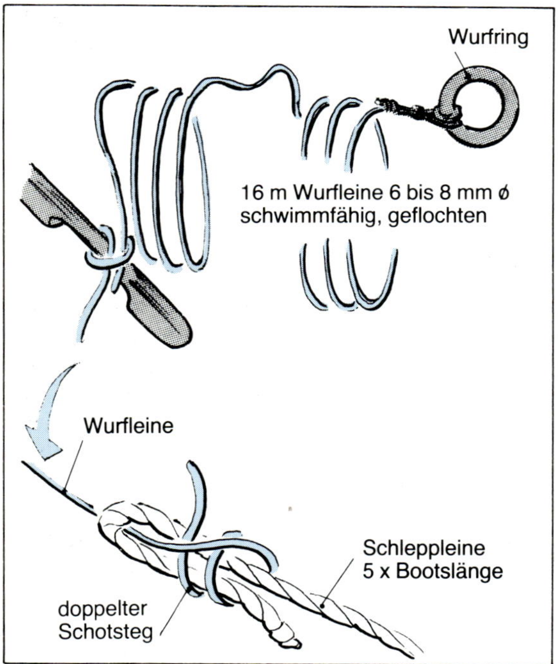

Wurf- und Schleppleine

Die 16 m lange Wurfleine, die jede Fahrtenyacht an Bord haben sollte und die griffbereit in der Cockpit-Backskiste liegen soll, muß geflochten und schwimmfähig sein. 6–8 mm Durchmesser sind üblich. Die Affenfaust oder der Wurfleinenknoten sind bei einer Schwimmleine zu leicht. Man sollte, um sie wirklich werfen zu können, einen Gummiring, wie er im Spielzeugladen zu haben ist, oder einen kleinen Sandsack anbinden. Der Sandsack hat allerdings den Nachteil, daß er nicht schwimmt und einige Meter Wurfleine unter Wasser zieht.
Die Schleppleine soll mindestens der fünffachen Schiffslänge entsprechen. Die Stärke kann man nach der Graphik auf Seite 56 auswählen. Für Yachten bis 15 t Verdrängung kann man etwa die Daumenpeilung verwenden – Bruchlast der Schlepptrosse = Verdrängung des Bootes – und gekauft wird der nächstgrößere Durchmesser.

Nebelhorn, Handlampen und Bord-Apotheke

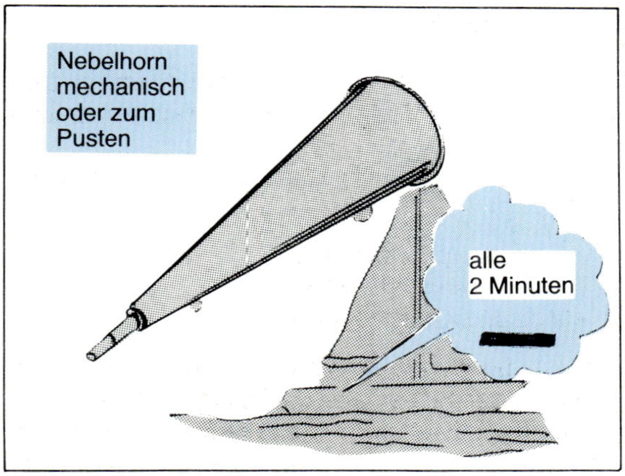

Nebelhorn

Unter 12 m Länge braucht keine baumuster-geprüfte Signalanlage an Bord zu sein. Es reicht ein einfaches Gerät, mit dem man einen auffallenden Signalton erzeugen kann (im Extremfall die in dieser Weise viel strapazierte Bratpfanne und ein Hammer). Empfohlen wird ein Mund-Nebelhorn, das, wenn elektrische oder Druckgas-Signalanlagen an Bord sind, zusätzlich als Nothorn vorhanden sein soll.

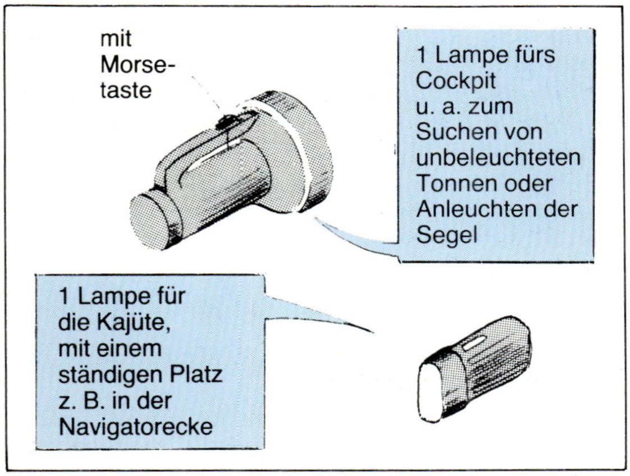

Handlampen

Hier werden zwei Taschenlampen empfohlen, eine davon wasserdicht bis wassergeschützt mit Morsetaste weitreichend und leuchtstark. Sie sollte im Cockpit in Reichweite des Rudergängers gefahren werden (siehe dazu Sicherheits-Backskiste).
Die zweite ist dafür gedacht, in der Kajüte bei Stromausfall (und für den Landgang) eine Notlampe zu haben. Sie gehört an einen festen Platz, z. B. in der Navigatorecke.

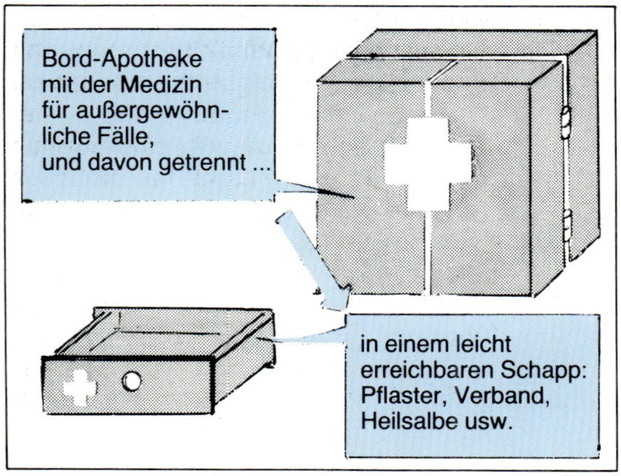

Bord-Apotheke

Man reißt sich zehnmal im Sommer ein Stück Haut aus der Hand und bekommt alle fünf Jahre einmal Durchfall. Nach dieser Charakteristik sollte man auch die Bordapotheke teilen, einmal in all die Dinge, die man „nie“ braucht, und andererseits in das, was man jederzeit zum Verarzten einer stark blutenden Wunde oder zum Beseitigen von Kopfschmerzen griffbereit haben sollte.
Spezielle Medikamente, die ein Crew-Mitglied braucht, gehören in das persönliche Schapp neben der Koje.
Die von GL und DSV empfohlene Apotheke ist so eine Art Grundausstattung für ein Krankenhaus.

Sicherheitsschapp

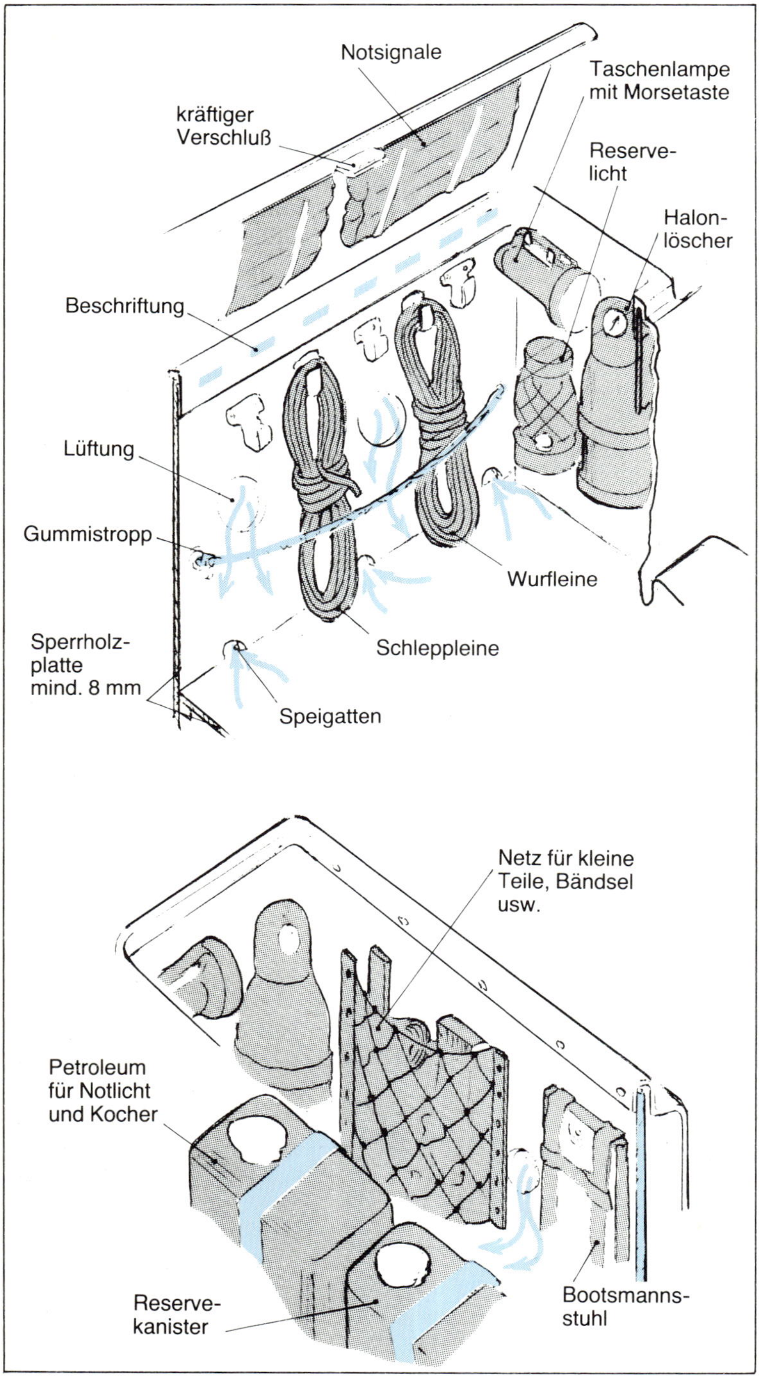

Haken und Halterungen sind an Bord eines neu gekauften Serienschiffes Mangelware. Das Resultat: Vieles landet übereinander, und ehe man sich versehen hat, sind Teile teurer Ausrüstung unbrauchbar und im Falle eines schnell notwendigen Einsatzes nicht zur Hand.

Zwei Backskisten im Cockpit hat fast jedes Boot. Eine davon sollte man zur Sicherheits-Backskiste umfunktionieren. Bevor man jedoch nach Belieben Haken, Aufhängungen und Halterungen an die Wände schrauben kann, müssen in den meisten Fällen Wände geschaffen werden.

Sie können der Skizze ohne viel Worte entnehmen, was hineingehört. Zu beachten ist, daß man für Tauwerk nicht nur oben eine Aufhängung anbringt, es muß auch etwa in der Mitte des Bunsches z. B. mit einem Gummistropp gehalten werden.

Auch der Reservekanister für Diesel und Petroleum muß gut befestigt sein.

Wichtig: Der Backskistendeckel muß einen sicheren Verschluß haben, der nicht nur abzuschließen geht, um die Ausrüstung gegen Diebstahl im Hafen zu sichern, er muß auch in schwerer See, ja selbst beim Durchkentern geschlossen sein.

Name der Yacht auf der Ausrüstung

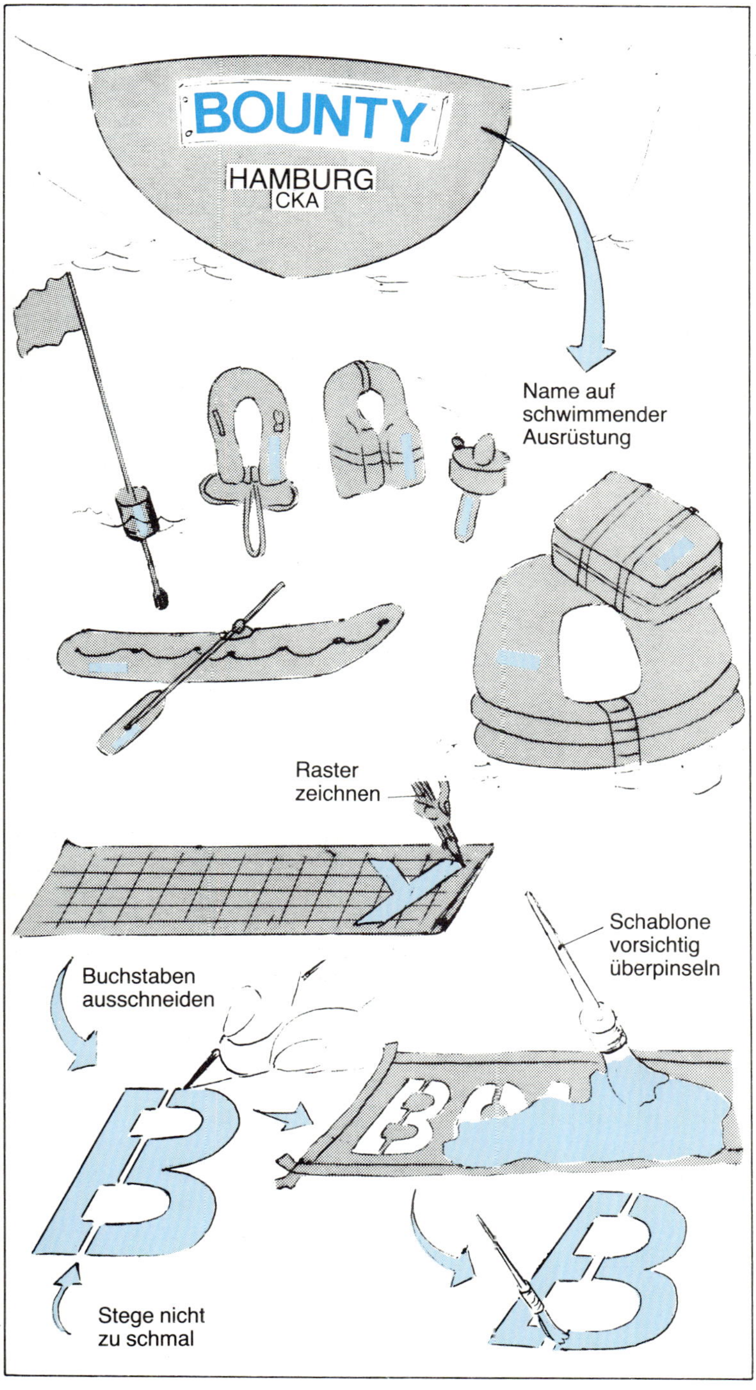

Um die Wahrscheinlichkeit nach Untergang eines Schiffes zu vergrößern, etwas über seinen Verbleib zu erfahren, eben doch noch z. B. nach einem Unwetter eine Spur zu finden, hat sich der Brauch bis heute gehalten, auf schwimmenden Teilen der Ausrüstung den Namen der Yacht anzubringen. Dafür gibt es verschiedene Möglichkeiten, z. B. mit wasserfestem Filzer den Namen irgendwie draufzuschreiben, den Namen auf kleine Stoffstreifen, Alu- oder Edelstahlschilder drucken und gravieren zu lassen, ihn in Holzteile mit einem Stempel einzubrennen (gibt es bei Werften) oder eine Schablone aus Pappe anzufertigen und den Schriftzug mit Textilfarbe und je nach Material entsprechender Lackfarbe aufzupinseln.
Den Schriftzug bekommt man am besten in den Griff, wenn man sich einen rechtwinkligen Raster auf die Pappe zeichnet oder große Buchstaben aus Illustrierten ausschneidet. 3 cm Schriftgröße für eine Schablone ist groß genug. Die Schablone wird mit dem Teppichmesser oder einer Nagelschere ausgeschnitten. Lassen Sie aber breite Stege, damit die Innenteile der Buchstaben nicht rausfallen. Falls Sie der Buchstabe dann vom Steg unterbrochen stört, kann man das noch nachmalen.
Auf der Rettungsinsel kann man den Namen der Yacht bei der ersten Wartung anbringen lassen.

Feuerlöscher

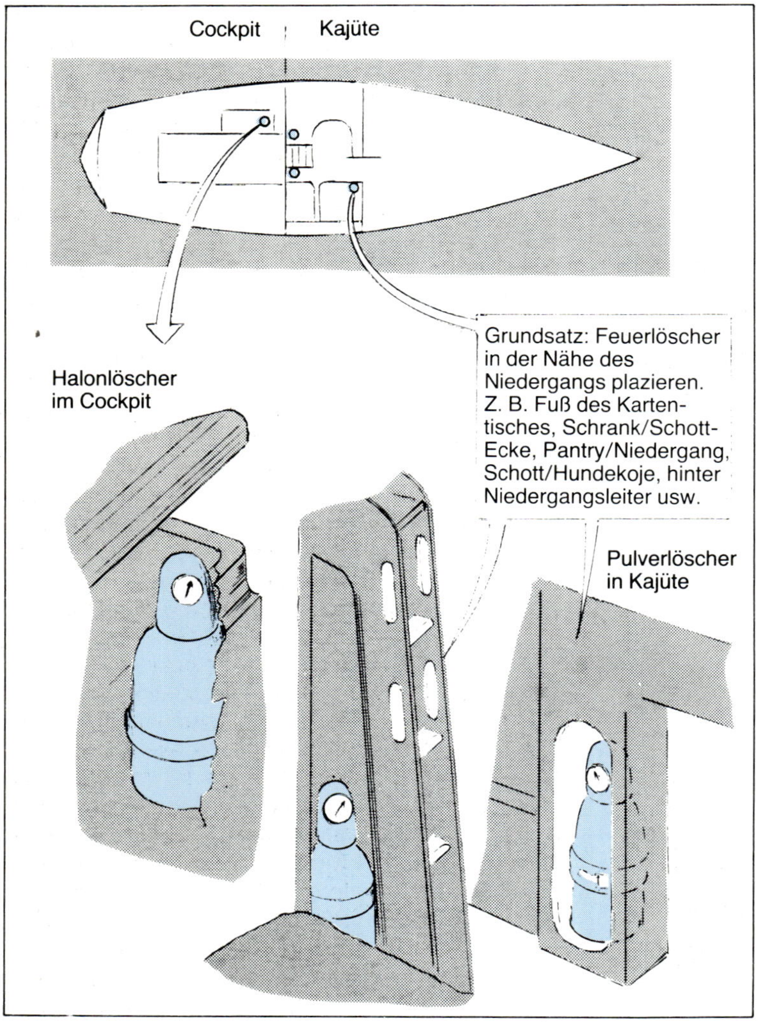

Das Wichtigste an der Feuerbekämpfung ist, Brände gar nicht entstehen zu lassen.
Die Feuerlöscher an Bord sind zur radikalen Eindämmung von Entstehungsbränden gedacht.
Pulverlöscher nur im äußersten Notfall einsetzen. Sie richten u. U. mehr Schaden an als das Feuer.
Wurde ein Halonlöscher (der keine Spuren hinterläßt) in geschlossenen Räumen eingesetzt, Räume gründlich durchlüften!
Im Winterlager bleiben die Löscher griffbereit an Bord. In vielen Hallen läßt man sie an einer Leine über den Bug oder das Heck hängen.

Zwei Feuerlöscher von mindestens 2 kg Inhalt sollten an Bord sein. Empfehlung für die Plazierung: einer außen, einer innen. Und wenn möglich wie in den Skizzen versteckt und gut erreichbar.
Ein Löscher sollte ein Pulverlöscher (mit Druckanzeige) für die Brandklassen A, B, C sein, was die ehemalige Brandklasse E (E-Anlagen) einschließt. Der zweite Löscher sollte vernünftigerweise ein Halonlöscher sein, der für die Brandklassen B und C geeignet ist.
Die Brandklassen auf den Feuerlöschern sind gut gekennzeichnet und bedeuten:

BK A = Feststoffbrände
BK B = brennbare Flüssigkeiten
BK C = brennbare Gase

Zu empfehlen sind die Löscher mit Manometer.
Der Nutzen automatisch auslösender Löscher oder Löschanlagen ist bei Yachten mit Dieselmotoren anzuzweifeln, wenn ihre Vorteile auch immer gepriesen werden.

Wartung und Pflege:
Das Wichtigste ist, daß die Löscher nicht in nassen Ecken immer feucht aufbewahrt werden. Ansonsten ist die Wartung nach Herstellerangaben durchzuführen. Das bedeutet im wesentlichen, daß der Inhalt in entsprechenden Intervallen oder nach Anzeige des Manometers bei einer autorisierten Firma geprüft bzw. gewechselt wird.

Radarreflektoren

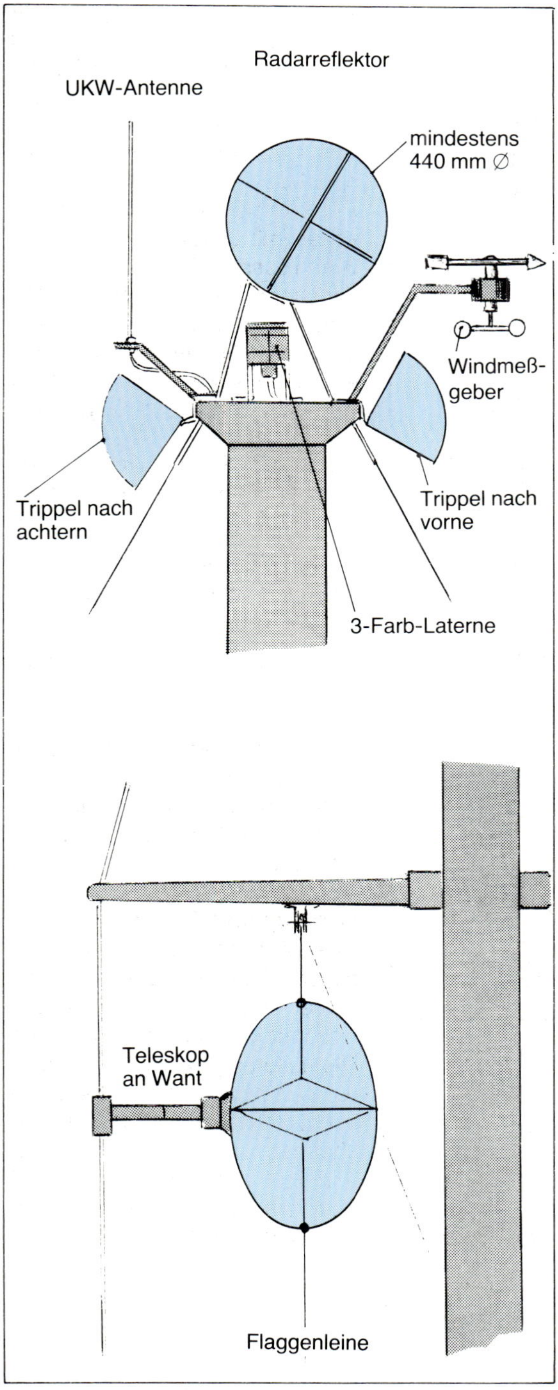

Es besteht wohl kein Zweifel, daß ein Radarreflektor bei unsichtigem Wetter auf Revieren mit Berufsschiffahrt eine relativ zuverlässige Garantie ist, gesehen zu werden, da die Berufsschiffahrt mit Radargerät mit der Geschwindigkeit nicht heruntergeht. Wenn man die Empfehlungen des DHI liest und dann erhobenen Hauptes durch einen Yachthafen geht, stellt man fest, daß der fest installierte Radarreflektor noch Mangelware ist.

Das DHI nennt als optimalen Platz für einen Radarreflektor feste Montage im Masttopp mit Neigung nach vorne. Bei all dem anderen Zubehör, das man gerne im Mast haben möchte und täglich braucht, ist das eine Empfehlung, der man nur ungerne nachkommt. Sie ist der Grund, warum die meisten Radarreflektoren bei unsichtigem Wetter so schlecht und recht an einem Band in den Mast gehüsert werden.

Wer den Empfehlungen des DHI folgt, muß sich den Radarreflektor etwa wie in den Skizzen montieren lassen, damit der Windmesser und der Leuchtwinkel der 3-Farb-Laterne nicht gestört ist.

Zu bedenken ist auch, daß man eine Widerstandsfläche von ca. 450 mm Durchmesser und 2 kg Aluminium zusätzlich in den Masttopp montiert.

Dieses Monstrum im Topp ist natürlich für einen Skipper, der in seglerischen Kategorien denkt, eine Katastrophe. Wenn man davon ausgeht, daß eine Motoryacht mit dem Radarreflektor in 3 m Höhe auch gesehen wird, nur eben etwas später, so zeichnet sich doch ein brauchbarer Weg ab, der zwar vom DHI nicht voll akzeptiert wird, aber m. E. aus seemännischer Sicht gerechtfertigt ist, daß man nämlich bei Bedarf, also in unsichtigem Wetter, einen mit Teleskoprohr oder Gestänge – wie in der Skizze dargestellt – stabilisierten Radarreflektor zwischen Mast und Want setzt. Denn das Wichtigste ist, daß er einigermaßen fest mit dem Schiff verbunden ist, sich nicht hin und her bewegt, da sonst die Reflexion der Radarstrahlen nicht ausreicht, um ein vernünftiges Echo zu geben.

Eine weitere Möglichkeit: den Radarreflektor mit einem zweiten Schlitten auf den Spi-Baum setzen und mit dem Toppnant hochholen.

Blitzschutz

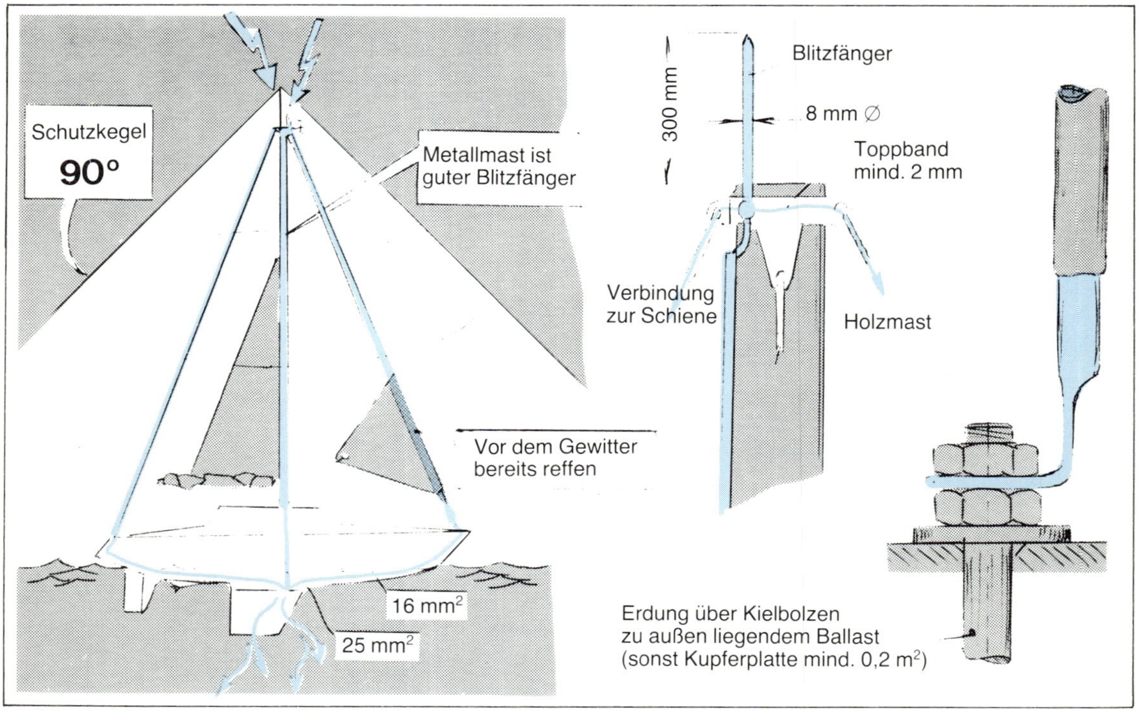

Wenn der Blitz das tun würde, was wir gefühlsmäßig empfinden, müßte es jedes Jahr Hunderte von Blitzeinschlägen auf Yachten geben, da Tausende von Yachten im Sommer durch Gewitter fahren. Tatsache ist aber, daß die Häufigkeit von Blitzeinschlägen auf Yachten äußerst gering ist, da der Mast zwar das Wasser überragt, seine Wirkung als Blitzfänger aber nur wenige Meter reicht.

Es muß natürlich jeder Eigner selbst entscheiden, ob er sein Schiff in einen mehr oder weniger feinmaschigen Faradayischen Käfig verwandeln will.

Nach Vorstellungen des GL müßten Mast, das gesamte stehende Gut und alle größeren Eisenteile (Heck-, Bugkorb, Motor usw.) miteinander verbunden und geerdet werden. So konsequent ausgeführte Blitzschutzeinrichtungen sind natürlich nur auf Neubauten möglich. Wer nachträglich bei Gewitter ruhiger fahren will, sollte den Mast, das Vor- und Achterstag zum Kiel hin erden, dann ist auch der Mann am Ruder oder auf dem Vorschiff gut geschützt.

Wichtig ist, daß die Kupferdrähte oder Alu-Bänder fallend und ohne Kurven und Schleifen verlegt werden.

Bei Holzmasten sollte man einen Blitzfänger aufstellen, der mit dem Topp-Band, dem Achter- und Vorstag und der Mastschiene verbunden ist, die dann nach unten geerdet wird.

Zum Schutz von teuren Antennen im Masttopp müßte man auf Metallmasten einen Blitzfänger, der alle Antennen überragt, installieren.

Die Erdung des Mastes ist sicher, wenn ein 25 mm^2-Kupferdraht zum Kiel führt. Steht der Mast auf einer metallischen Stütze, muß eine Verbindung vom Mastfuß zur Stütze und von der Stütze zum Kiel hergestellt werden. Steht der Mast auf einem Schott, muß der Leiter am Schott verlegt werden.

Zur Verbindung der Stagen mit dem Kiel reicht ein 16 mm^2-Kupferdraht. Als geeignete Qualität verwendet man am besten Kabel mit der Bezeichnung H07V-K.

Motoranlage, Getriebe und Propeller

Antriebsformen für Segelyachten

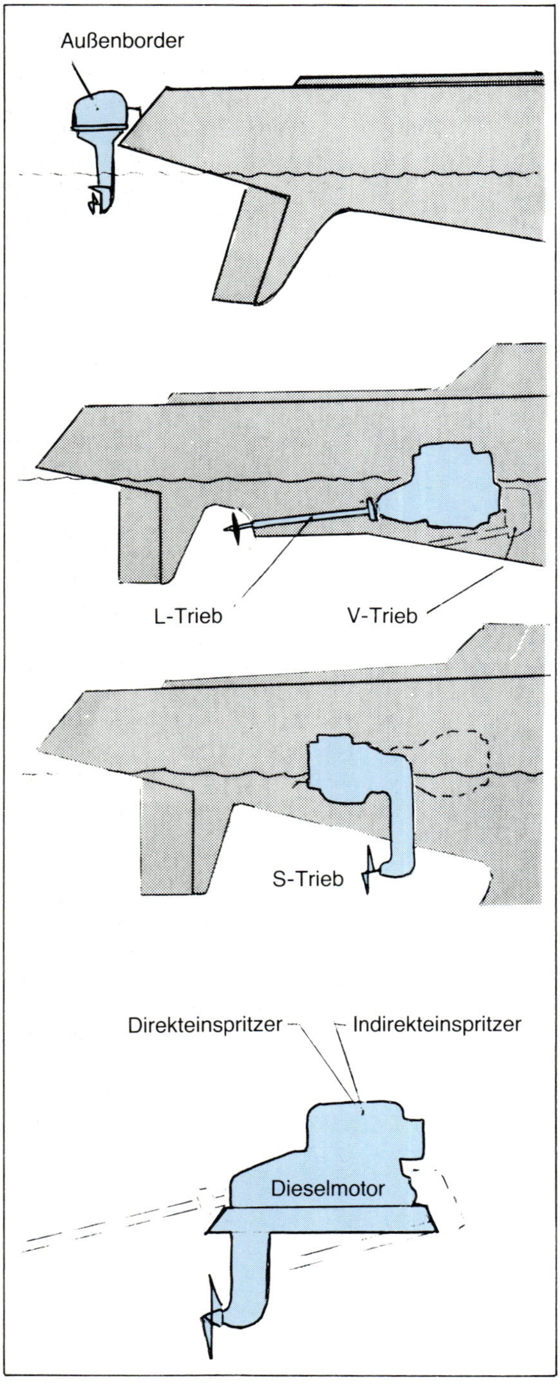

Leichte Kreuzer bis etwa 8 m und extreme Regattayachten fahren Außenborder und Benzinmotoren als „Hilfsantrieb“. Von Fahrtenyachten ist der Benziner restlos verschwunden, der Dieselmotor dominiert.

Man findet heute im Prinzip zwei Antriebsformen, und zwar mit der herkömmlichen Welle in L- oder V-Form und – in zunehmendem Maß – als Segeltrieb. Der als Saildrive bekannt gewordene Antriebsblock aus Motor und Schaft als gemeinsame Einheit auf einem Fundament hat gegenüber dem Wellentrieb den Vorteil, daß die Anlage die halbe Einbauzeit hat, keine Probleme mit dem Fluchten Welle/Motor bringt und servicefreundlicher ist.

Beim Dieselmotor selbst unterscheidet man zwei Einspritzsysteme, den Direkt- und Indirekteinspritzer. Beide Systeme haben spezifische Vorteile, die im wesentlichen Sicherheit, Lautstärke und Treibstoffverbrauch betreffen (s. Seite 156).

Stark vereinfacht aus der Sicht der Wartung und Reparatur, liegt der Unterschied im Prinzip nur darin, daß der Indirekteinspritzer Glühkerzen zum Starten braucht, während der Direkteinspritzer ohne diese Starthilfe auskommt.

Da die gesamte Anlage ansonsten gleich ausfällt und die gleichen Pflege-, Wartungs- und Reparaturarbeiten notwendig sind, wird auf den folgenden Seiten nur noch in speziellen Fällen auf diesen Unterschied eingegangen.

Genauso findet selbstverständlich auch der seltene Eigner von Benzinmotoren viel Analogie der Anlagen, obwohl auf den folgenden Seiten von den spezifischen Eigenheiten des Benziners, z. B. dem Zündsystem und Vergaser, nicht die Rede ist.

Hauptteile der Motoranlage

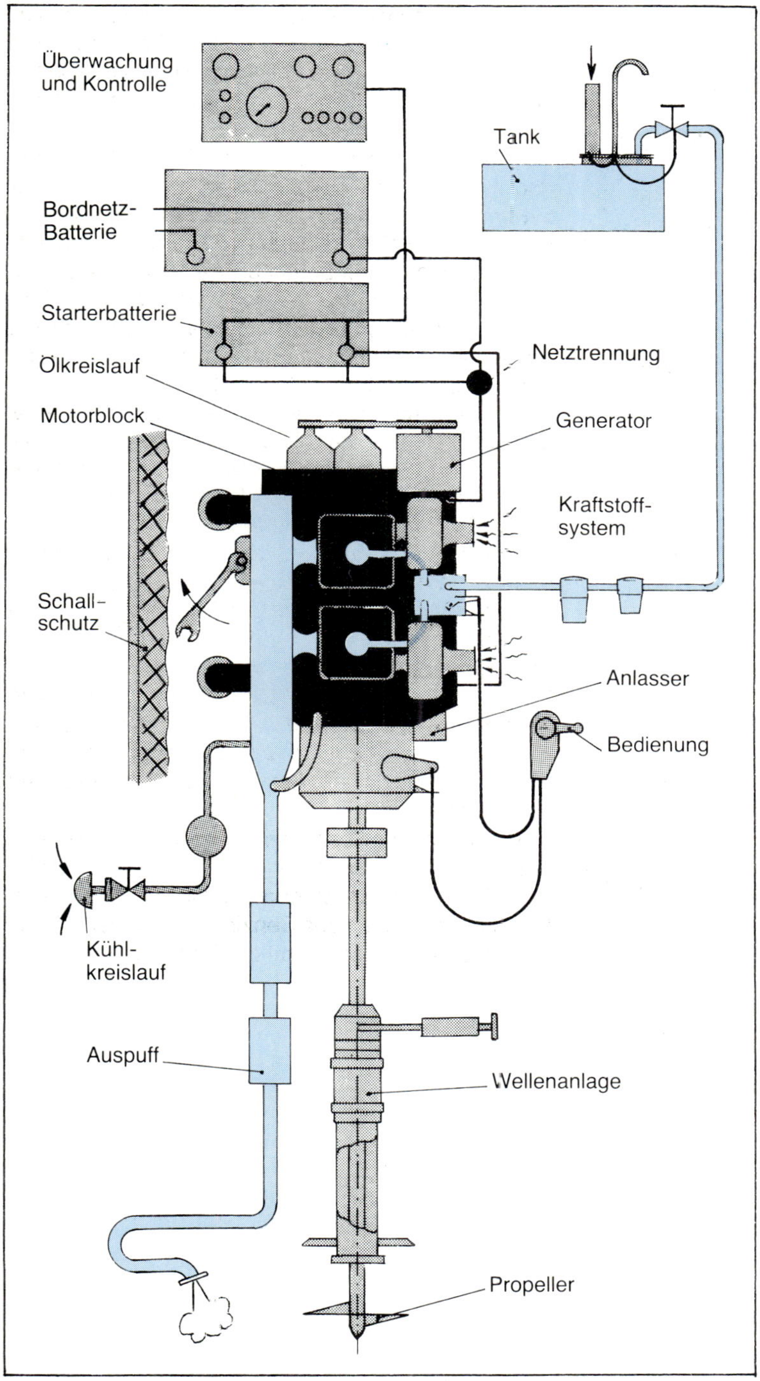

Die Zeichnung zeigt eine Motoranlage auf einem mittleren Segelboot von oben gesehen so, wie sich der Motor bei Wartung und Pflege dem Skipper zeigt.
Wenn Sie das Bild betrachten, werden Sie feststellen, daß der eigentliche Motor (hier schwarz dargestellt) nur einen Bruchteil dessen ausmacht, was man Motoranlage nennt. Dieses „Drumherum", die Anlage und nicht der Motor macht dann später auch den Ärger. Sicherheit und zuverlässiger Betrieb sind nur zu erreichen, wenn man diesem „Ding unter dem Cockpitboden" ein Mindestmaß an Aufmerksamkeit und Wartung widmet. Richtig versorgt und betreut sind Motoren in der Lage, die Boote zu überleben. Alle Sachkundigen dieses Metiers wissen, daß Bootsmotoren nicht totgefahren werden, sondern in den langen Betriebspausen vor sich hinsiechen und nicht wieder gutzumachende Schäden am Triebwerk und der Einspritzanlage erleiden.

Im folgenden sind die wichtigsten Baugruppen und Betriebskreise einer Motoranlage beschrieben, wobei immer besonderer Wert auf die elementaren Handgriffe gelegt wurde, die schließlich die Betriebsbereitschaft und Zuverlässigkeit des Motors ausmachen und somit die Sicherheit an Bord garantieren.

Schaltung für Motor und Getriebe

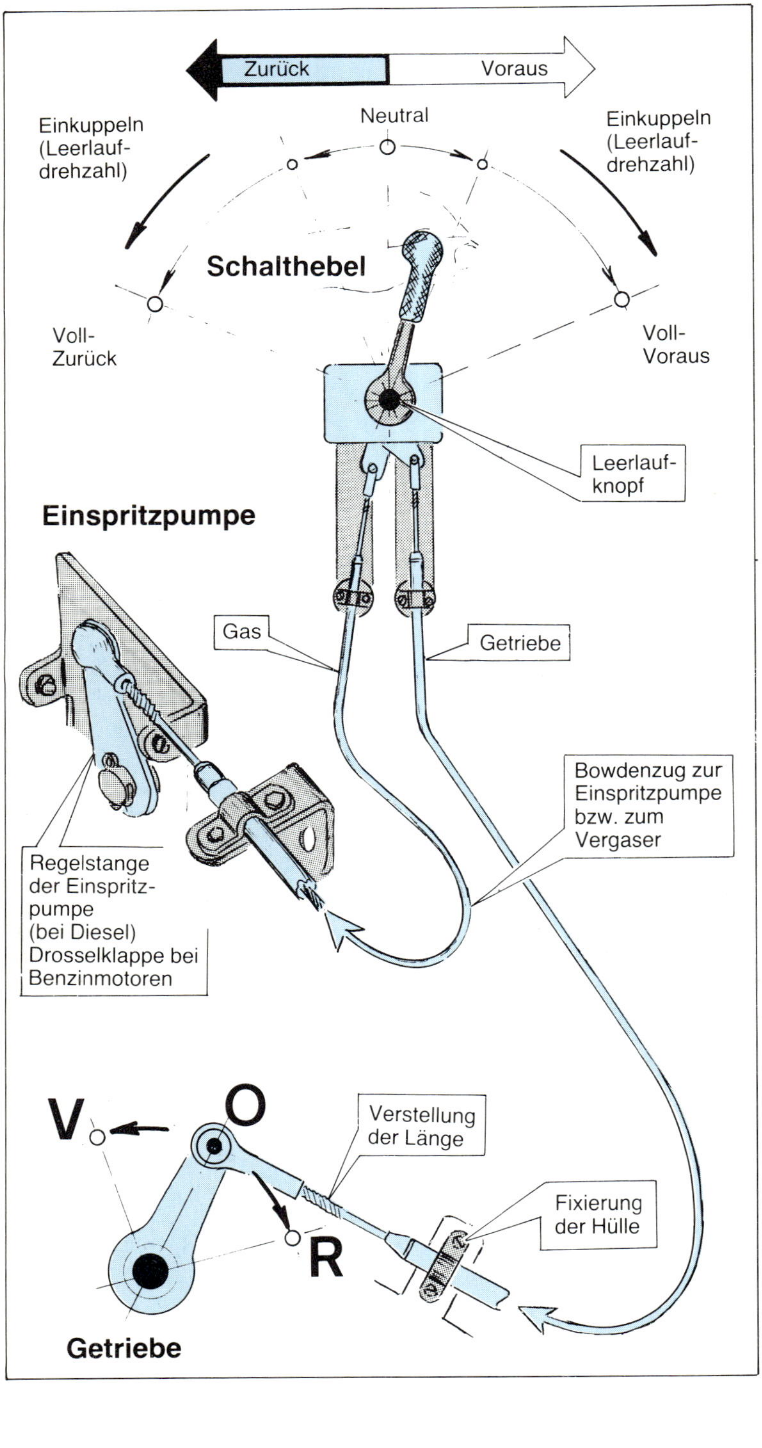

Der Motor wird im allgemeinen über zwei bis drei Bowden-Züge gefahren. Zwei davon sind überwiegend in der Einhebelschaltung kombiniert. Der eine davon regelt die Füllung („Gashebel") der Einspritzpumpe und damit die Drehzahl. Der andere betätigt das Getriebe mit drei Schaltstellungen.

Der dritte Bowden-Zug, im allgemeinen als Abstellhebel oder -knopf bezeichnet, bringt die Regelstange der Einspritzpumpe auf Null.

Einige Motoren haben zusätzlich noch einen vierten Bowden-Zug, der den Kaltstart regelt.

Die Einhebelschaltung schaltet

von neutral (Leerlauf)
auf vorwärts bis voll voraus bzw.
auf rückwärts bis voll retour.

Damit man auch starten und den Motor im Leerlauf auf höheren Drehzahlen laufen lassen kann, ist in die Schaltung eine Kupplung eingebaut (Hebel ausrücken oder Knopf drücken), mit der man den Getriebehebel stillegen kann, um nur den „Gas"-Zug zu betätigen.

Wartung und Pflege

Die modernen Schaltungen sind weitgehend unanfällig gegen Störungen und fast wartungsfrei. Wenn man im Herbst die Kappe abnimmt und die Gelenke und Lager der Schaltung gründlich einfettet, die Anschlüsse der Bowden-Züge und die Endklemmen des Mantels prüft, ist man vor Störungen ziemlich sicher.

Weitere Details und die Grundeinstellung finden Sie auf den folgenden Seiten.

Bowden-Zug als Steuerelement

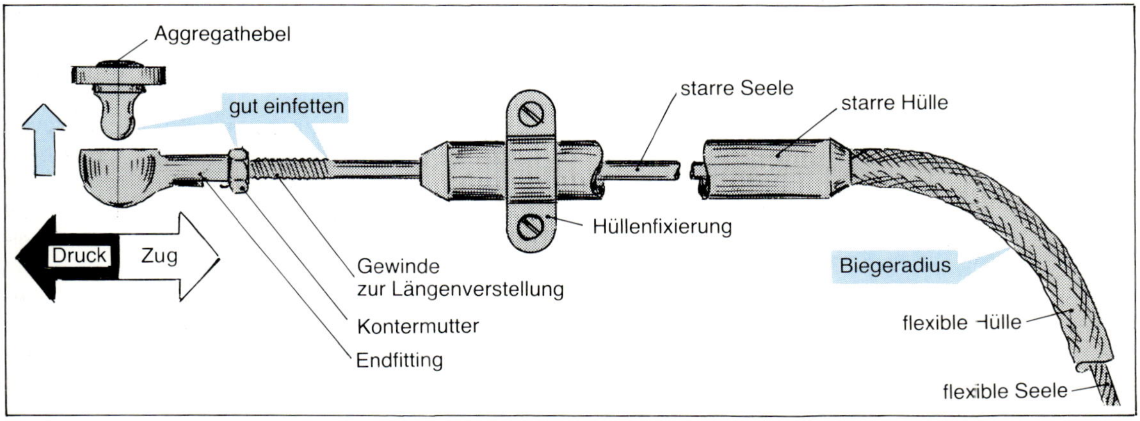

Die „Fernsteuerung" der Motoren erfolgt in 99% aller Fälle über Bowden-Züge, die Sie von vielen anderen Gelegenheiten bereits kennen, z. B. Felgenbremse und Gangschaltung auf Fahrrädern.
Die bei Bootsmotoren eingesetzten Steuerzüge unterscheiden sich nur dadurch von der auf Fahrrädern üblichen Art, daß sie nicht nur ziehen, sondern auch drücken können.
In einer flexiblen Hülle läuft ein Stahlseil, die Seele. An beiden Enden befindet sich ein Stück starre Hülle mit einem darin laufenden starren Stück Seele. Auf diese Weise kann man auch drückend relativ große Kräfte übertragen. Der Bowden-Zug wird im allgemeinen an den Enden fest eingespannt (Hüllenfixierung), die Seele mit einem Ende auf das Bedienungselement (Schaltung) und mit dem anderen Ende auf den zu schaltenden Hebel (Einspritzpumpe, Drosselklappe, Getriebe usw.) montiert. Betätigt man nun den Hebel, wird die Seele durch die fixierte Hülle geschoben.

Wichtig: Beim Verlegen Mindestradien einhalten. Beim Stauen der Ausrüstung darauf achten, daß die lose liegenden Steuerzüge nicht verbogen werden.

Pflege: Die beweglichen Teile mit Mehrzweck-, Wasserpumpen- oder Seewasser-beständigem Fett einmal je Saison oder bei Rostbildung oder Schwergängigkeit gut einfetten.

Einstellung: Eingestellt wird im allgemeinen nur die Länge der Seele, und zwar am Endfitting. Es empfiehlt sich, die richtige Position immer mit der Kontermutter zu sichern. In seltenen Fällen, insbesondere bei Außenbordern und Lenkungen, gibt es auch Hüllenverstellungen, die im Prinzip analog funktionieren. Häufig ist die Fixierung der Hülle noch drehbar gelagert, damit das starre Stück der Seele bei großen, aus der Linie laufenden Steuerbewegungen (an der Schaltung) nicht zu sehr verbiegt. Das verlangt gleichzeitig auch Bewegungsfreiheit für den Zug bis 30 und mehr cm über die Fixierung hinaus. Wird diese Bewegungsfreiheit eingeschränkt, steigt die Reibung enorm und erfordert eine sehr viel größere Kraft zur Bedienung. D. h. wenn die Schaltung plötzlich sehr schwer geht, ist auch die Bewegungsfreiheit der Hülle hinter der Fixierung und der ganze Verlauf des Zuges (Mindestradien!) zu prüfen. Durch Lösen des Endfittings am Motor kann überprüft werden, ob die plötzlich auftretende Schwergängigkeit in der Schaltung, im Bowden-Zug oder am Motor selbst zu suchen ist.

Grundeinstellung der Schaltung

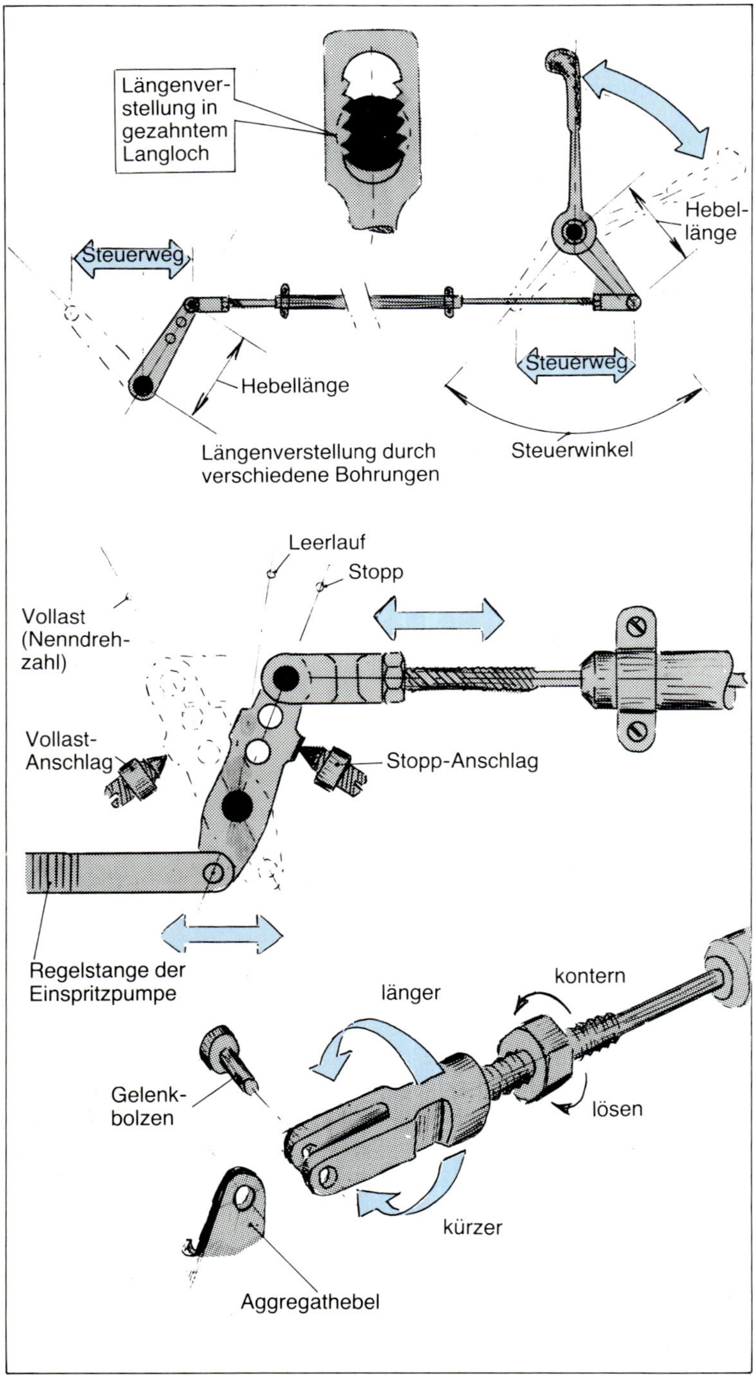

Genaugenommen sollte man nie in die Verlegenheit kommen, sich um die Grundeinstellung der Schaltung oder anderer Bedienungselemente zu kümmern. Doch gerade hier gibt es viel Unklarheit, und im Notfall ist der Monteur selten zur Hand. Der Steuerweg ergibt sich aus der Länge des Hebels und seinem Verstellwinkel. Dieser Steuerweg ist am Eingang des Bowden-Zuges genauso groß wie am Ausgang. Das bedeutet, daß die Hebellängen und die Winkel von Schaltung und gesteuertem Aggregat aufeinander abgestimmt sein müssen. Davon kann man beim Kauf einer Motorenanlage auch ausgehen (außerdem läßt sich bei vielen Schaltungen die Hebellänge über gezahnte Langlöcher variieren oder der Aggregathebel hat mehrere Bohrungen). Am Beispiel des Steuerhebels der Regelstange an einer Einspritzpumpe soll die Grundeinstellung gezeigt werden. Stoppstellung und die Vollast-Position sind vom Pumpenhersteller mit Anschlägen festgelegt. Diese beiden Positionen sollten auf gar keinen Fall verstellt werden (sie sind vom Hersteller meist, und sei es nur durch einen Farbklecks, plombiert).

Spielraum für den Schaltzug

Einstellung: Stellen Sie den Schalthebel auf Null (neutral) und den Pumpenhebel auf Stopp (dort geht er meist selbsttätig hin). Öffnen Sie die Kontermutter des Endfittings und drehen Sie ihn so weit auf oder zu, bis Hebel und Fitting der Seele genau aufeinander passen. In dieser Stellung wird das Gestänge zusammengesteckt und der Schalthebel auf „Vollgas" gedrückt. Erreicht der Steuerhebel an der Pumpe ohne Gewalt den Vollast-Anschlag, ist alles okay. Ist dies nicht der Fall (was sehr unwahrscheinlich ist, es sei denn, Sie haben beim Zusammenbau das falsche Loch erwischt), dann passen die Hebellängen und Verstellwinkel nicht zusammen. Gibt es weder an der Schaltung noch am Aggregat eine einfach zu erkennende Verstellmöglichkeit (z. B. mehrere Löcher), ist ein Fachmann zu Rate zu ziehen.
Vergessen Sie nicht, die Kontermuttern wieder festzuziehen.

Wichtig: Da Sie ohnehin an der Schaltung arbeiten, sollten Sie alle blanken Teile einfetten.

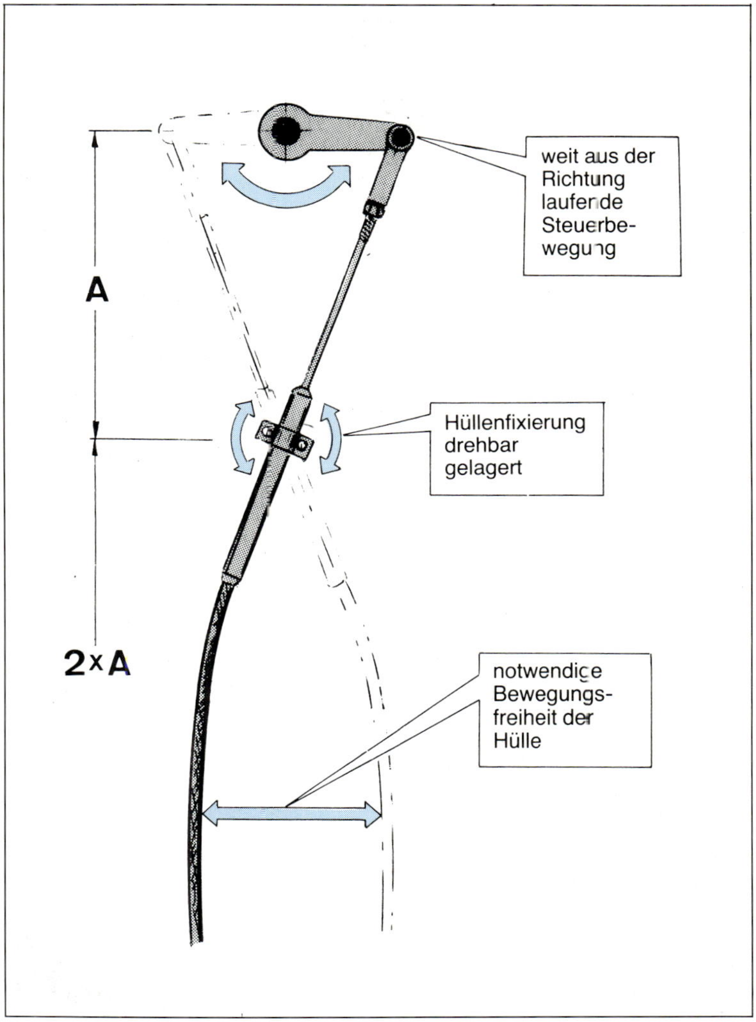

Sie sind zwar sehr praktisch, die flexiblen Steuerkabel, für Schaltung, Gas und Steuerung. Leicht zu bedienen und defektfrei zu bewegen sind die Hebel aber nur, wenn der Schaltzug hinter der drehbaren Lagerung noch etwas Spielraum behält, bevor er mit Schellen befestigt oder von Staugut eingeklemmt wird. Je nach Konstruktion muß man von der doppelten Strecke A ausgehen.
Dieser Fall tritt insbesondere an der Kabelbefestigung von Fernlenkungen vor dem Rudersegment auf und hinter dem Getriebe-Kabel von Ein- beziehungsweise Zweihebelschaltungen auf. Wird diese Bewegungsfreiheit eingeengt, steigt die Reibung enorm an.

Stopphebel und andere Steuerzüge

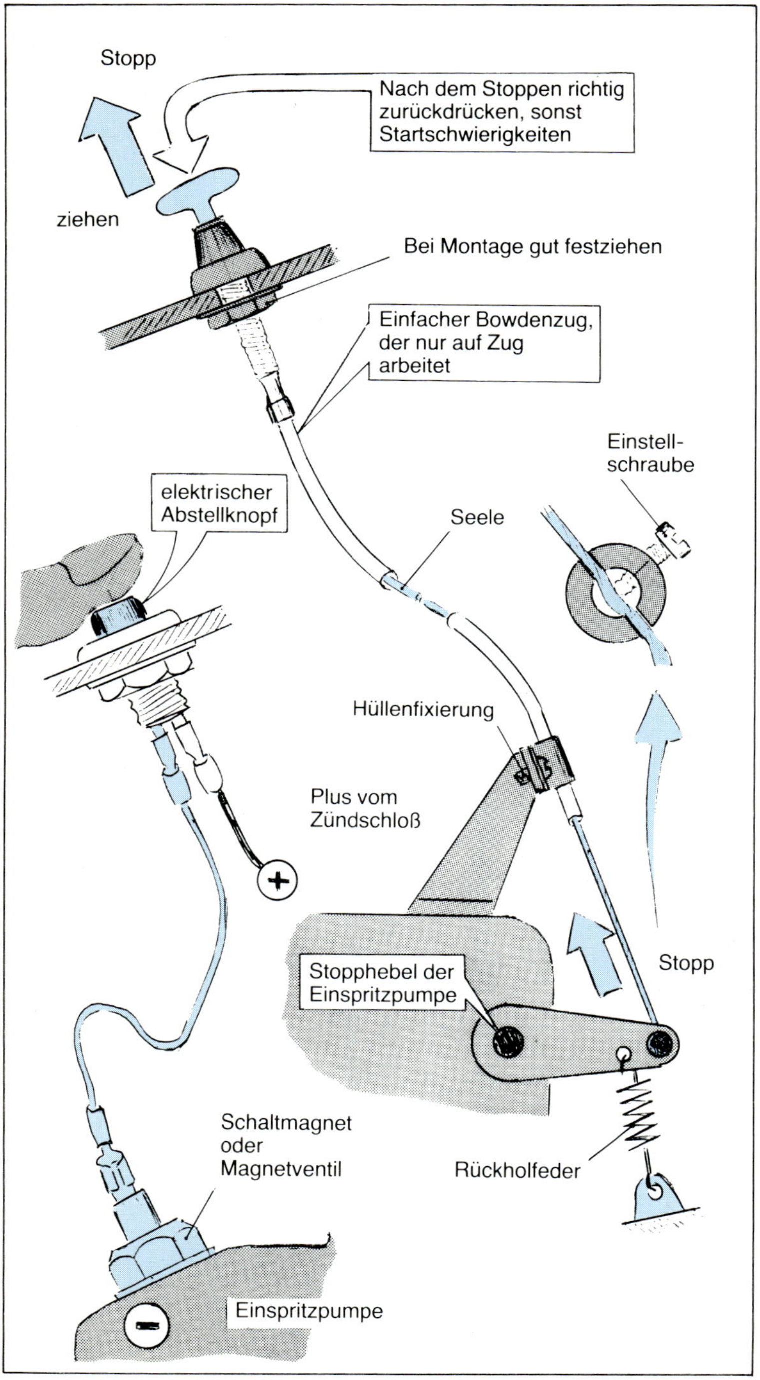

Viele Motoren haben neben den beiden bereits genannten Steuerzügen (Gas und Getriebe) noch einen oder zwei zusätzliche einfache Fernbetätigungen für das Abstellen des Motors und zur Dekompression.
Der Abstellhebel oder Abstellknopf stellt die Füllung an der Einspritzpumpe auf Null- und der Diesel bleibt stehen.
Der Dekompressionshebel öffnet das Einlaßventil des Zylinders, damit der hochverdichtete Diesel beim Handstart besser durchgedreht werden kann.
Die für diese Steuervorgänge verwendeten Bowden-Züge sind sehr einfach. Die aus flexiblen oder nur einfachem Draht bestehende Seele wird mit einer Klemmschraube am Aggregathebel auf ihre Länge begrenzt, ohne daß besondere Fittings am Zug selbst vorgesehen sind.

Wichtig: Länge des Zuges immer so einstellen, daß eine einwandfreie Nullstellung der Steuerhebel gewährleistet ist!

Wenn der Zugknopf oder -griff des einfachen Steuerzuges nicht ganz zurückgeht, ist die Ursache meist an der Rückholfeder oder der Einstellschraube am Steuerhebel des Aggregates zu finden.
Eine besondere Pflege ist nicht erforderlich. Man fettet die blanken Metallteile und den Ausgang der Seele einmal jährlich oder nach Reparaturen gründlich ein.
Bei größeren Anlagen wird die Einspritzpumpe auf elektromagnetischem Wege abgestellt. Dann befindet sich am Armaturenbrett ein Druckschalter, über den ein Abstellmagnet an der Einspritzpumpe betätigt wird.

Startschloß und Anlaßschalter

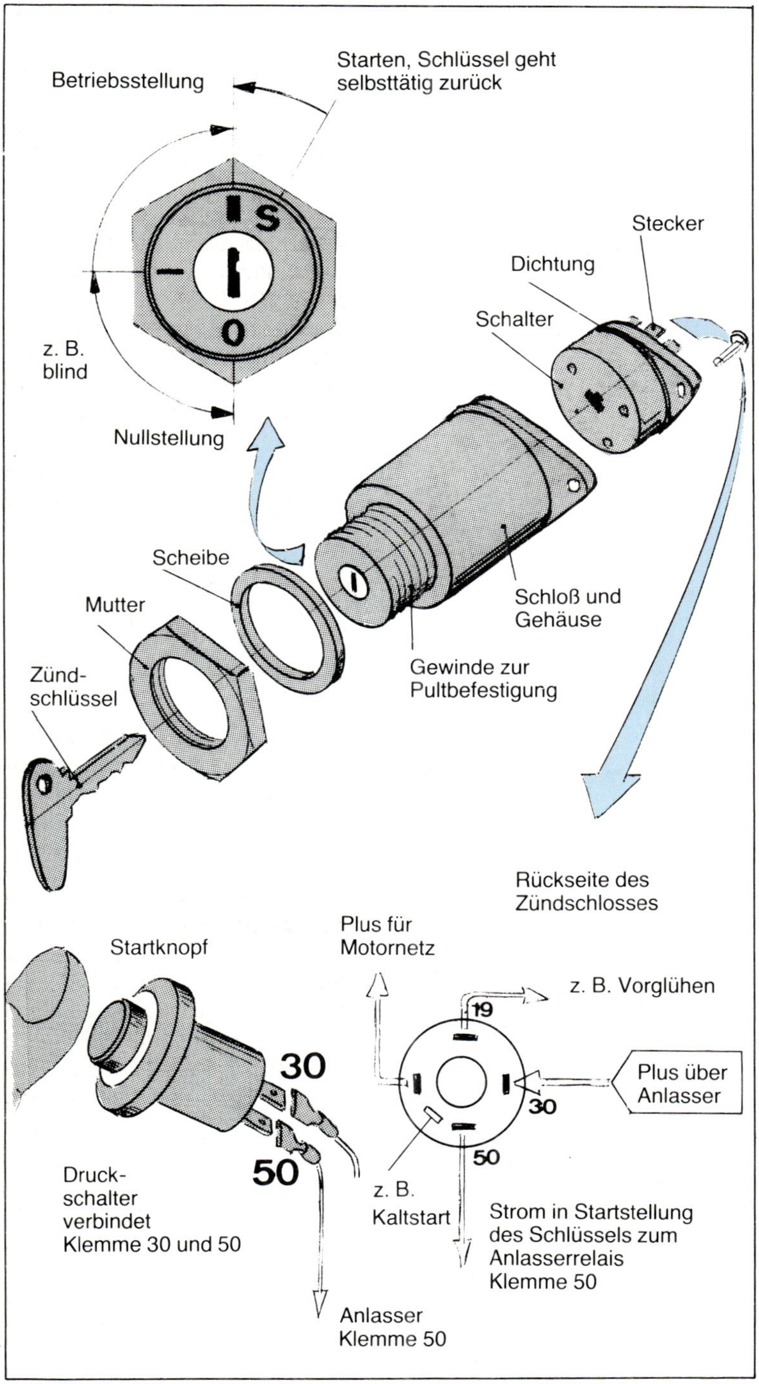

Die Start- bzw. Zündschlösser sind Mehrzweckschalter. Sie kommen aus dem Kraftfahrzeugsektor und sind mit verschiedenen Stellungen und Klemmen ausgerüstet, die nicht immer alle genutzt sind. Für Yachten sollte man nur die seewasserbeständigen Ausführungen verwenden.
Die drei oder vier Stellungen der Startschlösser, die im Yachtgebrauch genutzt werden, sind:

Nullstellung, in der man den Schlüssel in das Schloß stecken kann.
Betriebsstellung, in der auf dem gesamten Motornetz, den Instrumenten und Aggregaten Strom liegt.
Startstellung, die zum Anlassen des Motors dient und den Schlüssel automatisch auf Betriebsstellung zurückdrückt.
Vorglühstellung, soweit es sich um Indirekt-Einspritzer handelt.

Bei der Montage muß besonders die Mutter auf der Vorderseite des Armaturenbretts gut festgezogen werden, da sich das Schloß sonst immer wieder losjackelt oder verdreht.
Wenn das Startschloß im offenen Cockpit liegt, sollte man mindestens einmal je Saison den Schlüssel in Fett tauchen, ins Schloß stecken (10mal raus/rein) und ein paarmal hin- und herschalten.
Defekte: Wenn der Motor beim Einschalten des Startschlosses auf Stellung START gar nichts sagt (auch nicht Klick oder Klack), kann man sich Gewißheit verschaffen, indem man nach der Checkliste „Startschwierigkeiten" vorgeht (s. Seite 136).

Startvorgang

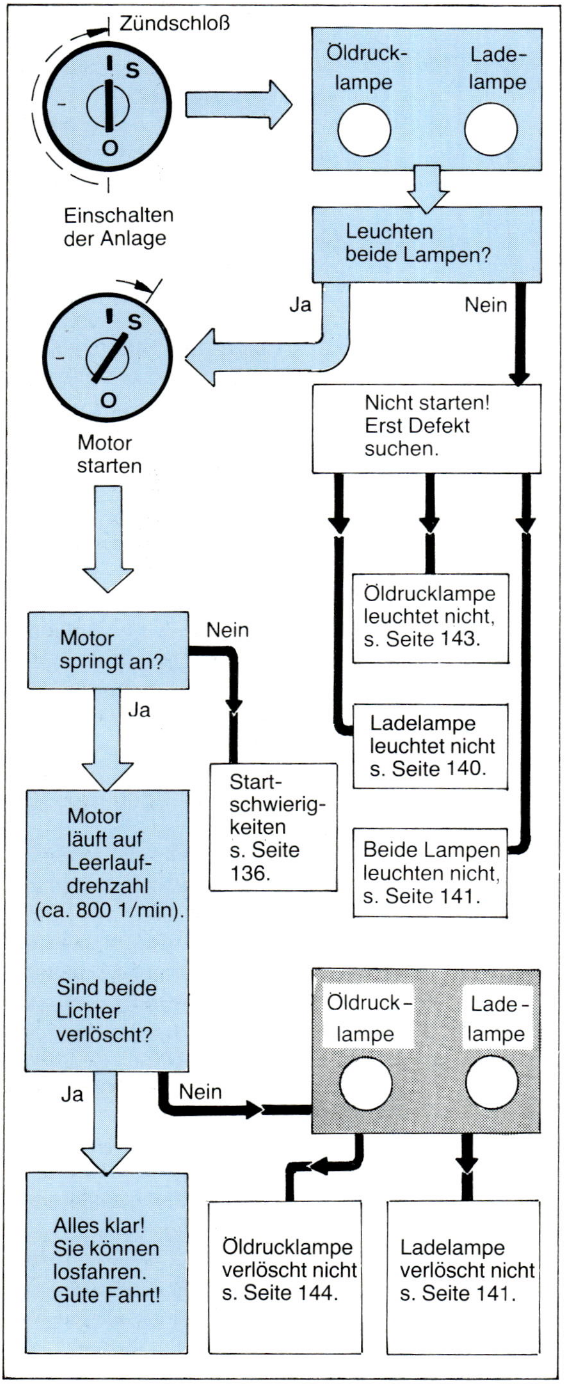

Das hier gezeigte Schema soll von Beginn der ersten Drehung am Zündschlüssel gleich die richtigen Schritte aufzeigen, um die größtmögliche Sicherheit für den Törn zu gewährleisten.

Dieses Schaubild zur Fehlersuche beschreibt den Startvorgang, es ist so aufgebaut, daß der Weg ohne Defekt in Blau, der Weg der Fehlersuche schwarz dargestellt ist. Die Suche nach diesem Wegweiser ist so unterteilt, daß der Fehler sehr eng eingekreist werden kann, um ihn dann zu beheben. Wenn Sie beim Start diese Punkte beachten, können Sie ruhigen Gewissens losfahren. Sie gehen immer schrittweise vor. Im Prinzip teilt sich die Suche nach mißglücktem Startvorgang oder einer Störung während des Betriebs in verschiedene Richtungen, die man als die lebenswichtigen Funktionen des Motors bezeichnen kann. Das sind Elektrik, Kraftstoffsystem, Öl- und Kühlkreislauf. Für diese Funktionen und einige andere Aggregate wurden getrennte Schaubilder zusammengestellt.

So wird ein Fehler gesucht:

1. Sie führen den Handgriff zum Betrieb des Motors aus.
2. Sie beobachten (optisch und akustisch) das Ergebnis.
3. Ist das Erscheinungsbild nicht befriedigend, verfolgen Sie den Weg über die entsprechenden fehlerhaften Anzeichen.

Das eigentliche Starten ist keineswegs der erste Handgriff, wenn man mit dem Boot unter Motor losfahren will. Nach der Startvorbereitung wird durch Drehen des Zündschlüssels zuerst Strom auf die Motoranlage geschaltet. D. h. die Instrumente zeigen an, und damit beginnt die erste wichtige Kontrolle vor dem Start: Beide Kontrollanzeigen, die Öldruck- und die Ladelampe, müssen leuchten. Ist das nicht der Fall, dürfen Sie nicht losfahren, bis der Defekt gefunden und behoben ist.

Klar zum Auslaufen ist der Motor erst, wenn er im Leerlauf gleichmäßig dreht und beide Kontrollampen erloschen sind.

Wichtig: Natürlich gilt auch hier, daß zuerst die Betriebsanleitung zum Motor Grundlage für die Fehlersuche ist.

Anlasser

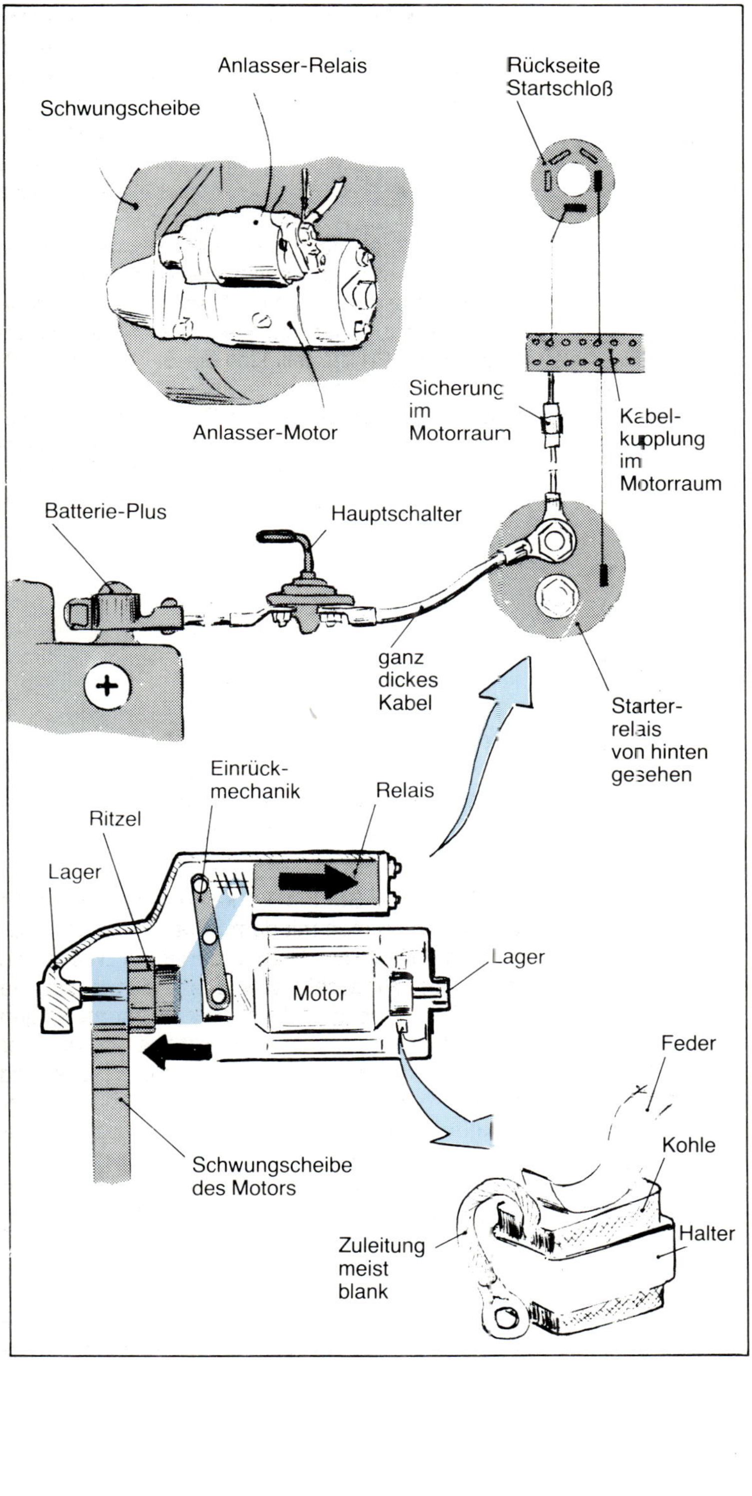

Der Anlasser startet den Motor durch Einrücken eines Ritzels in den Zahnkranz der Schwungscheibe. Dazu braucht er sehr viel Strom, da das Andrehen des ruhenden Motors sehr viel Kraft erfordert, deshalb ist die Zuleitung das dickste Kabel in der ganzen Anlage. Geschaltet wird der Starter aber von einem Relais, das über das Startschloß oder den Anlaßknopf gesteuert wird. Es schaltet den Strom auf den Anlasser und rückt das Ritzel ein (schwarze Pfeile unten).

Defekte: Anlasser haben Wartungsintervalle von 1000 bis 2000 Betriebsstunden. Auf Yachtbetrieb übertragen wären das viele Jahre. Deshalb sollte am besten ein Fachmann alle zwei Jahre den Anlasser gründlicher durchchecken (Kollektor, Kohlebürsten, Einrückmechanik, Lager, Ritzelzähne, Schwungscheibenzähne). Defekte am Anlasser sind selten. Meistens haben die Startschwierigkeiten andere Ursachen. Siehe Checkliste S. 136.

Notfall: Obwohl der Motor bei Segelbooten nur der Hilfsantrieb ist, können Situationen auftreten (z. B. Flaute in Tidengewässern oder Störungen im Rigg usw.), in denen es notwendig wird, den Motor in Gang zu setzen. Die kleinen Motoren haben zum größten Teil eine Handstartvorrichtung, damit wirft man den Motor an und fährt aus der Gefahrensituation. Danach muß der Fehler allerdings gesucht und behoben werden!

Ist die Handstartvorrichtung nicht vorhanden, sollte man in der Reihenfolge der Checkliste auf Seite 136 vorgehen.

Startschwierigkeiten (Anlasser)

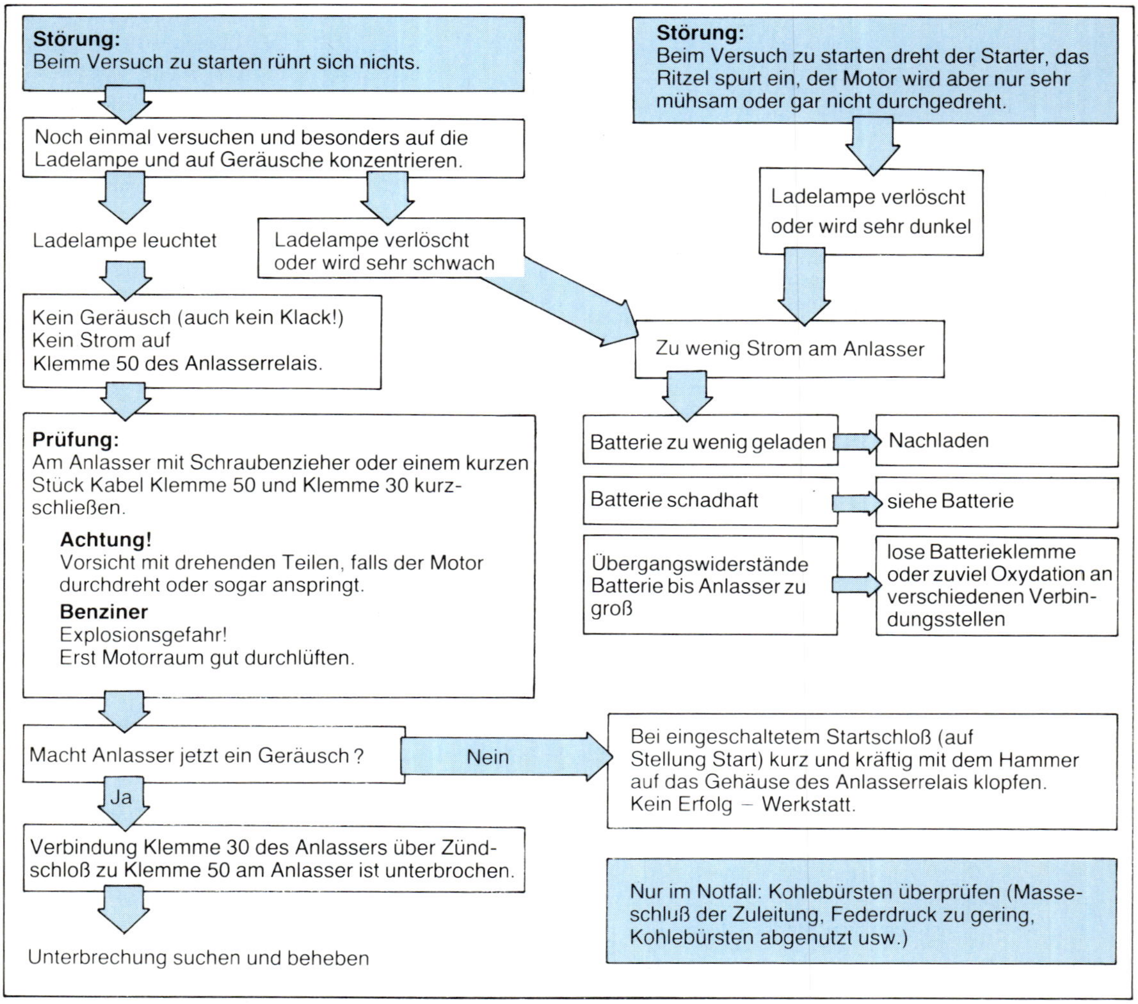

Richtige Bedienung des Anlassers

Bleiben Sie, wenn der Motor nicht gleich kommt, höchsten 10 Sekunden auf Stellung Starten. Danach braucht die Batterie 30 Sekunden, besser noch mehr, zur Erholung. Sonst fügen Sie sowohl der Batterie als auch dem Anlasser schweren Schaden zu. Außerdem schafft die Batterie das nur einige Male und dann überhaupt nicht mehr. Wenn der Anlasser den Motor richtig durchdreht, ist die Ursache auf der Kraftstoffseite zu suchen (spätestens nach viermaligem Versuch), siehe Störungen im Kraftstoff-System auf Seite 155.

Handstartvorrichtung

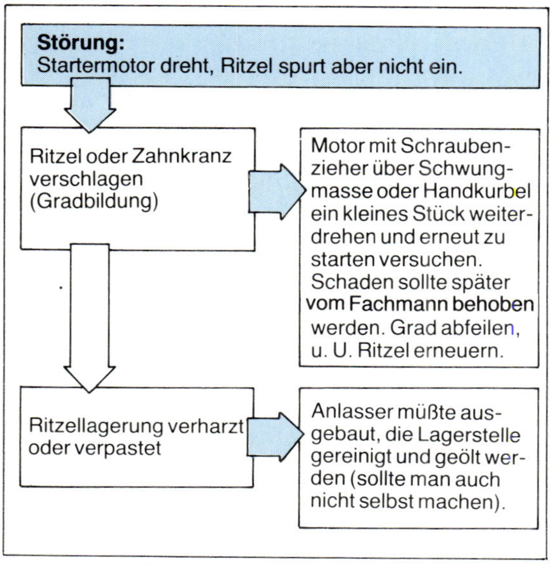

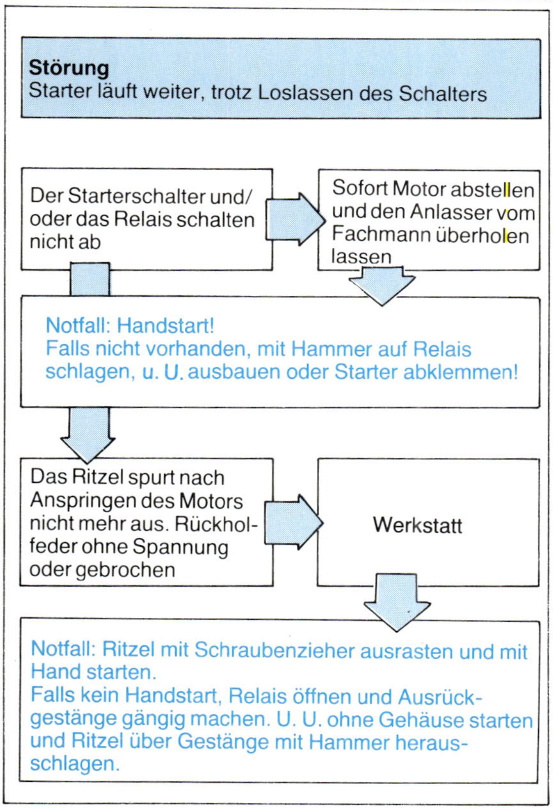

Die Handstartvorrichtung gehört bei kleinen Motoren bis ca. 30 kW auf Segelbooten zur Grundausstattung. Der Motor, und darauf sollte man beim Kauf achten, muß so eingebaut sein, daß man die Kurbel nicht nur ansetzen, sondern auch drehen kann. Jeder Motorhersteller hat seine eigene Version, angefangen von der normalen Zahnradübersetzung bis hin zum Schwung-Feder-Handstart mit und ohne Dekompressionsautomatik.

Der Vorgang des Handstarts ist in den meisten Betriebsanleitungen beschrieben, und daran sollte man sich auch halten. Im Prinzip gilt:

1. Schaltung auskuppeln und auf mehr als $^3/_4$ Gas stellen.
2. Zündschlüssel auf Betrieb stellen.
3. Dekompressionshebel umlegen.
4. Kurbel möglichst schnell drehen.
5. Wenn Motor auf Touren ist, Dekompressionshebel loslassen oder umklappen.

Wichtig: Wenn zwei Personen an Bord sind, sollte einer beidhändig kurbeln, der andere den Dekompressionshebel betätigen.

Halten Sie die Kurbel mit dem „Affengriff“, d. h. nicht mit dem Daumen umgreifen, wie man's normalerweise macht, sondern den Daumen auf der gleichen Seite wie die übrigen Finger lassen. Das schützt Sie vor schweren Verletzungen, wenn der Motor mal zurückschlägt.

Notstart mit der Bordnetzbatterie: Zwar sollte es bei Netztrennung nicht vorkommen, daß die Starterbatterie leer ist und die Bordnetzbatterie Strom hat, es gibt aber eine Reihe von plausiblen Fällen, wo das vorkommen kann; um nur einen zu nennen, z. B. wenn eine Zelle der Starterbatterie defekt wird und die Spannung schlagartig abfällt. In so einem Fall denkt man selten daran, daß es reicht, wenn man die Kabel der Starterbatterie kurzzeitig auf die Pole der Bordnetzbatterie hält, startet und sie dann wieder auf die Starterbatterie steckt, wenn der Motor läuft. Bei vielen Elektroanlagen ist dieser Punkt berücksichtigt, indem ein Batterieumschalter eingebaut wird.

Überwachung der Motoranlage

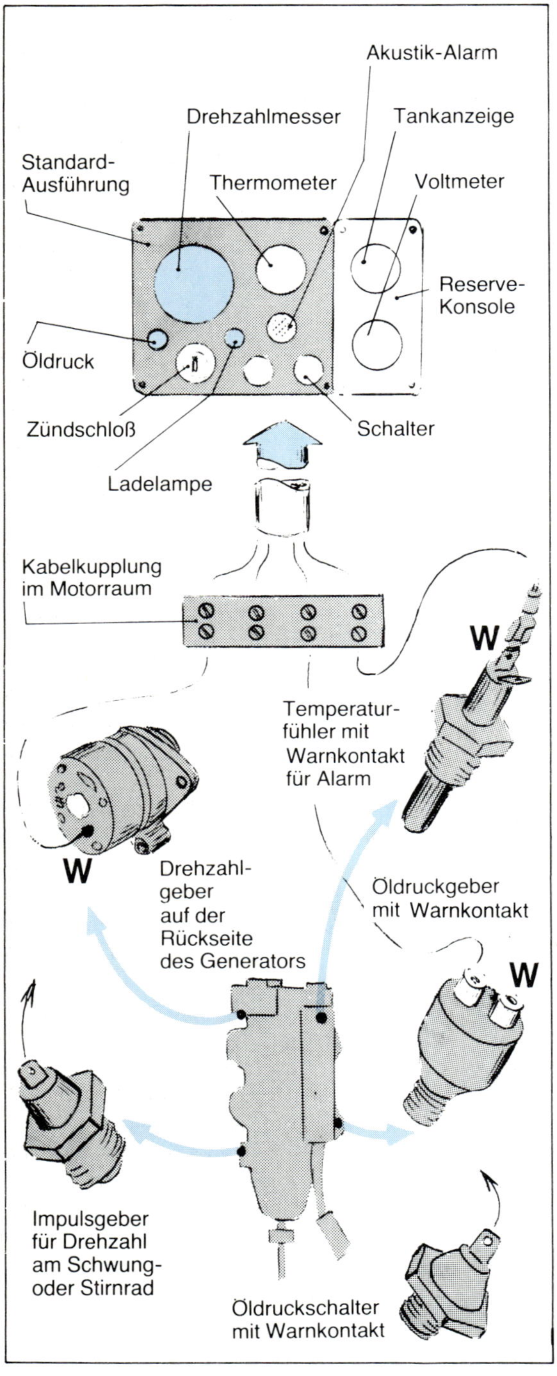

Man kann mit Blick auf Segelboote und Motorsegler den heutigen Überwachungsstandard der Motorenanlage als ausreichend betrachten, was durch steigenden Umfang der Standardinstrumentierung von den Motorenherstellern berücksichtigt wird. Bei ganz kleinen, sehr robusten Motoren mag das Minimum genügen, das sich auf die Grenzwertanzeige der Kontrollampen für Öl- und Kühlwasser sowie die Ladekontrolle beschränkt.

Aber schon bei Motoren jüngeren Datums (schneller laufenden, marinisierten Industriemotoren) mit einer Leistung über 10 kW betrachtet man das Fernthermometer für das Kühlwasser und den Drehzahlmesser als normalen Standard.

Besonders bei Segelbooten und Motorseglern ist der Wunsch immer stärker geworden, zur optischen Überwachung auch einen akustischen Alarm zu installieren, der den Skipper von der Aufgabe enthebt, immer wieder einen Blick auf die Kontrollen des Motors zu werfen. Von einigen Motorenherstellern ist die akustische Überwachung zusätzlich zur optischen auch schon im normalen Lieferumfang enthalten.

Das im Laufe der Zeit bei vielen Skippern aufkommende Bedürfnis, die Kontrollmöglichkeit zu erweitern, ist normal. Zusätzlich wird dann ein Volt- und Amperemeter zur Überwachung der Elektrik und eine Fernanzeige für den Kraftstofftank installiert, was mit Blick auf eine intakte Anlage auch richtig ist, aber mangels vorheriger Planung zumindest bei Segelbooten häufig auf Platzschwierigkeiten stößt. Eine Reservekonsole für so eine Erweiterung der Instrumente ist deshalb nach Möglichkeit vorzusehen. Es sei denn, man weicht auf die meist im Bootsinneren liegende Elektroverteilung aus und plaziert dort Volt- und Amperemeter sowie die Tankanzeige und andere Instrumente, die nicht ständig kontrolliert werden müssen.

Plazierung und Montage der Überwachungsinstrumente

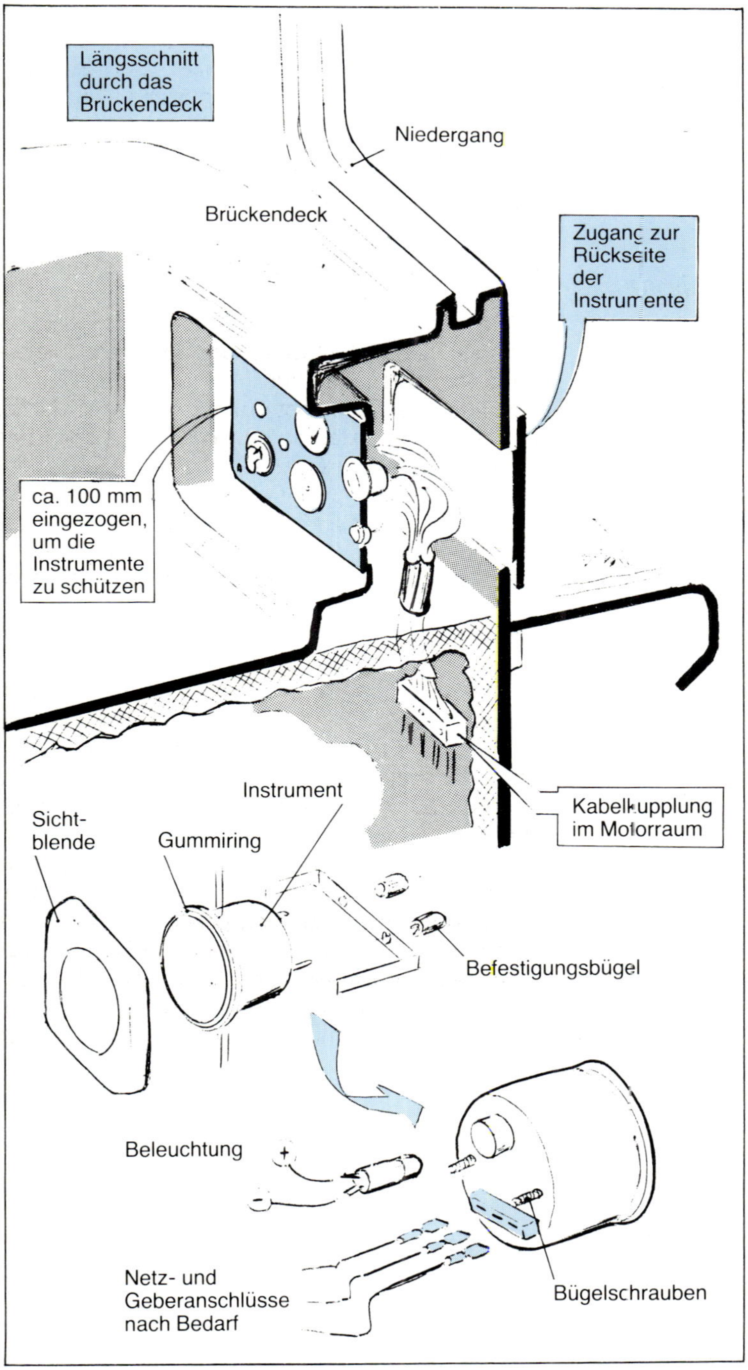

Der günstigste Platz für die Motorinstrumente auf pinnengesteuerten Segelbooten ist ohne Zweifel das Brückendeck. Auf Yachten mit Radsteuerung bleibt man im Bereich der Steuersäule, ohne aber in Reichweite des Kompasses zu kommen (siehe Schutzabstand). Das Brückendeck hat den Vorteil, daß die Instrumente sehr gut geschützt sind und bei Defekten die ganze Instrumententafel von hinten und von innen zugänglich ist. Außerdem ist der Abstand zum Motor gering und somit die Kabellängen nicht groß. Die Montage von Instrumenten aller Art ist denkbar einfach, wenn man beim Kauf darauf besteht, das Instrument nur mit einer Montageanleitung zu kaufen. Man sollte sie sogar aus der Schachtel herausnehmen und durchchekken, um möglicherweise dem Verkäufer noch entsprechende Fragen zu stellen. Denn was auf diesem Sektor zum Teil geboten wird, ist sagenhaft.
Ein Instrument ohne die richtige Montageanleitung zu installieren, kann nicht nur das Gerät selbst zerstören, sondern auch in anderen Instrumenten Schäden an elektrischen Bauteilen herbeiführen.
Wichtig ist, daß man die Befestigungsschrauben des Gerätes selbst richtig festzieht, da es sonst nach kurzer Zeit zu wackeln anfängt oder sogar herausfällt, daß die Kabel lang genug sind, damit man es von vorne herausnehmen kann, ohne die ganzen Stecker abziehen oder die ganze Instrumententafel ausbauen zu müssen.

Ladelampe vor dem Start

Ladelampe

Die Ladelampe ist die übliche Kontrolleinrichtung für das Arbeiten des Generators. Sie ist, wenn auch häufig auf Umwegen, zwischen dem Batterie-Plus und dem Reglerschalter am Generator (Klemme 61 bzw. D+) geschaltet.

Funktion: Solange der Generator gar nicht oder nicht schnell genug läuft, um Batterie-Spannung zu erzeugen, leuchtet die Ladelampe. Erst wenn der Generator durch zunehmende Drehzahl die sogenannte Einschaltspannung erreicht, erlischt die Ladelampe.
Das ist allerdings kein schlüssiger Beweis dafür, daß auch wirklich geladen wird, wie man schlechthin annimmt, sondern nur ein Hinweis darauf, daß die Potentiale von D+ (Generator) und B+ (Batterie) gleich groß sind.
Eine echte Ladekontrolle ist nur das Amperemeter.

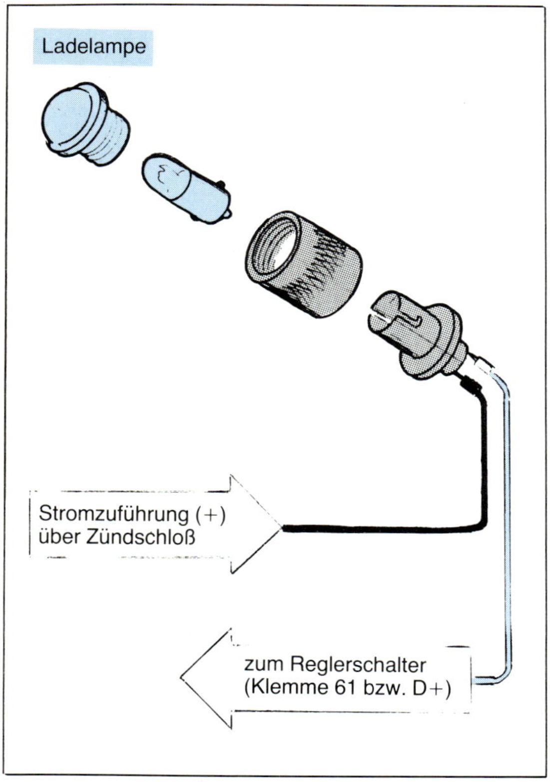

Zündung ist eingeschaltet
Ladelampe muß leuchten

Störung

Ladelampe leuchtet nicht, obwohl andere Instrumente und die Öldrucklampe Strom haben
Störung liegt im Bereich Ladelampe
Richtung Reglerschalter

Ladelampe durchgebrannt → erneuern

Kabelverbindung lose
Kabel schadhaft → prüfen, reparieren oder mit Ersatzstrippe direkt schalten (Ladelampe mit Klemme 61 bzw. D+)

Reglerschalter defekt

Gewißheit, ob der Fehler nur in der Verbindung Generator/Zündschloß oder am Generator selbst liegt verschafft man sich mit der Prüflampe. Leuchtet sie nicht auf, liegt's am Regler oder Generator. Leuchtet die Prüflampe auf, ist der Fehler schlimmstenfalls durch ein Überbrückungskabel zu beseitigen.

Notfall: Man kann zurückfahren!
Strom sparen!
Gleich Batterie laden!

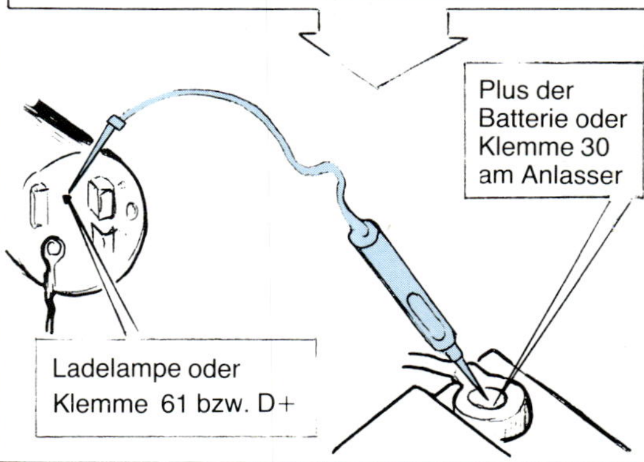

Ladelampe verlöscht nicht

Motor ist angesprungen, läuft Leerlaufdrehzahl (ca. 800 U/min siehe Betriebsanleitung) Ladelampe muß verlöschen

Ladelampe verlöscht nicht (brennt hell weiter) Geben Sie etwas Gas! Verlischt die Ladelampe, ist vermutlich die Leerlaufdrehzahl etwas zu niedrig. Verlöscht die Lampe trotzdem nicht (brennt hell weiter),

Keilriemen zu locker oder gerissen	Keilriemen spannen oder erneuern (siehe Keilriemen)
Kabel von Ladelampe zu Klemme 61 bzw. D+ hat Masseschluß	Blanke Stelle mit Isolierband umwickeln oder austauschen (besser!)
Regler oder Generator	siehe Generator

Ladelampe verlöscht bei höherer Drehzahl nicht, sie wird nur dunkel oder sie glimmt gerade noch

Übergangswiderstände in der Leitung zur Ladelampe zu groß	Alle Kabelverbindungen prüfen, nachziehen, mit E-Spray besprühen, Kristallisations- und Korrosionserscheinungen beseitigen, u. U. Stecker- oder Kabelschuhe erneuern
Regler/Generator	siehe Generator

Ladelampe nach dem Start und in Fahrt Ladelampe flackert

Keilriemen zu lose	Keilriemen nachspannen siehe Keilriemen
sofern Sie einen Kontaktregler haben (Kontaktregler gibt es noch bei älteren oder kleinen Anlagen)	Regler austauschen (wenn es nicht am Keilriemen gelegen hat!)

Beide Lampen leuchten nicht

Zustand/Störung

Zündschloß ist eingeschaltet, trotzdem leuchten beide Kontrollampen nicht (und auch die übrigen Instrumente zeigen nicht an).

Schlußfolgerung:

An der Klemme des Zündschlosses, die den Plus auf die Instrumente führt, ist kein Strom

Ist überhaupt Strom am Zündschloß?

Kurz starten

Anlasser spricht an — Nein / Ja

Ja: Das ist der Beweis, daß Strom am Zündschloß ankommt.

Der Defekt liegt am Zündschloß, am Stecker oder Kabel, das vom Zündschloß zur Ladelampe führt. Um das zu prüfen, muß man an die Rückseite des Instrumentenbretts

Nein: Es ist kein Strom am Zündschloß, es sei denn, das Zündschloß ist defekt. Bevor man jedoch zu dieser Annahme neigt, muß der Weg von der Batterie zum Zündschloß überprüft werden:

1. Hauptschalter an?
2. Motorsicherung in Ordnung?
3. Kabel und Verbindungen in Ordnung?
4. Batterie entladen?

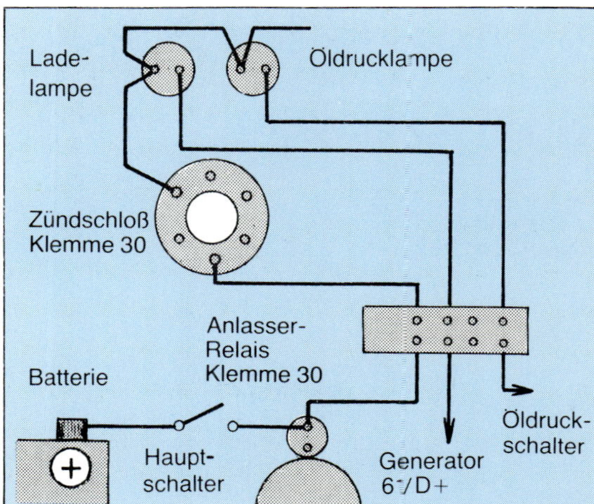

Öldruckkontrolle

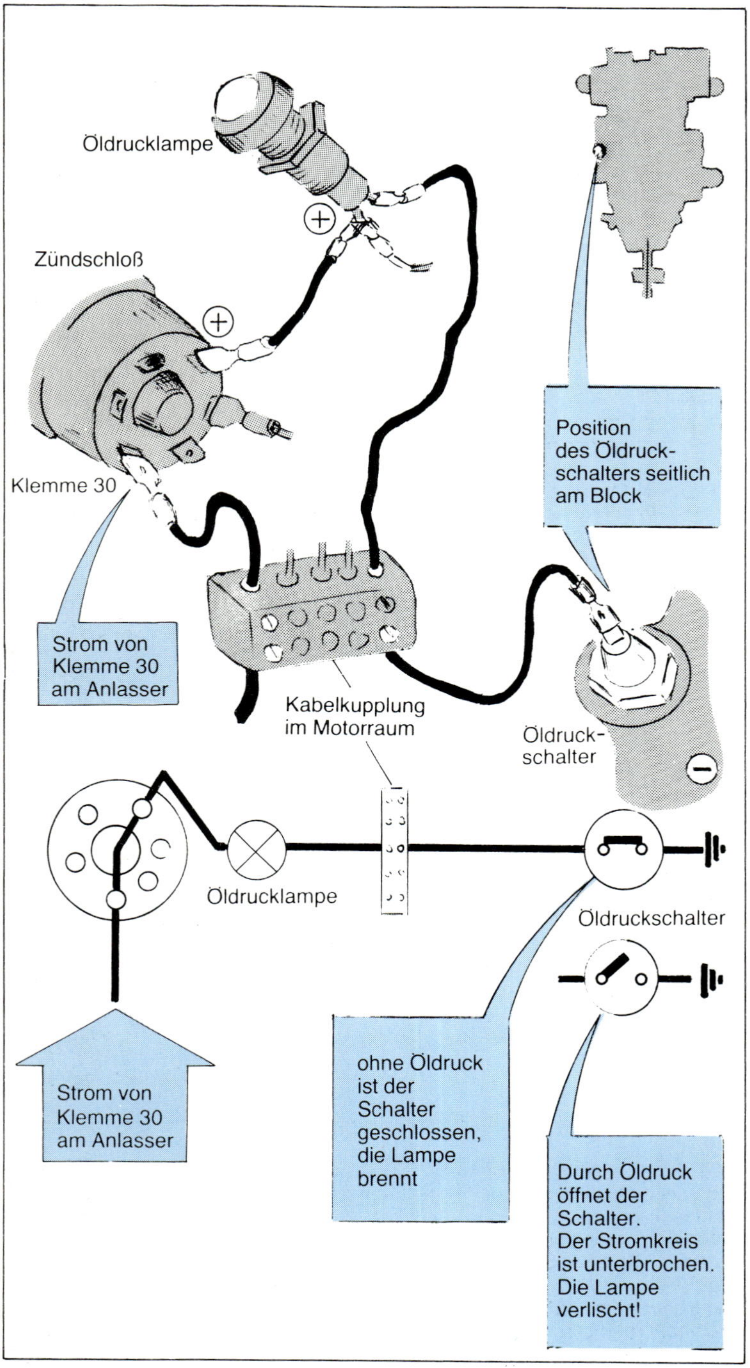

Je nach Größe des Motors wird der Öldruck über einen Druckschalter (Geber) und eine Kontrollampe auf elektrischem Wege, bei größeren Anlagen mit Manometern über Druckleitungen oder elektrischen Druckgebern bzw. beidem überwacht.

Die Öldrucklampe zeigt an, ob Öldruck vorhanden ist oder nicht. Während man am Manometer die Druckveränderung feststellt, aus der man Rückschlüsse auf Defekte im Triebwerk, z. B. Verschleiß, Lagerschäden usw. ziehen kann.

Auf Segelbooten mit Motoren bis 50 kW kann man die Öldrucklampe als ausreichende Kontrolle betrachten. Es ist im allgemeinen auch nicht notwendig, über die Standardkontrollausstattung der Motorenhersteller hinaus ein zusätzliches Ölmanometer zu montieren.

Die Öldrucklampe ist so geschaltet, daß sie aufleuchtet, wenn der Motor keinen Öldruck hat. D. h. wenn das Zündschloß auf Stellung „Betrieb“ steht und der Motor nicht läuft oder wenn bei laufendem Motor der Druck fällt.

Öldruckkontrolle

Strom (von Plus) bekommt die Öldrucklampe über das Zündschloß, und der Öldruckschalter schließt über Masse den Stromkreis, solange kein Öldruck vorhanden ist.
Zu finden ist der Öldruckschalter mit Hilfe der Betriebsanleitungen nur selten, deshalb hier: Seine Position ist überwiegend seitlich im unteren Bereich des Motorblocks (Skizze oben). Man erkennt ihn daran, daß von der Oberseite ein Kabel abgeht.
Die Funktion des Öldruckschalters kann geprüft werden, indem man den Stecker abzieht (Skizze unten) und ihn an Masse hält. Leuchtet die Öldrucklampe dann auf, ist der Stromkreis bis zum Öldruckschalter okay und der Defekt muß im Schalter selbst liegen. Siehe nächste Seite.
Wenn der Öldruckschalter erneuert werden muß, sollten Sie entweder die genaue Typbezeichnung aufschreiben oder den Schalter ausbauen und mitnehmen. Es gibt nicht nur unterschiedliche Druckstufen, sondern auch verschiedene Gewindegrößen.

Zündschloß ist eingeschaltet, Öldrucklampe muß leuchten!

Lampe leuchtet nicht auf, aber andere Instrumente und die Ladelampe zeigen an. Das ist schon ein Beweis dafür, daß Strom am Zündschloß liegt und die Störung in Richtung Öldruckschalter gesucht werden muß.

Aus irgendeinem Grund ist der Stromkreis über die Kontrollampe zum Öldruckschalter nicht geschlossen

Stecker oder Ringzunge vom Öldruckschalter lösen und an Masse (Motorblock) halten

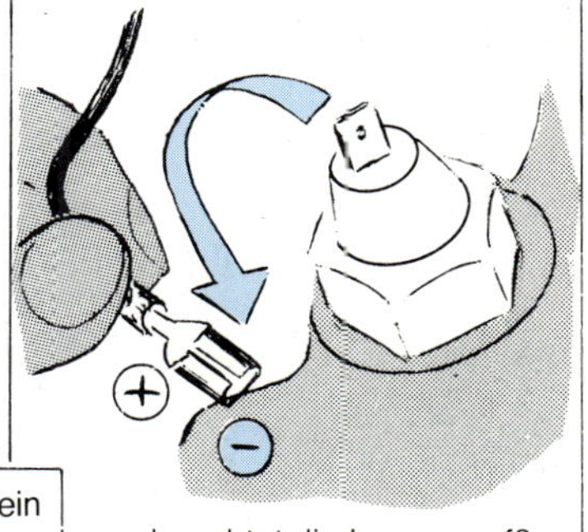

Leuchtet die Lampe auf?

Nein

Kabel und Verbindungen vom Öldruckschalter bis zum Instrumentenbrett überprüfen. Unter Umständen ist die Anzeigelampe defekt. Ist der Fehler so auch nicht zu finden, muß man mit der Prüflampe die defekte Stelle Stück für Stück einkreisen.

Ja

Öldruckschalter herausdrehen und überprüfen, ob die Bohrung zur Membrane verstopft oder verharzt ist. Schalter an Masse halten und kontrollieren, ob die Öldrucklampe brennt. Bleibt dies ohne Erfolg, so muß man einen neuen Schalter kaufen (den alten mitnehmen, da es verschiedene Druckstufen und Größen gibt).

Notfall!
Stellt sich in einer Situation ein Defekt an der Ölkontrolle ein, in der man den Motor unbedingt braucht und keine Möglichkeit hat, einen neuen Schalter zu kaufen, kann man den Öldruckschalter herausdrehen, die Öffnung mit dem Daumen zuhalten und den Motor starten. Ist am Finger ein merklicher Druck zu spüren, können Sie losfahren (Schalter einbauen), behalten Sie aber die Geräusche des Motors sehr genau im Ohr. Verändert sich auch nur geringfügig etwas am Lauf (härter), muß der Öldruck auf gleiche Weise überprüft werden. Diese ganze Prozedur sollte man jede halbe Stunde wiederholen.

Öldrucklampe verlöscht nicht

Motor ist angesprungen, läuft Leerlaufdrehzahl (ca. 800 U/min siehe Betriebsanleitung) Öldrucklampe muß verlöschen

Lampe leuchtet weiter → 1, 2, 3, 4, 5

Boot fährt, Motor ist warm, plötzlich leuchtet die Öldrucklampe auf → 1, 2, 3, 4, 5

Motor läuft, das Öl ist warm und dünnflüssig, die Drehzahl wird auf Leerlauf zurückgenommen und die Öldrucklampe leuchtet auf

Dieser Fall ist kein Grund zur Sorge, da die Lampe bei höherer Drehzahl (geben Sie ruhig bei ausgekuppeltem Propeller noch mal Gas) wieder verlöschen müßte

Motor läuft mit Teildrehzahl, die Öldrucklampe leuchtet auf und verlischt erst bei Vollgas → 4, 5

1

Kein Öl?

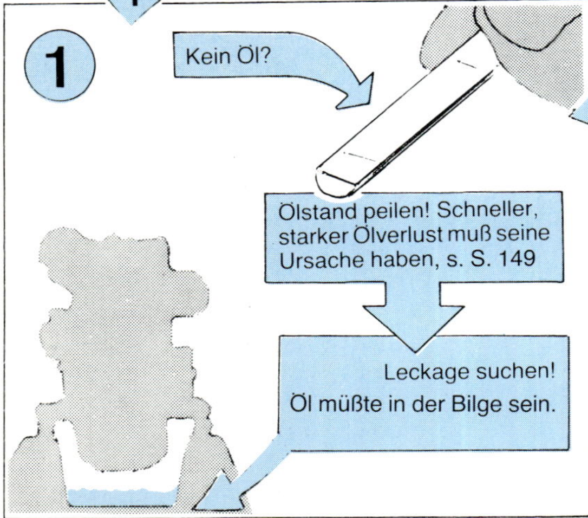

Ölstand peilen! Schneller, starker Ölverlust muß seine Ursache haben, s. S. 149

Leckage suchen! Öl müßte in der Bilge sein.

2

Kurzschluß (Masseschluß) im Kabeln von Instrumentenbrett zum Öldruckschalter

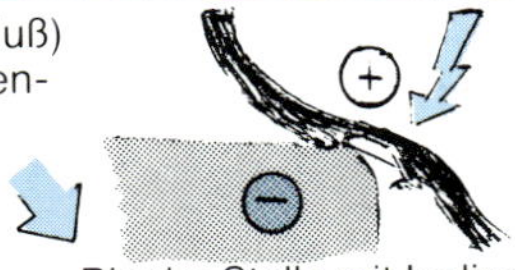

Blanke Stelle mit Isolierband umwickeln oder austauschen (besser!)

3

Öldruckschalter defekt (undicht).

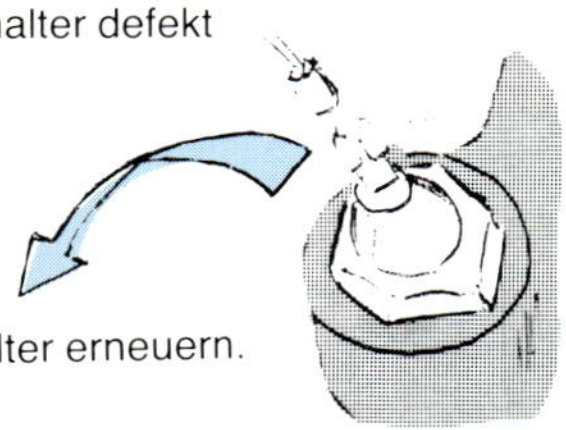

Öldruckschalter erneuern.

4

Ölpumpe defekt → Werkstatt

5

Ölkreis des Motors durch schadhafte Lagerstelle unterbrochen → Werkstatt

Akustische Warnanlage

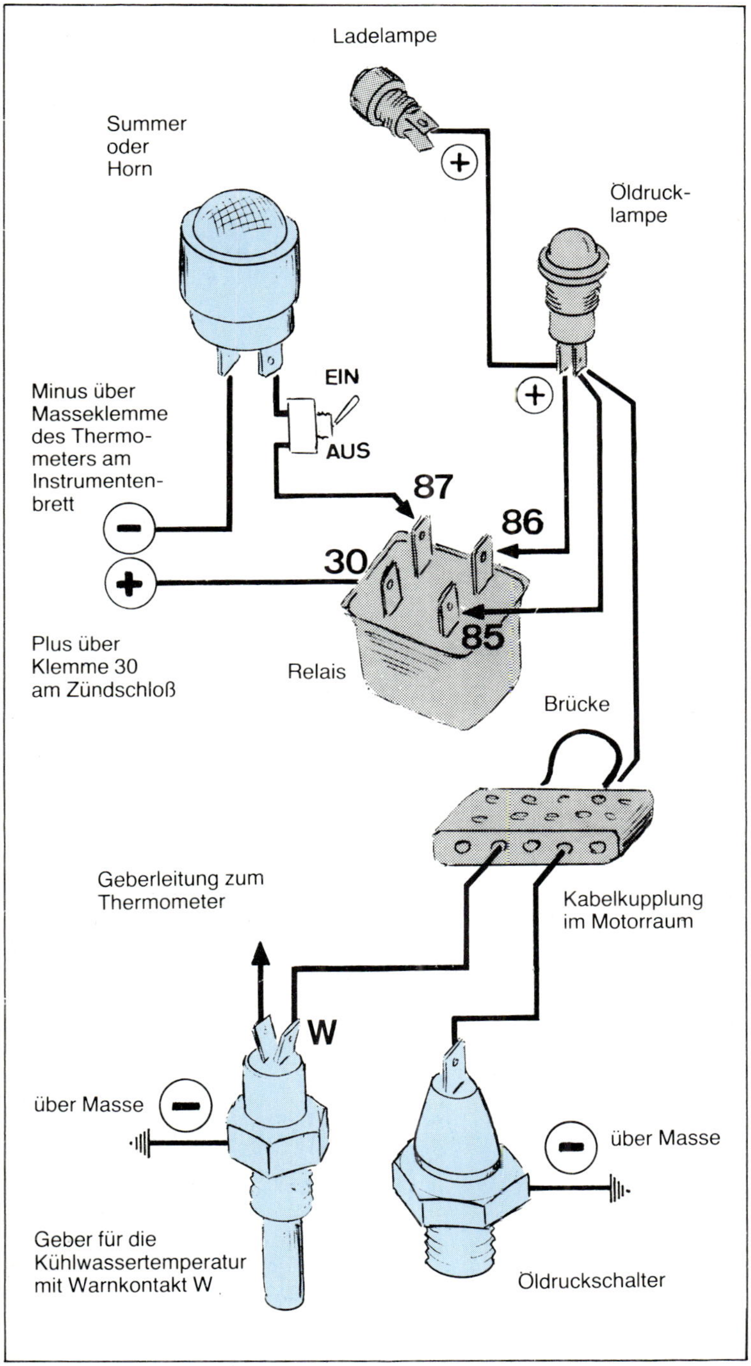

Wie schon erwähnt, werden akustische Warnanlagen zur Überwachung des Motors zum Teil schon standardmäßig mit den Motoren geliefert. Gleichzeitig gibt es von seiten der Instrumentenhersteller äußerlich an andere Kontrollgeräte angepaßte oder schon integrierte Summer, die in Verbindung mit den Warnkontaktgebern das Nachrüsten sehr erleichtern. Wer handwerklich geschickt ist, kann sich auch selbst so einen Summer installieren.

Das Schema zeigt eine akustische Warnanlage zur Überwachung des Öldrucks und der Kühlwassertemperatur, die aus handelsüblichen Teilen ohne viel Aufwand selbst gebaut werden kann.

Verdrahtet wird mit flexiblem 1x1,5 mm^2. Im allgemeinen wird es notwendig sein, einen Thermogeber mit Warnkontakt einzubauen, da er nicht immer serienmäßig am Motor sitzt. Auf das Relais sollte man nicht verzichten, da sonst die Schaltströme für die Geber zu groß werden könnten, was zu Defekten führt. Es sei denn, Sie finden Summer mit weniger als 5 Watt (bei 12 Volt) Leistungsaufnahme dann können Sie auf das Relais verzichten.

Der Ein-Aus-Schalter vor dem Summer sollte deutlich mit EIN und AUS bezeichnet sein, damit während der Fahrt kein Zweifel besteht, ob der Alarm an- oder abgeschaltet ist.

Störungen während der Fahrt

Wenn der Motor planmäßig angesprungen ist (s. Startvorgang) und die Überwachungsinstrumente (Lade-, Öldrucklampe, Kühlwasserthermometer und Drehzahlmesser) richtig anzeigen, ist man bei sorgfältig gewartetem Dieselmotor vor Überraschungen ziemlich sicher. Die nebenstehend aufgeführten Störungen sind, wenn sie relativ plötzlich auftreten, fast immer eine Folge vernachlässigter Wartungsarbeit, z. B. eines versäumten Filterwechsels.
Tiefer liegende Ursachen, die mit ernsthaften Triebwerksschäden wie mangelnder Kompression durch Kolbenringverschleiß oder blauer Qualm durch festgebrannte Ölabstreifringe einhergehen, sind Krankheiten, die sich nicht von heute auf morgen einstellen, aber, wenn sie eines Tages über den Auspuff sichtbar oder durch starkes Klopfen hörbar werden, hilft nur noch der Fachmann.
Auf die Gefahr hin, daß ich mich wiederhole: Ein richtig gewarteter und im Herbst konservierter Dieselmotor hat bis zur ersten Grundüberholung mehr als 10 Jahre, in denen das Triebwerk und auch die Kolben und Ventile keine Schwierigkeiten machen sollten.

Die Hilfsmaßnahmen in der Grafik sind so gehalten, daß man sich erst einmal selbst helfen kann, aber bei Rückkehr in den Hafen entweder den Fachmann bestellt oder der Störung selbst auf den Grund geht und sie ganz beseitigt.
Wie bei allen Störungstabellen werden auch hier „Banalursachen“ wie „Tank leer“ und „Kraftstoffventil geschlossen“ oder „Sommerkraftstoff im Winter“ nicht aufgeführt!

Motor läuft unregelmäßig
setzt aus
bringt keine Leistung

Die Ursache ist im allgemeinen in mangelnder Kraftstoffzufuhr zu suchen.

Ursache	Beseitigung
Kraftstoffilter oder Wasserabscheider verstopft	reinigen/wechseln
Belüftungsschlauch des Kraftstofftanks durch Staugut abgeknickt oder verstopft	Prüfen! Falls schwer zugänglich erst Einfüllstutzen öffnen, wenn saugendes Geräusch, liegt's an der Entlüftungsleitung
Luftmangel bei höherer Drehzahl	Luftfilter reinigen/ wechseln
Bowdenzug zur Einspritzpumpe verstellt, so daß Motor nicht volle Füllung bekommt	Am Motor prüfen, Grundeinstellung der Steuerzüge (s. dort)
Mangelnde Kompression aufgrund falscher Ventilspiel-Einstellung	Ventilspiel und Ventilfedern prüfen

Wenn diese Punkte kontrolliert sind und der Motor dennoch Unregelmäßigkeiten zeigt, sollten Sie bei nächstbester Gelegenheit die Maschine vom Fachmann überprüfen lassen. Die Ursache zu den Störungen liegt wahrscheinlich im Bereich Einspritzpumpe/Einspritzdüse,und an diesen Elementen sollte man auf keinen Fall herummontieren, ohne die speziellen Kenntnisse, die diese Präzisionsteile erfordern.

Störungen während der Fahrt

Motor wird zu warm

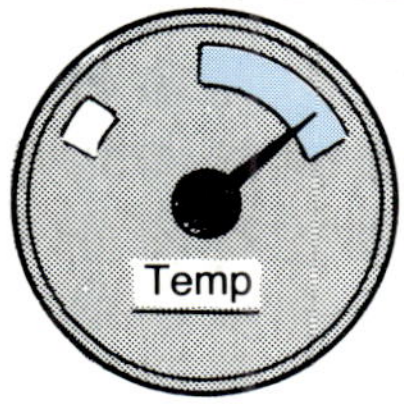

Ursache	Beseitigung
Zu wenig Kühlwasser durch Verunreinigung auf der Kühlwasser-eingangsseite →	zuerst Kühlwasser am Austritt kontrollieren, dann Seewasserfilter öffnen, reinigen
Keilriemen zu lose oder gerissen →	nachspannen/erneuern
Kühlwassereingangs-siebe oder -schlitze durch Folie oder Plastik-tüte verschlossen →	etwas rückwärts fahren/stoppen usw. und prüfen ob Kühlwasser am Aus-tritt läuft (u. U. tauchen)
Impeller der Pumpe defekt →	prüfen/tauschen
Thermostat defekt →	prüfen, reinigen, erneuern oder zur Heim-reise ausbauen (s. dort)

Motor läuft, ist eingekuppelt, Boot fährt nicht

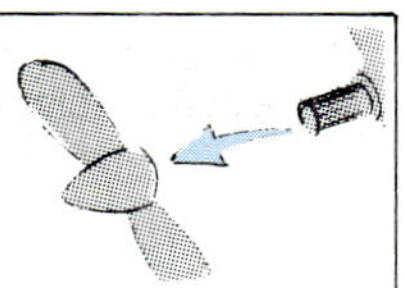

Motor läuft auch nach Einkuppeln hohe Drehzahl, das Boot aber bewegt sich nicht.

Ursache

Versuchen Sie es auch rückwärts, zeigt das Boot keine Reaktion, haben Sie den Propeller verloren oder der Faltpropeller ist festgegammelt.

Nach Hause segeln oder am Ankerplatz tauchen, dort sieht man mehr als im Hafenwasser.

Motor qualmt schwarz

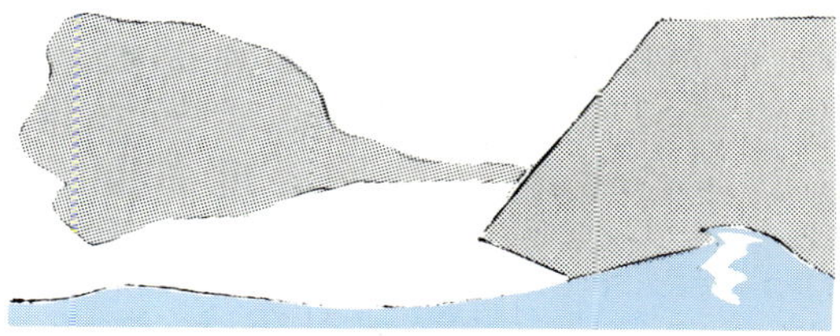

Das ist immer ein Zeichen, daß der Motor zu viel Kraftstoff hat, aber mangels Luft nicht richtig verbrennt. Vorausgesetzt wird, daß vorher schon mal alles in Ordnung war und auch kein zu großer Propeller aufgesetzt wurde.

↓

Ursache
Luftfilter dicht → Beseitigung
reinigen/wechseln

↓

Bleibt der Qualm, fahren Sie mit mittlerer Drehzahl nach Hause und lassen den Fachmann 'ran.

Motor qualmt blau

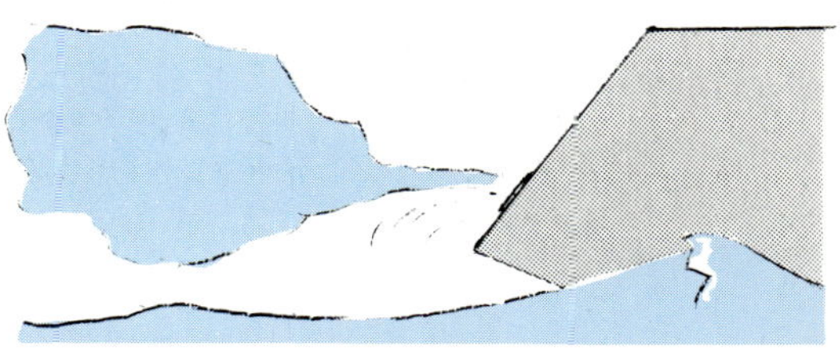

Das ist immer ein Zeichen für Schmieröl im Brennstoff.

Ursache
Ölstand prüfen. Wenn er zu hoch ist, haben Sie wahrscheinlich den Grund für den blauen Qualm.

Beseitigung
Etwas Öl abpumpen, nach Hause fahren und die Ursache für das viele Öl (Wasser, Treibstoff im Öl?) suchen.

Ist der Ölstand normal bzw. zu niedrig, können Sie auch nach Hause fahren, der Qualm hat dann aber eine ernstere Ursache (undichte Ventilführungen oder festgebrannte Ringe usw.). Fachmann holen!

Ölkreislauf des Motors

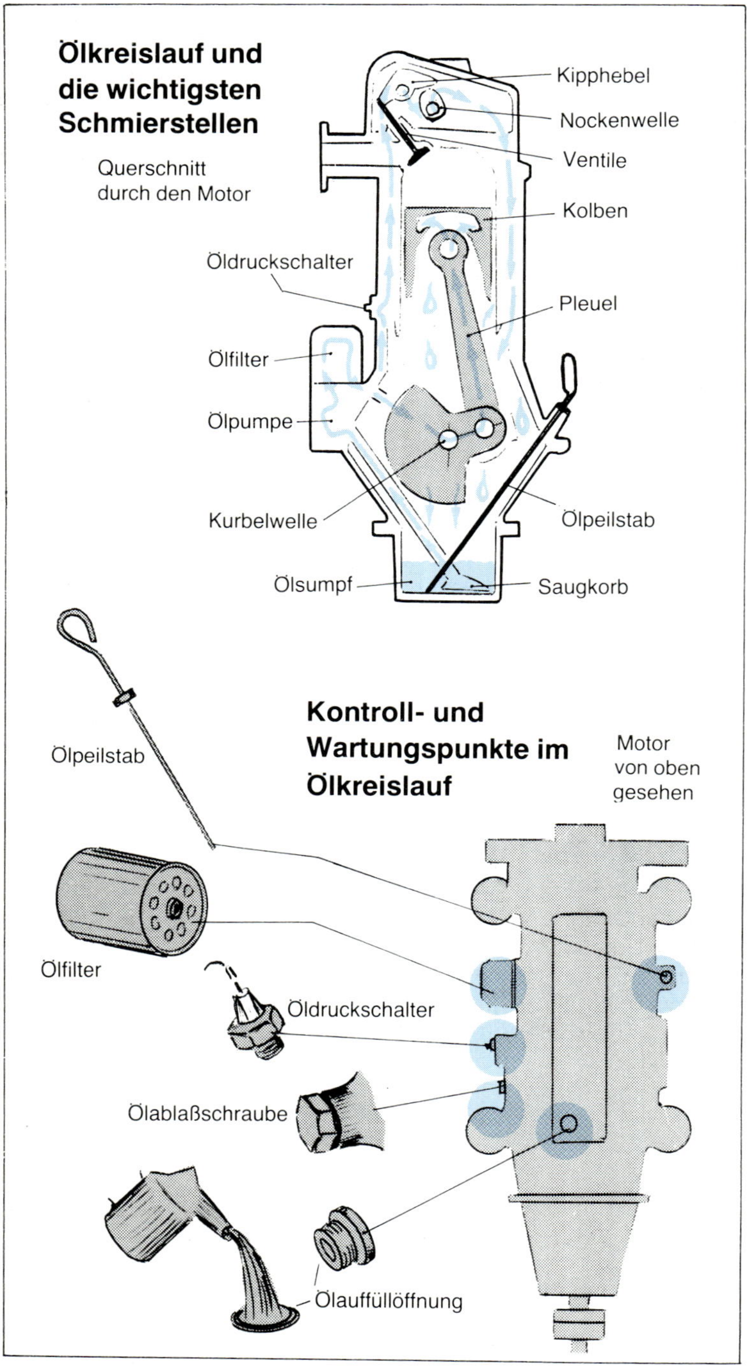

Über den Ölkreislauf werden alle Laufflächen und Lager des Motors ständig mit sauberem und, sofern erforderlich, gekühltem Öl versorgt.

Wer mechanische Schäden am Triebwerk vermeiden will, sollte auf jeden Fall die Wartungs-Intervalle dieses lebenswichtigen Kreislaufs aufs genaueste einhalten. Motoren-Triebwerke sind auf eine Lebensdauer von einigen tausend Betriebsstunden ausgelegt, die sie aber nur bei ausreichender Wartung und entsprechend guten Betriebsstoffen defektfrei erreichen.

Öl verliert seine Schmierfähigkeit im wesentlichen durch Verschmutzung und Alterung. Die mechanische Verunreinigung, der Abrieb von den Laufflächen und der Verbrennungsrückstand werden weitgehend vom Filter ausgesondert. Die Filter haben ein Überdruckventil, das nach zu starker Filterverschmutzung den Ölstrom direkt passieren läßt, d. h. sicher kann man nur fahren, wenn der Ölfilter in den vom Hersteller genannten Intervallen gewechselt wird.

Die Alterung des Öls findet einerseits durch den Betrieb und die erhöhte Betriebstemperatur andererseits durch die Zeit selbst (Oxidation) statt, so daß der Ölwechsel entweder nach Ablauf von entsprechenden Betriebsstunden oder einmal je Saison vorgenommen werden muß.

Ölstand und Verbrauch

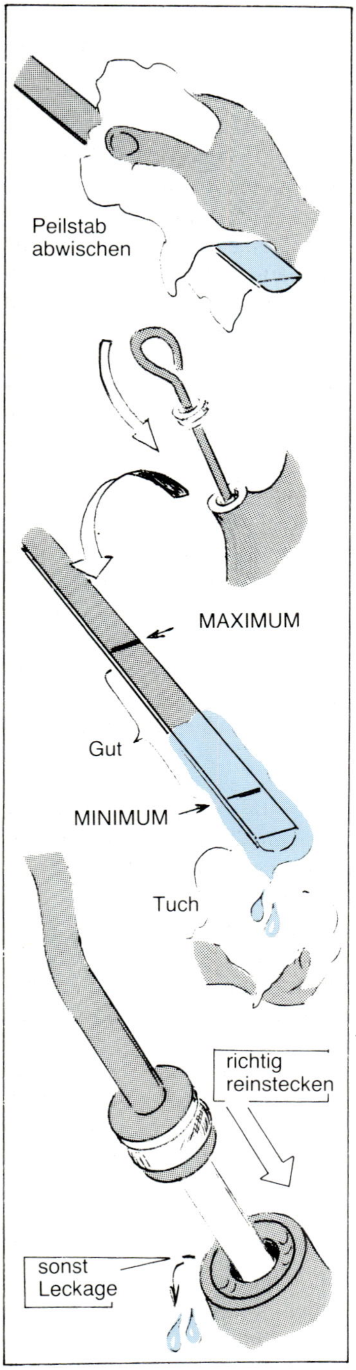

Ölstand: Der Ölstand wird mit dem Ölpeilstab gemessen. Eine tägliche Kontrolle ist zu empfehlen, da es beim Peilen nicht nur darum geht zu sehen, ob Öl in der Ölwanne ist, sondern zu prüfen, ob ein unregelmäßig hoher oder niedriger Ölstand auf bevorstehende Schwierigkeiten deutet.

Ölverbrauch: Normaler Ölverbrauch liegt bei einem 20-kW-Motor bei etwa 1 l je 20 Betriebsstunden (Daumenpeilung).

So wird gepeilt: Ölpeilstab bei ruhendem Motor herausziehen, mit einem fusselfreien Lappen abwischen, vorsichtig, aber ganz in die Peilöffnung hineinstecken, wieder herausziehen und prüfen, wie hoch das Öl den Stab benetzt hat. Danach Peilstab sorgfältig in die Peilöffnung stekken und ganz hinunterdrücken. Das muß bei einigen Motoren mit recht viel Gefühl gemacht werden.

Nachfüllen und Mischen von Öl: Normalerweise ist in der Betriebsanleitung nicht zu finden, wieviel Öl im Motor ist, wenn der Peilstab auf Minimum zeigt. Die in den Anleitungen genannte Ölmenge bezieht sich auf das Maximum. Man kann als Daumenpeilung davon ausgehen, daß bei niedrigstem Ölstand noch etwa die Hälfte der genannten Ölmenge im Motor ist. Das macht bei normalem Ölverbrauch ca. 50 Betriebsstunden aus, so daß man bei größeren Ölwechsel-Interval en Öl nachfüllen muß. Das Wichtigste fürs Nachfüllen: deutlich unter dem Maximum bleiben und den Ölstand auch nicht ganz zum Minimum absacken lassen. Beim Nachfüllen des Öls ist zu bedenken, daß das Öl von der Einfüllöffnung im Zylinderkopf bis in die Ölwanne einige Zeit braucht, bis es dann unten den Ölstand hebt.

Zum Thema Mischen verschiedener Ölsorten: Sie können bedenkenlos Ein- und Mehrbereichsöle verschiedener Hersteller mischen. Nicht mischen sollte man Öle auf voll-synthetischer Basis mit solchen mineralischer Herkunft.

Zu viel Öl schadet dem Motor ebenso wie zu wenig.

Zu hoher Ölstand (plötzlich auftretend): Ist der Ölstand ganz plötzlich um ein bis mehrere Zentimeter zu hoch, darf man nicht zögern, das Öl herauszupumpen, um es zu untersuchen. Wassereintritt durch eine Leckage innerhalb des Triebwerks (Riß des Blocks, undichte Packung) erkennt man an grauen Schleiern oder blasenartigen Wassereinschlüssen im Öl.

Eine andere Möglichkeit des angestiegenen Ölstands – zu viel Kraftstoff im Öl. Das kann man fühlen, wenn man das Öl zwischen den Fingern reibt, und riechen. In beiden Fällen gehört baldmöglichst ein Fachmann an Bord, um die Ursache zu finden und den Defekt zu beheben.

Zu niedriger Ölstand (plötzlich auftretend): Ist der Ölstand plötzlich viel zu niedrig, kann das Öl über eine Leckage in die Bilge gelaufen und muß aber dort zu finden sein. Ist dies nicht der Fall, dann kann durch Verkoken der Kolbenringe oder durch undichte Ventilsitze das Öl in den Brennraum gepumpt worden sein, was sich meist an einem stark verrußten Auspuff und blauem Qualm zeigt. Fachmann befragen!

Ölwechsel

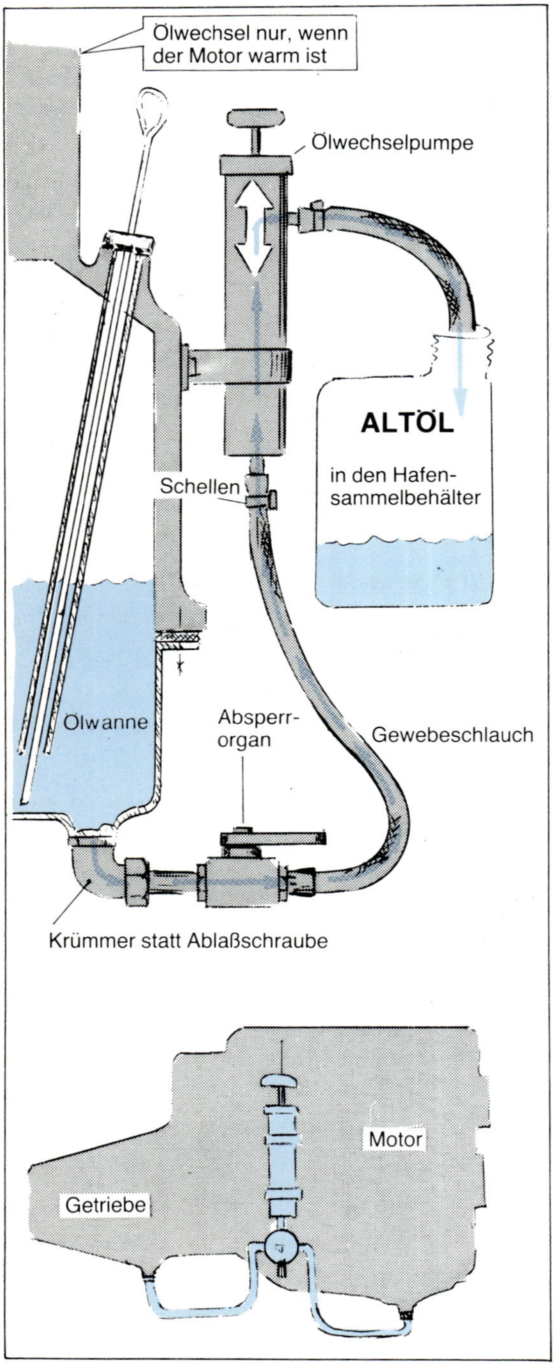

Der Ölwechsel muß bei warmem Motor durchgeführt werden. Der in der Betriebsanleitung angegebene Wechselintervall ist unbedingt einzuhalten. Verwenden Sie nur die vom Motorenhersteller genannte Ölqualität. Das hat nichts mit der Marke des Öls zu tun, sondern mit seiner Zusammensetzung.
Da man bei den meisten Bootsmotoren nicht an die Unterseite der Ölwanne zum Wechseln des Öls herankommt, sollte ein Bootsmotor standardmäßig eine Ölwechselpumpe haben. Bei Motoren, die so etwas noch nicht haben (ältere Modelle), sollte man sich selbst eine solche Pumpe anbauen. Die Pumpe, mit einem dünnen Absaugrohr in die Peilöffnung gesteckt, ist schlechter als eine festinstallierte Pumpe, die über die Unterseite der Ölwanne saugt.
Auf jeden Fall gehört das alte Öl in den Altölbehälter des Yacht-Hafens.
Ölwechsel im Herbst: Es gibt heute einige Öle, die einen sehr hohen Korrosionsschutzanteil haben und somit bestens zur Konservierung des Motors für den Winter geeignet sind. Diese Öle sind so beschaffen, daß man im Frühjahr nicht wieder Öl wechseln muß, sondern gleich losfahren kann.
Siehe dazu „Einwintern".

In guten Betriebsanleitungen sind zwei Ölmengen genannt, die eine für Ölwechsel ohne Filter, die andere für Ölwechsel mit Filter, da der Ölfilter ein beträchtliches Volumen haben kann. Theoretisch füllt die genannte Ölmenge den Motor bis zum Maximum des Peilstabes. Da man aber das alte Öl nie ganz herausbekommt, sollte man grundsätzlich einen halben Liter weniger Öl (als in der Betriebsanleitung genannt) einfüllen, sonst geht der Ölstand über das Maximum, was dem Motor unnötig schadet, da das Öl hochgepumpt und verbrannt wird.
Das gleiche gilt natürlich für die Ölmengen, die sich in einem Ölkühler sammeln und beim Ölwechsel berücksichtigt werden müssen.

Ölfilterwechsel

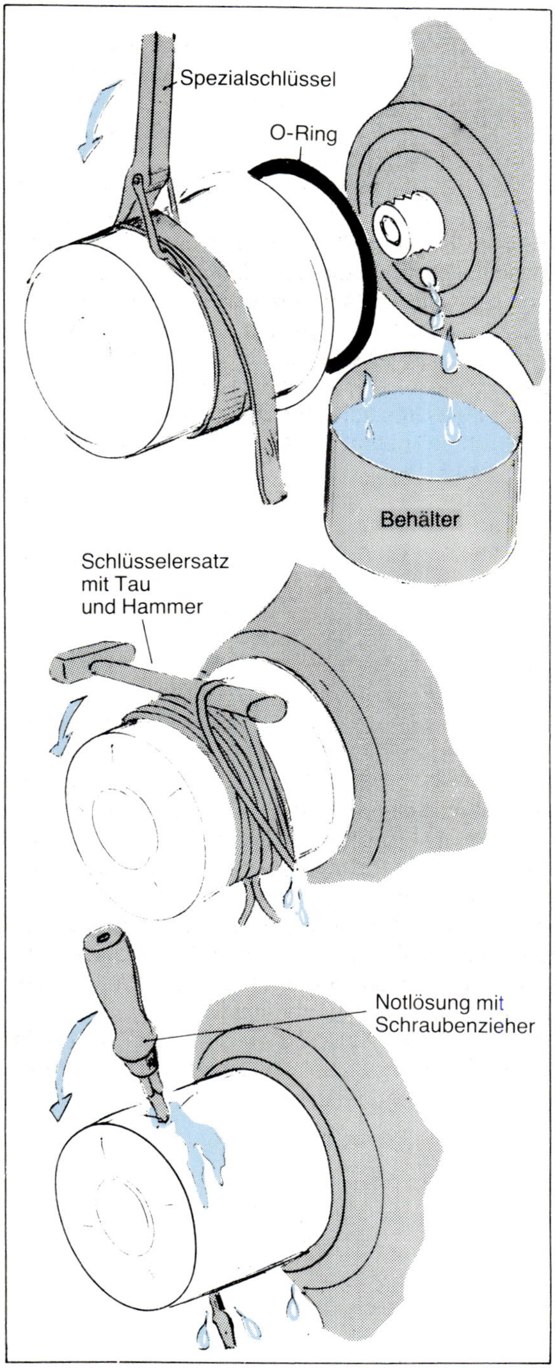

Das Ölfilter hat die Aufgabe, alle mechanischen Verunreinigungen (Metallabrieb, Ruß, Staub) aus dem Öl zu filtern.

Die Motoren bis 50 kW haben überwiegend ein Hauptstromfilter mit einem Wegwerfeinsatz, durch den das ganze Öl gepumpt wird.

Im allgemeinen wird bei jedem zweiten Ölwechsel oder einmal je Saison (Betriebsanleitung!) das Filter gewechselt. Dann ist auch die größere Ölmenge aufzufüllen (Filtervolumen).

Die Handgriffe sind relativ einfach. Die Filterpatrone abdrehen, den Sitz mit einem fusselfreien Lappen (nicht mit Putzwolle) säubern und ein neues Filter anschrauben. Besondere Sorgfalt und Aufmerksamkeit muß der Dichtung gelten, ein O-Ring, der gerne verrutscht und dann zu einer sehr starken Leckage führt. Falls der Dichtring bei der Montage immer wieder aus der Nut fällt, wird er mit etwas Fett „angeklebt".

Für einige Wechselfilter braucht man einen Spezialschlüssel (Bandschlüssel), den es bei jeder Tankstelle gibt. Muß man ohne diesen Schlüssel die Filterpatrone wechseln, kann man sich mit einem Stück Leine und dem Hammerstiel helfen oder einfach einen Schraubenzieher durch das dünne Blechgehäuse stoßen und ihn als Hebel benutzen.

Da beim Abdrehen des Filters Öl ausläuft, sollte man eine Blechdose bereithalten, um sie darunter zu stellen, sonst landet das Öl in der Bilge. Verbiegen Sie die Dose so, daß sie gut an den Filtersockel paßt. Das geht bei hängenden Filtern einfacher als bei liegenden.

Hängende Filter füllt man vor dem Anbau auch gleich mit Öl, dadurch hat der Motor beim Start sofort wieder volle Schmierung.

Wichtig:
Kurz nach dem Starten des Motors Filter auf Leckage prüfen und nach etwa einer halben Stunde, wenn das Öl warm ist, noch einmal nachsehen.

Kraftstoffsystem vom Tank bis zum Motor

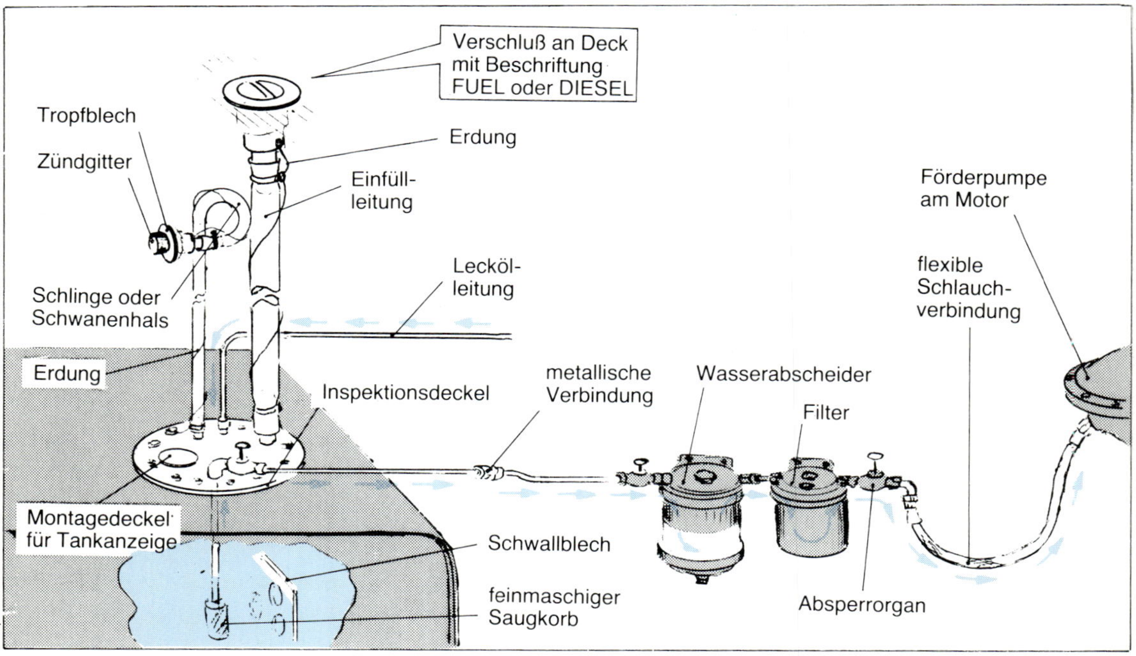

Der Motor beginnt am Eingang der Kraftstoff-Förderpumpe. Tank, Zuleitungen und Vorfilter werden von der Werft eingebaut. Ein solides System auf Segelbooten sollte aus den hier gezeigten Hauptteilen bestehen, um möglichst große Sicherheit nicht nur für Schiff und Besatzung, sondern auch für den Betrieb des Motors zu gewährleisten.
Die Einfülleitung soll vom freien Hauptdeck möglichst geradlinig zum Tank laufen.
Kraftstofftanks können in den Rumpf integriert sein, aus Gründen der Kondensation ist es aber ratsamer, sie getrennt einzubauen.
Die metallischen Teile des Kraftstoffsystems (auch beim Diesel) sollten vom Einfüllstutzen bis zum Motor mit einem Kupferleiter „geerdet" werden. Der Tank sollte eine ausreichend große Inspektionsöffnung besitzen, gleichzeitig sollte für den Geber einer Tankanzeige ein Montagedeckel vorgesehen sein. Für die Entlüftungsleitung ist eine lichte Weite von 10 mm zu empfehlen, sie wird mit einem Schwanenhals oder einer Schlinge möglichst hoch verlegt.
Ein Zündgitter nach außenbords ist empfehlenswert. Auch kleine Tanks sollten Schwallbleche haben, um das Hin- und Herschwappen des Kraftstoffs zu dämpfen. Wichtig ist ein feinmaschiges Ansaugsieb an der Entnahmeleitung, das 30 mm über dem Boden liegen sollte.
Die Entnahmeleitung hat direkt am Tank ein Absperrventil, ein weiteres ist am Motorraumeingang zu empfehlen.
Die Leitung vom Tank zum Motor sollte ein fest verlegtes Metallrohr sein.
Ein Vorfilter kombiniert mit einem Wasserabscheider ist für die Betriebssicherheit besonders wichtig. Die Verbindung zum Motor besteht aus einem flexiblen Kraftstoffschlauch.
Im allgemeinen reicht die Kraftstoffpumpe am Motor selbst aus. Wenn jedoch die Tankanlagen vergrößert werden und die Saughöhen zunehmen, wird es notwendig sein, Rücksprache mit dem Motorenhersteller zu nehmen, um zu verhindern, daß durch mangelnden Druck vor der Einspritzpumpe die Betriebssicherheit eingeschränkt wird.
Die Wartung und Pflege einer solide montierten Anlage beschränkt sich im wesentlichen auf die Kontrolle von Leckagen, die Reinigungs- und Wartungsintervalle der Filter sowie Inspektion und Konservierung während der Betriebspausen (siehe dort).

Wasserabscheider und Vorfilter

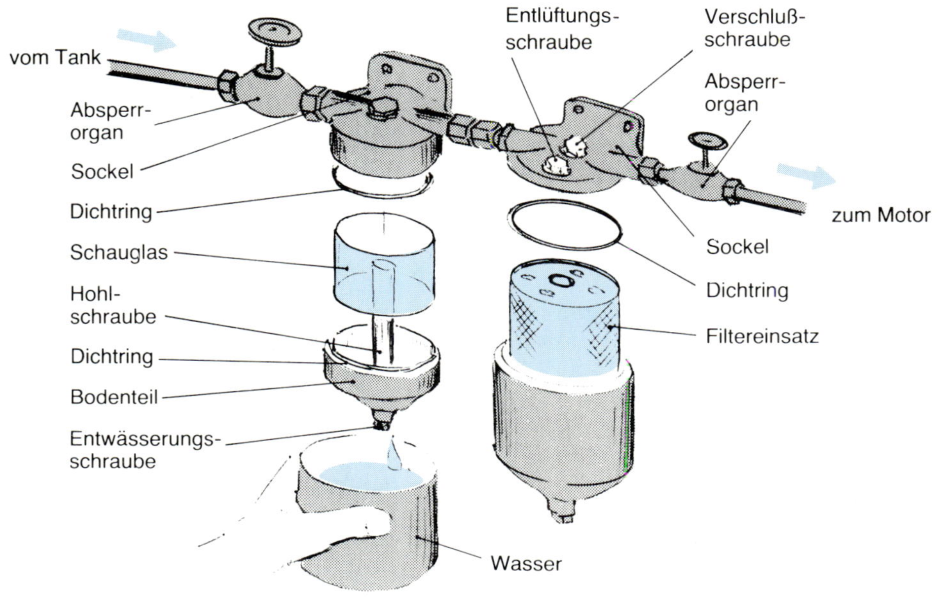

Die Einspritzanlage des Diesels ist besonders empfindlich gegenüber Wasser, Rost und anderen mechanischen Verunreinigungen. D. h. der Kraftstoff muß sehr gründlich entwässert und gefiltert werden. Diese Aufgabe übernehmen zum großen Teil Wasserabscheider und Vorfilter.

Entwässert wird an der Unterseite des Wasserabscheiders. Bei Abscheidern mit Metallgehäuse einmal täglich sowie nach dem Tanken und je nach Bedarf bei Auftreten von unerwartet viel Wasser. Bei durchsichtigen Wasserabscheidern kann man nach Bedarf entwässern, da man im Schauglas die Wasseransammlung am Boden des Abscheiders sieht.

Die Vorfilter haben überwiegend Wegwerfeinsätze mit vom Hersteller genannten Wechselintervallen (100 Betriebsstunden oder mindestens einmal jährlich). Beim Zusammenbau ist besonders auf die Dichtungen zu achten. Nach Inbetriebnahme und darauffolgend noch ein- bis zweimal in Abständen von ein bis zwei Stunden ist zu prüfen, ob Leckagen auftreten.

Ist dies der Fall, sind sie mit besonderer Gründlichkeit zu beseitigen.

In der Skizze sind zwei Absperrorgane (vor und hinter der Filtergruppe) angezeigt. Das ist beim Wechseln bzw. Reinigen des Filters sehr angenehm, da man die Ventile auf beiden Seiten schließen kann und die Leitungen zum Tank und zum Motor nicht leerlaufen, d. h. man braucht später beim Zusammenbau auch nicht so viel pumpen und entlüften.

Reinigen und Wechseln des Filters:

Ventile vor und hinter der Filtergruppe schließen. Putzlappen und Dose bereitstellen, Verschlußschraube in der Mitte des Filterdeckels abdrehen und Gehäuse nach unten abnehmen. Es kommt häufig vor, daß die Dichtung verklebt ist. Man muß dann etwas Kraft anwenden oder mit einem kurzen Hammerschlag das Gehäuse lösen. Achtung! Wenn man das nicht vorsichtig macht, kleckert es. Filtereinsatz und Kraftstoff kommen in den Altölbehälter des Hafens! Das Filtergehäuse gut mit einem fusselfreien Lappen auswischen, neue Filterpatrone einsetzen, neuen Dichtring einlegen, Filter mit Kraftstoff randvoll auffüllen und mit Gefühl (damit die Dichtung richtig liegt) ansetzen und festziehen. Ventile öffnen und Feinfilter (zwischen Förderpumpe und Einspritzpumpe) entlüften.

Kraftstoffsystem des Motors

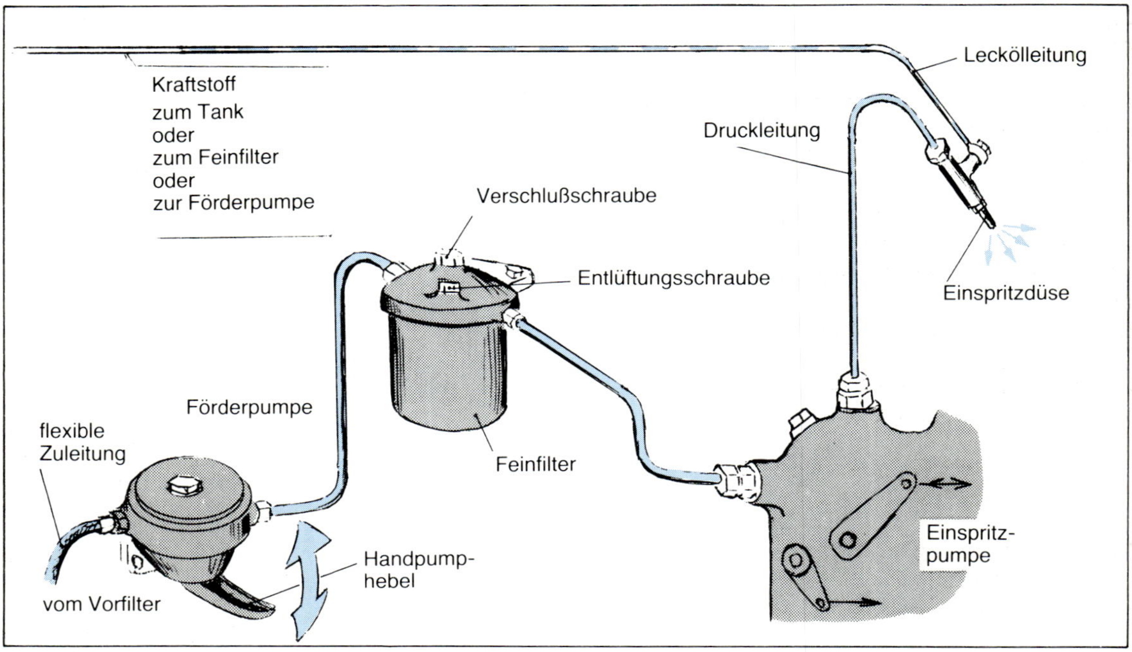

Das Dieselöl wird von der Förderpumpe aus dem Tank gesaugt und über das Feinfilter zur Einspritzpumpe gedrückt. Die Einspritzpumpe fördert dann den Kraftstoff zur Einspritzdüse, die ihn fein zerstäubt in den Zylinder spritzt. Selbstverständlich gibt es verschiedene Systeme, und die hier gezeigte Skizze enthält nur das Prinzipielle. Z. B. wird das Lecköl je nach System von den Düsen und aus der Überströmleitung der Einspritzpumpe entweder in den Tank, in den Filter oder hinter die Förderpumpe geführt.

Was die Einspritzpumpen betrifft, so gibt es zwei verschiedene Arbeitsprinzipien, nämlich die Pumpen, die für jeden Zylinder einen Kolben haben, und die Verteilerpumpen, die einen Arbeitskolben für alle Zylinder zusammen haben. Die Erstgenannten teilen sich allerdings wieder in zwei Gruppen:

Kleine Motoren bis zu 3 Zylindern haben Stößelpumpen, die von Nocken im Motor selbst angetrieben werden. Größere Motoren haben sogenannte Reiheneinspritzpumpen, die eine eigene Nockenwelle besitzen, die über die Stirnräder des Motors angetrieben wird. Schnell laufende Dieselmotoren haben immer häufiger die Verteilerpumpe.

Wie schon gesagt sind Wasser, Rost und sonstige mechanische Verunreinigungen die größten Feinde des sehr exakt arbeitenden Einspritzsystems. In den Druckleitungen herrschen Drücke bis zu 1000 bar (1000 atü). Es ist leicht vorstellbar, daß jedes bißchen Luft, die zusammengedrückt im Kraftstoff mitschwimmt, unter diesem Druck wie ein Federpolster wirkt, das eine genaue Einspritzung unmöglich macht. Das ist der Grund, warum die meisten Dieselmotoren vor dem ersten Betrieb und immer, wenn Luft in das Kraftstoffsystem gelangen konnte, entlüftet werden müssen. Eine Ausnahme bilden bestimmte Systeme mit Verteilerpumpen.

Wie man entlüftet, steht in jeder Betriebsanleitung. Hier nur das Prinzip:

Regelstange der Pumpe auf Stopp (neutral) stellen und von der Förderpumpe in Richtung Einspritzpumpe entlüften, d. h. (wenn nichts anderes in der Betriebsanleitung steht) Sie öffnen am Feinfilter die Entlüftungsschraube und pumpen dann mit dem Handhebel der Förderpumpe Kraftstoff vor, bis er am Filter blasenfrei austritt. Jetzt wird die Entlüftungsschraube am Feinfilter geschlossen, noch 20- bis 30-mal weitergepumpt und das gleiche an der Entlüf-

Störungen im Kraftstoffsystem

tungsschraube der Einspritzpumpe (sofern vorhanden) wiederholt. Anschließend werden die Befestigungsmuttern der Druckleitung an den Einspritzdüsen gelockert und der Motor mit dem Anlasser einige Male durchgedreht, bis an den Düsen ebenfalls blasenfreier Kraftstoff austritt.
Zu entlüften ist:
bei der ersten Inbetriebnahme des Motors nach Filterwechsel
nach Reparatur am Kraftstoffsystem
nach dem Winterlager und
wenn der Tank leergefahren wurde.

Das Entlüften ist immer ein ziemlicher Kleckerkram, muß aber sehr sorgfältig durchgeführt werden.

Wartung und Pflege: Das Einspritzsystem, die Pumpe, die Druckleitung und die Einspritzdüse sind wartungsfrei. Sie haben Wartungsintervalle von 1000 und mehr Betriebsstunden, so daß man den Rat geben muß, daß bei Leistungsabfall oder sonstigen Unstimmigkeiten, spätestens aber alle 3 bis 4 Jahre zumindest die Düsen abgedrückt werden.
Für längere Betriebspausen müssen Pumpe und Düsen konserviert werden. Das macht man in den letzten 10 bis 15 Minuten Laufzeit vor dem Winterlager, indem man das Dieselöl mit Korrosionsschutzöl (10 %) vermischt und durchlaufen läßt. Auch der Nokkenraum muß zum Schmieröl einen Zusatz von Korrosionsschutzöl bekommen, sofern nicht ohnehin Korrosionsschutzöl für den Winter in das Triebwerk kommt und auch die Pumpe erreicht.

Das Feinfilter und das Sieb der Förderpumpe sind entsprechend den Wartungsintervallen des Herstellers zu wechseln und zu reinigen.

Reparatur: Der Laie sollte sich auf das Beseitigen von Leckagen, das Wechseln und Reinigen von Filtern und das Konservieren beschränken. Die Einspritzdüsen sollte man nicht zerlegen, sondern nur, sofern Störungen auftreten, die Verkokung mit einem Stück Holz abkratzen (nicht mit Schaber, Schleifpapier oder Drahtbürste) und im Fall eines Defektes gegen Reservedüsen austauschen und die fehlerhaften Einspritzdüsen zur Werkstatt bringen.

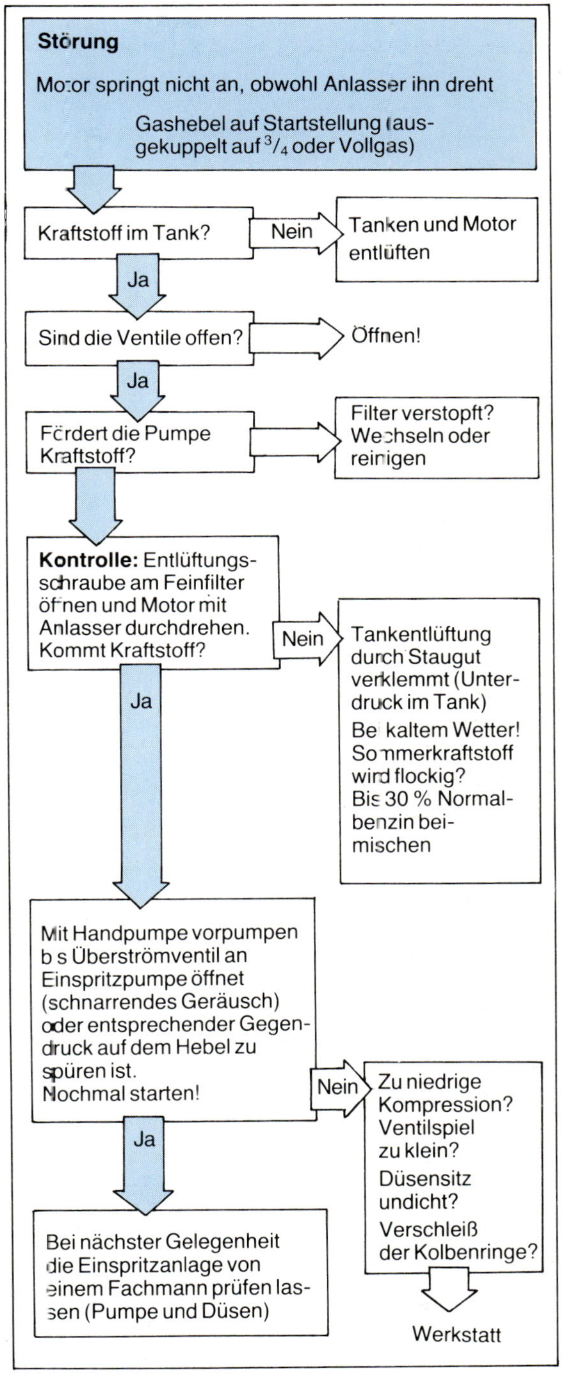

Leckagen am Kraftstoffsystem

Alle Verbindungen der Kraftstoffleitungen vom Tank bis zur Einspritzdüse sollen metallisch dichten. D. h. die Verbindungen haben keine auswechselbaren elastischen Dichtungsscheiben. Sie sind mit gut passenden Schlüsseln stramm anzuziehen, wobei besonders auf richtigen Sitz der Gewinde zu achten ist. Konus- und Gewindeverschraubungen sind besonders empfindlich gegen Staub, Sand und Fussel.

Buna- und O-Ringe sowie Flachdichtungen werden im Laufe der Zeit spröde und rissig, so daß sie bei Demontage und späterem Zusammenbau von Teilen nicht mehr dichten und am besten von vornherein eine neue Dichtung eingeplant wird (siehe auch Notdichtung). Die Dichtungen werden im allgemeinen trocken aufgesetzt.

Kraftstoffschläuche sind auf alle Fälle zusätzlich mit Schellen (an kritischen Stellen zweifach) zu sichern. Ohne Schellen, nur mit aufgesteckten Schläuchen sollten Sie eine Anlage gar nicht kaufen.

Den Geruch von Dieselölflecken an Händen und Kleidung beseitigt man mit einer Mischung aus Essig und Zitronensaft.

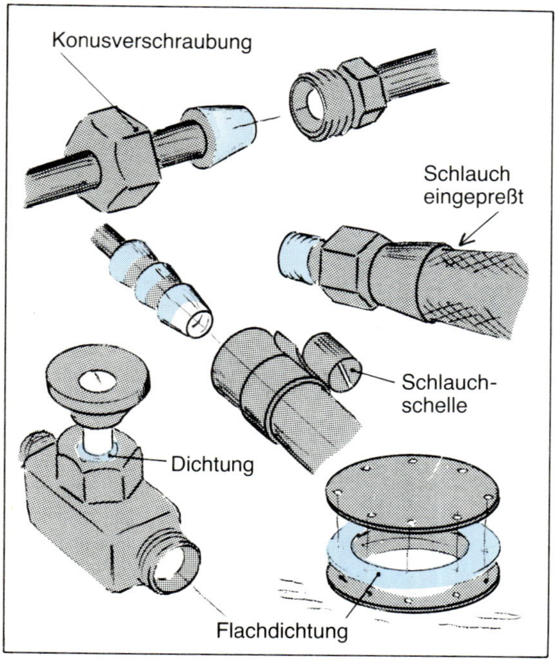

Direkt- und Indirekteinspritzer

Die Verbrennung im Dieselmotor findet nach zwei prinzipiell verschiedenen Systemen statt, nach denen die Motoren eingegliedert werden. Beim Direkteinspritzer spritzt das Dieselöl direkt in eine Mulde des Kolbens, während beim Indirekteinspritzer das Dieselöl zuerst in eine Vor- oder Wirbelkammer gelangt, dort zündet und über den „Schußkanal" in den Zylinder strömt.

Die Hauptmerkmale sowie die Vor- und Nachteile von Direkt- und Indirekteinspritzern lassen sich am besten in einer Gegenüberstellung aufzeigen.

Direkteinspritzer

Vorteile:

Geringer spezifischer Kraftstoffverbrauch

Niedrige thermische Belastung

Startet ohne Anlaßhilfe

Nachteile:

Sehr hohe Spitzendrücke, dadurch hohe mechanische Belastung

Motor relativ kraftstoffempfindlich, d. h. er verbrennt nur bei der für den Motor bestimmten Dieselölsorte richtig (Zündverzug)

Indirekteinspritzer

Vorteile:

Geringe Kraftstoffempfindlichkeit

Viele Motoren lassen sich ohne viel Umbauten zum Vielstoffmotor umrüsten

Keine extrem hohen Spitzendrücke und somit geringere mechanische Belastung

Selbstreinigende Zapfendüse und somit kaum ein Verkoken

Leiserer Lauf als beim Direkteinspritzer

Niedrigerer Einspritzdruck und somit geringere spezifische Belastung des Einspritzsystems

Nachteile:

Größerer spezifischer Kraftstoffverbrauch

Hohe thermische Belastung der Kammer und des Kolbenbodens

Starthilfe in Form der Glühkerze erforderlich

Auspuffanlage

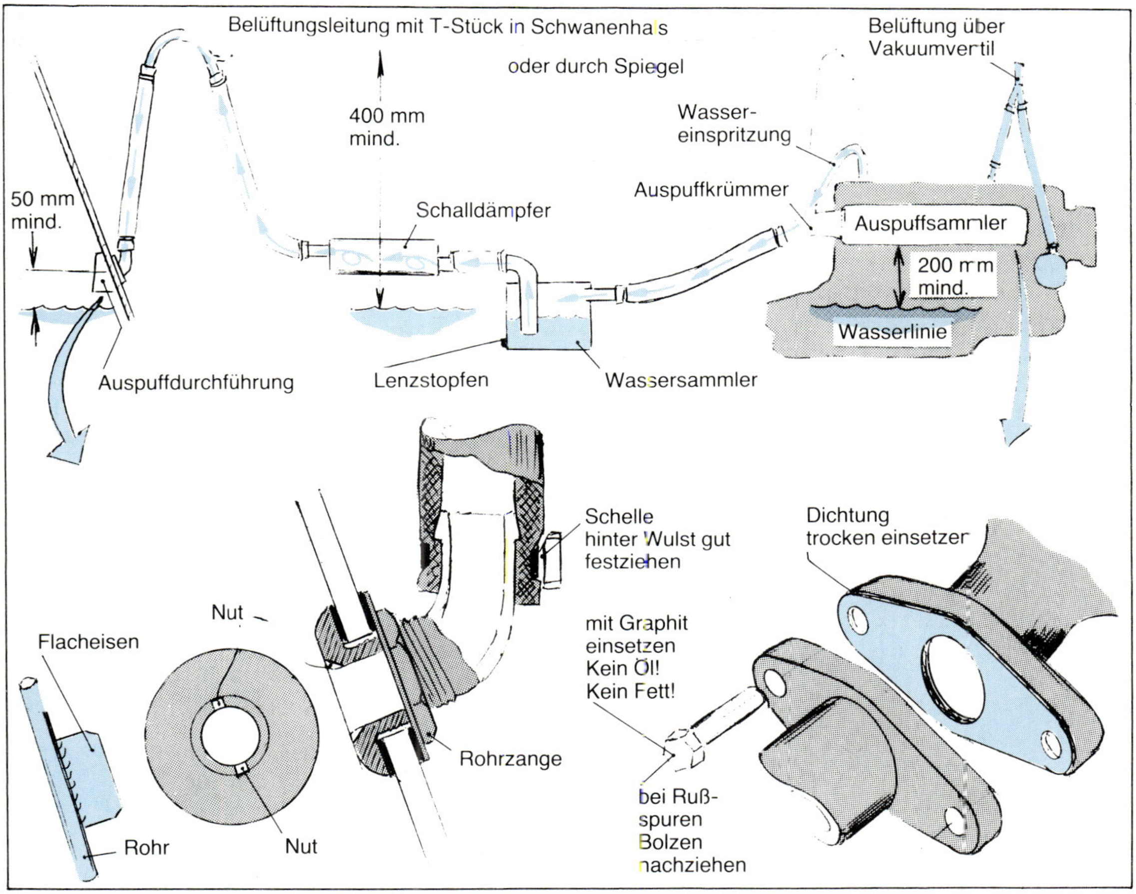

Das heute dominierende Auspuffsystem wird als „nasser Auspuff“ bezeichnet, da die Abgase mit Kühlwasser gekühlt und beide Medien vermischt nach außenbords gedrückt werden.
Der Auspuffsammler hat einen Kühlwassermantel und endet als „Krümmer“, der einen Anschluß für die Wassereinspritzung hat. Der Auspuff selbst wird als gewebe- und spiralverstärkter Schlauch fortgesetzt. Im Wassersammler läuft bei Stillstand des Motors das ganze Wasser aus der Auspuffanlage zusammen.
Wichtig: Wenn der Motor zu nahe an der Wasserlinie liegt, muß das Kühlsystem belüftet werden, um unter ungünstigen Bedingungen ein Rücklaufen von Wasser zu verhindern. Als Grenzwert betrachtet man 150 bis 200 mm Unterkante Auspuffsammler über der Wasserlinie. Die Belüftung erfolgt entweder über ein Vakuumventil oder eine Belüftungsleitung, die in den Schwanenhals mündet oder durch den Spiegel führt.

Wartung und Pflege: Das Auspuffsystem ist wartungsfrei. Selbstverständlich muß jede Leckage im Ansatz beseitigt werden. Das gilt insbesondere für das Nachziehen der Schellen an den Schläuchen, die Durchführung nach außenbords und die Flansche des Auspuffsammlers, wo Rußbildung auf lose Schrauben hindeutet oder eine defekte Dichtung ankündigt.

Seewasserkühlung

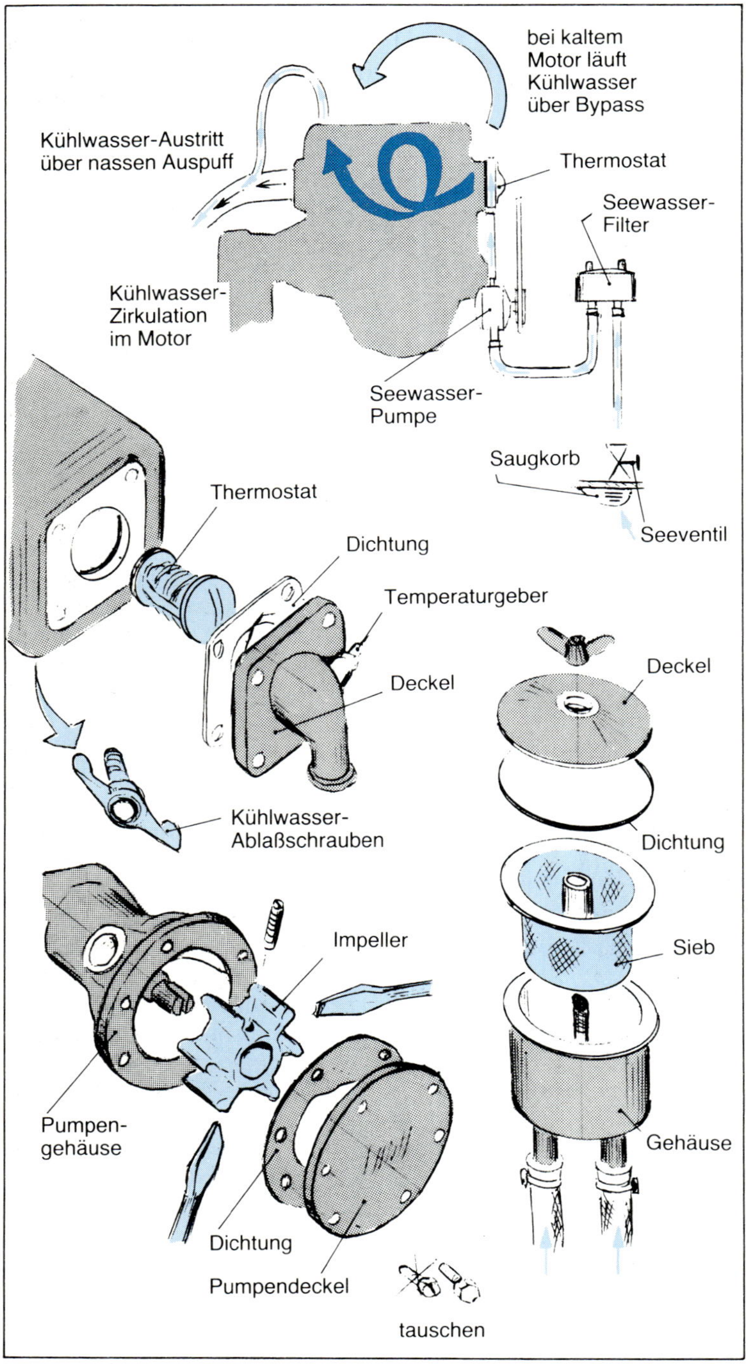

Seewasserkühlung ist die einfachste Art der Wasserkühlung, erfordert aber speziell dafür konstruierte Motoren.

Die Hauptteile des Kühlkreislaufs sind in der Skizze gezeigt. Gesteuert wird der Kühlkreislauf über den Thermostaten, der bei kaltem Motor das Kühlwasser direkt über einen Bypass steuert und erst bei warmem Motor öffnet, so daß das Kühlwasser über den Motorblock läuft.

Defekte am Thermostaten zeigen sich durch schnell ansteigende Temperatur, da er im Schadensfall schließt.

Notfall: Thermostat ausbauen und mit mittlerer Drehzahl nach Hause fahren.

Wartung und Pflege: Im Laufe des Sommers bedarf das Kühlwassersystem keiner Wartung.

Winterlager: Im Herbst wird das Kühlwasser abgelassen. Wichtig ist, daß man wirklich alle Ablaßschrauben, die in der Betriebsanleitung genannt sind, öffnet.

Über die Frage, ob und wie der Kühlwassermantel des Motors gespült wird oder ob er mit Frostschutzmittel aufzufüllen ist, ist den Richtlinien des Herstellers zu entnehmen, da hier die Meinungen sehr weit auseinandergehen. In den meisten Betriebsanleitungen ist ein Weg beschrieben.

Impeller prüfen!

Achtung: Vor jeder Reparatur am Kühlwassersystem Seeventil schließen! Nach der Reparatur wieder öffnen und alle Teile auf Leckagen überprüfen!

Frischwasserkühlung

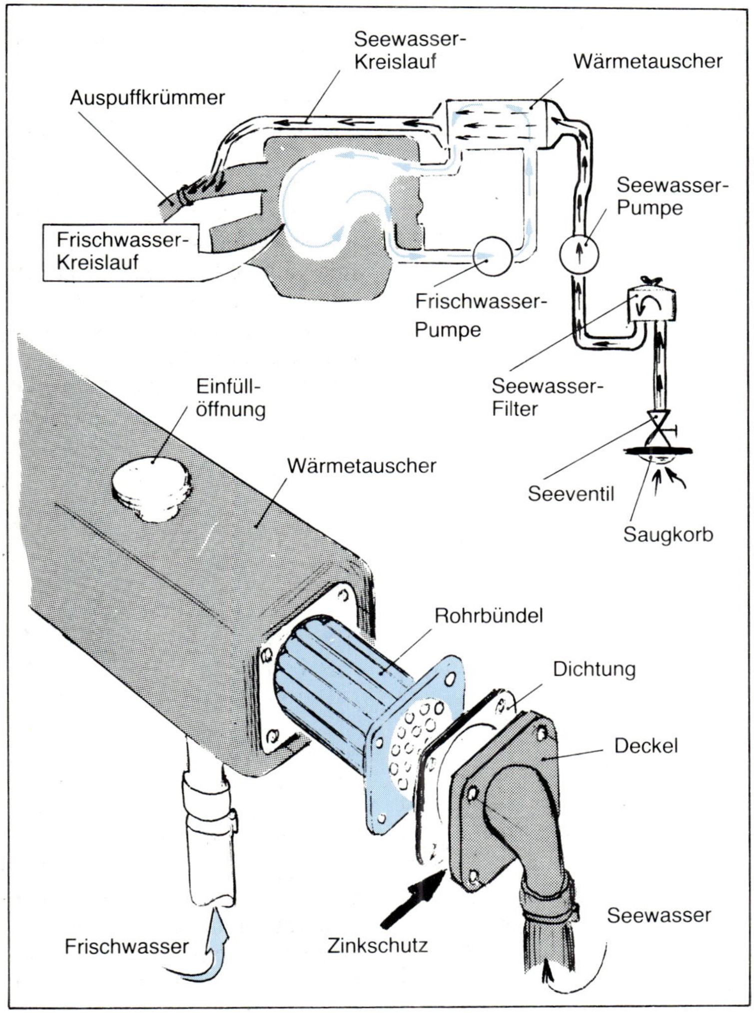

Die Frischwasserkühlung ist zwar relativ aufwendig, aber bei modernen, spezifisch hoch entwickelten Motoren nicht anders möglich. Da der Frischwasserkreislauf geschlossen ist, bedarf er seinerseits wieder einer Kühlung, und da nur ganz wenige Yachten Kiel- bzw. Außenhautkühlung fahren, wird hier nicht näher auf dieses System eingegangen. Die überwiegende Zahl der Yachten kühlt das Frischwasser mit einem Seewasserkreislauf. Das passiert in einem Wärmetauscher, in dem das Motorkühlwasser (Frischwasser) vom Seewasser gekühlt wird. Die Seewasserseite besteht aus den gleichen Elementen wie bei der Seewasserkühlung (links), nur läuft das Wasser hier durch den Wärmetauscher, wo es dem Frischwasser Wärme abnimmt, und geht dann über den Auspuffkrümmer nach außenbords. Der Frischwasserkreislauf hat eine eigene Umwälzpumpe und einen Ausgleichsbehälter, der entweder in den Wärmetauscher selbst integriert ist oder als eigenes Bauteil am Motor hängt.

Wartung und Pflege: Leckagen beseitigen, sofern welche auftreten, Frischwasserkreislauf immer mit Frostschutzmittel fahren und im Winter nicht ablassen.

Kühlwasserwechsel: Sollte durch eine Reparatur oder im zweijährigen Wechsel-Rhythmus neues Kühlwasser aufgefüllt werden, muß das System öfter gründlich auf Leckagen gecheckt werden, da das frische Frostschutzmittel allerlei Beläge und feste Rückstände löst und dem Wasser größere Kriechfähigkeit verleiht.

Winterlager: Seewasserseite ablassen, alle zwei Jahre das Frischwasser wechseln und bei der Gelegenheit auch die Seewasserseite des Wärmetauschers reinigen und den Zinkschutz erneuern.
Selbstverständlich muß der Seewasserpumpen-Impeller im Herbst geprüft und bei einigen Fabrikaten über den Winter draußen gelassen werden (s. linke Seite).

Luftfilter

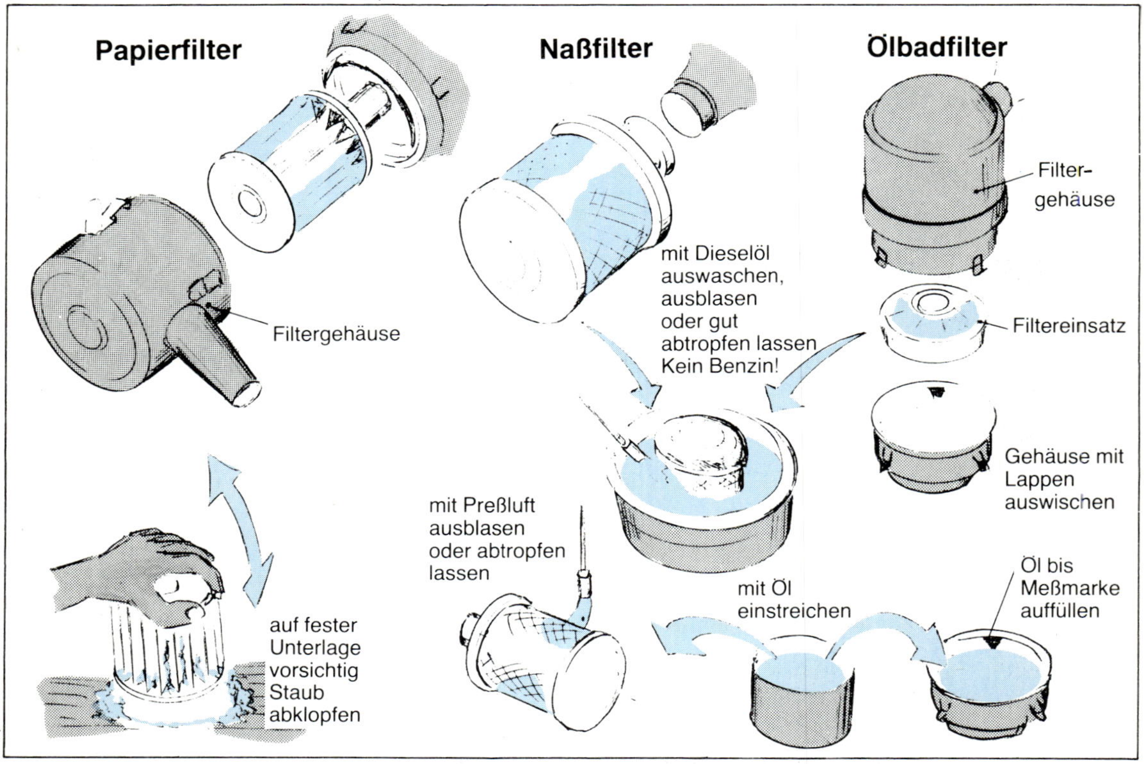

Im Bewußtsein der meisten Skipper ist das Luftfilter unterrepräsentiert, da man keinen offensichtlichen Ärger damit hat. Tatsächlich sind aber die Krankheiten, die der Motor über das Luftfilter bekommen kann und häufig auch hat, schwerwiegend und, da sie schleichend sind, kaum beachtet.

Die Aufgabe des Luftfilters ist es, Staub vom Triebwerk fernzuhalten, da Staub im Motor wie Schleifpaste die Lebensdauer der Laufflächen und Kolbenringe stark verkürzt. Durch das Abfangen des Staubes verstopft sich das Filter. Bevor sich die starke Verstopfung des Filters in Form von schwarzem Rauch, Startschwierigkeiten und sichtbarem Leistungsabfall äußert, ist die Leistung um 5 bis 10 % niedriger, ein Verlust, der sich leicht vermeiden läßt. Starke Verschmutzung führt zu Leistungseinbußen von 20 % und mehr.

In unseren Breiten reicht es im allgemeinen, die Filtereinsätze 1mal jährlich zu tauschen oder zu reinigen. Mir scheint es aber angebracht, zumindest die Papierfilter einmal im Sommer auszuklopfen, besonders wenn man bei ablandigem Wind viel an Sandstränden entlang fährt.

Einige Motoren haben eine einfache, aber wirksame Unterdruckmeßeinrichtung, die den Verstopfungsgrad des Luftfilters anzeigt.

Wellenanlage

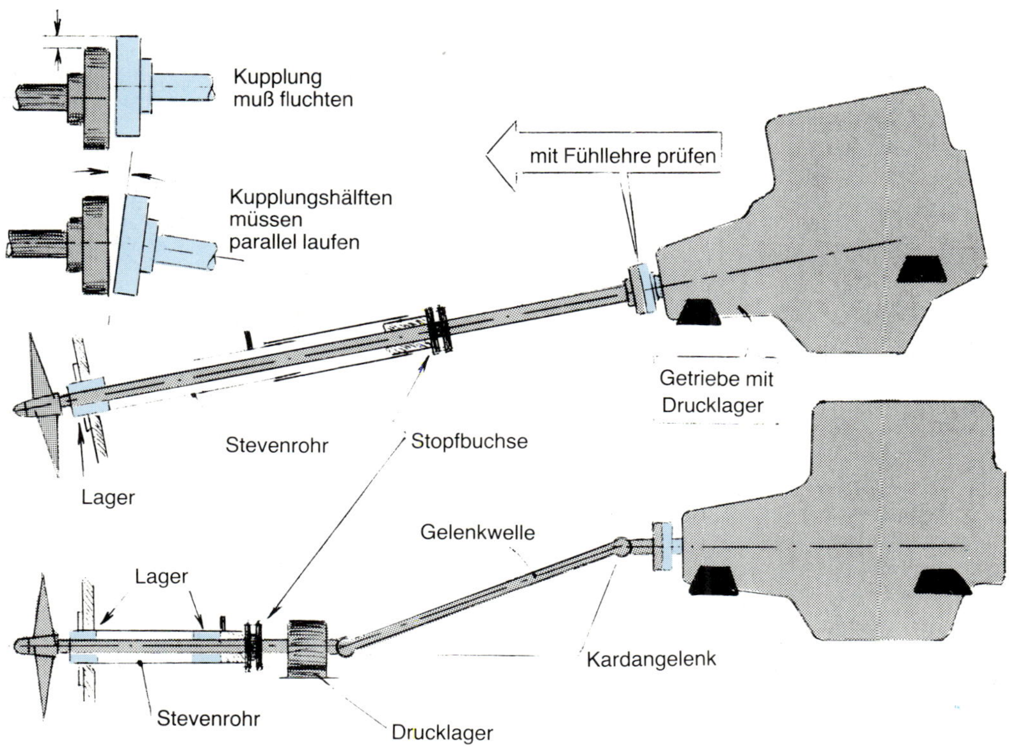

Zwei Systeme der Wellenlagerung sind üblich, wenn man den Saildrive hier ausklammert. Die flexible Wellenlagerung mit einem Lager hinten und einer auf Gummi gelagerten Stopfbuchse mit linear ins Getriebe mündender Welle und die horizontal in zwei Lagern gehaltene Welle, die über Gelenkwellen mit dem Motor verbunden ist. Letztgenanntes System ist auf jeden Fall aufwendiger.

Die Abdichtung ist immer noch eine ganz normale Stopfbuchse mit vier oder mehr versetzten Dichtringen, die, wenn sie richtig eingestellt ist, etwa einen Tropfen pro Minute Wasser bringt (das ist in einer Woche 1 l); wenn sie gut eingelaufen ist, sollte sie überhaupt nicht lecken. Die Packung darf nur gewechselt werden, wenn das Boot aufgeslipt ist. Die Lebensdauer der Packung kann 5 Jahre und mehr betragen. Auf Langfahrt sollte man zumindest 1 m Dichtungsschnur mithaben.

Wenn die Gummilager zu weit ausgelaufen sind, was sich durch Rütteln in der Welle bemerkbar macht, müssen sie ausgetauscht werden, das kann oft ganz schnell gehen, wenn das Wasser versandet ist oder sonstige reibende Stoffe enthält.

Die Kupplung muß in jedem Frühjahr mit der Fühllehre (horizontal und vertikal) geprüft werden, da sich der Rumpf im Laufe des Winters so weit verändern kann, daß die Lager der Welle verspannt sind.

Im Herbst ist das Spiel der Wellenlager zu prüfen, die Schmierwasserleitung mit Frischwasser durchzuspülen, die Stopfbuchse sollte, wenn die Brille schon weit herangezogen ist, neu verpackt werden, da es sonst im nächsten Sommer mit der Abdichtung plötzlich vorbei sein kann. Der Dichtungswechsel bzw. das Neuverpacken ist auf S. 214 gezeigt.

An Gleitlagern ist eine Stauferbuchse oder Fettpresse montiert, die jeden Tag einmal oder alle 8 Betriebsstunden 2 bis 3 Umdrehungen nachgedreht werden soll.

Getriebe

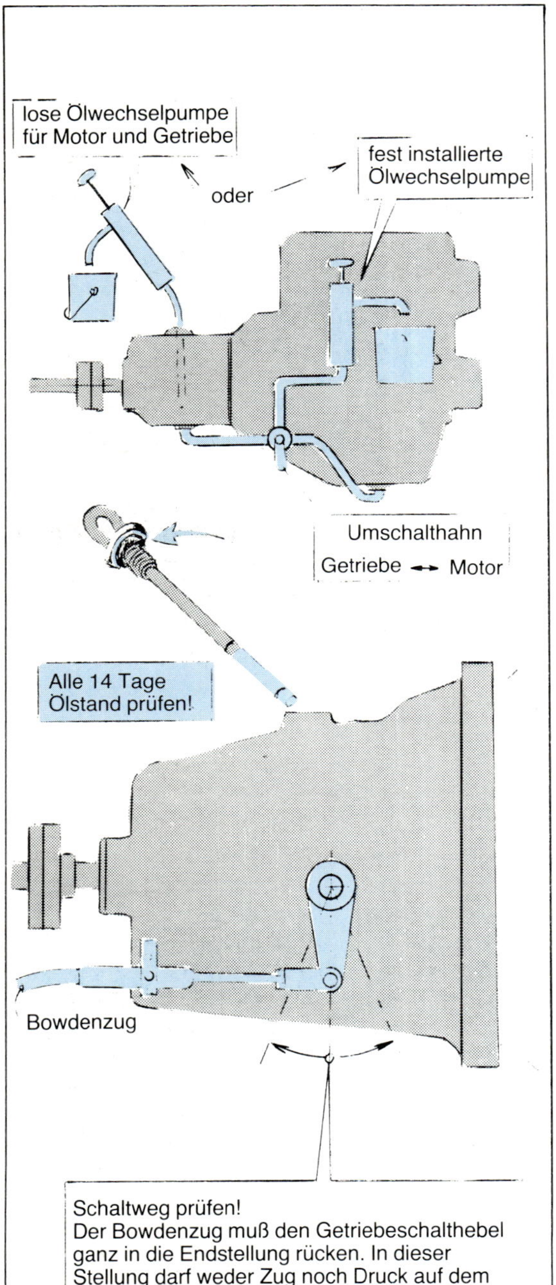

Getriebe und Motor kauft man als eine Einheit, weil sie durch den Torsionsdämpfer und die Getriebeglocke aufeinander abgestimmt sind, dennoch sind sie keineswegs immer vom Motorhersteller produziert.

In der Betriebsanleitung des Motors findet man im allgemeinen den Hinweis, wann das Getriebeöl zu wechseln ist (alle 150 Stunden oder einmal jährlich), und wenn man Glück hat, steht auch drin, wie oft man das Öl peilen soll. Hinzu kommt, daß die Ablaßschrauben der Getriebe fast unzugänglich sind. Achten Sie deshalb beim Kauf darauf, wie man das Getriebeöl wechselt. Die beste Lösung ist eine Ablaufleitung an der Unterseite des Getriebes, über einen Umschalthahn mit der Ölwechselpumpe des Motors verbunden, so daß man auf diese Weise sehr einfach auch das Getriebeöl wechseln kann. Selbstverständlich geht es auch durch Absaugen über die Peilöffnung.

Ölstand im Getriebe alle 14 Tage prüfen! Und genau nachlesen, wie er geprüft werden soll. Es gibt Getriebe, da dreht man den Peilstab ganz hinein. Es gibt auch Getriebe, da setzt man ihn nur auf. Das bringt einen Unterschied von $1^1/_2$ cm!

Bei starkem Ölverlust die Leckage suchen (Leitungen zum Ölkühler, Wellenabdichtung usw.). Wenn Sie die Leckage nicht finden, müssen Sie bei nächstbester Gelegenheit einen Fachmann zu Rate ziehen. Stellt sich beim S-Trieb ein Ölverlust heraus, dann muß im Herbst das Unterwasserteil überprüft werden, da man das Öl wahrscheinlich über die Wellendichtung verliert.

Konservieren braucht man das Getriebe im Winter nicht. Erst wenn es länger als ein halbes Jahr steht, wird empfohlen, mit Konservierungsöl aufzufüllen.

Getriebeöldruck und Getriebeöltemperatur werden im allgemeinen erst bei größeren Getrieben überwacht.

Wichtig ist, daß man im Frühjahr und einmal im Laufe des Sommers den Schaltweg des Getriebehebels prüft. Es wird bei der Gelegenheit kontrolliert, ob der Bowdenzug wirklich bis zur Endstellung schaltet (siehe auch Schaltung).

Nach dem Peilen Peilstab sehr sorgfältig einsetzen und auf die Dichtung achten.

Propeller

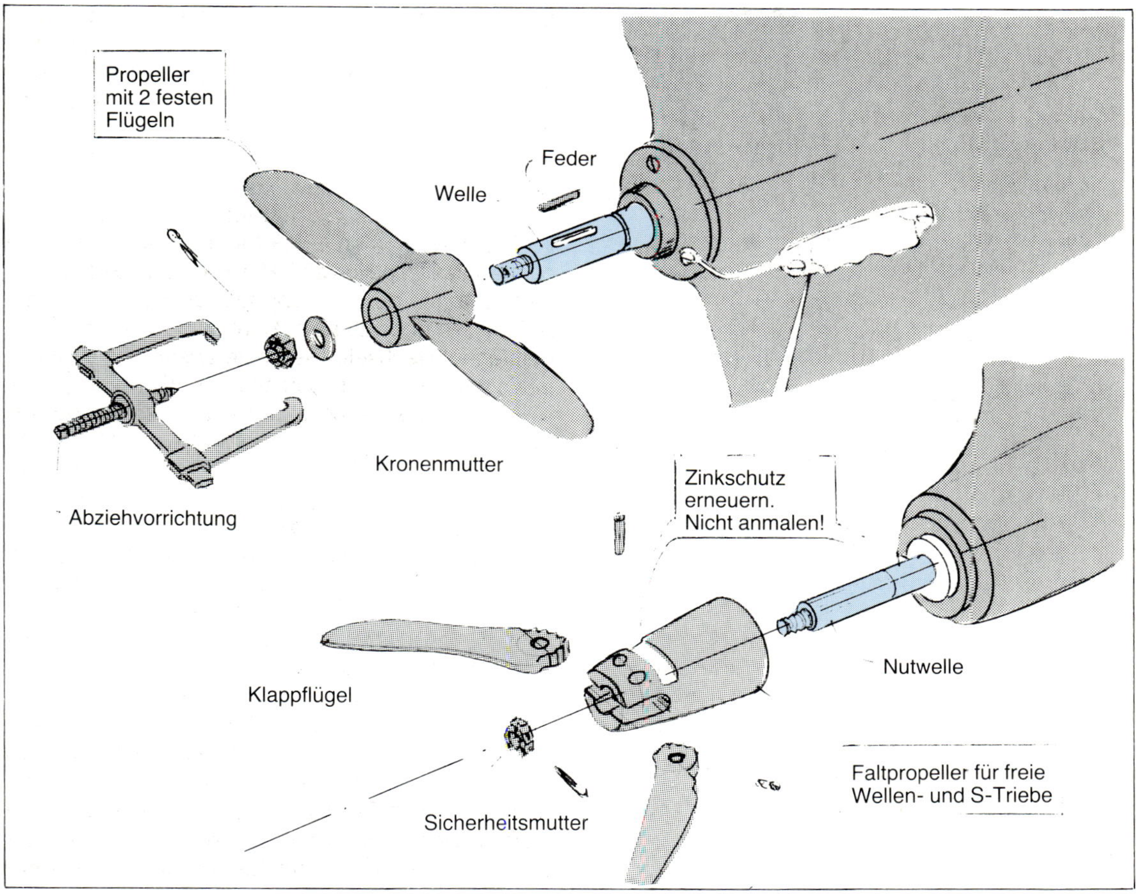

Bei der Wahl des Propellers für schnelle Segelboote kommt heute nur noch der Faltpropeller in Frage. Er bringt zwar weniger Schub auf die Welle, hat aber beim Segeln weniger Widerstand. Anders sieht es bei Langfahrschiffen aus, die z. B. einen Wellengenerator haben, oder bei Motorseglern, die mit ihren vielen Motorstunden einen größeren Propellerwirkungsgrad brauchen. Sie würden einen festen 3-Flügler fahren oder einen mechanisch arretierbaren 2-Flügler. In den letzten Jahren setzt sich auch ein sich automatisch verstellbarer Propeller durch, der einen guten Wirkungsgrad hat. Er kommt vor allen Dingen für Motorsegler und Langkieler mit Propellerbrunnen in Frage. Der mechanisch oder hydraulisch einstellbare Verstellpropeller ist zu aufwendig.

Im Herbst kommt der Propeller herunter (nicht mit dem Hammer, sondern mit einer Abziehvorrichtung), wird gesäubert, kleine Beschädigungen werden geradegebogen und glattgefeilt, größere Schäden läßt man schweißen. Beim Faltpropeller werden auch die Flügel abgebaut. Nach dem Reinigen blanker Flächen wird alles wieder mit seewasserbeständigem Fett aufgesetzt. Zinkschutz prüfen!

Konservieren des Motors

Der Motor wird eingewintert (konserviert), bevor das Boot aus dem Wasser kommt, da man zum Ölwechsel eine warme Maschine braucht.
Der Grund für das Konservieren eines Motors ist die Tatsache, daß ein Motor und besonders sein Innenleben aus vielen mehr oder weniger leicht anfälligen Metallen besteht, die genaugenommen schon nach 14-tägiger Betriebspause gefährdet sind. Verbrennungsreste im Triebwerk bilden mit Kondensat Säuren. Sie greifen die Laufflächen an, und der im Winter auftretende Frost wird überall dort gefährlich, wo Wasser in geschlossenen Räumen gefriert.
Schon wenn im Sommer vorhersehbar ist, daß Sie länger als 2 Wochen nicht an Bord kommen, um wenigstens die Maschine warmlaufen zu lassen, sollten Sie vor dem Abstellen des Motors noch 20 Sekunden in jeden Ansaugkanal Konservierungsöl sprühen und Motoröl mit hohem Konservierungsanteil fahren.
Für das Winterlager selbst muß man sich an die Betriebsanleitung halten und, wenn Ihr Motor älter als 6 bis 8 Jahre ist, sollten Sie beim Hersteller neue Konservierungs-Richtlinien anfordern. Die wichtigsten Punkte sind in der Grafik kurz angesprochen, um Ihnen eine Übersicht zu geben. Es sind keine Markennamen für Öle genannt, da die Motorenhersteller im allgemeinen nur mit bestimmten Ölfabrikaten Garantie übernehmen. Außerdem gibt es (mit Recht) unterschiedliche Ansichten zu der Frage, wie man den Motor eines bestimmten Fabrikats konserviert, da auch unterschiedliche Materialien, Systeme und Belastungsgrenzen vorliegen.

Deshalb wichtigster Grundsatz:
Zuerst die Betriebsanleitung, dann die Punkte der Grafik. Näheres zu den einzelnen Punkten finden Sie über das alphabetische Register.

Herbst

Betriebsanleitung beachten!

Tank äußerlich säubern und aufgefüllt ins Winterlager stellen. Alle 3 bis 5 Jahre Tank auch innen säubern und dann offen und leer stehenlassen.

Überwachungsinstrumente und Motorelektrik mit Kontaktspray einsprühen

Blanke Teile nach dem Säubern mit Konservierungsöl schützen

Batterien ausbauen, aufladen und frostfrei lagern

Keilriemen entspannen

Kühlsystem: Seewasser-Kreislauf durchspülen und u. U. mit Zugabe von Konservierungsöl schützen. Der Frischwasser-Kreislauf von 2-Kreis-Systemen wird so weit mit Frostschutzmittel aufgefüllt, daß nichts passieren kann.

Seewasser-Kühlkreislauf ganz entleeren. Entwässerungsschrauben in Betriebsanleitung beachten! Die Bohrungen sind u. U. verstopft, mit Draht oder Nagel durchstoßen!

Impeller der Kühlwasserpumpen überprüfen und, wenn nötig, erneuern

Luftfilter reinigen und erneuern

Kraftstoffsystem durch Zusatz von Korrosionsschutzöl nach Herstellerangaben schützen. Filter und Wasserabscheider reinigen, Einspritzdüsen abdrücken lassen.

Ölwechsel mit Korrosionsschutz- oder Ganzjahresöl nach Herstellerangaben

Getriebeölwechsel nach Herstellerangaben

Stopfbuchse prüfen (aber nicht festziehen) und u. U. neu verpacken, auf jeden Fall Fett nachpressen

Den ganzen Motor und Motorraum säubern und, soweit Leckagen zu entdecken sind, gleich neue Originaldichtungen fürs Frühjahr bestellen!

Wellenlager prüfen und u. U. erneuern

Propeller abziehen, reinigen und mit seewasserbeständigem Fett aufsetzen

Motor klar zum Auslaufen

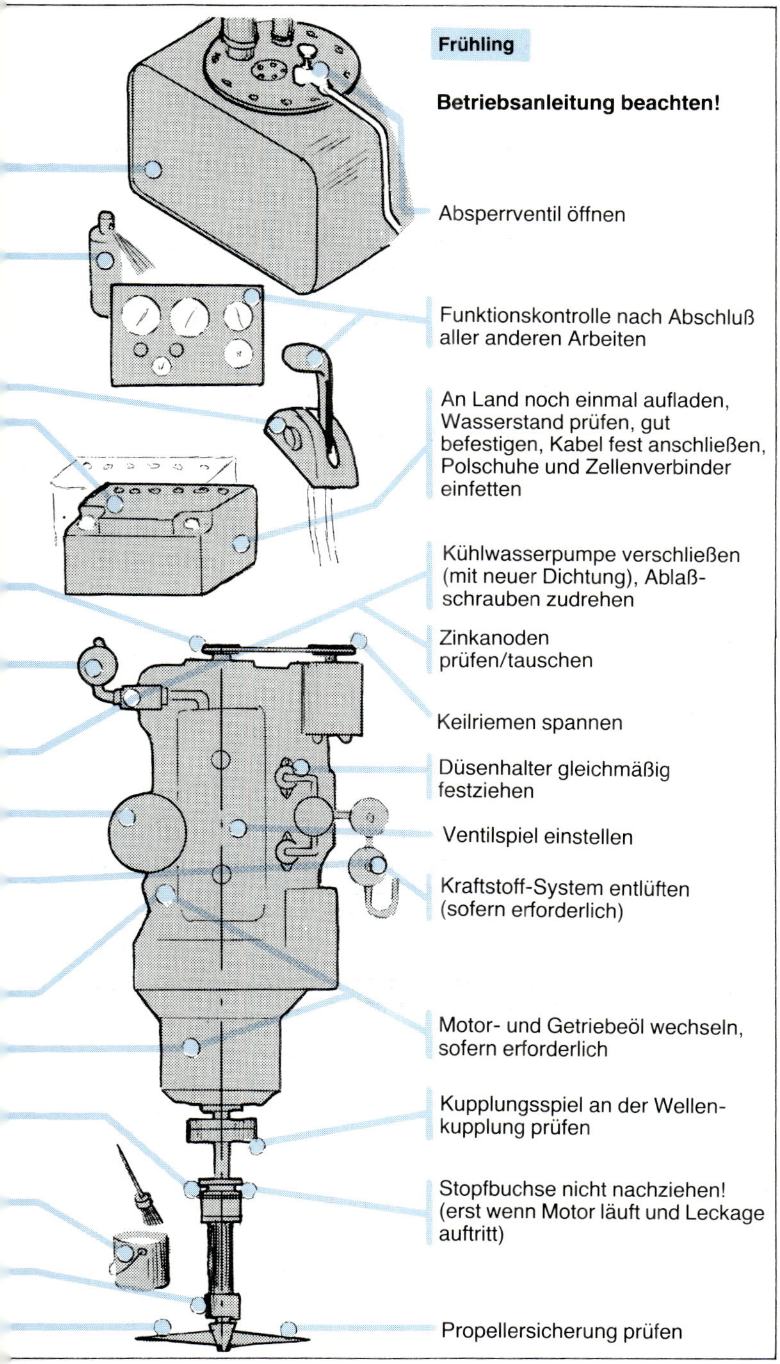

Im Frühjahr geht es darum, den Motor wieder klarzumachen. Bei modernen Konservierungsmethoden ist ein regelrechtes „Entmotten" nicht notwendig.
Wenn Sie jetzt Schrauben und Muttern festziehen, sollten Sie gutes Werkzeug verwenden.
Verwenden Sie immer neue Dichtungen!
Deckel mit mehreren Schrauben gleichmäßig kreuzweise festziehen.
Wenn alles wieder soweit ist, kann das Boot ins Wasser. Das Seeventil für Kühlwasser wird erst aufgemacht, wenn Sie Zeit haben, einen Blick in den Motorraum zu werfen.
Nicht mit offenen Seeventilen in den Kran gehen!

Nach dem Starten des Motors läßt man sich und dem Motor Zeit und checkt mit wachem Ohr und ruhigem Blick alles durch:
kommt Öldruck
lädt der Generator
läuft Kühlwasser
entstehen Geräusche
öffnet der Thermostat
(nach 5 bis 10 min.)

Nach einer halben Stunde „warmlaufen lassen" prüft man noch einmal alle Punkte und kuppelt vorsichtig die Schaltung einmal vorwärts ein, einmal rückwärts. Prüft noch einmal den ganzen Motor und die Kreisläufe auf Leckagen. Und da Sie mit vollem Tank ins Winterlager gegangen sind, könnten Sie die Leinen, soweit es den Motor betrifft, jetzt loswerfen.

Ventilspiel einstellen

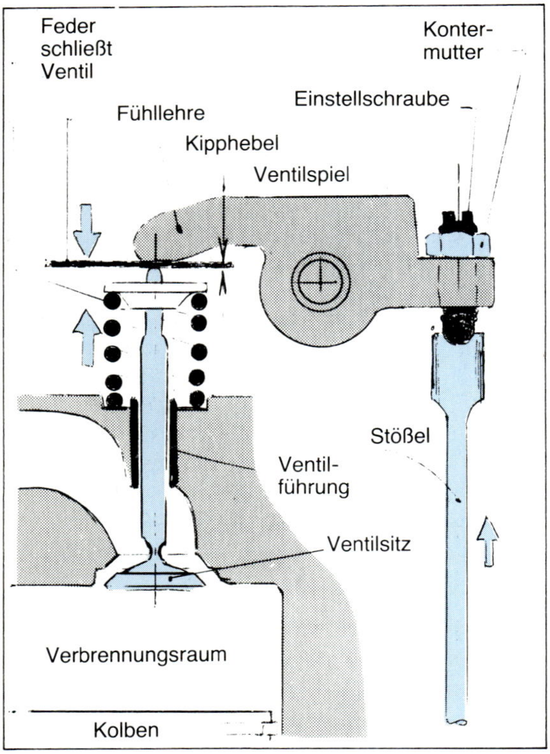

Ventilspiel einstellen

Die Überprüfung des Ventilspiels und die Einstellung ist eine der wichtigsten Wartungsarbeiten, und man sollte schon beim Kauf des Bootes darauf achten, daß die Werft über den Deckeln genug Platz gelassen hat. Das Einstellen des Ventilspiels ist eine Arbeit, die jeder Skipper einige Male selbst durchführen sollte. Das Ventilspiel muß sein, um die Wärmedehnung und den Verschleiß aufzufangen.

Zu kleines Spiel: Ventile schließen nicht richtig und können mangels Kühlung verbrennen, gleichzeitig hat der Motor verringerte Leistung durch schlechte Kompression.

Zu großes Spiel: Ventile öffnen und schließen falsch, was durch schlechte Füllung zu ungleichmäßigem Lauf, Leistungsabfall, hohem Verschleiß und lauten Geräuschen führt.

- Ventilspiel steht in der Betriebsanleitung (Achtung: kalter oder warmer Motor?)
- Kalter Motor heißt mehr als 5 Stunden ausgekühlt, aber nicht unter 0° C.

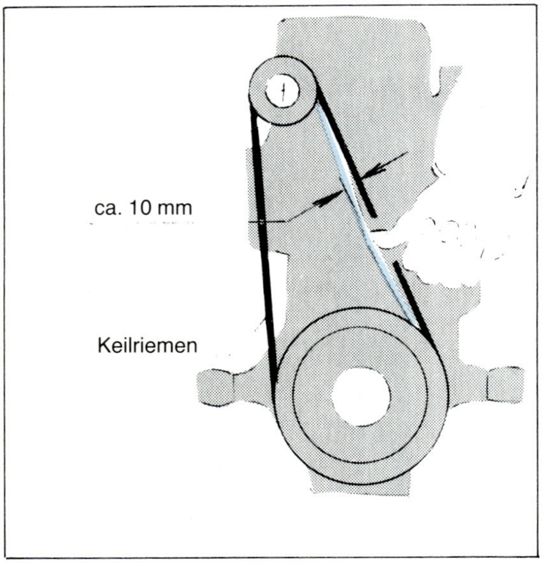

Keilriemen spannen

Keilriemen treiben bei den meisten Motoren nur noch den Generator an. Wenn sie zu lose oder zu stramm laufen, verkürzt das ihre Lebensdauer wesentlich.

- Neue und im Herbst entspannte Keilriemen werden nach einer 1/2 bis 1 Stunde Laufzeit nachgespannt.
- Die richtige Spannung hat der Keilriemen, wenn man ihn mit dem Daumen etwa 10 mm aus der Geraden drücken kann. Bei etwa 15 mm sollte nachgestellt werden.
- Kontrolle alle 50 bis 100 Stunden und im Frühjahr.
- Ein Satz Keilriemen gehört zu den Reserveteilen.

Außenborder auf Segelbooten

Auf Kreuzern bis zu etwa 1,5 t sind Außenborder zwar keine optimale, aber meist eine preiswerte und bessere Alternative als Einbaumotoren, insbesondere gegenüber Kleindieseln mit einem Leistungsgewicht von 15 bis 20 kg pro kW.
Solange der kleine Kreuzer als Trailerboot immer wieder aus dem Wasser kommt, kann man den Hauptnachteil verkraften. Es handelt sich um die ungenügende Möglichkeit, die Batterie zu laden, da die ganzen Lichtspulen und sogenannten Lichtmaschinen gerade ausreichen, um die Positionslampen bei hochtourig laufendem Motor zu betreiben. Man muß also für eine angemessene Lademöglichkeit sorgen, die beim Trailer einerseits durch das Auto während der Anfahrt (bei gutem Wetter) und andererseits durch die Steckdose zu Hause gegeben ist. Liegt das Boot längere Zeit im Wasser, braucht man eine Steckdose am Steg oder die Batterie muß ausgebaut und zu Hause geladen werden.

Von den beiden praktizierten Methoden, den Außenborder im Schacht oder am Heck zu fahren, ist der Schachtmotor die schlechtere Alternative. Ein Außenborder ist für freie Umströmung konstruiert. Im Schacht sind die Frischluftverhältnisse sehr schlecht, die Auspuffgase, besonders durch den Hilfsauspuff, werden teilweise wieder angesaugt, zudem wird der Motor thermisch höher belastet. Wenn man überhaupt brauchbare Ergebnisse erreichen will, müssen sogar die Düsen auf den Schacht abgestimmt werden.
Der achtern aufgehängte Außenborder hat ebenfalls Nachteile. Erstens hat man immer 30 kg weit hinten am Heck, zweitens hängt dieses Gestell immer hinten herum, egal ob man's braucht oder nicht. Dazu kommt, daß die Bedienungselemente nicht für eine Position weit hinten und unten gedacht sind. Da hilft auch die Umlenkrolle für das Startseil wenig.
Kaufen Sie keinen Motor ohne Leerlauf!

Wartung und Pflege:
Nach Seewasserbetrieb sollte der Außenborder immer mit Frischwasser ausgespült werden.
Beim Stauen darf der Kopf nie tiefer lagern als der Schaft, da sonst Wasser aus dem Kühlwassersystem in das Triebwerk läuft und die Laufflächen und Lager schädigt.
Tank nach längerer Pause gut durchschütteln und Treibstoff nicht über Winter aufbewahren (Öl altert!).
Motor frei hängen lassen und nicht mit Persenning abdecken.
Bei Betriebspausen über 14 Tage den Motor beim letzten Abstellen mit Konservierungsöl durch den Vergaser einsprühen (20 Sekunden).
Und wenn immer wieder behauptet wird, die Dränage-Systeme der Außenborder seien verbessert, so neigen sie doch bei häufig gefahrener niedriger Drehzahl zu Defekten, also immer wieder mal 5 bis 10 min volle Pulle fahren.
Alles andere wird nach der Betriebsanleitung gemacht.
Wenn Sie einen Außenborder für ein Segelboot kaufen, dann immer den mit dem am stärksten untersetzten Getriebe (Propeller muß möglichst langsam laufen). Der Propeller muß so gewählt werden, daß die Steigung viel kleiner als der Durchmesser ist.
Und prüfen Sie auf jeden Fall, ob nicht der kleinste Segeltrieb auf längere Sicht die optimalere Möglichkeit ist.

Außenborder am Heck

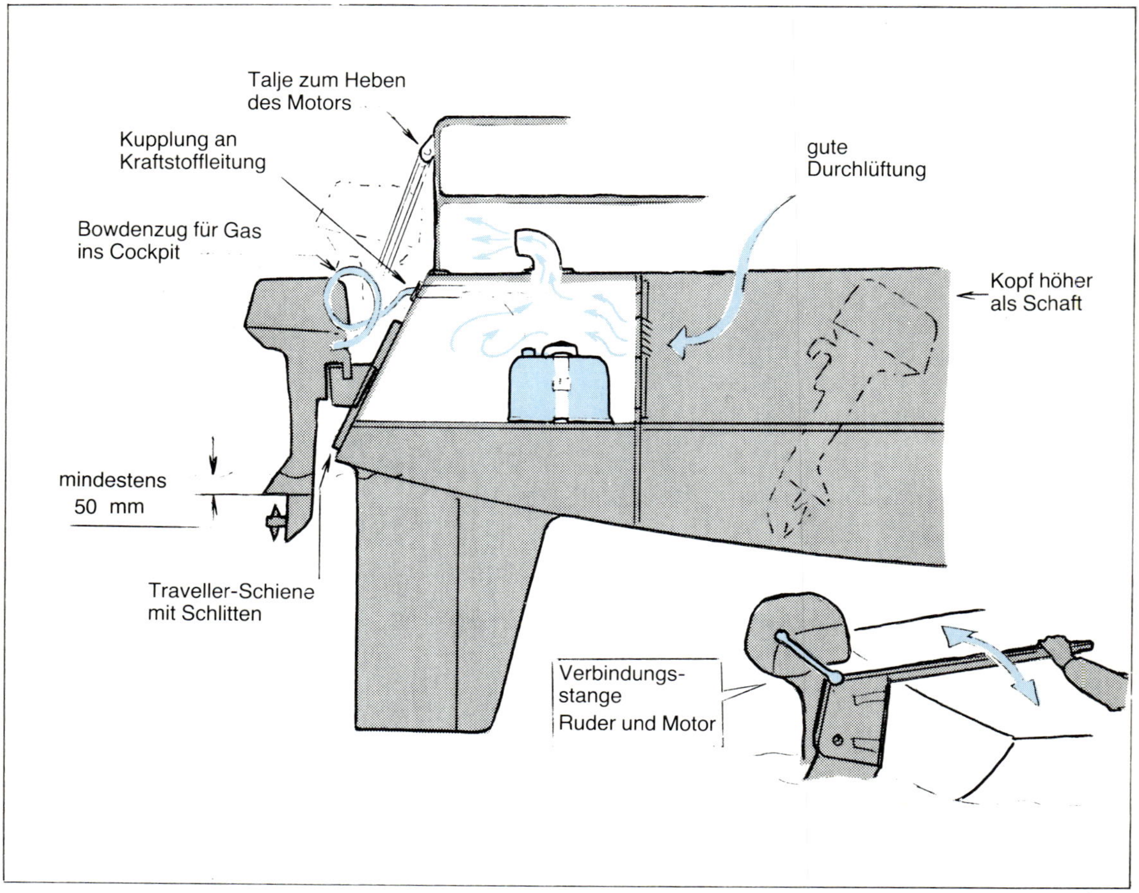

Der Markt bietet ein Dutzend Halterungen, um den Außenborder am Spiegel zu befestigen. Sie reichen vom ganz einfachen Brett mit zwei Winkeln bis zum hydraulisch gedämpften „Superkran", dessen Preis fast in der Größenordnung des Motors liegt.

Je nach Spiegelhöhe muß man für eine Hebevorrichtung sorgen. Diesen Zweck erfüllen aber auch zwei Travellerschienen mit Schlitten.

Aus seglerischer Sicht ist es von Vorteil, wenn man nach Verlassen des Hafens den Außenborder in der Backskiste stauen kann, was natürlich aus Platzgründen häufig nicht möglich ist.

Eine Komfortsteigerung bietet eine zusätzliche Deckskupplung in der Kraftstoffleitung und ein Bowdenzug für das Gas, um vom Cockpit aus die Drehzahl regeln zu können. Ideal ist natürlich, wenn man auch die Schaltung ins Cockpit verlegen kann.

Bei angehängten Rudern setzt man eine Verbindungsstange zum Motor, so daß er parallel zur Ruderbewegung mitläuft. Das steigert die Manövrierfähigkeit und verhindert, daß das Ruder an den Propeller schlägt. Die Stange muß natürlich leicht abnehmbar sein, was man z. B. durch Klappbolzen oder Kugelgelenke erreicht.

Elektrik, Batterien und Generatoren

Getrenntes Bordnetz

Bei steigendem Komfort kann die Starterbatterie die Aufgabe als einziger Stromspeicher ohne Verlust an Sicherheit nicht mehr übernehmen. So teilt man die E-Anlage in zwei Netze, einerseits in die Starterbatterie mit der Motorelektrik und den Motorüberwachungsgeräten als geschlossenes System und andererseits das übrige Bordnetz mit allen Stromverbrauchern einschließlich der „betriebswichtigen Verbraucher", zu denen auf Segelbooten die Positionslampen, Navigationsgeräte (Kompaßbeleuchtung, Log, Echolot, Funkpeiler, Radio) gehören.
Die beiden Netze sind nur zum Laden über den gemeinsamen Generator oder das Ladegerät verbunden. Eine weitere Verbindung, die in steigendem Maß eingebaut wird, ist ein Umschalter für den Notstart, über den man den Motor auch von der Bordnetzbatterie starten kann. Dieser Umschalter dient gleichzeitig dazu, die Batterien abwechselnd auf das Ladegerät zu schalten.
Grundsätzlich gehört zu jedem Netz ein Hauptschalter, mit dem das gesamte System stillgelegt werden kann. Zur Zeit gibt es keine Einigkeit darüber, ob dieser Hauptschalter an den Pluspol oder den Minuspol gehört. Legt man ihn auf den Minuspol, so können beide Batterien über einen gemeinsamen Minus- und einen Hauptschalter abgeschaltet werden. Nicht unbedingt das absolute Optimum, aber eine der praktikablen Möglichkeiten.
Das Bordnetz selbst besteht aus einer oder mehreren Batterien, der Verteilung und den Verbrauchern. Prinzipiell gilt, je weniger Verbraucher an einem Stromkreis liegen, um so besser. Das entlastet nicht nur die Querschnitte, sondern erhöht auch die Sicherheit, da bei Defekt in einem Stromkreis nur die Verbraucher, die in dem Stromkreis liegen, betroffen sind.
Eine gute Verteilung, auch wenn sie von der Vorderseite aufwendig und kompliziert aussieht, reduziert sich hinten auf zwei Klemmschienen oder Steckergruppen, je eine für Plus und die andere für Minus der Verbraucher und zwei Klemmen für die Zuleitung von Plus und Minus von der Batterie. Alles andere ist innerhalb der Verteilung geschaltet. Sie sollte bis auf den Schuß Kontaktspray im Herbst wartungsfrei sein.
Komplikationen im Bordnetz, sofern sie überhaupt auftreten, sind meist auf unsachgemäße Installation, falsche Materialwahl, zu knappe Querschnitte und selbstverständlich die salzige Feuchtigkeit zurückzuführen.
Elektrik ist heute nicht mehr von einer Yacht wegzudenken, und jeder Skipper muß sich bis zu einem bestimmten Maß damit vertraut machen, um zumindest nicht infolge eines Wackelkontaktes das Schiff oder andere in Gefahr zu bringen.
Vom Motorenhersteller hat man meist mit der Betriebsanleitung auch eine brauchbare Darstellung des Motornetzes. Beim Bordnetz hapert's in dieser Hinsicht in vielen Fällen, und man sollte gleich beim Kauf einer Yacht sehr massiv einen Schalt- und/oder Verlegeplan fordern und ihn im Zweifelsfall mit Hilfe des Herstellers oder Verkäufers zeichnen.
Wenn Sie im Laufe der Zeit mehr und mehr Geräte installieren, fangen Sie nicht an, alles ohne System und wild an die Batterie zu hängen. Gehen Sie immer auf die Verteilung. Und wenn sie nicht mehr reicht, erweitern Sie sie um ein zusätzliches Element.
Für alle Verbraucher mit Motor sollte es Gebrauchs- und Montageanleitungen geben, die ebenfalls Bestandteil der „Papiere an Bord" sind, da deren Beschaffung nach dem Kauf mit sehr viel Schwierigkeiten verbunden ist, weil man sie mit viel Wartezeit beim Hersteller des Gerätes anfordern muß.
Wenn Sie mit Hilfe des Schaltplans einen Stromkreis oder Fehler verfolgen, sind häufig die äußeren Umstände nicht besonders angenehm, deshalb sollten Sie mit einem Rotstift den Stromkreis zuerst in Ruhe anmalen, da bei Seegang und Kälte mit dem Finger im Schaltplan eine Strippe zu verfolgen eher zu weiteren Fehlern führt.

Die Zeichnung rechts zeigt eine E-Anlage, wie sie auf Yachten mit getrennten Netzen üblich ist.

Getrenntes Bordnetz

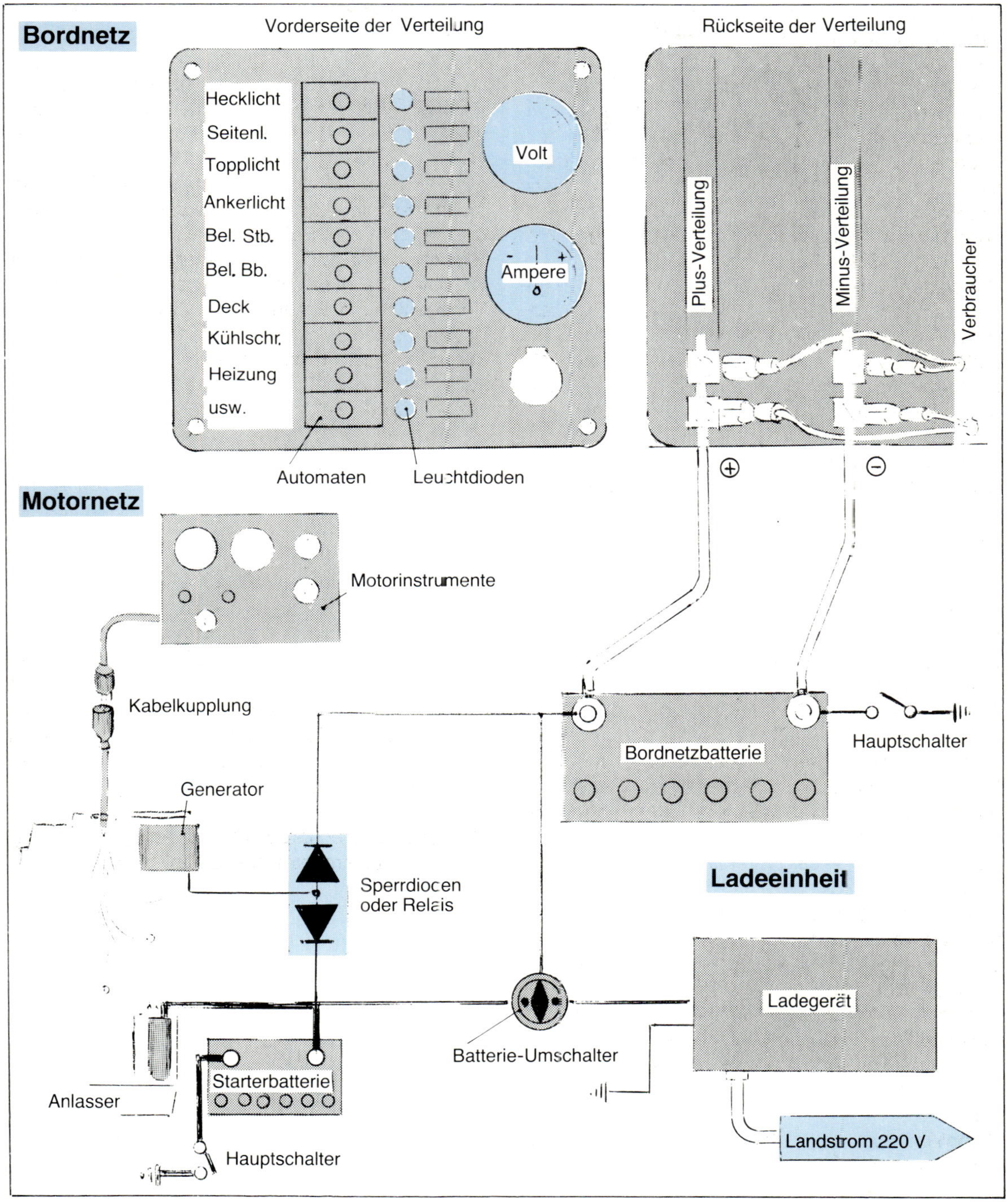

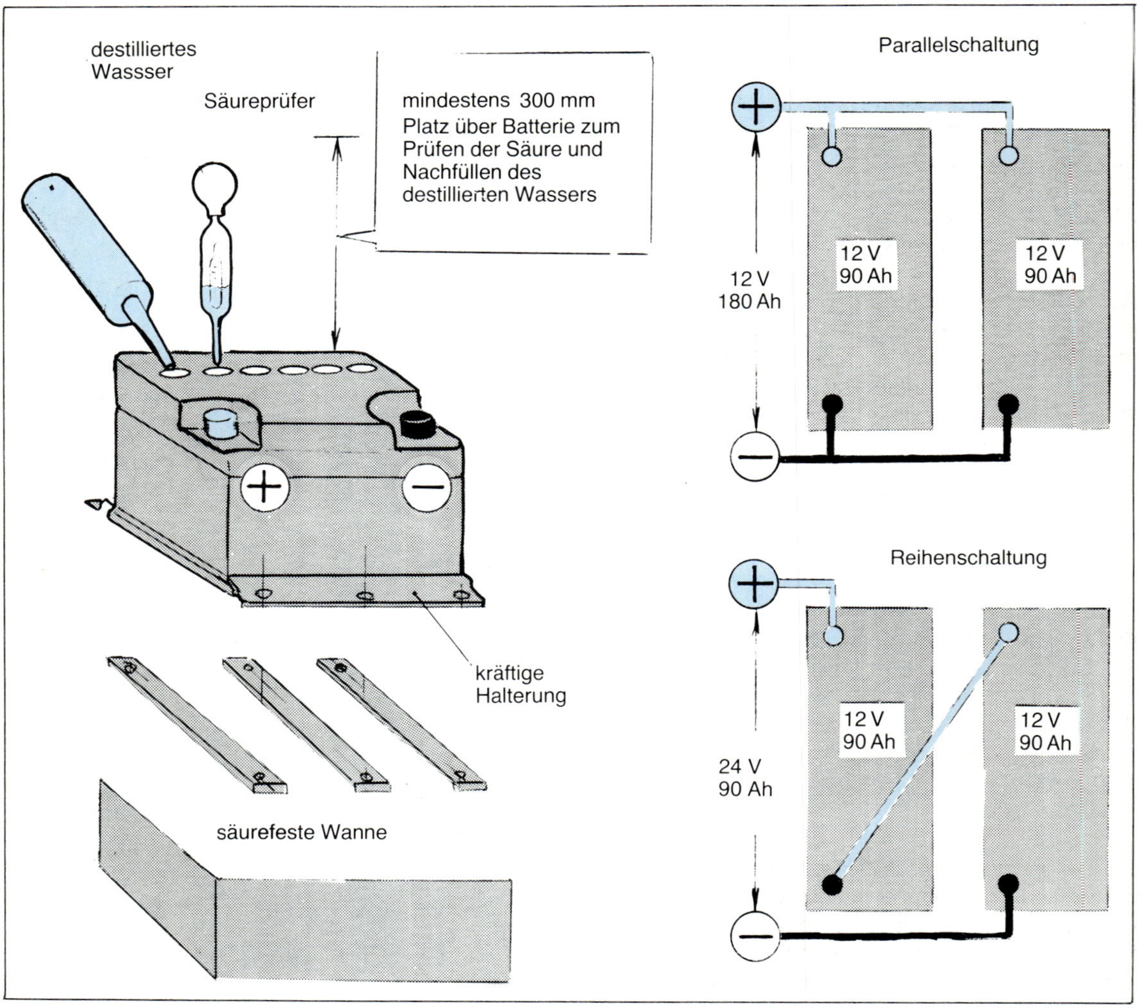

Auf dem Batteriesektor findet eine ständige Veränderung statt, die uns aus dieser Sicht in den letzten Jahren relativ wartungsfreie, spezifisch leichtere und bis 50° (auch 180°) kippsichere Yacht-Batterien beschert hat.

Zum Stahlakku: Er setzt sich trotz seiner Vorteile und langen Lebensdauer (10 Jahre gegenüber 3 bis 4 Jahren des Bleiakkus) wahrscheinlich aufgrund seines großen Raumbedarfs und des schlechten Ladefaktors (höchstens 70 %) nicht durch.

In zunehmendem Maß kommen Bleikalzium-Batterien nach USA-Vorbild oder -Lizenz auf den Markt. Hersteller und Importeure nennen gegenüber der normalen Blei-Batterie folgende Vorteile:

Längere Lebensdauer, geringere Selbstentladung, größere Widerstandsfähigkeit gegen Tiefentladung und weitgehende Wartungsfreiheit (weder Säureprüfung noch Wasser nachfüllen usw.).

Das im folgenden über Wartung und Pflege Gesagte bezieht sich dementsprechend auf die herkömmliche Blei-Batterie.

Die Tiefentladung ist der größte Feind des Bleiakkus, was meist über den Kühlschrank geschieht (s. Laden und Kühlschrank).

Größe und Gewicht der Batterie: Wenn man davon ausgeht, daß eine moderne 100 Ah-Batterie heute um 30 kg wiegt, sollte man beim Kauf daran denken, ob und wie man die Batterie im Herbst aus dem Schiff herausheben kann oder ob es besser ist, zwei Batterien parallel zu schalten (aber nicht die Starter- und Bordnetzbatterie). Vermeiden sollte man das Parallelschalten von verschiedenen Fabrikaten und Batterien unterschiedlichen Alters.

Aufstellung der Batterie

- Trocken, gut belüftet, aber „versteckt" aufstellen.
- Unbedingt mit kräftiger Halterung befestigen, herumfliegende Batterien sind lebensgefährlich!
- Über der Batterie muß genug Raum sein, um mit dem Säureheber prüfen und destilliertes Wasser nachfüllen zu können. Außerdem ist es angenehm, wenn man die Batterie von schräg oben sehen kann, dann erkennt man bei den leicht durchsichtigen Gehäusen den Wasserstand (man kann mit der Taschenlampe hinter die Batterie leuchten).
- Die Batterien sollen in einer Wanne aufgestellt sein, die in der Lage ist, auslaufende Säure aufzufangen.
- Batterien stehen am besten im Wohnraum, dort sind sie viel besser aufgehoben als in überhitzten und unzugänglichen Motorräumen oder in nassen Backskisten.

Die Prüfung der Säuredichte ist zwar die zuverlässigste Methode, um den Ladezustand einer Batterie zu kontrollieren, sie ist aber umständlich und kleckert. Für meine Begriffe reicht es, wenn man ein- bis zweimal im Sommer (oder bei einem Verdacht auf Unstimmigkeit) die Säuredichte prüft, bei der Gelegenheit auch das destillierte Wasser nachfüllt, sofern erforderlich, und sich ansonsten auf die Anzeige von Voltmeter und Amperemeter verläßt oder dem elektronischen Batterieprüfer vertraut.

Pflege an Bord

- Die beste Pflege der Batterie ist das Laden.
- Batterie außen sauberhalten.
- Verschraubungen festdrehen, Entlüftungslöcher müssen aber offen sein.
- Batterieklemmen gut auf den Polen festziehen und einfetten (Vaseline, Polfett).
- Batterie abdecken, damit nicht z. B. Werkzeug zufällig einen Kurzschluß erzeugt.

Überwintern der Batterie

Falls Sie die Batterien den Winter über nicht von Bord nehmen, müssen sie auf jeden Fall vollgeladen werden. Die Starterbatterie muß mindestens einmal (besser zweimal) im Winter nachgeladen werden. Moderne Netzbatterien brauchen das nicht mehr, leer dürfen sie aber auch nicht stehenbleiben. Insgesamt ist es besser, die Batterien von Bord zu nehmen, da Frost das Leben einer schlecht geladenen Batterie verkürzt. Am besten überstehen Bleiakkus den Winter (zumindest Starterbatterien), wenn man sie an ein Ladegerät hängt, das den Spannungsverlust, der in einer Batterie in sich entsteht, ausgleicht.

Natürlich säubert man die Batterie gründlich, bevor man sie am Ladegerät hängend ins Winterlager stellt. Die beste Lagertemperatur liegt über 10° C.

Hat man nur ein ganz einfaches Ladegerät, sollte man die Batterien jeden Monat ein bis zwei Tage an das Ladegerät klemmen, das erhält sie am Leben.

Achtung: Es gibt sogenanntes Batteriewasser, das nicht destilliert ist. Zum Nachfüllen und Auffüllen der Batterien nur destilliertes Wasser verwenden, auch wenn es teurer ist!

Es kommt durch Sonderbatterien mehr denn je darauf an, sich neben den hier angesprochenen Wartungshinweisen ganz genau an die Herstellerangaben zu halten.

Fehlersuche Batterie

Eine schlecht geladene Batterie muß keineswegs altersschwach sein. In vielen Fällen ist sogar die Ursache in Richtung Regler, Generator oder Gesamtkapazität zu suchen. Die beiden Grafiken geben Aufschluß darüber.

Optische Prüfung der Batterie

Deckel abschrauben und mit Taschenlampe auf die Platten leuchten

Platten hell/dunkel	→	geladen
Platten alle gleich	→	leer
Platten alle hellgrau	→	sulfatiert
Platten ausgefressen	→	altersschwach

Störungen	Ursache	Abhilfe
Säurestand zu niedrig	Überladung, Verdunstung	Destilliertes Wasser (bei geladener Batterie) nachfüllen
Säure tritt aus den Verschlußstopfen aus	Ladespannung zu hoch (Überladung)	Spannungsregler (und Generator) prüfen lassen
	Säurestand zu hoch (Wartungsfehler)	Überschüssige Säure mit Säureprüfer absaugen
Säuredichte zu niedrig (Batterie leer)	Batterie entladen	Batterie laden
	Generator nicht in Ordnung	Generator prüfen lassen
	Kurzschluß im Leitungsnetz	Elektrische Anlage überprüfen
	Säure wässert (Wartungsfehler)	Säureausgleich durchführen lassen (Wartungsfehler)
Batterie ständig zu wenig geladen	Keilriemen locker	Keilriemen spannen oder austauschen
	Fehler am Generator, Spannungsregler oder Leitungsanschlüssen	Spannungsregler instandsetzen bzw. austauschen; Leitungen überprüfen, einwandfrei befestigen! (zu hohe Übergangswiderstände)
	Zu viele Verbraucher?	Batterie-Kapazität prüfen s. S. 184
Säuredichte zu hoch	Säure nachgefüllt?	Säureausgleich durchführen lassen (Wartungsfehler)
Abgegebene Leistung ist zu gering (Spannung fällt stark ab)	Batterie entladen	Batterie nachladen
	Ladespannung zu niedrig	Spannungsregler prüfen und austauschen lassen
	Anschlußklemmen lose oder oxidiert	Anschlußklemmen reinigen und besonders Unterseite mit Säureschutz leicht einfetten; Anschlußschrauben fest anziehen
	Zu viele Verbraucher?	Batterie-Kapazität prüfen s. S. 184
	Zu starke Selbstentladung der Batterie	Verunreinigungen der Batteriesäure. Batterie austauschen.
	u. U. Batterie „sulfatiert" (grauweißer Belag auf allen Platten)	Batterie mit kleinem Strom laden, damit sich der Belag langsam zurückbildet. Falls nach wiederholter Ladung und Entladung abgegebene Leistung immer noch zu gering, Batterie austauschen.
	Batterie altersschwach	Aktive Masse der Platten ausgefallen. Platten sehen angefressen aus. Batterie austauschen.
	Säurespiegel unter Oberkante der Platten	Destilliertes Wasser nachfüllen

Laden und Landanschluß

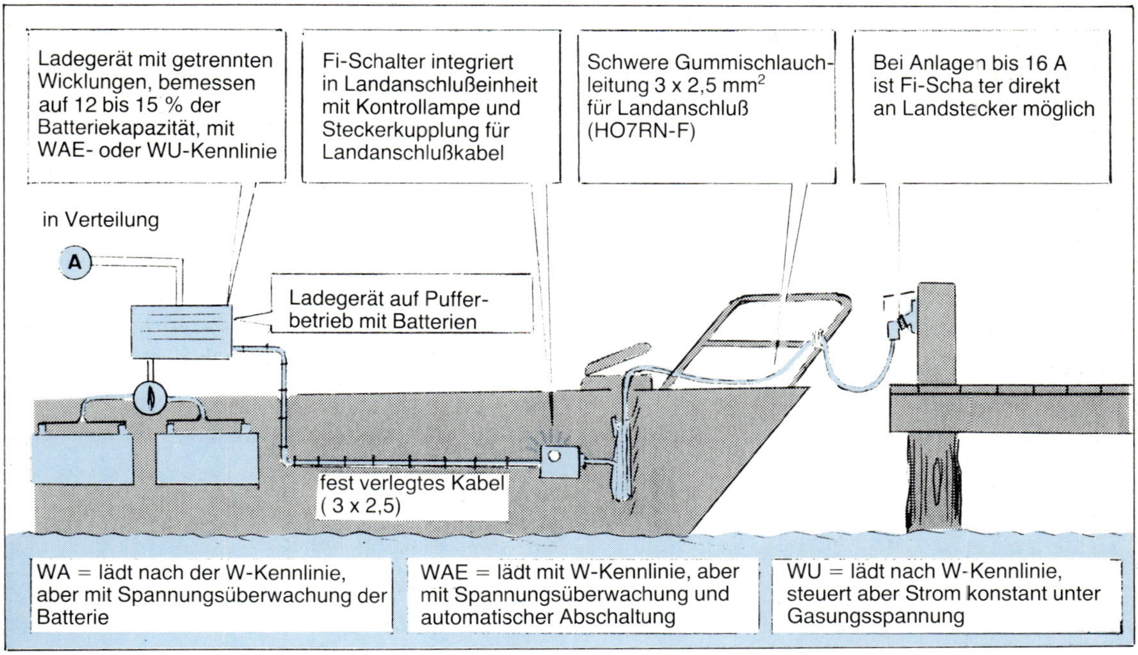

Laden ist das eigentliche Problem in der Begrenzung des elektrischen Komforts an Bord.
Technisch gibt es natürlich keinerlei Grenzen. Es ist alles mehr eine Frage des vernünftigen Kompromisses und der Ausstattung des „Dauerhafens“ oder bezogen auf Langfahrt der Zielreviere.
Auch die vernünftigen Standardgrößen der Bordgeneratoren, die auch bei kleinen Motoren schon um 40 A (12 V, 480 W) haben, sind nur eine Teillösung. Wenn man sich überlegt, daß ein Kühlschrank mit 60 W (12 V, 5 A) an einem warmen Sommertag eine Einschaltzeit von 12 Stunden hat, verbraucht er A x 12 A/h, d. h. der Bordgenerator muß, Wirkungsgrad eingeschlossen, etwa 2 Stunden laufen, um den verbrauchten Strom aufzuladen. An diesem Beispiel ist ersichtlich, wie problematisch Komfort und Laden sind. Es ist keine große Rechenkunst, um zu sehen, wie schnell die Batterien runter sind und mit der gefürchteten Tiefentladung ihr halbes Leben einbüßen.
Die Ergänzung ist die Steckdose an Land, und das erfordert einen vernünftigen Landanschluß mit FI-Schalter für Personenschutz, einem soliden Zuführungskabel und einem Ladegerät für Normalladung, das etwa einen Ladestrom von 12–15 % der Batteriekapazität hat. Wie weit die Überwachung und Automatisierung geht, ist mehr eine Frage des Geldbeutels und der Einsicht des Eigners. Im Prinzip aber kommt nur eine Abwandlung der W-Kennlinie in Frage, die den Ladestrom bei Vollwerden der Batterie so weit begrenzt, daß nur noch ein Erhaltungsstrom fließt. Diese heute als vernünftig erachtete Kennlinienform hat die Bezeichnung WA, WAE und WU (siehe oben).
Wem die Steckdose am Steg nicht regelmäßig zur Verfügung steht, muß entweder auf Elektrokomfort verzichten, viel motoren oder ein Stromaggregat anschaffen, da sowohl Solarzellen als auch Windräder oder Wellengeneratoren nur eine Ergänzung bzw. eine Quelle zur Ladungserhaltung sind.

Kabel, Stecker, Verteilerdosen

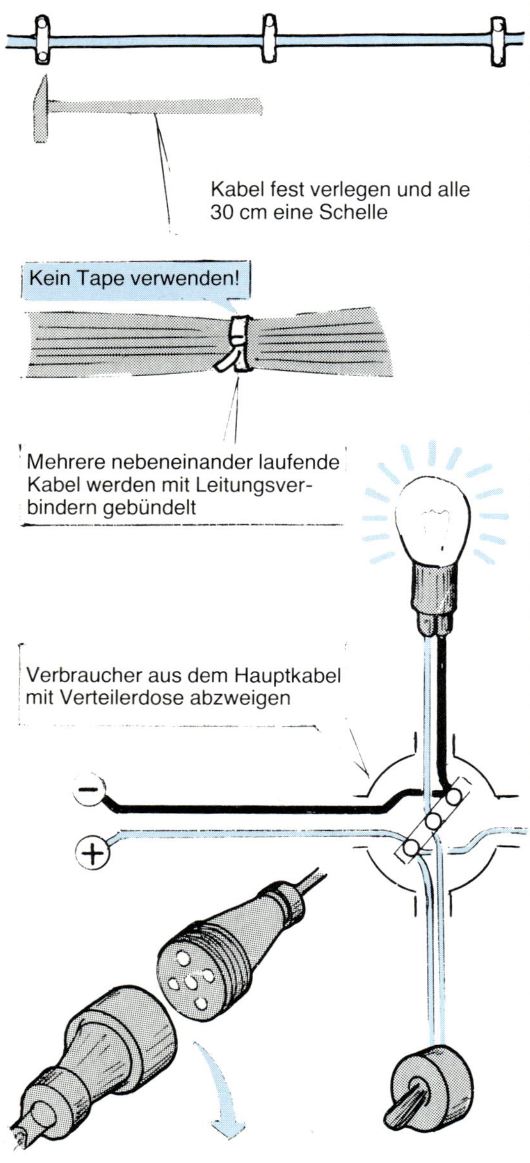

Kaufen Sie gute Steckverbindungen, die für den Einsatz auf Yachten gedacht sind. Das Zubehör aus dem Auto- und Camping-Handel taugt im Salzwasser kaum.

Kabel und Gleichstrom stellen ein besonderes Problem dar. Wer zu Hause mal eben ein Kabel für eine neue Lampe verlegt, sollte sich das zwar auf seinem Schiff auch zutrauen, muß aber wissen, daß an Bord Lötverbindungen nichts taugen, nur flexible Kabel verlegt werden sollen und der Querschnitt in Verbindung mit der Länge eine wesentliche Rolle spielt.
Die Folge von zu geringen Querschnitten ist in erster Linie der Spannungsabfall, d. h. es kommt beim Verbraucher sehr viel weniger Spannung an, als es für einen einwandfreien Betrieb notwendig wäre; das bedeutet gleichzeitig starker Leistungsabfall und Häufung von Defekten. Das trifft insbesondere auf die Positionslampen zu, für die nur ein Spannungsabfall von 5 % zugelassen ist. Für normale Bordgeräte rechnet man mit einem Spannungsabfall von max. 7 %. Das zweite Problem ist die Erwärmung eines Kabels, doch die hält sich in Grenzen, wenn der Spannungsabfall berücksichtigt wird. Einige Werte für die Auswahl richtiger Kabelquerschnitte finden Sie rechts.
Die richtigen Kabelsorten sind mittlere Gummi- oder PVC-Schlauchleitungen, die unter der Bezeichnung H05VV-F, H07V-K (Einleiter in der Auto-Elektrik) FLK, FLKZ, FLKK und die Gummischlauchleitungen H05RR-F sowie H07RN-F.
Für die dicken Leitungen zur Verteilung und zum Anlasser verwendet man vorzugsweise die hochflexiblen Gummimantelkabel mit der Bezeichnung NSLFF.
Abgeschirmte Kabel wie z. B. MGCG und FMGCG sollte man bei Yachten für Impuls- und sonstige Geberleitungen verwenden, da sie vor anderen elektromagnetischen Störungen geschützt werden müssen.
Fürs Landanschlußkabel sollten Sie nicht unter die Qualität der schweren Gummischlauchleitung mit der Bezeichnung H07RN-F mit einem Querschnitt von 3 x 2,5 mm^2 gehen.
Verlegt wird im Bordnetz alles grundsätzlich 2-adrig, oder die beiden Leiter werden (zumindest im Bereich des Kompasses) miteinander verdreht, ansonsten über weitere Strecken in Rohren oder Schrumpfschläuchen geführt.
Die Schrumpfschläuche entwickeln bei Erhitzen eine derartige Kraft, daß sie sogar verbogene Kabel zusammen- und geradeziehen.
Als Verbindungselement kommen in erster Linie Quetschverbindungen in Frage; gegen Schraub-

klemmen ist auch nichts einzuwenden, man muß nur daran denken, daß sich die Litze nach einigen Tagen noch setzt und der Leiter aus der Klemme herausrutschen kann, so daß bei neuen Booten und neuen Installationen zu empfehlen ist, nach einigen Tagen die Klemmen noch einmal nachzuziehen. Wenn Sie ein neues Gerät mit Kabeln installieren, so tragen Sie alles genau in den Schaltplan ein. Verwenden Sie die Aderfarben richtig (s. Skizze).

Das hier Gesagte sollte nicht Anlaß sein, eine ganze Yacht zu installieren, es soll nur weiter helfen, z. B. das Landanschlußkabel richtig auszuwählen oder da und dort ein Gerät zusätzlich zu installieren.

Nicht löten!
Quetschverbinder verwenden!

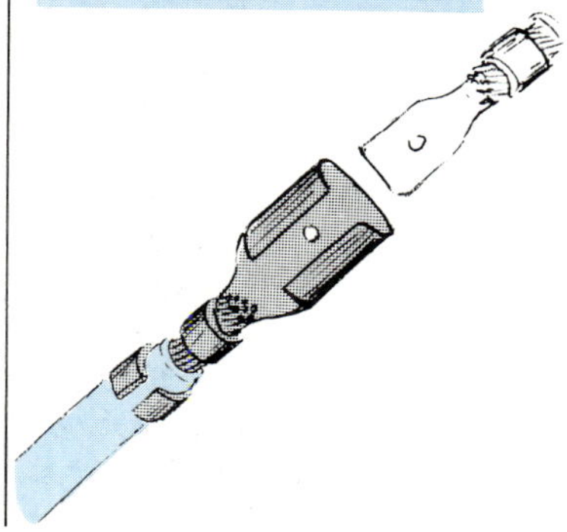

Zuordnung der Leiterfarben

(+) = grau
(−) = braun

(+) = grau
(−) = schwarz

(+) = rot
(−) = schwarz

Höchste zulässige Belastung für Kabel			
Leiterquerschnitt mm²	Einleiterkabel A	Zweileiterkabel A	Drei- und Vierleiterkabel A
1,5	12	10	8
2,5	17	14	12
4	22	19	15
6	29	25	20
10	40	34	28

Leiterquerschnitte für Positionslampen im 12-V-Bordnetz, bezogen auf die zulässigen 5 % Spannungsabfall

Positionslampe	Leistung	Leiterquerschnitt	Kabellänge
Heck- und Achterlicht	10 W	1,5 mm² 2,5 mm²	bis 30 m bis 50 m
Seitenlichter, Topp- und 3-Farblicht	25 W	1,5 mm² 2,5 mm² 4,0 mm²	bis 12 m bis 20 m bis 32 m
Segelboote in Mast (Rot über Grün) 2 x 25 W	50 W	1,5 mm² 2,5 mm² 4,0 mm²	bis 6 m bis 10 m bis 16 m

Leiterquerschnitte für motorische und sonstige Verbraucher im 12-V-Bordnetz, bezogen auf 7 % Spannungsabfall

Verbraucher	Strom	Leiterquerschnitt	Kabellänge
10 W	0,8 A	1,5 mm²	bis 42 m
25 W	2,1 A	1,5 mm²	bis 17 m
60 W	5,0 A	1,5 mm² 2,5 mm² 4,0 mm²	bis 7,5 m bis 12 m bis 19 m

Für weitere Werte können Sie die Kabellängen nach folgender Formel ausrechnen:

$$\text{Kabellänge [m]} = 28 \times \frac{\text{zul. Spannungsabfall [V]} \times \text{Leiterquerschnitt [mm}^2\text{]}}{\text{Nennstrom des Verbrauchers [A]}}$$

Positionslampen

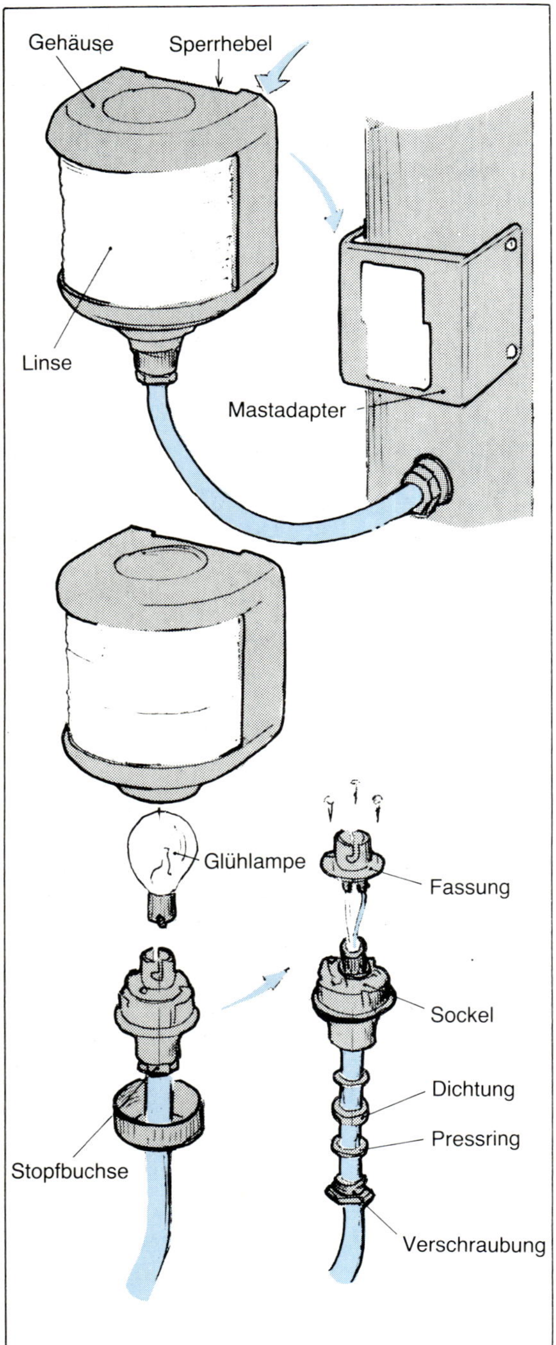

Die Positionslampen sind vom DHI Baumuster-geprüft, und nur solche dürfen angebaut werden. Vom Standpunkt der Sicherheit geht es darum, nicht nur zu sehen, sondern auch gesehen zu werden.
Die Positionslampen als betriebswichtige Verbraucher erfordern eine vernünftige Batteriekapazität (s. E-Bilanz) und verbrauchen natürlich bei Nachtfahrt entsprechend viel Strom. Bei Seekreuzern weicht man deshalb vielfach auf die 3-Farb-Laterne (25 W) im Topp aus, da sie beim Segeln 10 W weniger verbraucht als die sonst notwendigen 2-Farb-Seitenlicht (25 W) und das Hecklicht (10 W).
Das zwingt allerdings dazu, einen zweiten Satz Positionslampen zu fahren, da für das Motoren das Topplicht 1 Meter über den Seitenlichtern gefordert wird.

Installation: Jede Positionslampe hat ihren eigenen Stromkreis. Während der Lampenwechsel relativ einfach ist, ist die Kabeleinführung und das Anklemmen der Leiter eine ziemliche Fummelei. Verwenden Sie nur runde Kabel. Das Kabel muß erst einmal aus dem Mast oder aus dem Rumpf herausgeführt werden, dazu ist eine Kabeldurchführung (meist eine Quetschverschraubung) notwendig, und dann in einer Bucht zur Lampe gezogen werden.
Da in die Positionslampen trotz der oft notwendigen großen Querschnitte (s. Kabel) nur 2 x 1,5 mm^2 passen, muß man, wenn ein größerer Querschnitt erforderlich ist, noch unter Deck eine Verteilerdose setzen, von der man mit 2 x 1,5 mm^2 zur Lampe geht. Im Mast sollte man das ohnehin immer so machen, daß man bis zum Mastfuß mit 2 x 2,5 mm^2 geht und von dort aus mit 2 x 1,5 mm^2 in den Mast.
Die Positionslampen und die Quetschverschraubung sind wassergeschützt, d. h. sie können kurzzeitig überflutet werden. Genau genommen ist es aber nicht das Spritzwasser, sondern das Kondensat, das den Lampen zusetzt. Deshalb sollte man sie im Herbst öffnen, die Salz- und Oxydationskristalle abbürsten, das Ganze mit Kontaktspray einsprühen und wieder einsetzen.

Beleuchtung

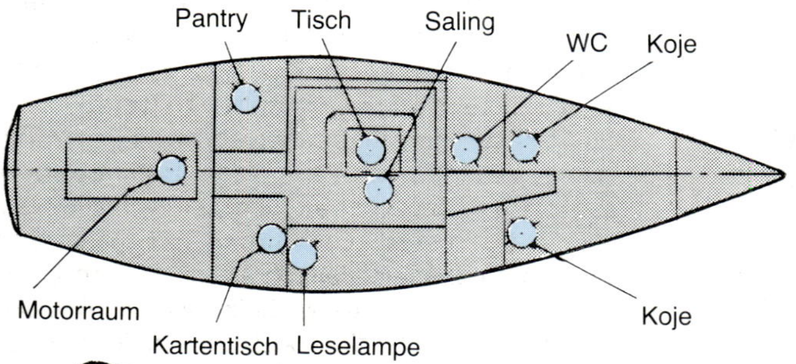

	Glüh-lampe	Leucht-stofflampe
Motorraum	10 W	4 W
Pantry	25 W	8 W
Kartentisch	10 W	4 W
Leselampe	10 W	4 W
Salontisch	25 W	8 W
Salingleuchte	25 W	25 W*
WC	10 W	4 W
Koje	10 W	4 W
Koje	10 W	4 W
	135 W	65 W

eingespart 70 W

*) Salingleuchten mit Leuchtstofflampe gibt es noch nicht.

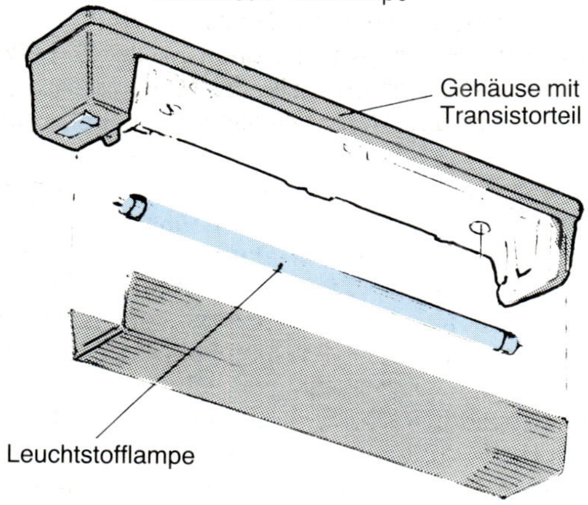

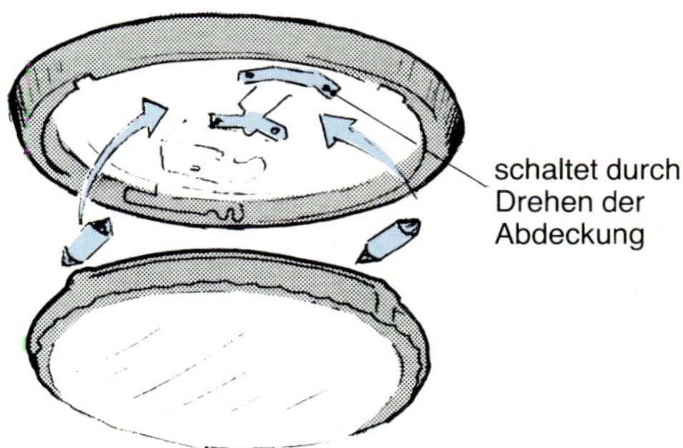

Wenn Sie einen Blick auf Ihre E-Bilanz werfen, werden Sie feststellen, daß ein halbes Dutzend Lampen auf einem Familienschiff nichts Besonderes sind.

Wer hier sparen will, ohne mit Petroleum herumzuspielen, muß Leuchtstofflampen installieren.

Die Nachteile der transistorisierten Leuchtstofflampen sind der doppelt so hohe Preis gegenüber der herkömmlichen Lampe, das jeden Hauch von Romantik entbehrende Design und die Störung des Grenzwellenbereichs (Funkfeuer), wenn die Lampe nicht wirklich gut entstört ist. Die Vorteile sind große Lebensdauer und viel bessere Lichtausbeute (s. Skizze).

Die Installation von Lampen aller Art ist relativ einfach. Über die Kabelzuführung muß man schon nachdenken, aber eine Abzweigdose hinter dem Schott wirkt oft Wunder (s. Kabel). Die Salingleuchte wird im Prinzip wie eine Positionslampe gehandhabt. Für den Motorraum ist häufig eine Kabelleuchte besser als die fest installierte Lampe, oder man beschränkt sich ganz auf die Taschenlampe.

Defekte zeigen sich eigentlich nur im Bereich der sehr primitiven Fassungen. Oxydierte, aufgebogene oder festgegammelte Klemm- oder Federkontakte sind die Ursache. Es gilt, bei Lampenwechsel oder einmal im Herbst Oxydationskristalle abzubürsten und mit Kontaktspray einzusprühen.

Hier sei noch einmal darauf hingewiesen, daß besonders im Salzwasserbetrieb die Lampen und das Zubehör aus dem Auto- und Camping-Sektor aufgrund ungeeigneter Materialien sehr wenig taugen.

Kühlschränke und Boxen

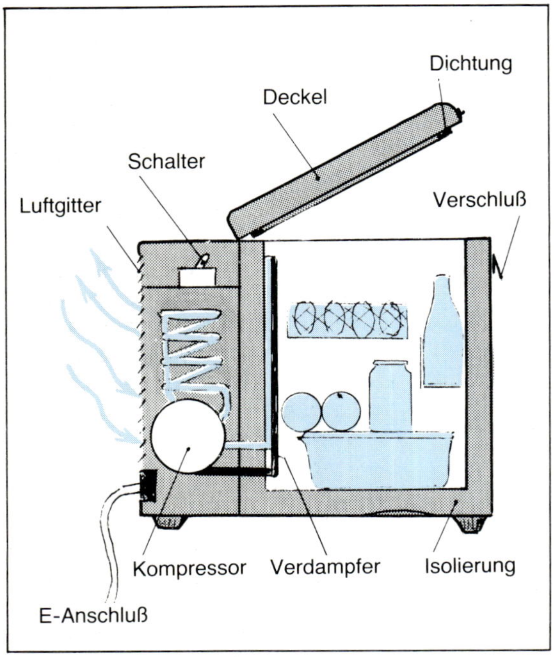

Kühlschränke verbrauchen so viel Strom, daß man mit der Entscheidung, einen Kühlschrank einzubauen, gleich eine weitere Batterie installieren sollte. Das gilt auch für Kühlboxen, auch für jene nach dem Peltier-Prinzip und auch für Schwingkompressoren! Wenn man auf kleinen Kreuzern eine Box installiert, muß auf jeden Fall das Netz von der Starterbatterie getrennt werden.

Peltier-Geräte gehen in die E-Bilanz mit 24 Stunden Einschaltzeit, Schwingkompressoren und andere Kompressorgeräte mit 12 Stunden (auch wenn der Verkäufer etwas anderes sagt), und das bedeutet 12 h x 60 W bei 12 V sind 60 Ah, fürs Wochenende 120 Ah, was der Kapazität einer ausgewachsenen Batterie entspricht.

Wichtig ist, daß der Wärmetauscher auf der Rückseite die Wärme, die er dem Eingekühlten entzieht, auch loswerden kann, was nur dann möglich ist, wenn die Lüftungsgitter ausreichend Luft bekommen. Wer genug Phantasie hat, kann in der Übergangszeit die warme Abluft des Kompressors zum Heizen verwenden. Auf jeden Fall sind die Geräte mit getrenntem Kompressorteil häufig optimaler unterzubringen, da der Kompressor an einer Stelle plaziert werden kann, wo Frischluft zuströmt.

Boxen sind etwas sparsamer als Schränke.

Einen Kühlschrank selbst zu bauen, ist kein einfaches Unterfangen. Es ist besser, einen handelsüblichen Kühlschrank zu verwenden, die Isolation an den Seitenwänden und am Boden mit 2 cm starken Schaumplatten zu verbessern, das spart auch etwas Strom, und man hat wenigstens einen vernünftigen und appetitlichen Innenraum. Wenn ältere Kompressorgeräte defekt sind und das Kühlsystem porös geworden ist, kann man den Kühlschrank auch behalten und eine neue Kühleinheit einsetzen. Wählen Sie dann einen Schwingkompressor.

Zu empfehlen ist eine Batterieüberwachung, die ein Tiefentladen der Batterie durch den Kühlschrank verhindert.

Entgegen dem Herstellervorschlag, den Kühlschrank direkt an die Batterie zu hängen, sollte man über die Verteilung gehen. Wichtig ist natürlich hier der Kabelquerschnitt!

Pflege und Reinigung: Wenn der Kühlschrank abgetaut ist, wird er mit etwas Spülmittel im Wasser ausgewaschen und mit reinem Wasser nachgewischt. Achten Sie darauf, daß kein Wasser in den Thermostatknopf fließt. Auch die Dichtung wird nur mit Wasser gereinigt. Auf keinen Fall darf sie mit Fett oder sonstigen Pflegemitteln „geschmiert" werden! Bevor Sie den Schrank wieder in Betrieb nehmen, gut durchlüften lassen.

Bleibt der Kühlschrank außer Betrieb, läßt man die Tür offen.

Einmal im Jahr werden der Kompressorteil und die Wärmetauscherrohre gründlich von Staub befreit; das macht man mit einem feinen Pinsel oder noch besser mit dem Staubsauger.

Defekte liegen meist an der Stromzuführung, ein 220 V-Umschaltgerät zur Kopplung an den Landanschluß ist nützlich.

Heizungen

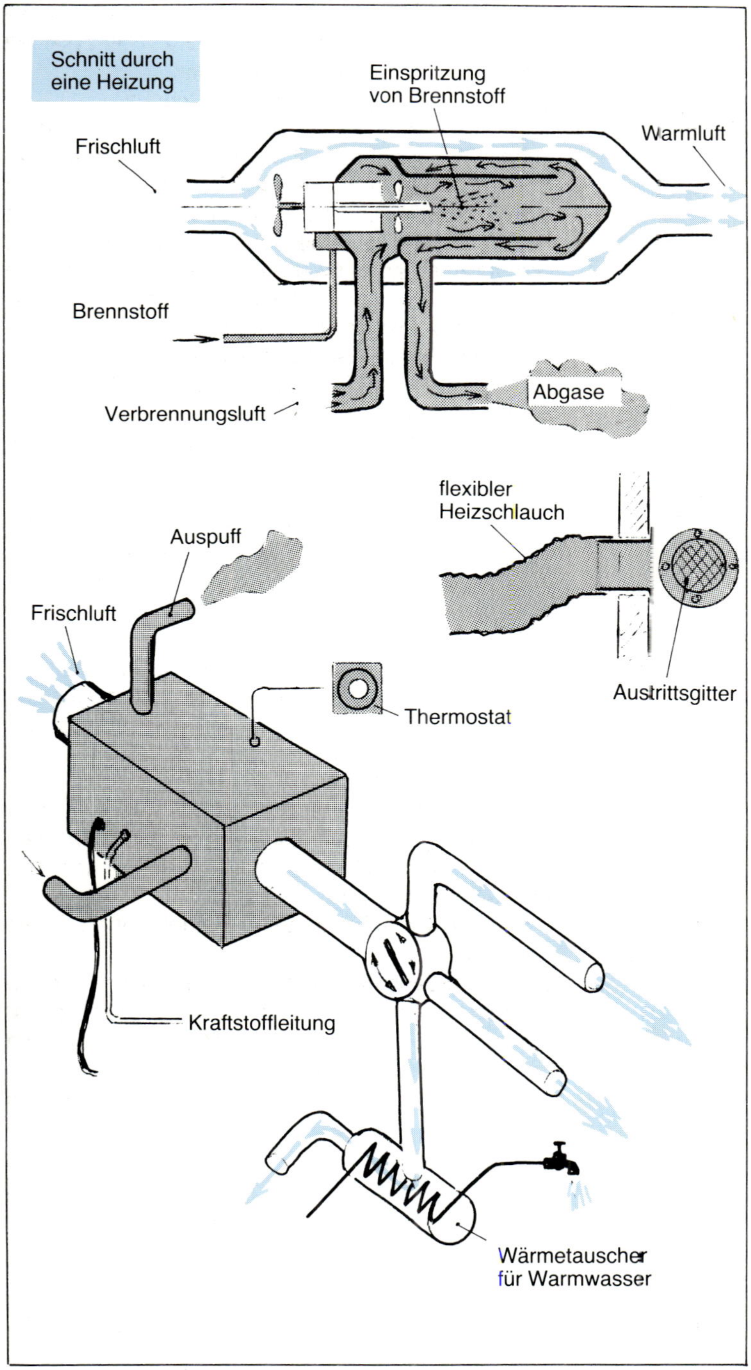

Neben den kleinen Öfen, die mit Holzkohle oder Petroleum betrieben werden können, bzw. Gasheizungen dominieren die Warmluftheizungen auf mittleren bis großen Yachten, die mit Diesel oder Petroleum arbeiten. Ihr Vorteil liegt vor allen Dingen im großen aufgeheizten Luftvolumen, so daß das Schiff in sehr kurzer Zeit durchgetrocknet werden kann, während die kleineren Heizungen überwiegend strahlen und deshalb auf einer Yacht nicht in kurzer Zeit die Behaglichkeit herstellen können oder überhaupt nicht in der Lage sind, das Schiff durchzutrocknen.
Der Einbau ist auch nachträglich relativ einfach, der Fachmann veranschlagt 4 bis 6 Stunden. Das Gerät kann zentral in einer Backskiste eingebaut werden, wo die Luftwege relativ kurz sind. Mit dem Stromverbrauch sieht es nicht ganz so schlimm wie beim Kühlschrank aus, da die Einschaltzeiten meist kürzer sind. In die E-Bilanz sollte man mit 8 Stunden gehen.
Die Heizungen sind kombinierbar mit Wärmetauschern für Warmwasser, die ihrerseits auch auf Motor umgeschaltet werden können.

Die Betriebsanleitungen aller Hersteller sind sehr gut, so daß man hier auf eine Beschreibung einzelner Wartungsschritte verzichten kann.

Fehlersuche im Bordnetz

Beispiel 1:

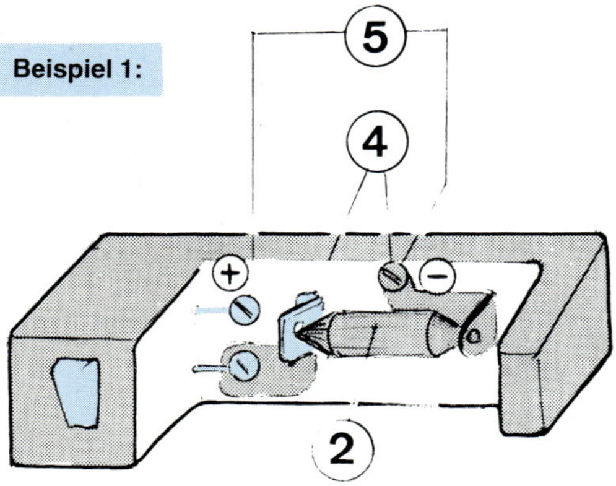

Beispiel 2:

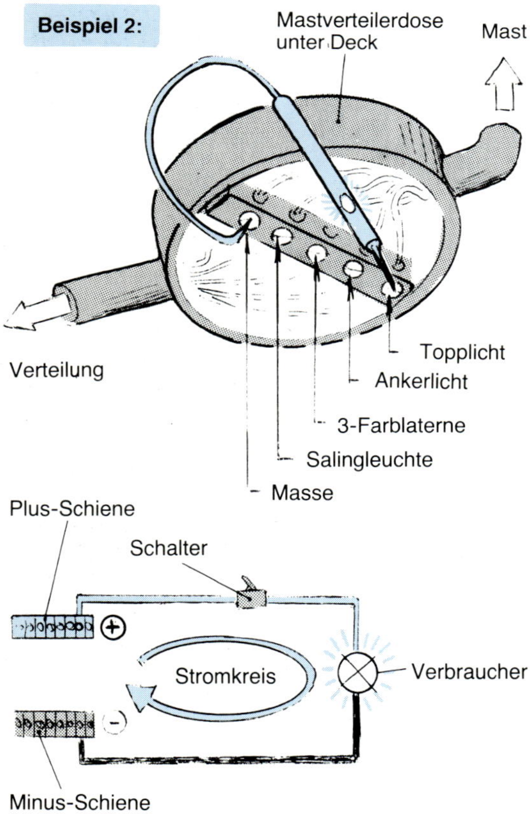

Die Fehlersuche im Bordnetz reduziert sich auf die Suche von Wackelkontakten, Leiterunterbrechungen und zu großen Übergangswiderständen mit dem Phasenprüfer.
Es läßt sich bei vielen Geräten mit Hilfe der in der Betriebsanleitung zum Gerät angegebenen Checkliste oder Fehlersuchtabelle noch ein weiterer Schritt tun, der vielleicht bis unter den Deckel des Gerätes führt, dort ist dann Schluß.
Die Praxis zeigt aber, daß sich 90 % und mehr aller Defekte in diesem für den Normalskipper zugänglichen Bereich abspielen.
Die Skizzen zeigen Beispiele, mit denen man es im allgemeinen zu tun hat.

Beispiel 1: Irgendeine leicht zugängliche Lampe (oder ein anderer Verbraucher) ist defekt.

1. Zur Kontrolle, ob Strom im Netz ist, eine andere Lampe einschalten.
2. Abdeckung der Lampe öffnen und an der Birne wackeln.
3. Eine andere Birne einsetzen.
4. Mit dem Phasenprüfer oder der Prüflampe kontrollieren, ob Strom in der Fassung ist.
5. Prüfen, ob Strom am Schalter ankommt.
6. Prüflampe oder Phasenprüfer an Minus an der Verteilung hängen und vom Plus an der Verteilung den ganzen Stromkreis durchchecken.

Beispiel 2: Das Topplicht brennt nicht. Hier wäre die Konsequenz, daß man in den Mast geht. Zuerst würde man aber überprüfen, ob Strom an der Verteilerdose am Mastfuß unter Deck ist bzw. ob Strom im Stecker zum Mast ankommt. Erst wenn das geklärt ist und man sicher ist, daß der Defekt in Richtung Lampe zu suchen ist, würde man in den Mast gehen. Voraussetzung für die Überprüfung in der Verteilerdose oder an der Steckverbindung ist allerdings, daß man genau weiß, welcher Leiter zu welcher Lampe gehört (Schaltplan!).

Denken Sie immer daran, daß alle Verbraucher mit der Verteilung und den Schaltern einen Stromkreis bilden. Wenn Sie die Strippen im Schaltplan zu sehr verwirren, malen Sie den defekten Stromkreis mit einem Farbstift an, dann läßt er sich leichter verfolgen.

Wartung und Pflege von elektrischen und elektronischen Geräten

Gerät/Motor*) funktioniert nicht:

1. Ist die Sicherung in der Verteilung herausgeflogen?
   Eine Sicherung fliegt nicht ohne Grund heraus! Drücken Sie sie wieder rein und behalten Sie das Gerät unter Kontrolle. Gerät/Motor bei nächster Gelegenheit vom Fachmann überprüfen lassen.
   Schmorgeruch? Sofort abstellen! Es handelt sich um Überlastung, Isolationsschaden, Masse- oder Kurzschluß. Fehler auf jeden Fall beseitigen oder Gerät abgestellt lassen.
2. Ist Strom am Gerät?
   Zuleitung von Verteilung bis Gerät prüfen (Stecker, Schalter, Klemmen, Wackelkontakt, Leitungsunterbrechung).
3. Ist die Spannung ausreichend groß?
   Das läßt sich am besten mit dem Voltmeter prüfen. Im Fall einer Überprüfung bei Defekt reicht aber auch der Spannungsprüfer. Zu wenig Spannung am Gerät ist bei ausreichendem Leiterquerschnitt und geladener Batterie immer auf zu große Übergangswiderstände infolge Oxydation oder teilweise abgebrochene Leiter zurückzuführen.

Gerät funktioniert nicht richtig oder zeigt falsch an:

1. Das kann ebenfalls an zu geringer Spannung liegen (s. Pkt. 3 oben).
2. Geberleitung/Antenne prüfen. Hier muß man sich ebenfalls auf die Kontrolle von Steckern, Kabeln, Unterbrechung und sonstige Verbindungen beschränken und sie auf festen Sitz und Oxydation überprüfen.

*) Alle zwei Jahre oder bei Defekt prüft man:
Die Leichtgängigkeit der Kohlen, die durch losen Kohlestaub festsitzen können (Feder anheben und Kohle bewegen), was zu Schäden am Kollektor führt. Gleichzeitig sieht man bei dieser Gelegenheit, wie weit sie abgenutzt sind. Im allgemeinen muß die Kohle die Halterung etwas überragen, damit die Zuleitung keinen Massekontakt kriegt. Besteht diese Gefahr, müssen die Kohlen ausgetauscht werden.
Der Kollektor muß sauber und frei von Kratz- und Schleifspuren sein. Schleifspuren nicht oder nur im äußersten Notfall mit Schmirgelleinen beseitigen (Motor gehört in eine Fachwerkstatt). Stark verschmutzte Kohlen und Kollektoren mit feinem Pinsel, Staubsauger oder Benzinlappen säubern.

Wenn man nicht aus dem Berufszweig Elektrik oder Elektronik kommt, sollte man nicht an dem Innenleben von Geräten herumdoktern, von denen man nichts versteht. Es gibt aber bei allen Defekten, die diese Geräte lahmlegen, gleichgültig ob Funkgerät, Echolot, Amperemeter oder Kühlschrank, ein im Prinzip sehr klares Schema, nach dem auch der Laie auf Defektsuche gehen kann. Die einzelnen Schritte und Überlegungen sind nebenstehend dargestellt.

Natürlich muß man gleichzeitig auch die für das Gerät bestimmte Betriebsanleitung und Fehlersuchtabelle zu Rate ziehen und prüfen, ob das Gerät eine eigene Sicherung hat, u. U. durch Öffnen der Rückseite überprüfen, ob im Kabeleingang, soweit er nicht gedruckt ist, eine Lötstelle oder ein Leiter so stark oxydiert ist, daß es zu dem Defekt kam. Wenn das Gerät dann ohnehin offen ist, kann man vor dem Verschließen das Innenleben mit Kontaktspray einsprühen und dann wieder sorgfältig schließen.

Wenn Geräte gekapselt sind, dann ist es auch sinnlos, den Versuch zu unternehmen, irgendwas an den Innereien reparieren zu können. Und im allgemeinen ist die Seefahrt auch so beschaffen, daß der Ausfall irgendeines Anzeigeinstruments keinen Notfall heraufbeschwört.

Das gilt auch für alle Motoren an Pumpen, Scheibenwischern und sonstigen Aggregaten sowie für den Generator und den Anlasser. Bei diesen motorischen Geräten prüft man zusätzlich (soweit nicht gekapselt) die Kohlen und den Kollektor.

Batteriekapazität und E-Bilanz

E-Bilanz (12 Volt)

	Verbraucher	Leistung (W)	Strom (A)	Einschalt-zeit (h)	Strom-bedarf (Ah)
betriebswichtige Verbraucher	Seitenlichter	25	2,1	8	17
	Dampferlicht	25	2,1	8	17
	Hecklicht	10	0,8	8	6,4
	Kompaß-Beleuchtung	5	0,45	8	3,6
	Instrumenten-Beleuchtung	10	0,8	8	6,4
	Mindeststrombedarf*)				**50,4Ah**
Komfortverbraucher	Ankerlaterne	10	0,8	8	6,4
	Kojenleuchte (vorne)	2x10	1,6	1	1,6
	Kojenleuchte (achtern)	10	0,8	1	0,8
	Salon-Eckleuchte	10	0,8	1	0,8
	Salonleuchte Mitte	10	0,8	1	0,8
	Pantry	10	0,8	1	0,8
	Kartentisch	10	0,8	1	0,8
	Echolot	10	0,8	4	3,2
	Radio	24	2	4	8,0
	Log	12	1	4	4,0
	Kühlschrank	60	5	12	60,0
	Gesamtstrombedarf				**136,8Ah**

X Batteriewirkungsgrad 1,7 = Batteriekapazität 233 Ah

*) Daraus läßt sich die Mindestkapazität errechnen, die so groß sein muß, daß sie die betriebswichtigen Verbraucher 8 Stunden versorgt (50,4 x 1,7 = 86 Ah).

12 Volt Umrechnungszahlen für Leistung (Watt) in Strom (Ampere)

12 Volt Bordnetz

W	5	10	15	20	25	30	35	40	45	50
A	0,4	0,8	1,3	1,7	2,1	2,5	2,9	3,3	3,8	4,2
W	55	60	65	70	75	80	85	90	95	100
A	4,6	5,0	5,4	5,8	6,3	6,7	7,1	7,5	7,9	8,3

24 Volt Bordnetz

W	5	10	15	20	25	30	35	40	45	50
A	0,2	0,8	0,6	0,8	1,0	1,3	1,5	1,7	1,9	2,1
W	55	60	65	70	75	80	85	90	95	100
A	2,3	2,5	2,7	2,9	3,1	3,3	3,5	3,8	4,0	4,2

Die richtige Batteriekapazität ist die wichtigste Voraussetzung für ein einwandfreies Funktionieren der E-Anlage. Zusammen mit den Lademöglichkeiten bildet die Batteriekapazität auch den entscheidenden Faktor für eine brauchbare Lebensdauer der Bleiakkus. Eine Tiefentladung reduziert die Lebensdauer der Batterien auf die Hälfte.

Die links als Beispiel gezeigte Tabelle sollte jeder für sein Boot und den für ihn in Frage kommenden Betrieb aufstellen, um so zu überprüfen, ob nicht doch eine zusätzliche Batterie mehr Sicherheit und den Batterien ein langes Leben garantieren würde.

Das eigentliche Problem bei der Aufstellung dieser Liste sind die Einschaltzeiten, doch dafür finden Sie in den ersten Zeilen Beispiele.

Beachten Sie insbesondere den Kühlschrank und die Heizung. Sie werden feststellen, daß man sparen sollte mit dem Strom, wo immer man kann.

Wenn man die Möglichkeit hat, die Bordspannung zu wählen, so kann man sich heute doch schon für 24 V entscheiden. Die höhere Spannung hat viele Vorteile, man muß aber davon ausgehen, daß die einzelnen Geräte mehr kosten, da die Serien kleiner sind.

Anhänger, Radlager und Bremsen

Hauptteile des Anhängers

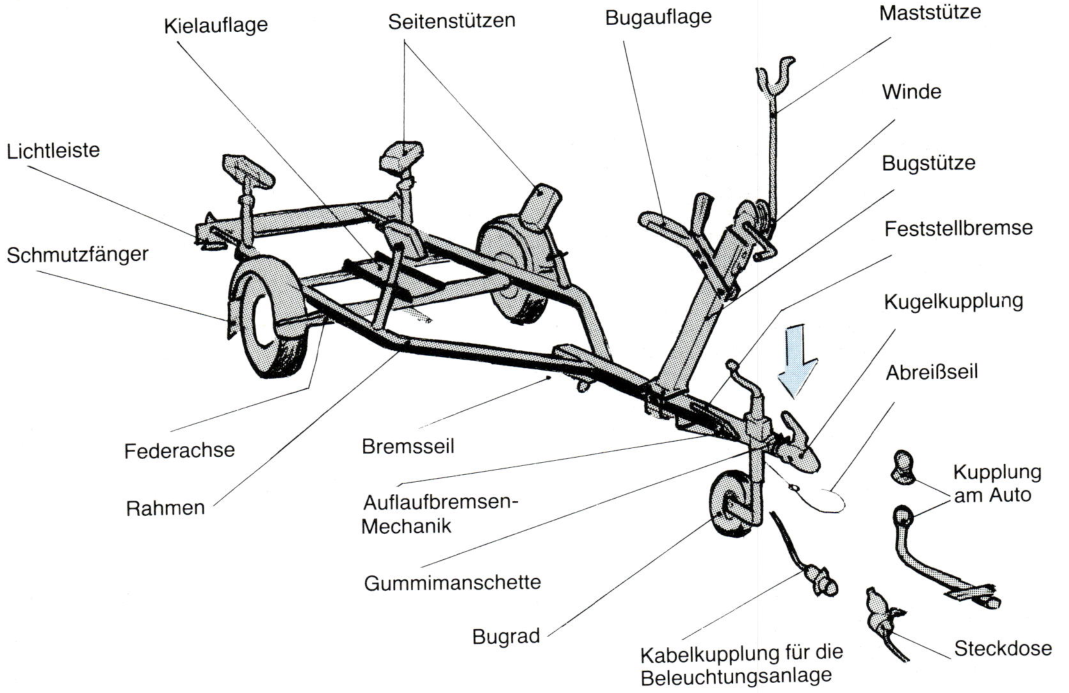

Die Skizze zeigt einen gebremsten Pkw-Hänger. Die obere Grenze liegt bei etwa 2000 kg Gesamtgewicht, d. h. Hänger und Boot. Die Schwerpunkte im Umgang mit Hängern stellen sich erstens aus dem Aspekt Fahrtüchtigkeit und Sicherheit sowie zweitens einfacher Handhabung, was mit Komfort gleichzusetzen ist.

Während die Frage des Komforts mehr oder weniger eine Frage der Konstruktion und Ausstattung ist, gründet sich die Sicherheit und Fahrtüchtigkeit auf die soliden Grundkenntnisse des jeweiligen Systems und einiger Handgriffe, die die Betriebsbereitschaft garantieren.

Wichtig ist in erster Linie ein gründliches Studium der Betriebs- und Wartungsanleitung und die rechtzeitige Wartung der einzelnen Konstruktionselemente.

Achten Sie beim Kauf des Hängers darauf, daß Sie nicht nur das normale Blättchen mit der Gebrauchsanweisung bekommen, sondern auch die Betriebsanleitung für Kupplung, Bremsen und Achsen. Diese Betriebsanleitungen sind sehr ausführlich gemacht, auch manchmal etwas schwer zu verstehen. Auf jeden Fall findet man dort die speziellen Details, die für jeden Hänger und für seine Lebensdauer wichtig sind.

Vor jeder Fahrt prüfen:
Stützlast · Reifendruck · Lichtanlage
Geschwindigkeit:
nicht schneller als 80 km/h.

Stützlast und Achsbelastung

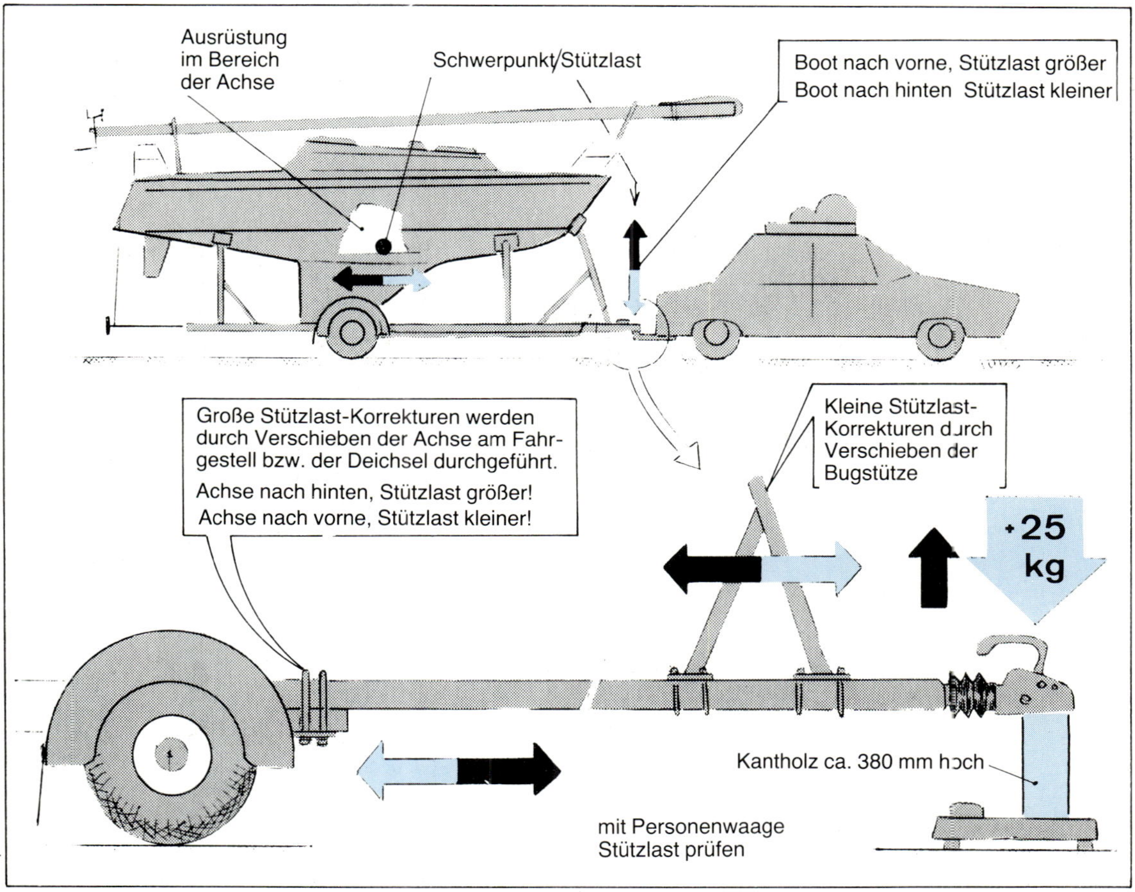

Der Schwerpunkt des Bootes muß gerade so weit vor der Achse (oder bei Tandem-Hängern so nahe an der Vorderachse) liegen, daß die Stützlast an der Kupplung die zugelassene Größe nicht unter- oder überschreitet. 25 kg wird als Minimum angesehen. 50 bzw. 75 kg sind je nach Kupplungsart maximal zulässig. Zu bedenken ist, daß zwar hohe Stützlasten wünschenswert sind, daß sie aber die Hinterachse des Autos belasten und ein hebendes Moment auf die Vorderräder ausüben.

Da der Pkw normalerweise so beschaffen ist, daß das Auto beim Beladen immer mehr Last auf die Hinterachse bekommt, ist eher die Mindeststützlast von 25 kg anzustreben. Entlasten kann man die Hinterachse des Autos, indem man z. B. die Dachlast möglichst weit vorne unterbringt und den Fußraum mit schweren Gegenständen vollstaut.

Wichtig ist, daß man das Boot so auf den Hänger stellt, daß sich die Stützlast nicht durch extrem verlagerte Ausrüstungsgegenstände verändert. Die Ausrüstung sollte möglichst im Bereich der Achse liegen. Kleine Korrekturen kann man durch Verschieben der Bugstütze und Verrutschen des Bootes um wenige Zentimeter erreichen. Größere Differenzen müssen durch Verstellen der Achse beseitigt werden.

Auflagen und Befestigung

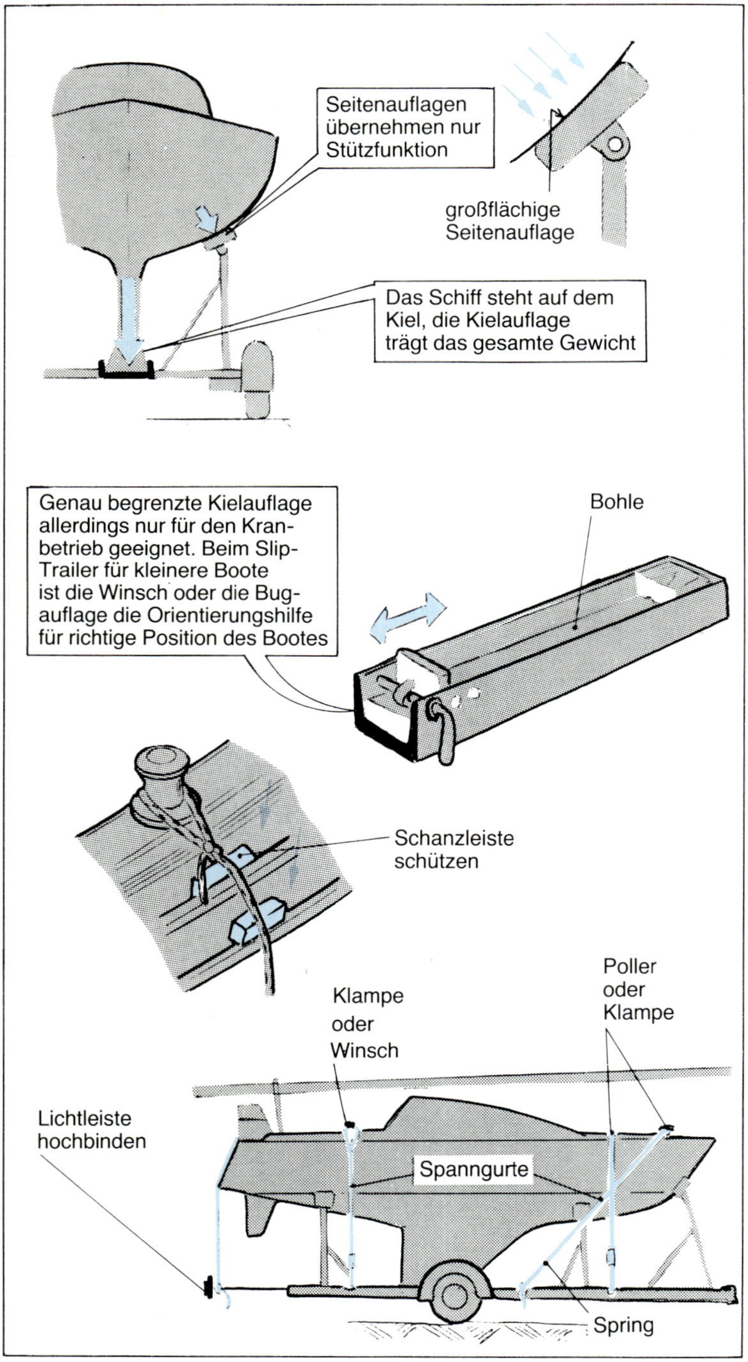

Der wichtigste Grundsatz für das Beladen des Trailers: Das Boot muß mit dem ganzen Gewicht auf dem Kiel stehen. Die Seiten- und Bugstützen sind im wahrsten Sinne des Wortes nur Stützen, sie nehmen die Seiten- und Wippkräfte auf.

Diesem Schema folgend wird das Boot so auf den Trailer gestellt (die Gurte des Krans bleiben als Sicherung), bis die Stützlast richtig ist. Dann werden die übrigen Stützen kräftig an den Rumpf gesetzt und das Boot mit Gurten verzurrt.

Zu beachten ist, daß das Boot nicht in der Halterung zu springen beginnen kann, daß es nicht nach hinten rüttelt und bei einer Vollbremsung nicht nach vorne rutscht.

Bei Hängern mit Windenstand kann das Seil unter Zug eingeschäkelt bleiben, dann rutscht das Boot nicht nach achtern. Nach unten gespannt wird der Rumpf im Bereich der Winschen und vorne. Gegen ein Verrutschen beim Bremsen ist eine Spring das sicherste Mittel.

Die Lichtleiste sollte auch hochgebunden werden, da sie sonst Geräusche erzeugt und gegen Wackelkontakt anfälliger wird.

Spanngurte sind selbstverständlich die eleganteste und komfortabelste Befestigungsart. Alternativ kann man allerdings auch Stropps zurechtmachen.

Lichtleiste und Kabel

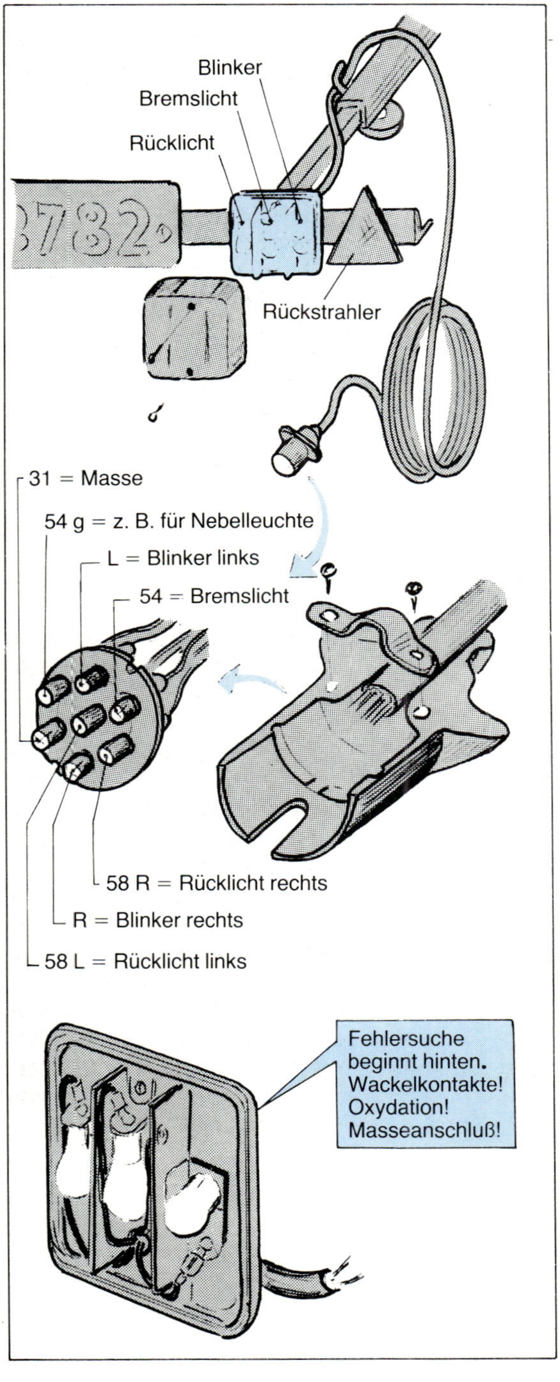

Die Beleuchtungsanlage ist nur dann keine ständige Quelle von Unsicherheit und Defekten, wenn sie vom ersten Tag an mit entsprechender Sorgfalt gehandhabt wird. Das bedeutet, daß man den Stecker und die Steckerkupplung im Sommer mindestens 2- bis 3mal mit feuchtigkeitsunterwanderndem Spray gründlich einsprüht.
Der Stecker soll nicht in die Kupplung gewürgt werden, man sollte sich schon etwas bücken und den Paßschlitz richtig herumdrehen, den Stecker leicht ansetzen, bis er faßt, und dann kräftig eindrücken, bis der Sperrbügel einrastet.
Das Kabel muß so viel Lose haben, daß man scharf einschlagen kann, aber nicht so viel, daß es am Boden schleift. Als nützlich erweist sich, wenn man das Kabel nicht nur an den vorgesehenen Klampen einhängt, sondern es öfter mal um den Rahmen oder die Deichsel wickelt und es z. B. an der Bugstütze mit einem Webeleinstek arretiert.
Von Vorteil ist eine Halterung für den Stecker am Hänger selbst, damit er nicht immer im Schmutz herumliegt. Beim Abnehmen der Beleuchtungsanlage muß man das Kabel vorsichtig nach hinten durchnehmen.
Vor dem Antritt einer Reise muß die Beleuchtungsanlage jedesmal durchgecheckt werden. Ein Defekt muß sofort behoben werden. Meist liegt es hinten an zu losen oder oxydierten Kontakten. Man schraubt den Kunststoffdeckel ab, wackelt und dreht etwas an den Birnen und prüft noch mal. Vor dem Aufschrauben des Deckels wird gleich mit E-Spray alles übergesprüht und die Schrauben in Fett getaucht.
Wird der Fehler auf diese Weise nicht gefunden, muß man mit der Prüflampe beim Auto beginnend schrittweise nach dem Defekt suchen.
Steckdosen einmal im Jahr abschrauben und auch von hinten mit Kontaktspray besprühen. Nur den Stecker und die darin befindlichen Pole einzusprühen, reicht nicht.

Kupplung

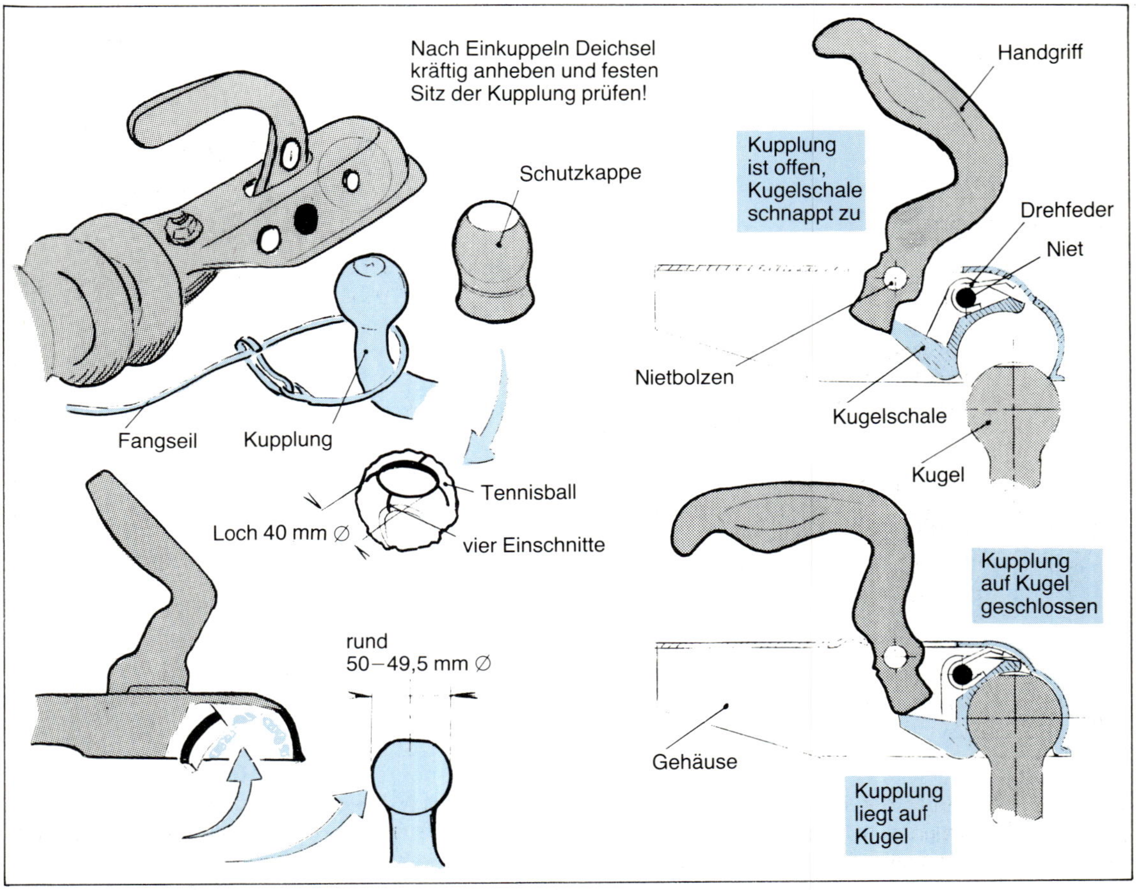

Die Kugelkupplung, so sicher sie ist, bedarf auch einiger Aufmerksamkeit, damit die Funktion erhalten bleibt. Erster Grundsatz: Kupplung nie in Schmutz oder Sand fallen lassen.

Die Kugel am Auto muß ohne Hänger immer eine Schutzkappe haben, da sie sonst anrostet, was zu Komplikationen führen kann. Geht die Schutzkappe verloren, macht man sich aus einem alten Tennisball eine neue.

Die Funktion der Kupplung ist im Prinzip bei allen Fabrikaten gleich, sie wird in der Skizze gezeigt.

Wird die Kugel zu klein, unter 49,5 mm, sollte sie erneuert werden. Wird sie unrund, was seitlich immer wieder mal passiert, geht die Kupplung unter Umständen nicht mehr auszuhaken. Dann muß der Hänger auf einen anderen Winkel zum Auto verholt werden – (z. B. auf Rechtskurve) – dann müßte sich die Kupplung lösen lassen. Ein Grund, die Kugel zu überprüfen und unter Umständen zu erneuern.

Im Herbst sollte man die Kupplung einmal unter die Lupe nehmen, altes Fett rauskratzen, Schmutz beseitigen und den ganzen Mechanismus einfetten.

Radlager einstellen und warten

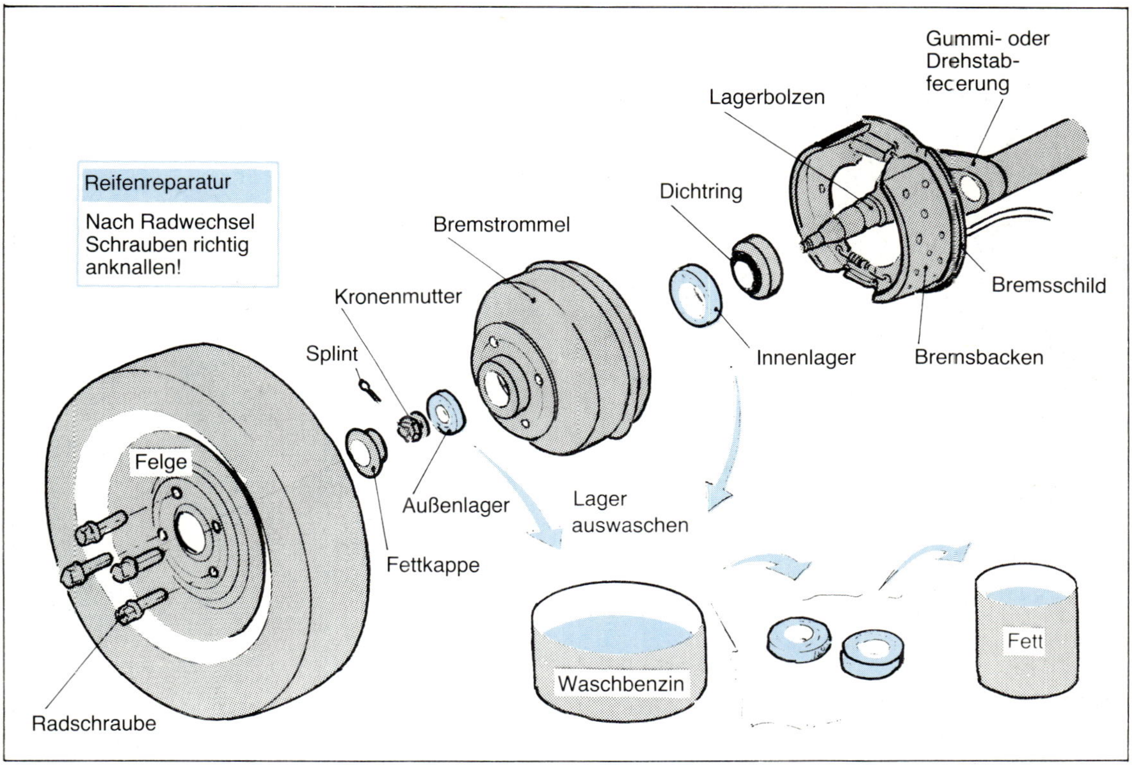

Alles, was sich hinter der Bremstrommel verbirgt, sollte mindestens einmal im Jahr und nach den Intervallen der Betriebsanleitung überprüft werden.

Prüfen des Lagerspiels: Hänger am Auto eingekuppelt lassen, Boot braucht nicht herunter, Hänger aufbocken, bis Rad freihängt. Bremse ganz lösen und Zugstange der Auflaufbremse ganz herausziehen. Dann stellen Sie sich vor das Rad, fassen mit beiden Händen den Reifen seitlich an und rütteln hin und her. Ist eine leere Bewegung im Lager zu spüren, muß nachgestellt werden.

Einstellen des Lagerspiels bei Kegellagern: Zierkappe, sofern vorhanden, abnehmen, dann die Fettkappe mit Schraubenzieher gleichmäßig und vorsichtig herausdrücken. Den Splint aus der Kronenmutter herausziehen, die Kronenmutter mit einem Schlüssel anfassen und im Uhrzeigersinn leicht weiterdrehen, bis im Rad ein leichter Widerstand zu spüren ist. Dann Mutter bis zum nächsten Loch zurückdrehen und versplinten. Jetzt muß das Rad so leicht drehen, daß es auspendelt.

Nicht zu knapp einstellen, sonst gibt es Lagerschaden. Den gibt es allerdings auch, wenn zu großes Spiel bleibt.

Rillenlager lassen sich nicht einstellen. Beim Festziehen der Radnabe muß man mit Gefühl arbeiten, die Lager müssen an den Bund des Zapfens gepreßt, dürfen aber nicht verspannt werden. Das Rad muß nach dem Festziehen der Mutter mit Pendelbewegung auslaufen. Alle vier Jahre sollte man die Rillenlager erneuern.

Einmal im Jahr (im Herbst) sollte das Fett gewechselt werden. Dazu werden die Lager abgenommen, ausgewaschen, eingefettet (Kugellagerfett), aufgesetzt.

Radwechsel erfolgt wie beim Auto!
Mit Bronzestab oder Gummihammer arbeiten!

Gebremste Hänger

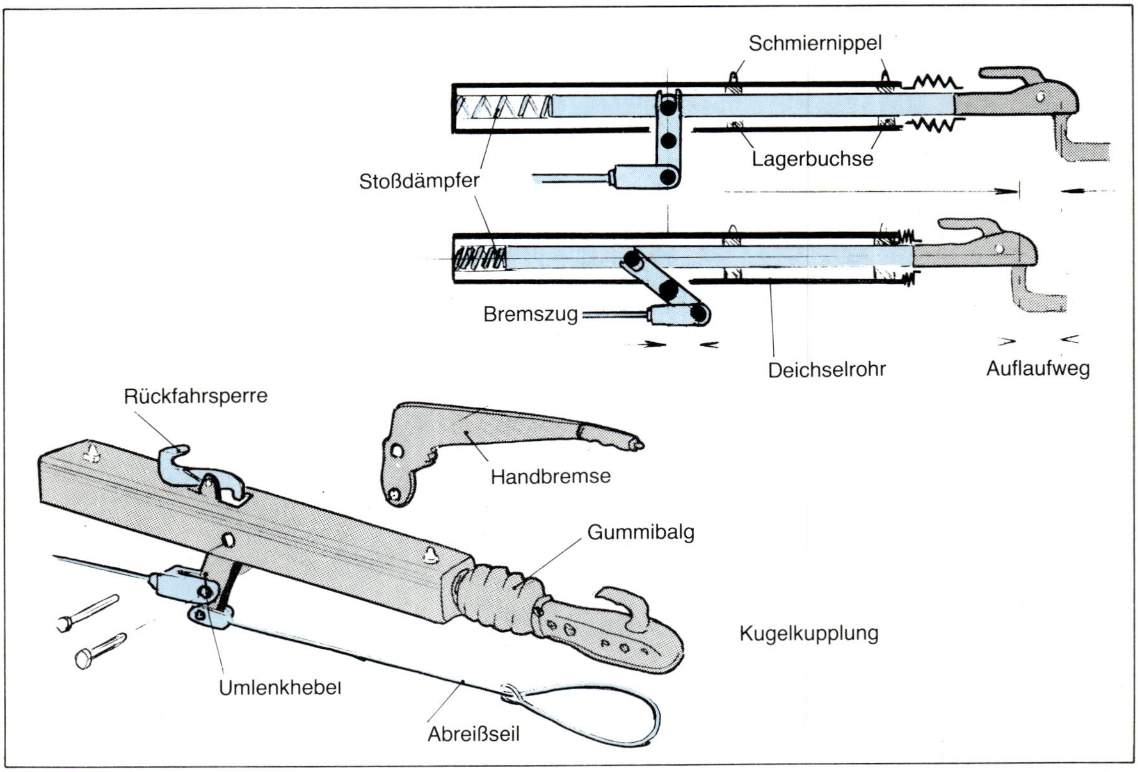

Gebremste Hänger sind mit einer Auflaufbremse ausgestattet, die ihrem Namen entsprechend bremst, wenn der Hänger auf das Auto aufläuft.

Funktion: Es ist im Prinzip eine ganz einfache Mechanik. Die Deichsel ist in Längsrichtung beweglich im Rahmen gelagert und mit einem hydraulischen oder Federdämpfer versehen. Der Hänger rollt hinter dem Auto her; bremst das Auto, schiebt der Hänger mit seiner Masse auf das Auto. Dadurch wird die Deichsel in die Führung gedrückt und betätigt über einen Hebel den Bremszug. Fährt das Auto weiter oder hört die schiebende Kraft des Hängers auf, zieht sich die Deichsel heraus, und die Bremse löst sich. Der Zwischenraum zwischen der Deichsel und dem Rahmen wird von der Gummimanschette überdeckt, die den beweglichen Deichselteil vor Verunreinigung schützt. Da die Gummimanschetten meist nur mit Plastikklemmen festgesetzt sind, sollte man sie durch Edelstahlrohrschellen tauschen. Die Lagerung der Auflaufmechanik hat im allgemeinen zwei Schmiernippel, die zweimal pro Jahr abgeschmiert werden sollen.

Am gleichen Bremszug greift auch die Handbremse und die als Seilschlinge über die Kupplung gehängte Abreißbremse an.

Die Bremsen werden nicht am Bremszug oder Bremsgestänge eingestellt, sondern auf der Rückseite der Räder (s. nächste Seite).

Die einfache Ausführung hat meist nur eine von Hand einzulegende Rückfahrsperre, das ist ein Hebel, der das Zusammenschieben des Deichselteils verhindert und somit ein Rückwärtsfahren erlaubt. Die komfortablere Lösung ist die Rückfahrautomatik, wie sie auf der nächsten Seite beschrieben ist.

Trommelbremse und Rückfahrautomatik

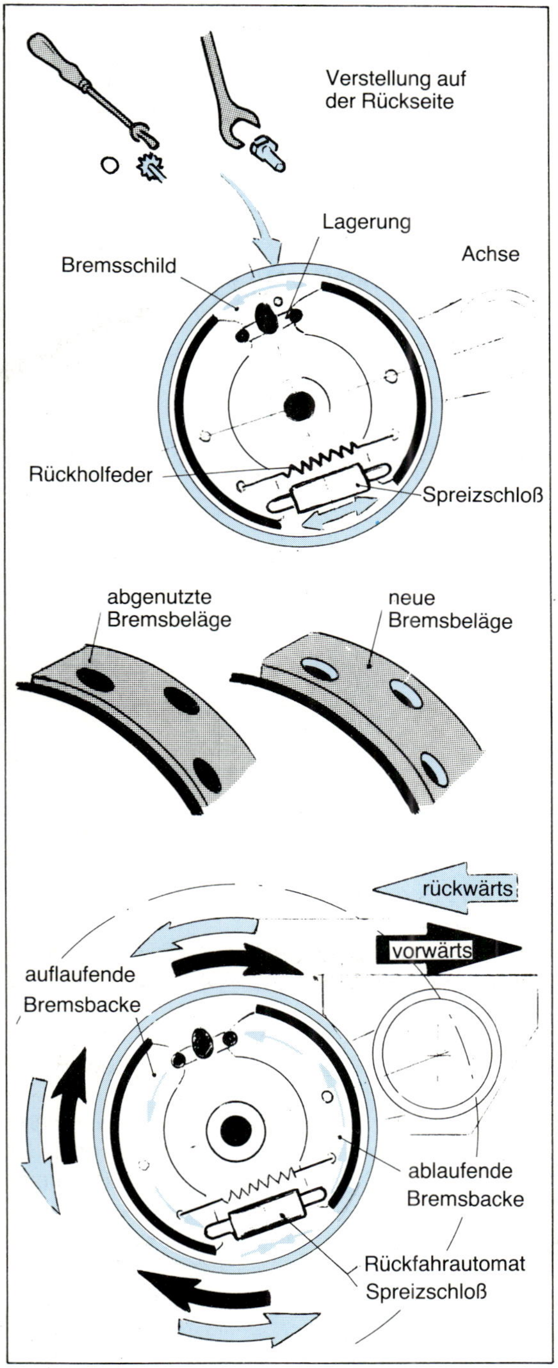

Die zwei Bremsbacken sind einseitig am Bremsschild gelagert und werden auf der gegenüberliegenden Seite vom Spreizschloß an die Trommel gedrückt.

Einstellung: Hänger aufbocken, Handbremse lösen und prüfen, ob die Auflaufvorrichtung nicht bremst, da sie bei mangelnder Wartung manchmal klemmt. Auf der Rückseite der Bremsschilder befindet sich eine Sechskantschraube oder ein Loch zum Nachstellen der Bremsen. Die Sechskantschraube hat Rechtsgewinde; am Loch, durch das man mit einem Schraubenzieher ein Zahnrad betätigt, sind meist Richtungspfeile angegeben. Über diese Vorrichtung werden die Backen so weit verstellt, daß das Rad nur noch schwer zu drehen ist. Danach löst man die Schraube wieder so weit, daß die Bremsen nicht mehr schleifen. Das gleiche wird auf der anderen Seite durchgeführt. Dann zieht man die Handbremse etwas an und prüft, ob beide Räder gleichmäßig ziehen.

Bremsbeläge: Die Bremsbeläge sind im allgemeinen aufgenietet und dann zu erneuern, wenn sie so weit abgenutzt sind, daß die Nieten an die Oberfläche kommen. Sie würden die Bremstrommel so weit zerkratzen, daß man sie austauschen muß.
Die Bremstrommel muß sauber und glatt sein. Rost kann mit Schleifpapier oder der Drahtbürste entfernt werden. Wenn tiefere Einkerbungen vorhanden sind, die dazu führen, daß die Bremsbeläge extrem schnell abnutzen und die Bremswirkung minimal ist, kann die Trommel einmal ganz sachte ausgedreht werden (0,1 mm), muß beim nächsten Mal erneuert werden. Bei jedem Lagerfettwechsel sieht man sich das Ganze einmal an und schmiert auch die beweglichen Metallteile der Bremse. Nur nicht zu viel Fett verwenden, sonst tropft das später auf die Bremsbeläge und verhindert ein gutes Bremsen.
Die Rückfahrautomatik wirkt im Prinzip wie folgt: Die ablaufende Bremsbacke wird bei Rückwärtsbewegung etwas an die Bremstrommel angedrückt, drückt über die Lagerung die auflaufende Backe etwas in Richtung Spreizschloß, was durch Hebelübersetzung dazu führt, daß die Backen sich nicht spreizen und somit ein Rückwärtsfahren möglich ist.

Fehlersuche und Wartung

Störung	Ursache	Abhilfe
Hänger bremst schlecht und schiebt	Rücklaufsperre nicht ausgehakt	aushaken
	zu großes Bremsspiel	nachstellen
	Bremsbeläge abgefahren, verölt oder verglast	erneuern und Radabdichtung prüfen
	Gängigkeit der Bremszüge durch mangelnde Pflege oder Knickung gestört	gängig machen und abschmieren
	Auflauflager durch mangelnde Pflege verharzt, Deichsel läßt sich nicht bewegen	gängig machen und abschmieren
Handbremse zieht nicht richtig, Hänger rollt auf schräger Unterlage	wie oben	wie oben
Hänger bremst ruckartig und springt	zu großes Bremslüftspiel	Bremseinstellung überprüfen und korrigieren
	zu großes Spiel im Bremszug oder dem Gestänge	mit Hilfe der Betriebsanleitung prüfen, nachstellen oder Werkstatt
	defekter Auflaufdämpfer in der Deichsel unwuchtige Räder	Werkstatt Werkstatt
Hänger bremst zu früh (schon wenn man vom Gas weggeht)	Auflaufdämpfer defekt. Prüfung: Deichsel läßt sich ohne Widerstand in der Führung hin- und herschieben	Werkstatt
Hänger bremst einseitig und läuft aus der Spur	ungleiche Bremseinstellung am Rad	Bremseinstellung überprüfen und korrigieren
	Bremszug einseitig gestört	gängig machen und, soweit erforderlich, erneuern
Kupplung läßt sich nicht lösen	Kupplungskugel vielleicht abgenutzt	Hänger etwas zum Auto verholen, so daß er einen anderen Winkel zur Längsachse des Autos hat, dann geht die Kupplung wahrscheinlich ab. Warnsignal. Kugel gründlich messen. Hat sie weniger als 49,5 mm, erneuern.
Hänger mit Rückfahrautomatik läßt sich schlecht zurückstoßen	Mechanik in der Bremstrommel mangels Fett nicht beweglich genug	nach Betriebsanleitung prüfen und abschmieren
Kupplung rastet nicht ein	Kugel oder Kupplung verschmutzt	säubern und einfetten

Lassen Sie den Hänger nicht längere Zeit mit angezogener Handbremse stehen, sonst gammeln Ihnen die Bremsbacken an der Trommel fest. Immer Keile unterlegen und Bremse lösen.

Wartung und Pflege: Kontrolle und Nachziehen aller Muttern und Schrauben. Abschmieren der beweglichen Teile.
Bei Drehstabfederung die Fettnippel an der Achse nicht vergessen! Einsprühen der E-Anlage mit Kontaktspray. Radspiel-Prüfung und -Nachstellung sowie Überprüfung der Bremsen. Rahmen waschen und einwachsen.
Einwintern des Hängers (s. auch S. 208).

Wichtig: In der Betriebsanleitung sind Kontrollintervalle angegeben, die unbedingt befolgt werden müssen. Es gibt einen Intervall, der kurz nach Verlassen des Werkes, einer nach einer Fahrstrecke zwischen 100 und 500 km liegt, dann folgt der Streckenintervall von 2000 bis 5000 km und die Herbstüberholung, die die Arbeiten des Kilometerintervalls einschließt.

Winterlager, aufpallen, reinigen und konservieren

Einwintern mit Blick aufs Frühjahr

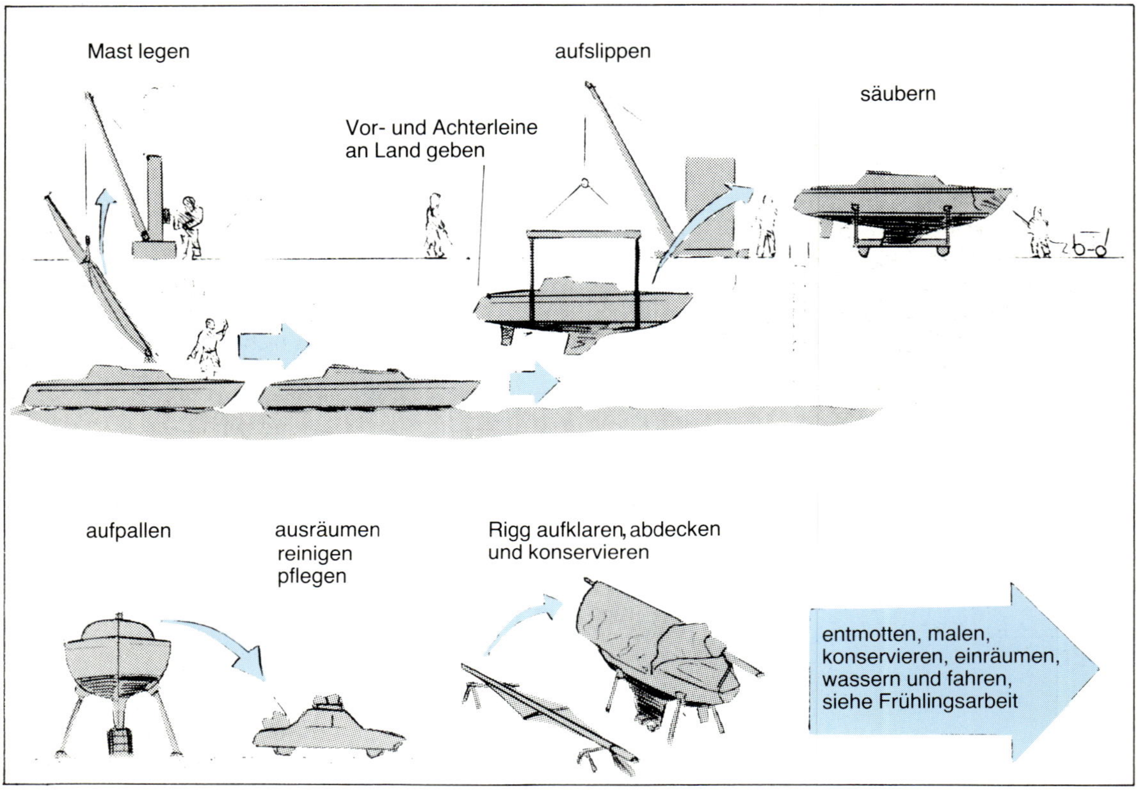

Die mehrmonatige Pause, die uns in unseren Breiten vom Wetter jedes Jahr aufgezwungen wird, ist für die meisten Yachten unter richtigen Voraussetzungen ein Vorteil.

Zumindest Holz- und Kunststoffrümpfe nehmen während des Sommerhalbjahres so viel Feuchtigkeit auf, die, wenn sie keine Gelegenheit bekommt, wieder „auszudunsten", den Rumpf schädigt. Es gilt als erwiesen, daß Kunststoffrümpfe nach zwei bis vier Jahren ständiger Wasserliegezeit nur noch bis zur Hälfte der Anfangsfestigkeit haben. Schon aus dieser Sicht sollte auch der Eigner, der seine Yacht in wärmeren Revieren liegen hat, einmal im Jahr drei bis vier Wochen aus dem Wasser gehen. Das ist nur ein Aspekt. Es kommt dazu, daß ein neues Antifouling fällig wird, daß während des Betriebs in einem gedrängten Sommer „Narben" entstanden sind, die einer dringenden Behandlung bedürfen, daß das ganze Schiff einer gründlichen, bis in alle Ecken reichenden Säuberung bedarf, daß viele kleine Dinge vernachlässigt sind, die man nur während einer Zwangspause gründlich in Ordnung bringt.

Man sollte dieses Winterhalbjahr mit System und Blick auf das Frühjahr angehen. Dann läßt sich in relativ kurzer Zeit für die Werterhaltung und den sicheren Betrieb im darauffolgenden Sommer ohne viel mühsame Frühjahrsarbeit sehr viel tun. Die in der Skizze dargestellte Reihenfolge der Hauptarbeiten zeigt einen vernünftigen Ablauf.

Vor dem Anheben wird eine Vor- und Achterleine, an der Klampe belegt, an Land gegeben, damit das Boot dirigiert werden kann.

Kran und Aufslippen

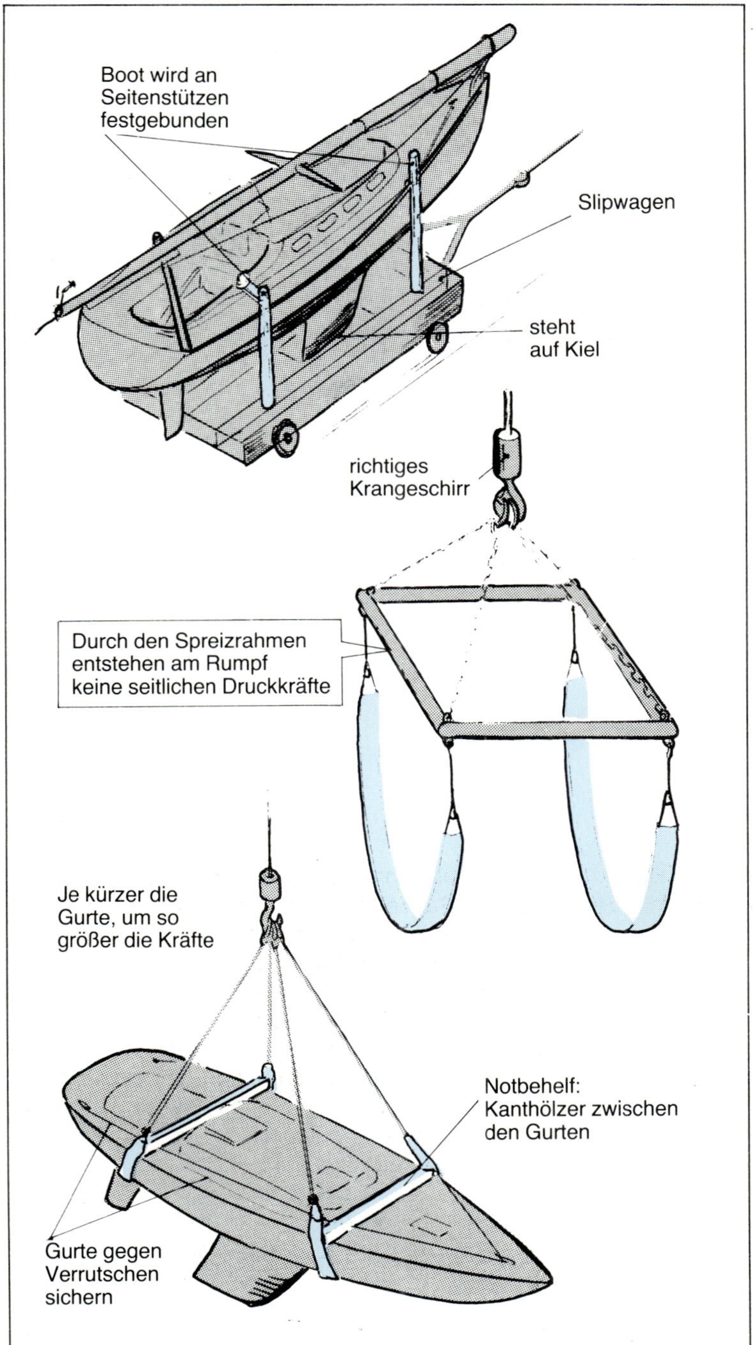

Bevor Sie in den Kran gehen:

- Mast legen (s. dort),
  Motor konservieren (s. dort)
- Fäkalientank säubern

Egal, ob Sie an einem See oder bei einer Küstenwerft liegen, wo das Boot mit dem Slipwagen oder mit dem Kran herauskommt, wichtig ist, daß man einige brauchbare Angaben über das Unterwasserschiff machen kann, damit nicht etwa die Bänder des Krans oder die Stützen des Slipwagens das Ruder, die Welle oder den Loggeber beschädigen. Natürlich passiert es hierzulande kaum noch, daß der Kran nicht einen eigenen Spreizrahmen für die Gurte hätte. Falls die Situation dennoch irgendwo eintritt, muß man sich mit Kanthölzern, die quer über das Deck zwischen die Gurte gespreizt werden, behelfen.

Es ist zwar im allgemeinen so, daß der Mann am Kran viel Erfahrung hat. Es ist aber Ihr Schiff, und, wenn Schaden entsteht, der Ärger bleibt, auch wenn ein Ausgleich in irgendeiner Form stattfindet.

Fahren Sie vorsichtig in die Gurte, auch wenn alle Welt so tut, als sei es der letzte Herbsttag. Die Schäkel oder Ringe der Hebegurte sind sehr schwer, und wenn sie an Deck fallen, schlagen sie böse Kinken in die Feinschicht oder den Lack. Wenn das Boot auf Ihren eigenen Winterlagerwagen oder den Trailer gestellt wird, sollten Sie es lieber noch einmal kurz anheben lassen, um die Position genau zu korrigieren; denn wenn Sie erst einmal vom Kran weg sind, wird alles sehr viel schwieriger.

Säubern von Rumpf und Deck

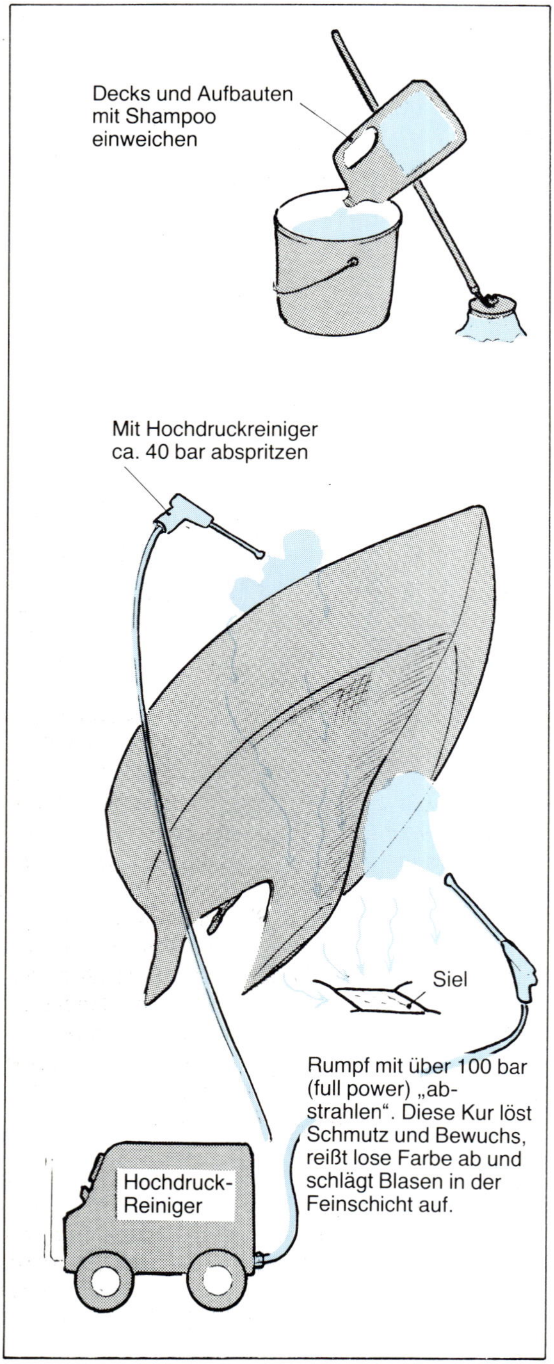

Der Hochdruckreiniger ist heute fester Ausrüstungsbestandteil der Winterlagerbetriebe. Er steht schon am Hafenkran, so daß das Schiff gleich, nachdem es aus dem Wasser kommt, einer gründlichen Säuberung unterzogen werden kann. Die Skizze zeigt das Prinzip. Mit dem Hochdruckreiniger „abgestrahlt“, hat man keine Probleme mit der Beseitigung von Bewuchs, Kalkresten und losen Farbteilen.

Ist kein Hochdruckreiniger vorhanden, wird der Vorgang mühsamer. Der Bewuchs muß mit dem Schrubber entfernt werden. Seepocken und anderes Schalengetier wird erst mit einem Stück Holz abgeschabt. Algen- und Bewuchsentferner sollte man nur in hartnäckigen Fällen verwenden und sich sehr genau an die Angaben des Herstellers halten. Ätzende Bestandteile in den Algenentfernern greifen sehr leicht bei zu langer Einwirkzeit die Fein- oder Lackschichten an.

Decks und Aufbauten werden, verglichen mit dem Unterwasserschiff, einer Feinwäsche unterzogen und mit dem Schlauch nachgespült.

Der Hochdruckreiniger bringt außer der Bequemlichkeit für den Eigner, sofern er richtig eingesetzt wird, einen in zunehmendem Maß stärker wiegenden Aspekt zur Geltung: Umweltschutz! Erstens kann man das Schiff mit dem Hochdruckreiniger ohne Verwendung von Waschmitteln sauber bekommen und, wenn aus irgendeinem Grund Zusätze in Form von Waschmitteln notwendig sind, können sie phosphatfrei sein. Außerdem läuft das Waschwasser kontrolliert in ein Siel, da das Schiff auf einer Betonfläche steht und die „Waschlauge“ nicht in den Boden einsickern kann.

Aufpallen – Lagerböcke und Bootswagen

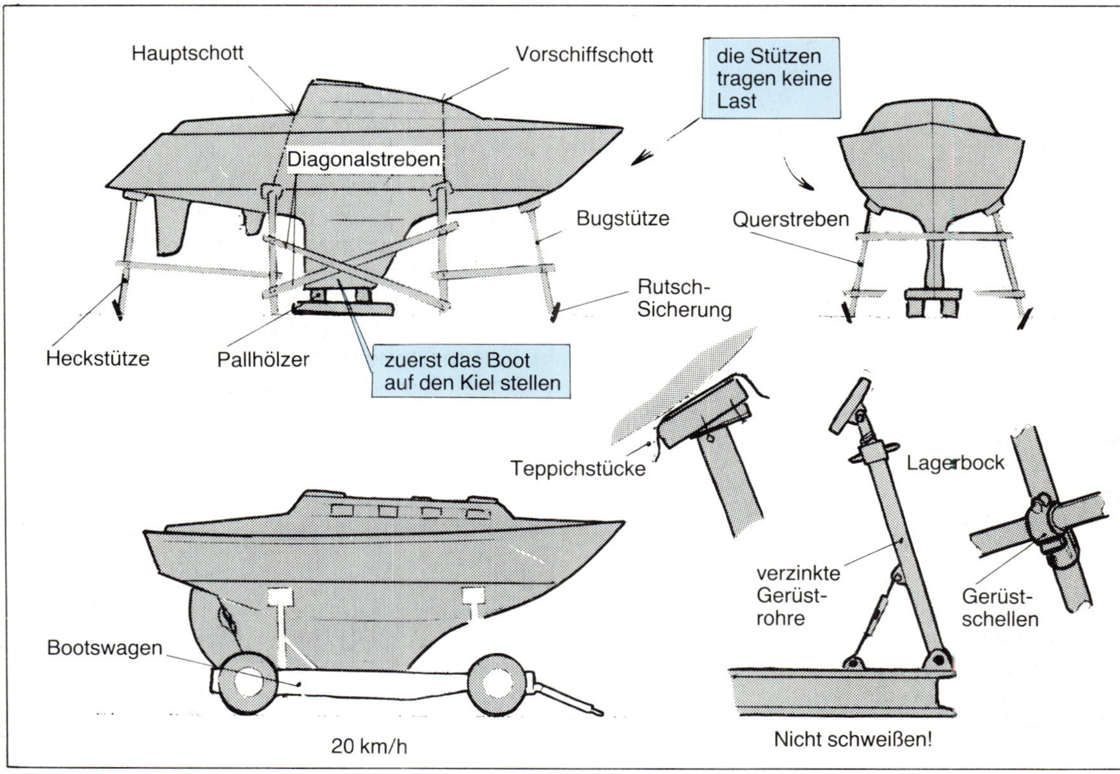

Aufpallen ist das Abstützen und Lagern von Schiffen mit Hölzern. Das ist eine Arbeit, die man verstehen muß, damit das Schiff sicher steht und nicht bei Arbeiten an Bord oder Windböen ganze Reihen anderer Boote umreißt.

Wichtigster Grundsatz: Das Schiff muß auf dem Kiel stehen. Die Stützen übernehmen nur Stützfunktion, die normalerweise (theoretisch) keine Last tragen und nur Kräfte aufnehmen, wenn durch etwa arbeitende Personen oder Wind andere Kräfte als die Schwerkraft auftreten.

Es gibt natürlich eine Reihe von Methoden zum Aufstellen und Lagern von Schiffen wie Lagerböcke, Lagergestelle und Bootswagen. Sie stellen aber zum Teil im Ablauf des Einwinterns oftmals eher ein Hindernis als einen Vorteil dar, da für die Wahl der Aufstellmethode meist die Transportart vom Kran zum Lagerort entscheidend ist. Wenn die Boote zum Beispiel mit einem hinten offenen Tieflader transportiert werden, sind Lagerböcke denkbar ungeeignet, da das Schiff vom Tieflader ohne Kran direkt auf den Kiel gestellt wird und der Lagerbock nicht darunter gesetzt werden kann. Noch schlechter sind Lagerböcke, die in einem Stück verschweißt sind. Gut geeignet sind Lagergestelle aus Gerüstsystemen mit verstellbaren Schellen. Anders sieht die Lage schon wieder aus, wenn der Lift oder der Kran das Boot direkt an Ort und Stelle bringt und in einen Lagerbock abstellen kann. Am vorteilhaftesten ist der Bootswagen, der, wenn er in der Nahverkehrszone auf 20 km/h beschränkt oder nur auf dem Lagergelände gefahren wird, gar nicht so aufwendig ist.

Achten Sie darauf, daß das Boot möglichst horizontal steht. Man kann dann viele Arbeiten einfacher ausführen und hat auch nicht das Gefühl, daß da immer irgend etwas schief ist.

Rigg einwintern und pflegen

So wie das Rigg vom Boot kommt, wird es auf zwei bis drei Böcke gelegt, mit dem Schlauch oder dem Hochdruckgerät ganz gründlich abgespritzt. Es reicht nicht, das Rigg nur auf Kanthölzer zu legen, da der Sand vom Wasser hochgeschleudert wird und wiederum Schaden anrichtet. Besonders gründlich werden Toppbeschlag, Fußbeschlag, die Scheibenkästen und alle Verbindungen ausgespritzt, denn Salz und Flugrost fressen im Winter weiter. Spieren auch innen gut ausspülen!

Flecke werden mit Waschbenzin oder Verdünnung abgewischt.

Kratzer in der Eloxierung: Die beschädigte Eloxierung führt spätestens in der nächsten Saison zu Ausblühungen des Aluminiums. Es lohnt deshalb, die Kratzer zu versiegeln. Sie haben zwei Möglichkeiten, entweder in Form einer kurzlebigen ersten Hilfe, indem man mit Verdünnung oder Benzin entfettet, mit 2-Komponentenlack oder -kleber den Kratzer verschließt oder etwas dauerhafter arbeitet, indem man den Kratzer anschleift, mit Alu-Primer draufgeht und dann noch zwei- bis dreimal lackiert. Man kann die Farbe dann so wählen, daß das Ausgebesserte nicht besonders stört.

Beschläge: Besonders wichtig ist die Tatsache, daß Edelstahlbeschläge auf Aluminium nicht ohne „Isolierung" angebracht sein sollten, da das verheerende Folgen für das Aluminium hat. Das Alu gammelt hinter den Beschlägen weg, ohne daß man es von außen richtig bemerkt. Warnzeichen sind Ausblühungen am Rand von Edelstahlbeschlägen. Gute Mastenbauer setzen alle Beschläge mit einer Kunststoffzwischenlage auf. Wenn das Alu also immer rund um einen Beschlag blüht, sollten Sie die Nieten ausbohren und den Beschlag neu aufsetzen. Falls das Material im Nietbereich geschwächt ist, kann man den Beschlag auch einige Zentimeter versetzen und die Löcher mit 2-Komponenten-Spachtel oder einfach mit einem Niet verschließen.

Stehendes Gut: Das stehende Gut muß Meter für Meter durchgegangen werden. Verbogene Spanner werden geradegebogen. Es ist aber wichtig, die Ursache für das Verbiegen des Spanners zu suchen und auf Risse im Werkstoff zu achten. Wenn ein einziger Draht des Stags gerissen ist, muß das ganze Stag erneuert werden. Die Edelstahldrähte, auch wenn sie elektropoliert sind, sind besonders anfällig gegen Flugrost, deshalb muß das stehende Gut sehr gründlich gewaschen werden. Rollen Sie es nicht zu eng und bezeichnen Sie die Stagen, damit Sie im Frühjahr keine Schwierigkeiten haben. Das stehende Gut darf nicht auf dem Mast liegenbleiben.

Laufendes Gut: Auch Drahtfallen im Winter nicht auf dem Aluminium liegenlassen. Fallen, Strecker, Schoten werden auf Verschleiß untersucht. Bei unerwartet starken Verschleißerscheinungen ist die Ursache im Bereich der Beschläge zu suchen. Wenn die Fallen einseitig verschlissen sind, kann man sie auch verkehrt herum einziehen, sofern es sich um durchgehende Tauwerkfallen oder um reine Drahtfallen handelt. Die Fallen bleiben im Mast, werden aber nicht hart durchgesetzt. Wenn Sie ein Fall ausziehen, auf jeden Fall gleich eine Pilotleine (Botenleine) mit einziehen.

Verpackung: Selbstverständlich sollte man den Mast gegen den Winterlagerstaub schützen. Gleichzeitig schadet aber ein luftdichtes Verschließen mit Folie. Deshalb entweder eine luftdurchlässige Persenning verwenden, oder die Folie sollte an der Unterseite 10 cm offenbleiben und nur locker entweder mit einer Marlleine festgebunden oder mit Kreppband verklebt werden.

Blöcke und Scheiben: Tufnol-Scheiben haben sehr gute Laufeigenschaften auf Edelstahlbolzen und bedürfen keiner Schmierung. Salzkristalle müssen herausgespült werden. Das gilt auch für alle anderen Blöcke und Scheiben. Wenn man eine Verbindung auseinandernimmt, kann man natürlich Winschen- oder Wasserpumpenfett draufmachen. Kugelgelagerte Blöcke werden auf jeden Fall mindestens im Herbst abgeschmiert. Zwei- bis dreimal im Sommer wär' sogar gut.

Rigg einwintern und pflegen

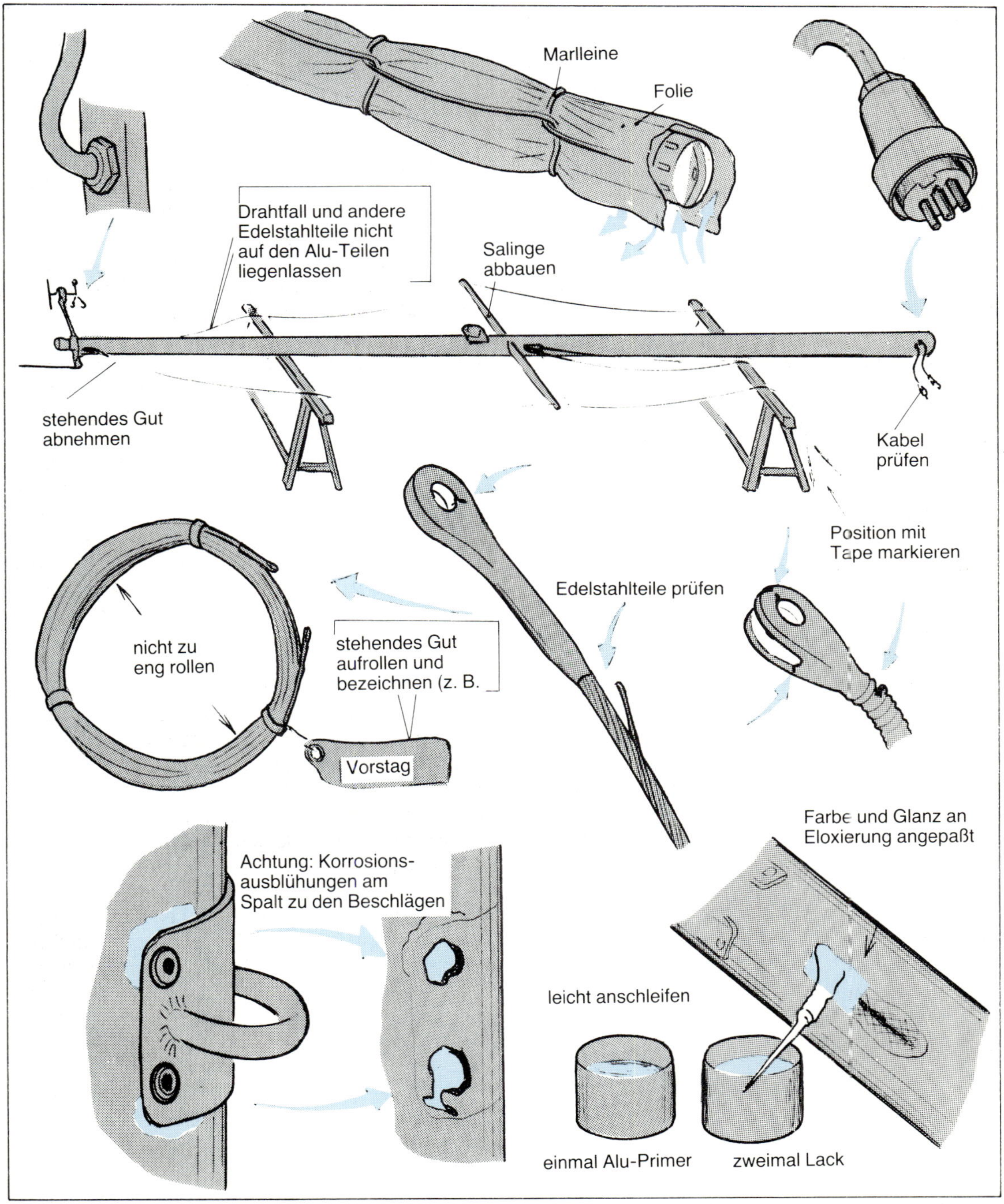

Ausräumen, pflegen und stauen

Das Beste ist, man hat je nach Größe der Yacht zu Hause einen Schrank oder ein Zimmer, wo alle Ausrüstungsteile den Winter über trocken gelagert werden können. Aus dem Schiff sollte man alle beweglichen Teile, auch Polster, Türen und Elektrogeräte herausnehmen. Nicht nur, weil man die Teile dann in aller Ruhe reinigen und pflegen kann, sondern weil das Schiff innen besser durchlüftet. Wer die Möglichkeit nicht hat, so große Teile wie Polster zu Hause trocken zu lagern, denn ein Gästezimmer ist schnell bis zur Decke voll, und der Keller ist schlechter geeignet als das Schiff, der muß ein trockenes Wochenende abwarten, das Schiff ausräumen, innen gründlich säubern, alle losen Teile feucht abwischen, gut trocknen lassen, das Schiff innen auswaschen (s. Seite 204), mit der Heizung durchtrocknen und dann wieder einräumen.
Für alles, was mit nach Hause kommt, sollte eine Liste angefertigt werden (analog zum Stauplan s. dort), dann hat man es im Frühjahr leichter.
Beim Wegstauen kontrolliert man gleichzeitig die Ausrüstungsgegenstände so weit, daß man notwendige Reparaturen und Neuanschaffungen gleich listenmäßig erfaßt und entsprechend einplant.
Die Zusammenstellung links ist als schnelle Übersicht gedacht. Mehr über die einzelnen Ausrüstungsteile finden Sie unter dem entsprechenden Stichwort.

Wartung und Pflege der Ausrüstung

Batterien ausbauen, reinigen, Wasser auffüllen, zu Hause zweimal pro Winter volladen und mit kleiner Lampe Strom verbrauchen.

Bücher, Seekarten usw. nicht gleich wegstauen, sondern erst einige Tage durchlüften lassen.

Kompaß, Echolot, Radio usw., soweit die Geräte nicht fest eingebaut sind, feucht abwischen, innen leicht mit wasserunterwanderndem Konservierungsspray einsprühen und zu Hause stauen.

Polster am besten mit nach Hause nehmen, trocken lagern, Bezüge abnehmen und zur Reinigung geben.

Segel und Tauwerk werden mit Wollwaschmittel in maximal 30° warmem Wasser durchgewaschen, gründlich mit reinem Wasser gespült und getrocknet. Teerflecke und ähnliches können mit Waschbenzin oder einem anderen Lösungsmittel entfernt werden.

Persennings und Verdecks. Solange der Schmutz nicht besonders tief sitzt, trocken abbürsten, aber etwa alle zwei Jahre in Wollwaschmittel in der Badewanne bei maximal 30° gründlich auswaschen und entweder mit Spray oder, was noch besser ist, mit flüssigem Imprägnierungsmittel in der Badewanne nachimprägnieren. PVC-beschichtete Planen werden mit einem Reinigungsmittel abgewischt, getrocknet, ebenfalls trocken überwintert.
Beiboot. Sofern es sich um ein starres Boot aus Holz oder GFK handelt, wird es wie Außenhaut und Decks der materialgleichen großen Rümpfe behandelt (s. Seite 211). Ist es ein Schlauchboot, wird es nach Herstellerangaben gepflegt, auf jeden Fall gründlich gesäubert und mit einem Schlauchboot-Pflegemittel eingerieben. Die Innenseite der Schläuche mit Talkum zu pflegen, ist zur Zeit umstritten, da einige Hersteller der Auffassung sind, daß talkumgepflegte Boote schlecht zu reparieren sind.

Rettungsinsel. Äußerlich reinigen, den Winter über trocken lagern, einen Termin mit der Wartungsfirma abmachen, im März zur Wartung bringen.

Werkzeug und Ersatzteile sollte man nach Beendigung der Einwinterungsarbeiten auch mit nach Hause nehmen und, soweit notwendig, entrosten und mit Konservierungsspray einsprühen.

Rettungswesten, Rettungskörper und Sicherheitsgurt

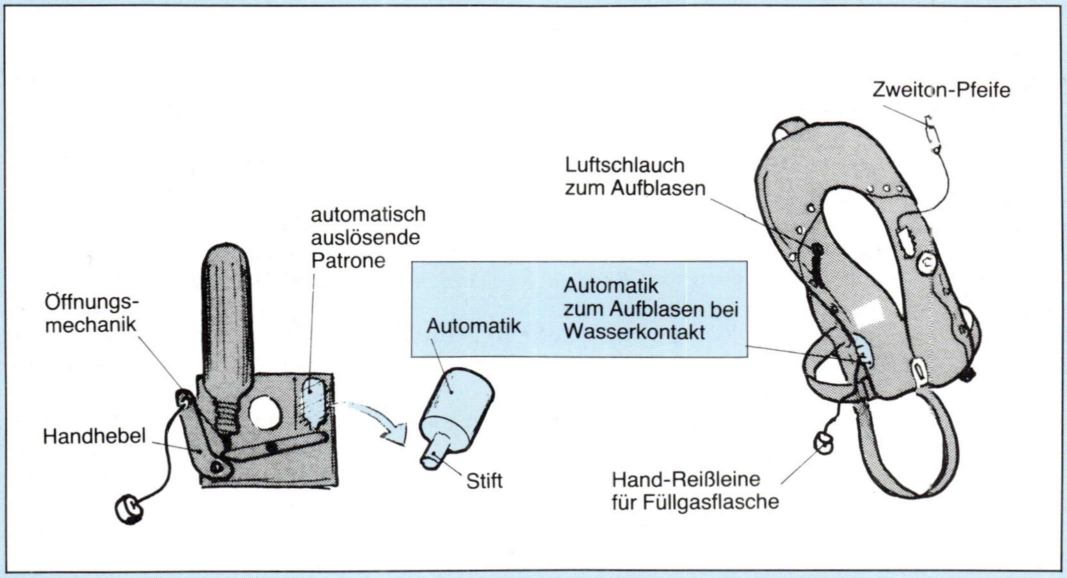

Teerflecke kann man mit Waschbenzin oder „Teerentfernungsspray" (siehe dort) entfernen.

Die Rettungswesten, – Körper- und Sicherheitsgürtel können mit milden Waschmitteln auf 30° gewaschen werden.

Alle Nähte an den Gurten prüfen und ausbessern. Beschläge und Schnallen kontrollieren.

Gut an der frischen Luft trocknen und trocken lagern.

Aufblasbare Westen müssen noch auf Funktionstüchtigkeit und Leckagen des Auftriebskörpers geprüft werden.

Füllflasche herausdrehen und wiegen. Das Gewicht (gross-weight oder GR) ist auf der Flasche eingestanzt. Für die Genauigkeit reicht eine Briefwaage aus. Ist die Flasche leichter als angegeben, ist das Füllgas entwichen, und die Flasche muß erneuert werden.

Weste mit dem Mundschlauch aufblasen und ins Wasser tauchen und dabei prüfen, ob irgendwo aufsteigende Gasblasen zu sehen sind, die aus einem Leck kommen. Danach wird die Automatikpatrone herausgedreht. Sie müßte jetzt den Öffnungsmechanismus betätigt haben, was daran zu erkennen ist, daß aus der Patrone (wie Zeichnung oben) ein Stift heraussteht. Aber gleichgültig, ob's funktioniert hat oder nicht, die Automatikpatrone muß ohnehin erneuert werden.

Beim Einschrauben der Füllflasche darauf achten, daß der Handhebel hochgeklappt ist, sonst ist die Flasche gleich leer.

Wenn Ihnen das zu umständlich ist, können Sie die Weste auch vom Hersteller direkt warten lassen.

Wenn Rettungsweste oder Rettungskörper im Laufe der Zeit ihre Farbe verloren haben – denn UV-beständig sind sie auf Dauer alle nicht –, dann kann man sie durch Reflexstreifen, die es für einige Mark zu kaufen gibt, wieder auf Vordermann bringen.

Innenreinigung

Hier gilt: je gründlicher, um so besser. Nach dem Leerräumen – hier ist gemeint Schranktüren, Stauraumdeckel, Schrankfächer, Bodenbretter und alle losen Teile raus und dann mit dem Staubsauger von zu Hause oder einem starken Leihstaubsauger durch das ganze Schiff. Saugen Sie ganz systematisch durch alle Stauräume und, soweit zugänglich, hinter Innenschalen und unter den Seitendecks. Dann wird mit Frischwasser unter Zusatz von etwas Spülmittel alles feucht abgewischt. Mit Spülmittel ist wirklich Spülmittel gemeint und nicht irgendein Sauberriese mit besonderem Glanzeffekt. Im Ankerkasten, den Cockpit-Backskisten unter den Bodenbrettern (Bilge) muß man möglicherweise „härtere Sachen" nehmen, um Fett-, Teer- und Ölfilme oder -flecke zu entfernen.

Viel Wasser schadet jedenfalls nie!

Auch hier gilt wie bei der Außenseite des Rumpfes und den Decks – wenn im Frühjahr nach dem Durchtrocknen Ausbesserungen von Holz- und Kunststoffflächen geplant sind, sollte man keine weiteren Konservierungs- und Pflegemittel verwenden, da diese weder Klebe- und Mal- noch Kunststoffarbeiten gut bekommen. Ist aus dieser Sicht nichts geplant, können Sie die Innenflächen durchaus mit einem Pflegemittel einreiben, so daß man im Frühjahr nur noch einmal oberflächlich drüberwischt, um den Staub zu entfernen. Meist zieht das Pflegemittel aber so weit in die Oberflächen ein, daß man im Frühjahr noch einmal drübergehen wird, was dem Material nur gut tut. Die rechts zusammengestellte Wartung von Einrichtungsgruppen und technischen Systemen dient der schnellen Übersicht. Mehr dazu finden Sie unter dem jeweiligen Stichwort über das Register am Ende des Buches.

Vernünftigerweise sollte man immer eine Liste bei sich haben und alles, was Verschleiß zeigt oder eine Reparatur erfordert, aufschreiben. Später, wenn die Bodenbretter wieder eingeräumt und die Schranktüren eingehängt sind, hat man die Hälfte vergessen.

Wartung der Einrichtung

Elektrische Verteilung – Hinten mit Kontakt- und Konservierungsspray einsprühen.

Schalter, Fassungen und Verteilerdosen – Alle zwei Jahre öffnen und mit Kontaktspray einsprühen.

Scharniere, Schlösser, Schnapper – Mit etwas Fett oder Gleitspray schmieren.

Trinkwassertanks und die Leitungen – Werden mit den letzten zehn Litern Wasser durch Zugabe einer stärkeren Dosis Entkeimungsmittel durchgespült und auch die Pumpen und Leitungen restlos entleert.

Kraftstofftanks – Dieselöltanks werden vollgefüllt. Benzintanks sollten entleert werden!

Leitungssysteme – Alle wasserführenden Leitungen und Geräte müssen zuverlässig entleert oder mit Frostschutzmittel aufgefüllt werden.

Teppiche – Soweit sie nicht lose liegen und zur Reinigung mit nach Hause genommen werden: mit Reinigungsmittel (Teppichschaum usw.) einreiben und gründlich absaugen.

Kühlschrank – Gründlich auswaschen, trokkenreiben, die Tür den ganzen Winter über offenlassen.

WC und Fäkalientank – Das ganze System vor dem Aufslippen gründlich spülen und reinigen. Jetzt kommt es darauf an, die Leitungen und das WC zu entwässern (oder mit Frostschutzmittel auffüllen!), damit im Winter keine Frostschäden entstehen.

Stauräume – Stauräume müssen den Winter über offenbleiben. Es kann sehr nützlich sein, sie mit Desinfektionsmittel auszusprühen.

Seeventile und Schlauchleitungen – Gleich beim Säubern darauf achten, ob irgendwo Lekkagen zu entdecken sind. Man sieht das an den Ablagerungen auf den Gehäusen.

Ungeziefer – Es gibt Fälle, in denen diverse Fliegen und sonstiges Ungeziefer die Eier in Spalten legt, an die man nicht rankommt. Dann krabbeln jahrelang irgendwelche Käfer aus den Ritzen. Gewaltkur: Boot ganz dicht machen, auch die Lüfter, gründlich mit Insektenvernichtungsmittel vollsprühen und einige Stunden verschlossen lassen. Das macht man am besten schon vor der Innenreinigung.

Abdeckung fürs Winterlager

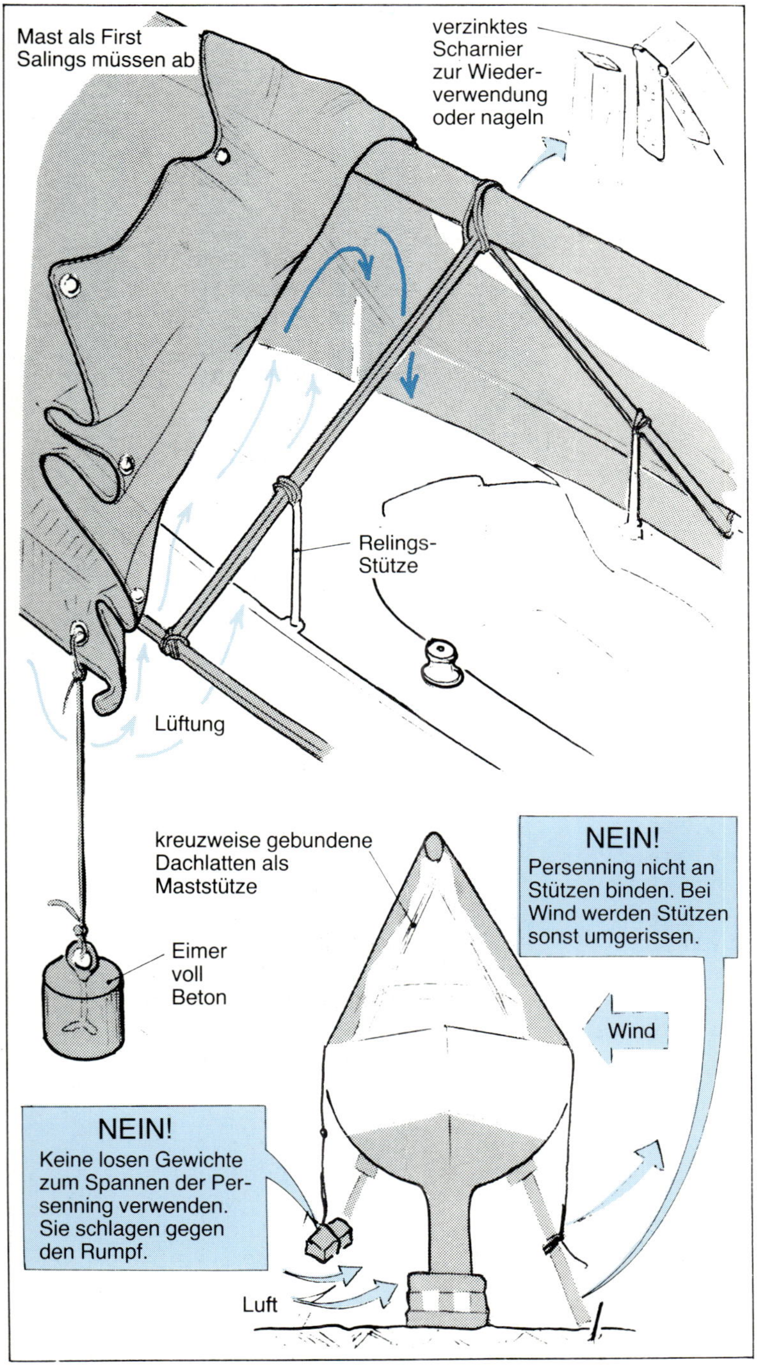

Es ist eine viel diskutierte Frage, ob eine Yacht im Freien oder in der Halle besser überwintert. Beide Plätze haben Vor- und Nachteile. Man braucht nur an die Enge der Halle und die Beschränkungen, die der Vertrag in bezug auf Eigenarbeit enthalten kann, denken. Natürlich ist das Boot im Freien dem Wetter ausgesetzt und eine gute Lackfläche wegen häufigen Windes kaum zu schaffen. Doch auch in der Halle gibt es viel Staub oder Schleifverbot.

Wer das Boot richtig abdeckt, so daß es trocken aber belüftet bleibt, hat gegenüber der Halle kaum Nachteile, da auch dort eine leichte Abdeckung z. B. mit Baufolie notwendig ist. Selbstverständlich haben sich bezüglich der Abdeckung von Booten im Freien ein halbes Dutzend praktikabler Lösungen entwickelt. Entsprechend brauchbare Details zeigen die Skizzen. Wer umbaut, ausbaut oder größere Überholungsarbeiten vorhat, sollte in der Breite 1 Meter mehr mieten, bis März möglichst einfach abdecken und dann für die Zeit der Arbeiten eine Leichtbauhalle oder ein Bauzelt mit Rohrgerüst über das Boot stellen.

Für die normale Überwinterung sollte man auch nicht an der Qualität der Persenning sparen und diese nicht nur so übers Schiff werfen. Die Folge ist zu wenig frische Luft, Verspaken und Verrotten des Bootes. Die Abdeckung muß vor Wasser gut schützen, aber gute Lüftung ermöglichen.

Pflegen und Konservieren von Kunststoff- und Lackflächen

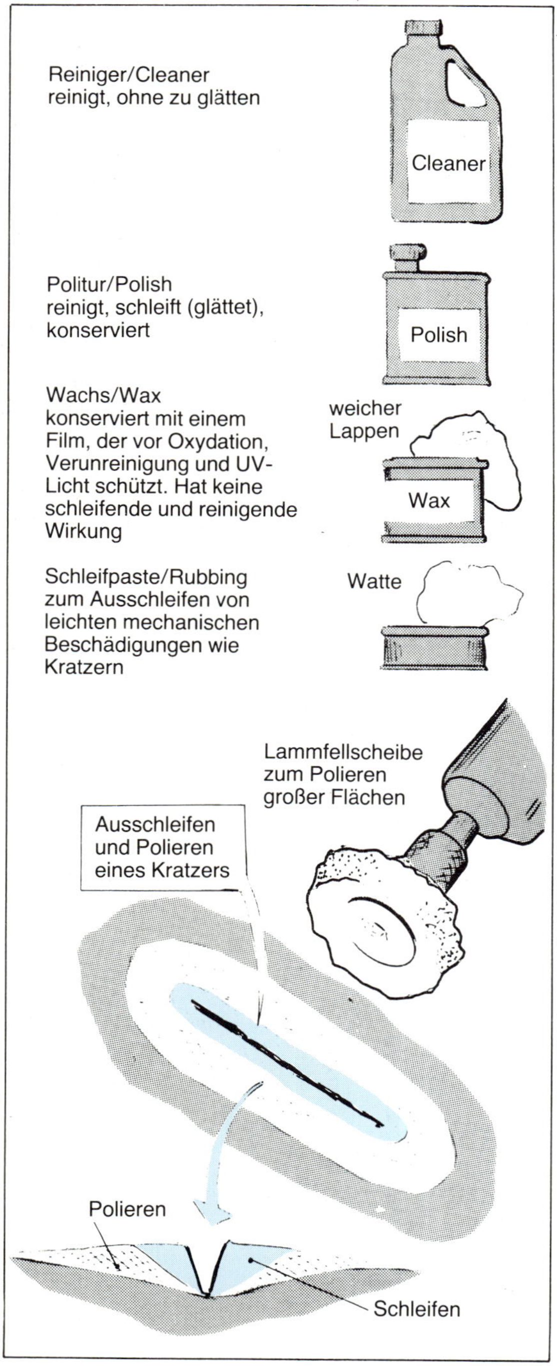

Sofern im Frühjahr größere Klebe-, Mal- oder Spachtelarbeiten geplant sind, wird der Rumpf nur gewaschen und nicht konserviert. Der Grund: Fast alle Pflegemittel enthalten Silikone, die schlecht von der Oberfläche zu entfernen sind und die Haftung von Klebern, Farben und Spachtelmassen erheblich verringern, so daß die Schleifarbeit sehr viel mühsamer wird.
Sind Außenhaut und Aufbauten noch nicht für den Pinsel reif, wird auf jeden Fall im Herbst konserviert, d. h. Rumpf, Deck, Aufbauten mit Politur oder Wachs einreiben.
Ist der Gelcoat oder die Lackschicht nur mäßig mechanisch beschädigt, so daß das Grundmaterial vom Kratzer nicht erreicht ist, kann man mit normalen Pflege- bzw. Konservierungsmitteln auskommen. Zur Verfügung stehen Reiniger, Politur, Schleifpasten und Wachs. Die verschiedenen Produkte sind zwar in ihren Eigenschaften oft vermischt, so daß es schon zum Waschen Bootsshampoos gibt, die konservierend wirken. Die Reiniger mischen sich mit den Polituren und die Polituren mit den Schleifpasten. Die Polituren haben reinigende, glättende und konservierende Wirkung. Das Wachs bildet nur einen Konservierungsfilm, der allerdings der Wirkung der Politur überlegen ist.
Matte, verwitterte Flächen werden mit Politur, die schleifend wirkt, glänzend poliert. Hier bewähren sich bei größeren Flächen Lammfellscheiben ganz besonders. Kratzer müssen mit Schleifpaste flach geschliffen und mit Politur geglättet werden. Erst dann kommt wieder konservierend die Wachsschicht darüber. Schleift man einen Kratzer zu kleinflächig an, kommt es leicht, wie die Skizze es andeutet, zu Spiegelungen der im Prinzip gewellt bleibenden Fläche, so daß man auch nach dem Polieren oftmals das Gefühl hat, daß der Kratzer noch vorhanden ist.
Wenn tiefere mechanische Verletzungen die Oberflächen verunzieren und Sie die Schäden schon im Herbst beseitigen wollen (Frühjahr wäre aber besser), müßten Sie einige Tage warten, bis das darunter liegende Material getrocknet ist (siehe Ausbessern und Reparieren von Kunststoff oder Holz).
Metallische Ballastkiele werden wie Stahlschiffe behandelt (s. rechts).
Blasen im Gelcoat werden mit dem Spachtel geöffnet und bleiben bis zum Frühjahr offen (s. Reparatur von Kunststoffen).

Stahl- und Alu-Schiffe ausbessern und konservieren

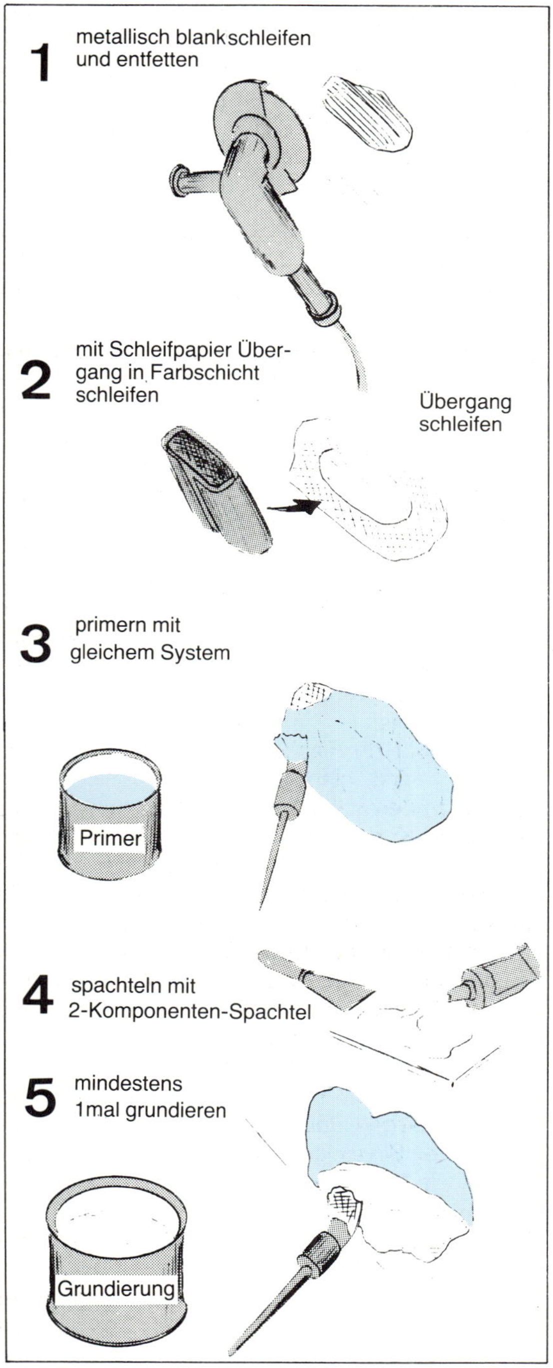

Auf Stahl- und Aluminium-Schiffen müssen gleich im Herbst alle Schäden beseitigt werden, da die Unterrostung bzw. Oxydation immer weiter fortschreitet. Es ist nicht notwendig, das ganze Farbsystem aufzupinseln, wenn man z. B. mit der Heizung die Saison bis November verlängert hat und die Luftfeuchtigkeit zu hoch und die Temperatur zu niedrig ist, um brauchbare Voraussetzungen für eine gute Haftung und Reaktion der Farbe zu haben. Es reichen dann blankschleifen, primern und einmal grundieren, um das Frühjahr zu erreichen.

Überprüfen Sie Ihr Schiff ganz genau. Nehmen Sie einen Spachtel oder Schraubenzieher zur Hand und schaben Sie alle Blasen und rostverdächtigen Stellen auf. Zur Markierung kann man überall ein Stück Kreppband aufkleben.

Besonderes Augenmerk gehört den Borddurchführungen, allen Ecken, Speigatten an der Schanzleiste, Sockeln und Brücken für Winschen und andere Beschläge, Relingsfüßen und allen Übergängen zu anderem Material, auch Holz.

Die Skizze zeigt den Arbeitsablauf.

Die folgenden Punkte sollten Sie beachten:
Immer beim gleichen Farbsystem bleiben.
Gründlich entrosten und entfetten, am besten mit einem kleinen Winkelschleifer die Stelle metallisch sauberschleifen. Bürsten reicht nicht.
Keine Rostvernichter verwenden, sie sind zumindest umstritten, da man die erforderliche Menge nicht genau abschätzen kann und durch Salzbildung oder Rostreste die Farbe nicht hält.
Im Herbst mindestens primern und grundieren.
Halten Sie sich an die Angaben des Farbherstellers. Es gibt nur selten Geheimtips, die es einem einfacher machen als die Malfibel, ohne einen Qualitätsverlust hinzunehmen.
Das Wichtigste: Alle Farben, aber besonders 2-Komponenten-Systeme sind temperatur- und feuchtigkeitsempfindlich. Im allgemeinen sollte man nicht unter 10° C und nicht über 80 % Luftfeuchtigkeit arbeiten. Doch die für Ihre Farben geltenden Grenzen stehen in der Produktbeschreibung des Herstellers.

Kaufen Sie keine Farben ohne genaue Verarbeitungsangaben. Auf der Dose steht zu wenig.

Anhänger und Trailerboote

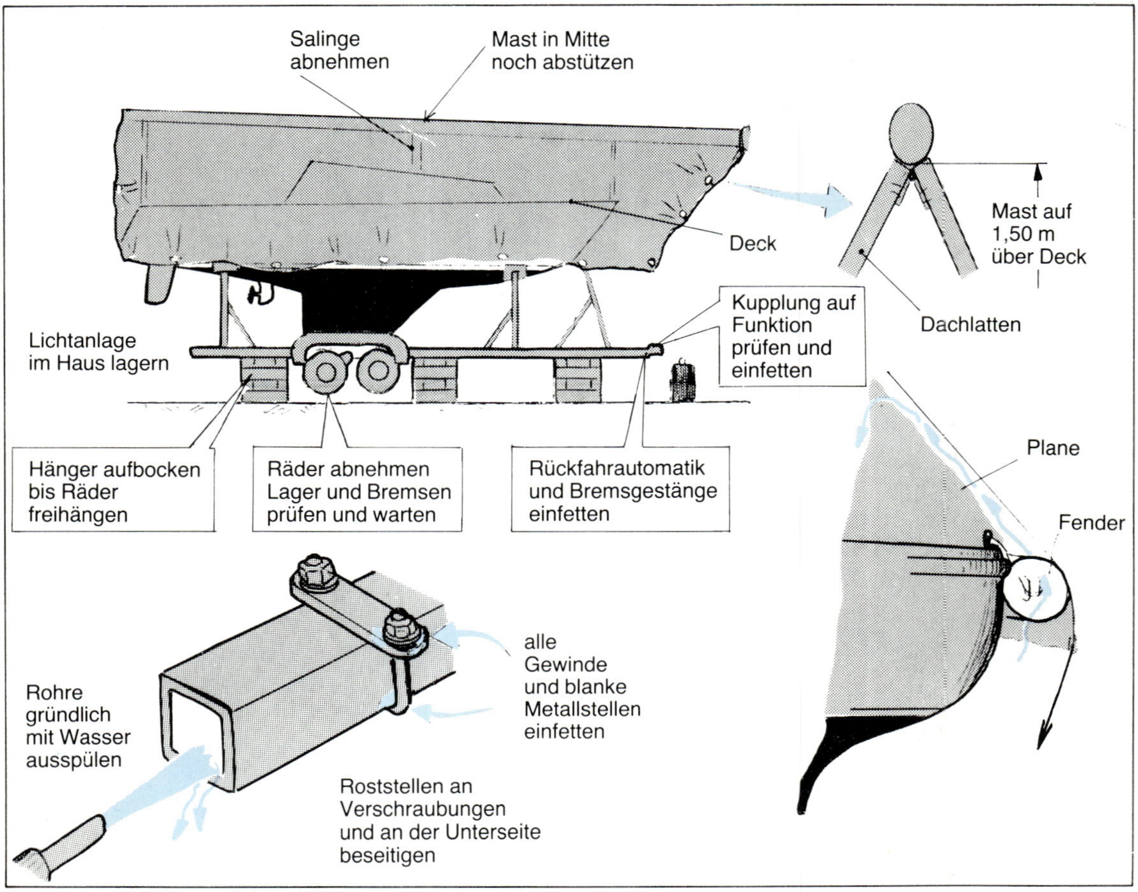

Trailerboote können auf dem Hänger bleiben. Man verfährt wie mit anderen Booten auch, hat aber den Vorteil, daß es die Woche über im Garten vor dem Haus steht und man mehr daran tun kann.
Was leider sehr vernachlässigt wird, ist das gründliche Einwintern des Hängers – verständlicherweise, denn das Boot steht immer drauf. Sie sollten aber doch folgendes tun. Am letzten Herbstwochenende lassen Sie das Boot zwei Tage länger im Wasser und kümmern sich um die Unterseite des Hängers. Stellen Sie den Anhänger hochkant an die Wand, spritzen Sie ihn gründlich ab, spülen Sie auch die Rohre gut durch. Achten Sie auf Roststellen an Schraubverbindungen, Klemmschellen und allen Kanten. Ausgebessert wird mit dem gleichen Farbsystem.

Verzinkte Hänger kann man ebenfalls ausbessern. Die Farbe kriegt man mit einem Ätzprimer zum Haften. Roststellen müssen natürlich metallisch reingeschliffen werden, erst dann hat es Sinn, mit dem Primer draufzugehen. Im Kapitel „Anhänger“ finden Sie die entsprechenden Ratschläge für die Radlager, Bremsen und die Lichtanlage.

Frühlingsarbeit

Antifouling, Einräumen, Fahren

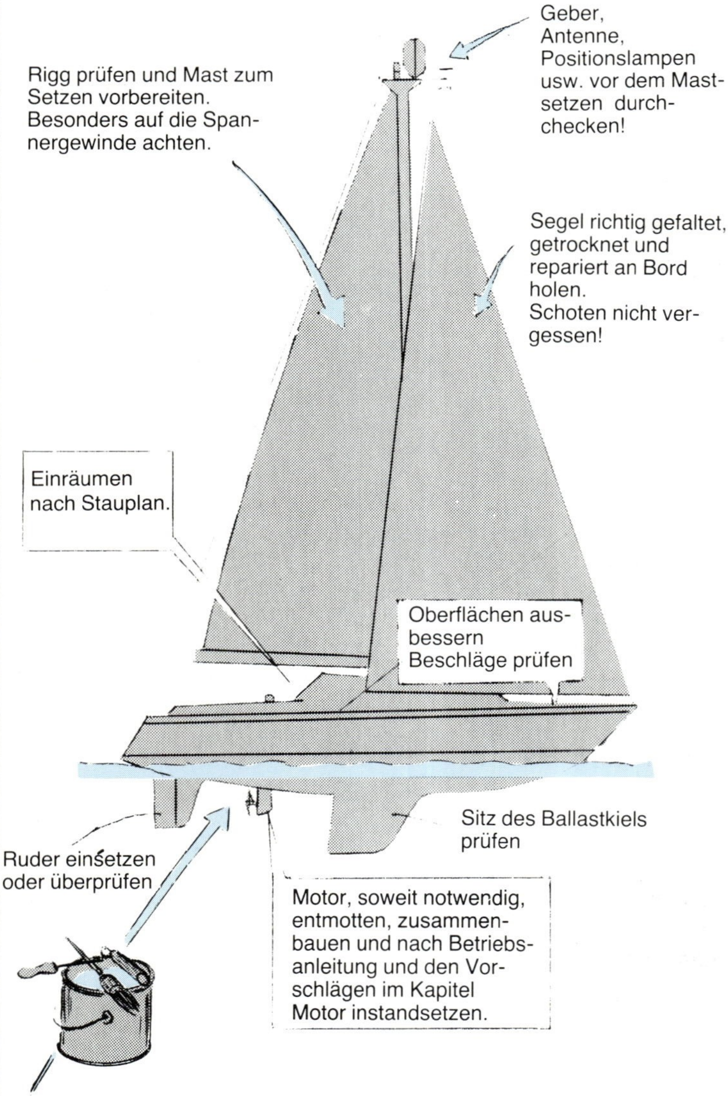

Das Unter-Wasser-Schiff wird gründlich angeschliffen (Körnung nach Hersteller-Angaben des Antifoulings) und jede Beschädigung der Feinschicht oder Lackschicht gründlich ausgebessert. Erst dann wird wiederum nach Hersteller-Angaben ein hart- oder selbstpolierendes Yacht-Antifouling aufgetragen. Für den Motorschaft, die Welle und den Propeller gibt es jetzt farblose Antifoulings.

Beachten Sie die Schutzmaßnahmen!
Auf Augen, Haut und Atemwege aufpassen!

Wenn Sie den Ratschlägen des Kapitels Winterlager gefolgt sind und ein fast neues Boot haben, ist es jetzt eine Kleinigkeit, das Schiff wieder in Gang zu bringen. Die Hauptarbeiten sind in der Skizze links aufgezeigt. Nähere Beschreibungen zur Pflege, Wartung und Instandsetzung finden Sie über das alphabetische Register, wobei besonders auf die Arbeiten am Motor, dem Rigg und auf den Stauplan zum Einräumen des Bootes zu verweisen wäre.
Ist Ihr Schiff älteren Datums, dann müssen Sie schon mehr Zeit aufwenden, da die Reparaturen aller Außenhautschäden an Rumpf, Deck und Aufbauten eine Menge Mühe machen. Zu diesem Teil der Arbeiten finden Sie auf den folgenden Seiten dieses Kapitels noch Anregungen und Tips.
Wenn Sie schließlich so weit sind, daß das Unter-Wasser-Schiff mit Antifouling gestrichen und Sie das Boot zu Wasser gebracht haben, sollten Sie nicht gleich aus den Kranschlaufen auf die Reise gehen, sondern das Boot ohne Motor oder mit ganz niedriger Drehzahl zum nächstbesten Liegeplatz oder Ausrüstungskai verholen und da wieder mit aller Ruhe die verschiedenen Gruppen und Systeme durchprüfen, auf jede kleinste Leckage achten und so Schritt für Schritt das Boot seeklar machen, den Motor laufen lassen und erst dann nach einer kurzen Probefahrt zum Mastkran verholen, den Mast aufstellen, das Rigg trimmen und dann einen Probeschlag segeln. Ist dann alles klar, kann's losgehen.

Ausbessern und Reparieren von Kunststoff-Oberflächen

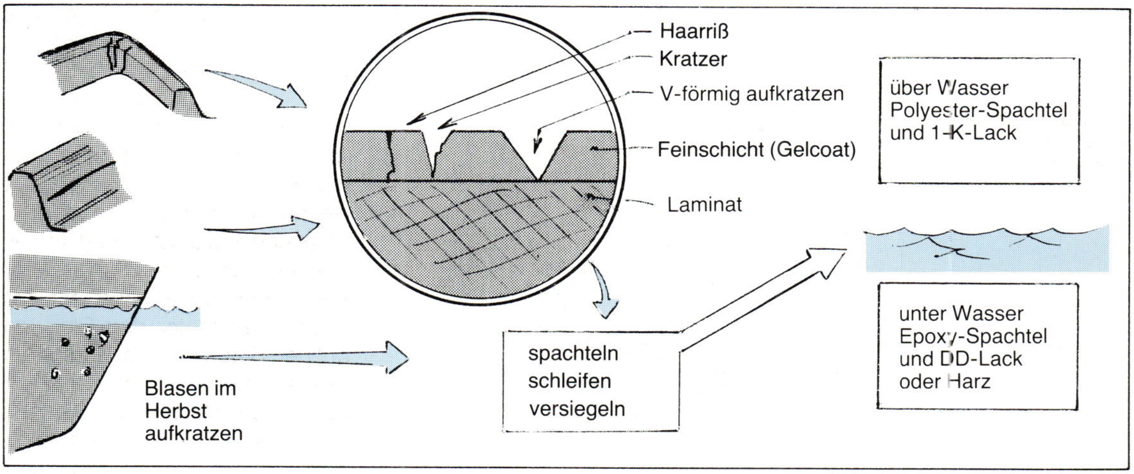

Auch wenn Kunststoffyachten ein längeres Leben haben als man ihnen vorhersagte, zeigen sich doch neben den mechanischen Beschädigungen äußere Alterserscheinungen in Form von matten Oberflächen und Haarrissen, die beseitigt werden müssen, da sie sonst zu einer sich ständig beschleunigenden Verschlechterung führen (Quellen und Abplatzen der Feinschicht).

Es gibt einen wesentlichen Unterschied zwischen den Beschädigungen einerseits, den mehr oder weniger oberflächlichen, die den optischen Eindruck stören und die Feinschicht nicht wesentlich verletzt haben (s. Pflege von Kunststoffoberflächen) und jenen, die die Feinschicht, die als Wasserbremse das Laminat schützt, ganz durchdrungen haben, d. h. tiefe Kratzer und Haarrisse. Sie müssen versiegelt werden, damit die Feuchtigkeit nicht in das Laminat eindringt. Das gleiche gilt für Blasen, die im Unterwasserbereich nach einigen Jahren (2 bis 4) auftreten können und auf Verarbeitungsfehler zurückzuführen sind. Einzelne dieser Blasen werden wie Kratzer im Unterwasserbereich behandelt und mit der Hoffnung, daß es nicht mehr werden. Treten sie scharenweise auf, sollte man sich mit der Werft auseinandersetzen, denn die Kosten für ein neu beschichtetes Unterwasserschiff sind sehr hoch. Da man die Ursachen für die Blasenkrankheit (Osmose aufgrund von Verarbeitungsfehlern) kennt, wäre von Seiten des Verbrauchers die konsequente Forderung eine 5-Jahres-Rumpf-Garantie. Glücklicherweise tritt diese Krankheit viel seltener auf, als es in letzter Zeit den Anschein hat.

Für die Versiegelung und Beseitigung der Feinschichtschäden gibt es im Prinzip folgenden Weg: anschleifen, spachteln (über Wasser mit Polyester-Spachtel) und lackieren.

Unter Wasser sollte man die Schäden entweder nur mit gutem Harz auffüllen oder Epoxy-Spachtel verwenden, der dann zusätzlich noch mit DD-Lack überstrichen wird.

Da es sehr schwierig ist, die ausgeschliffenen Haarrisse über Wasser der Decksfarbe anzupassen, sollte man nicht gleich bei jedem Haarriß über Wasser zur Spachtelmasse greifen. Wenn das Schiff nicht im Winter offen dem Frost ausgesetzt wird, kann man mit der Reparatur einige Jahre warten.

Die Feinschicht sollte etwa ½ mm dick sein. Ob ein Kratzer durchgeht, zeigt sich meist daran, daß das dunkel wirkende Laminat zu sehen ist. Bei Haarrissen ist das immer der Fall (auch wenn man es nicht sieht), und die Blasen kommen ohnehin von innen.

Nicht mit dem DD-Lack gleich auf den Polyesterspachtel gehen! Man muß wenigstens 3 bis 4 Wochen warten, sonst entstehen Blasen.
Wenn Sie keine Zeit haben, müssen Sie Epoxy-Spachtel verwenden!

Ausbessern und Reparieren von Holzflächen

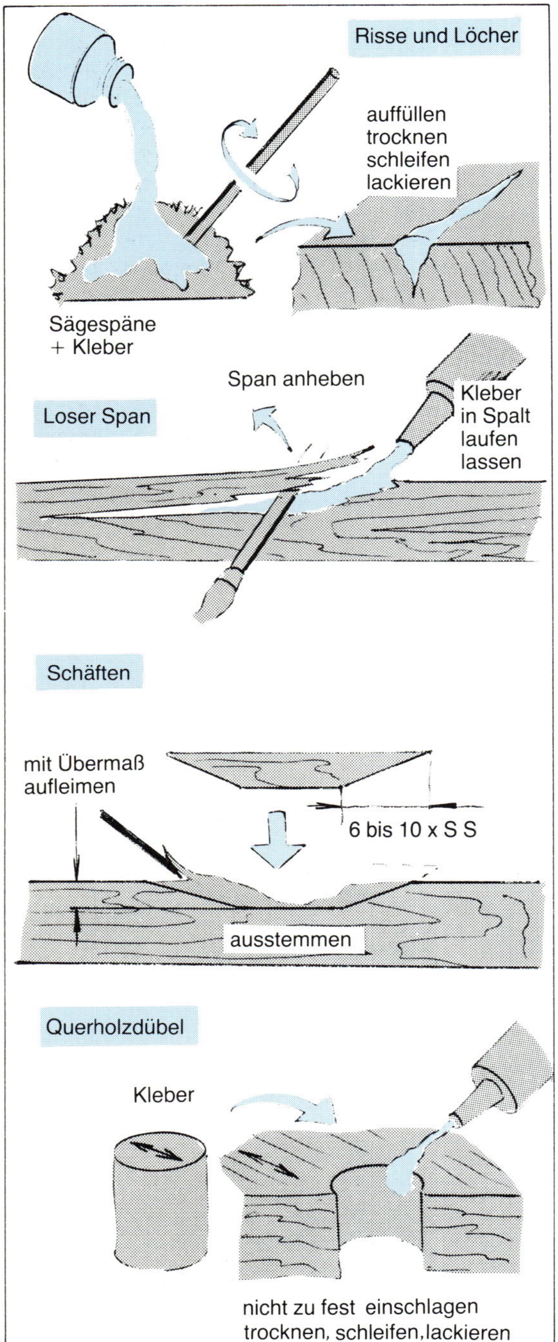

Beschädigte Stellen auf Naturholzflächen, farblos lackiert oder mit einer Lasur geschützt, kann man je nach Art des Schadens nicht einfach spachteln und pinseln, wie das bei gemalten Oberflächen möglich ist.

Kleine Löcher und Risse lassen sich mit „Holzkitt", den man aus Sägespänen gleicher Holzart und Epoxy-Kleber oder PU-Lack zu Brei rührt, wie mit Kitt auffüllen. Die Füllung läßt man entsprechend aushärten, schleift über und lackiert. Der auf diese Weise selbstgemachte Füller trifft die Art des Holzes meist besser als die in diversen Standardsorten üblichen Fertigprodukte.

Einen losgerissenen Span sollte man, wenn möglich, gleich wieder aufkleben oder mit Klebeband sichern, bis die Möglichkeit zur Reparatur gegeben ist. Auf keinen Fall abbrechen und wegwerfen. Am besten eignet sich hierfür ebenfalls der Epoxy-Kleber.

Größere Löcher (z. B. beim Versetzen eines Beschlages) werden mit Querholzdübeln verschlossen. Beim Einsetzen auf gleichen Faserverlauf achten. Querholzdübel nicht zu fest ins Loch schlagen, sonst quellen sie später. Auf diese Weise deckt man im Bootsbau auch Schrauben ab.

Müssen größere Holzstücke ersetzt werden, ohne daß die Festigkeit leidet, sollte geschäftet werden. Das beschädigte Stück wird mit einem Beitel schräg herausgestochen, ein neues Stück Holz mit Überstand eingeleimt und nach dem Aushärten geschliffen und entsprechend weiterbehandelt.

Schleifen von Holzoberflächen

Holzflächen müssen, wenn sie farblos lackiert oder lasiert werden, immer in Faserrichtung geschliffen werden. Bei Massivholz reicht für eine glatte Oberfläche meist 150er Schleifpapier, bei ebenen Sperrholzflächen 180er bis 220er. Das Wichtigste aber ist ein weiterer, auch in Faserrichtung laufender Schliff nach dem ersten Grundieren. Dann haben sich die feinen Holzfasern mit Lack vollgesogen, aufgestellt und lassen sich gut brechen, so daß eine wirklich glatte Oberfläche entsteht.

Leimen und Kleben

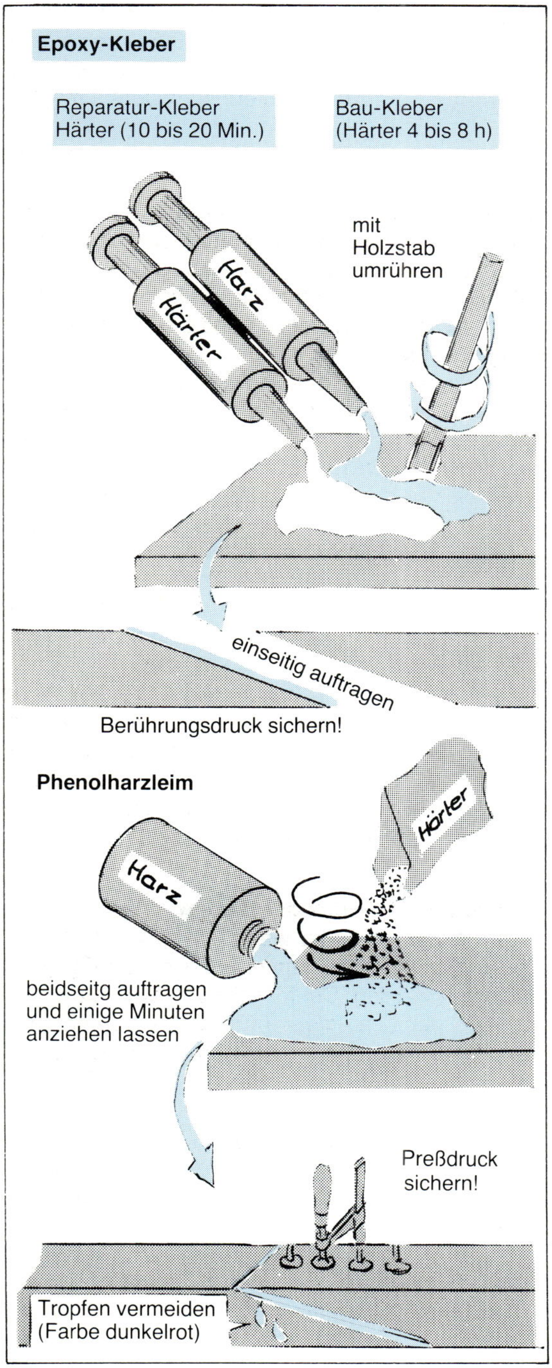

Die Leime des Bootsbaus sind nach wie vor der dunkelrote Phenolharzleim und für bestimmte Zwecke der glasklar aushärtende Harnstoffleim. Die beiden Klebeharze – das sind sie nämlich und nicht Leime – erfüllen für große und viele Verbindungsstellen für den Ausbauer, Selbstbauer oder den Profi durch ihre hervorragenden Eigenschaften und den mäßigen Preis durchaus ihren Zweck. An Bord eines fertigen Schiffes haben sie aber nichts mehr verloren.
Für Reparaturzwecke an Bord kommt heute nur ein einziges Klebeharz in Frage (soweit es sich nicht um Polyesterarbeiten handelt), und zwar Epoxyharz. Dieser „neue“ 2-Komponentenkleber war bis vor einiger Zeit nur mit Härtern einsetzbar, die eine Preßzeit von 4 und mehr Stunden erforderten. Jetzt gibt es aber Epoxykleber, die in 10 bis 20 Min. anziehen und dennoch einigermaßen fugenfüllend sind, so daß die Klebeflächen nicht ganz genau (mikroskopisch) aufeinander passen müssen und dennoch eine allen Ansprüchen gerecht werdende Verbindung schaffen. Weiter haben sie den Vorteil, daß sie nicht wie die „Leime“ einen Anpreßdruck brauchen, sondern mit Berührungsdruck verbinden, was für Reparaturen geradezu ideal ist.
Der Preis ist zwar 2- bis 3mal so hoch wie für Phenolharzleim, doch für Reparaturen an Bord sind ja nur kleine Mengen notwendig.

Die Verarbeitung ist denkbar einfach:
Harz und Härter werden im allgemeinen 1 : 1 gemischt und einseitig auf die zu verklebende Fläche aufgetragen. Die Flächen müssen fett-, staubfrei und trocken sein. Teakholzflächen werden vorher kurz angeschliffen und mit Verdünnung oder Waschbenzin ausgewaschen.

Kleber, Farben, Spachtel usw. nie ohne genaue technische Beschreibung kaufen!
Nicht arbeiten, wenn Temperatur unter 10°C, Luftfeuchtigkeit über 80 %

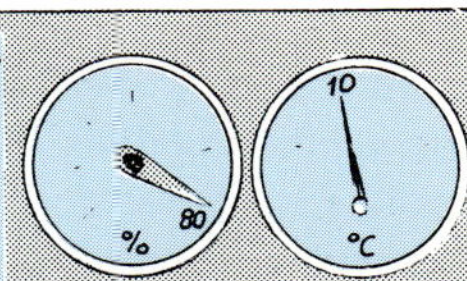

Abdichten

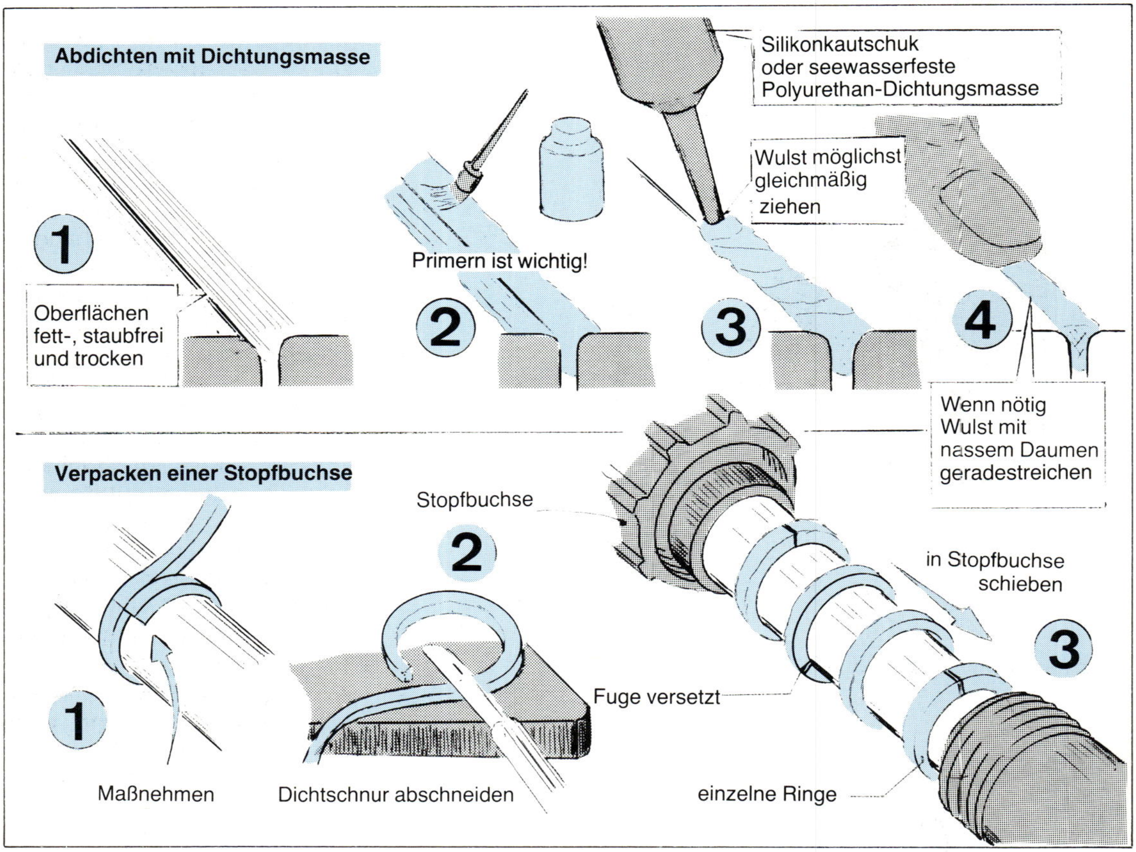

Hier sollte man unterscheiden zwischen vorgefertigter Dichtung und Dichtungsmasse, mit der ebenfalls abgedichtet wird. Vom Kleber unterscheidet sich das Abdichten dadurch, daß der Kleber kraftschlüssig verbindet, während die Dichtung nur eine Fuge verschließt, obwohl zumindest die Dichtungsmasse eine besonders gute Haftung auf den abzudichtenden Teilen haben muß.
An Bord werden Verschraubungen von Kraftstoff- und Gasleitungen metallisch dichtend ausgeführt. Sonstige Flüssigkeiten führende Rohrleitungen werden an Gewindeverbindungen mit Teflonband abgedichtet, sofern nicht eine Gewindekupplung mit Flachdichtung oder O-Ring dies überflüssig macht. Stopfbuchsen verpackt man mit Dichtschnur, wobei man die Fugen der einzelnen Ringe gegeneinander versetzt.

Am Motor verwendet man je nach Temperaturbereich Asbestgewebe-Dichtungen und O-Ringe, die im allgemeinen trocken aufgesetzt werden.
Zum absoluten Universaldichtungsmittel haben sich die Dichtungsmasse aus der Tube oder Kartusche entwickelt. Noch ist Silikonkautschuk an erster Stelle, aber die Polyurethan-Dichtungsmassen haben bereits genauso gute Eigenschaften und sind zum Unterschied von Silikonkautschuk übermalbar. Dichtungsmassen auf Acrylatbasis sind sehr preiswert, aber für den Bordgebrauch nicht tauglich.

Wirklich gute Haftung erzielt man sowohl bei Silikonkautschuk wie Polyurethan-Dichtungsmasse nur durch vorheriges Primern der Oberfläche.

Klar- und Farblacke

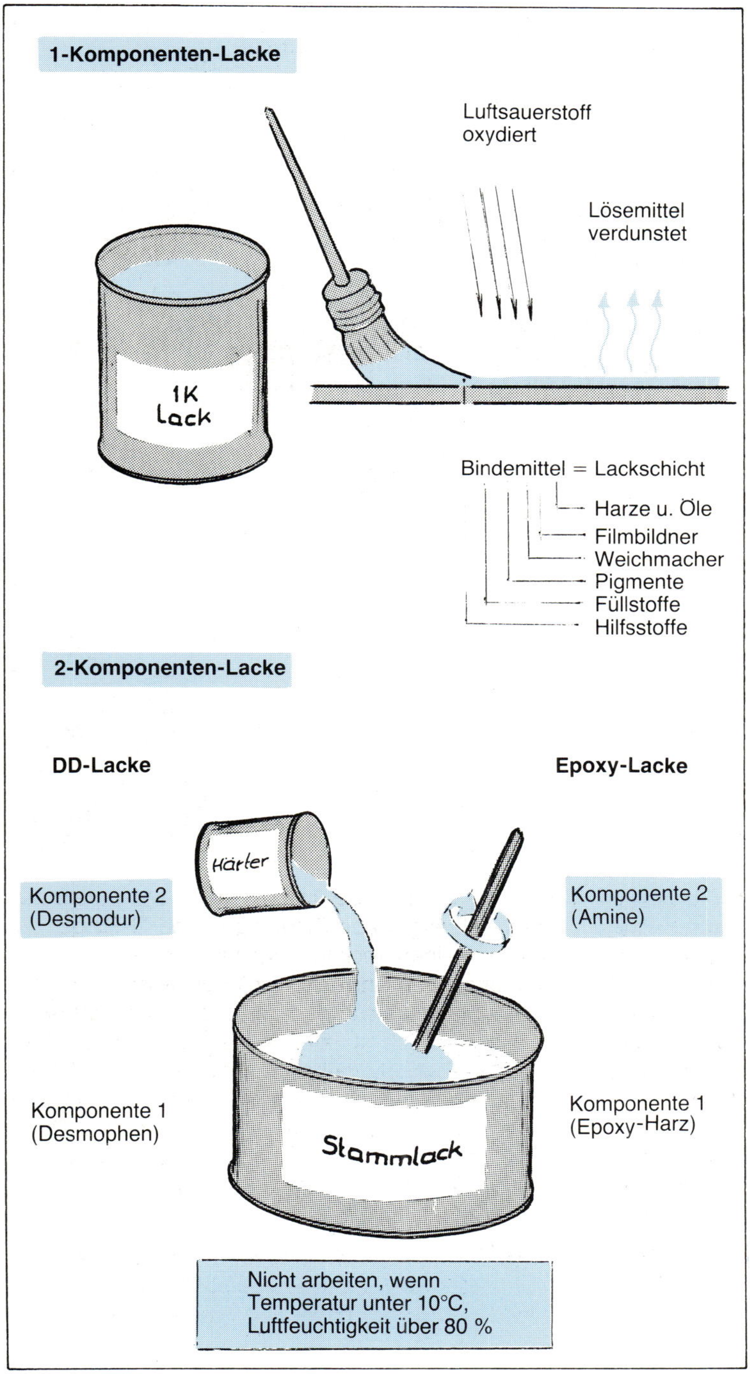

Wie die Überschrift schon zeigt, gibt es zwischen farblosen und farbigen Lacken prinzipiell keinen Unterschied, außer daß der farbige Lack andere und mehr Pigmente hat.

Die alte, gute Ölfarbe gibt es nicht mehr, der direkte Nachfolger ist der heute auf breitem Feld eingesetzte Alkydharzlack, der über Oxydation durch den Luftsauerstoff und Ausdunsten des Lösungsmittels härtet.

Prinzipiell kann man auf dem Yachtfarben-Sektor drei Lackgruppen unterscheiden. Das sind die schon erwähnten Alkydharzlacke, die natürlich auf die speziellen Bedingungen auf Booten modifiziert sein sollten. Die nächste Steigerungsstufe sind die 1-Komponenten-Polyurethanlacke, das sind im Prinzip ebenfalls Alkydharzlacke, deren Eigenschaften durch Anreicherung mit Urethanen verbessert wurden. Auch sie härten über Oxydation mit dem Luftsauerstoff aus.

Die widerstandsfähigsten Lacke sind die 2-Komponenten-Lacke. Ihre Resistenz gegenüber mechanischen Beanspruchungen, Witterungseinflüssen und chemischer Belastung ist so gut, daß ihre Oberflächen 6 bis 8 Jahre halten, während mit Alkydharzlack gestrichene Oberflächen spätestens nach 2 Jahren übergepinselt werden müssen.

Für Stahl- und Aluminiumrümpfe im Unter-Wasser-Bereich werden Dickschichtanstriche auf Teer/Epoxy- oder Zinkstaub-Basis eingesetzt, die den Rost für viele Jahre verhindern, wenn die wichtigste Voraussetzung eingehalten wird: gründlich sandstrahlen und sofort streichen.

Pinseln, Rollen, Spritzen

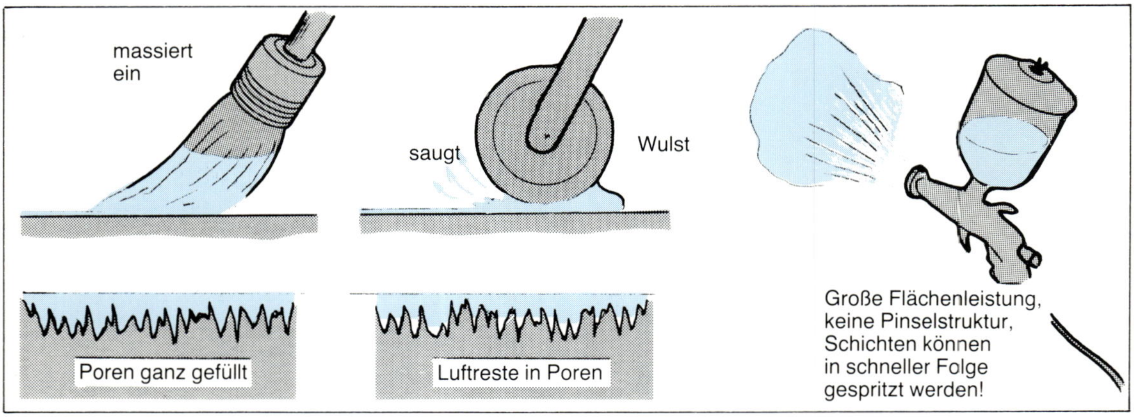

Für Yachten kommen drei Auftragstechniken für Farbe in Frage. Die beste ist immer noch das Streichen mit dem Pinsel, wenn es nicht darum geht, große, glatte Oberflächen zu malen.
Für den Ungeübten ist der Flachpinsel mit Chinaborsten das beste Werkzeug. Der Erfahrene wird zum Rundpinsel greifen.
Beim Streichen von größeren Flächen mit 2-Komponenten-Lacken sollte die Farbe mit der Rolle aufgetragen und sofort mit einem breiten Flachpinsel verschlichtet werden. Am besten man arbeitet zu zweit. Die 1-Komponenten-Lacke sind in dieser Hinsicht etwas geduldiger, da sie nicht so schnell anziehen.
Für Neuanstriche sollte man einen Fachmann mit gutem Spritzgerät (Luft-Hochdruckgerät) beauftragen. Airlessgeräte sind zwar besser, für einzelne Boote aber unwirtschaftlich. Die Spritzqualität der Hobby-Schwinghammerpistolen reicht nicht. Wenn Sie Geld sparen wollen, können Sie alle Vorarbeiten selbst machen und den Fachmann spritzen lassen. Dann ist das „Lackieren“ an einem Tag überstanden (bis ca. 10 m Länge), wozu Sie mit dem Pinsel eine Woche brauchen.
Beachten Sie die wichtigsten Punkte rechts, kaufen Sie keine Lacke ohne die Malfibel oder das technische Merkblatt des Herstellers und denken Sie immer daran:

Gute Lacke halten nur so gut, wie es die gestrichene Oberfläche zuläßt.

12 Regeln für vernünftiges Malen

1. Fläche säubern und entfetten
2. Fläche schleifen
3. Fläche entstauben
4. Temperatur und Luftfeuchtigkeit beachten
5. Grundieren (primern, sofern erforderlich)
6. Zwischenschleifen, sofern erforderlich
7. Zeitintervalle zwischen den einzelnen Anstrichen genau beachten
8. Pinsel gut auswaschen und in frischer Verdünnung über Nacht stehenlassen
9. Auf der Außenhaut horizontal verschlichten
10. Lacke und Farben brauchen z. T. mehr als eine Woche, bis sie wirklich chemikalienfest sind! Auf keinen Fall vorher ins Wasser gehen! Die Farben werden sonst matt, kriegen Runzeln und vieles mehr.
11. Farben verschiedener Hersteller nicht mischen
12. Nicht mit 2-K-System auf 1-K-Lacke gehen (umgekehrt geht's)

Werkzeug und Ersatzteile

Bordwerkzeug

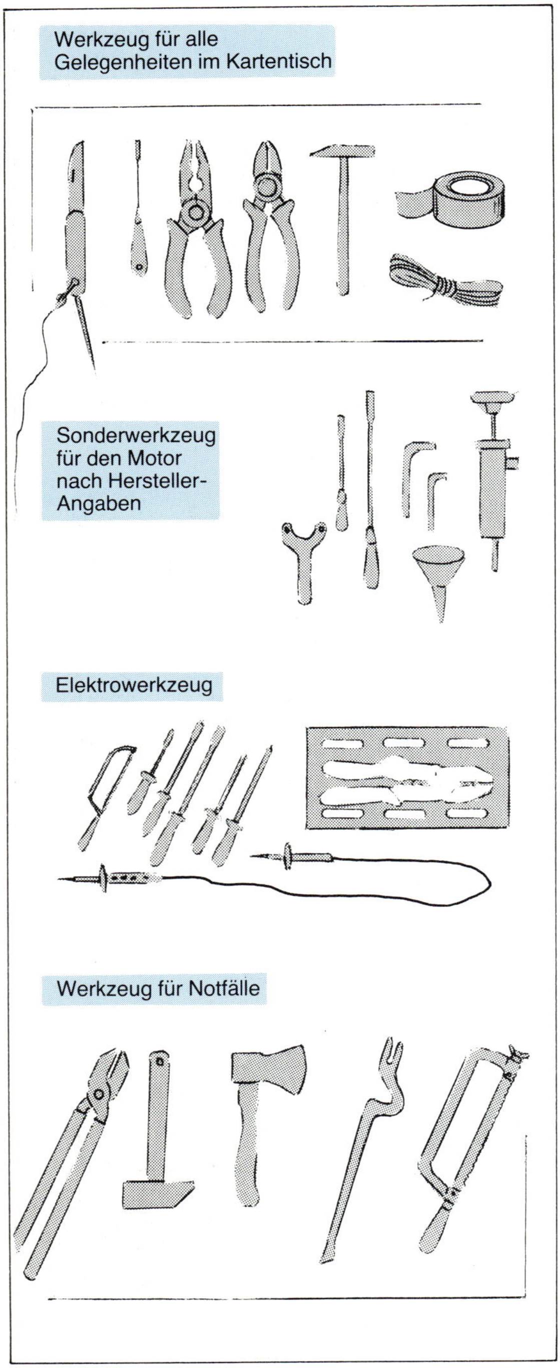

Das Werkzeug an Bord wird aus dem Sonderwerkzeug für Motor und andere Geräte, dem Notwerkzeug nach den Sicherheitsempfehlungen und aus dem großen Rest dessen, was der Skipper je nach Fahrziel und persönlicher Neigung noch für richtig hält, zusammengestellt.

Auch ich kann hier nur meine eigene Werkzeugkiste aufmachen und die für Küste und mittleren Seeraum vernünftigen Werkzeuge aufzählen.

Mit Sicherheit ist es besser, gutes Werkzeug in kleinen Gruppen oder einzeln zu kaufen, solange sich die Werkzeug-Hersteller ihre Universal- und Superkoffer von Auto- und Radfahrern zusammenstellen lassen. Da hilft auch Kadmierung oder Unsinkbarkeit nichts, wenn eine Quetschzange fehlt und wenn Schraubenzieher dritter Wahl eingepackt werden.

Ich glaube auch nicht, daß der große, alles umfassende Koffer, der horizontal liegen muß und einen Klappdeckel hat, der Idealfall ist. Viel vernünftiger scheint mir, einen Seitenschneider, Schraubenzieher, Kombizange und ein Messer im Kartentisch zu haben oder in einem Schwalbennest im Cockpit; und das Sonderwerkzeug gut beschriftet in einem Schrank, die Elektrosachen in einem Schapp neben der Verteilung. Man repariert ja nicht, indem man das ganze Werkzeug zur Reparaturstelle schleppt, sondern nimmt immer nur die wahrscheinlich notwendigen Werkzeuge in einem Eimer mit Putzlappen mit.

So lassen sich in bezug auf den Motor folgende konkrete Aussagen machen: Man nimmt das Sonderwerkzeug, das zum Motor gehört, wenn möglich, mit der Betriebsanleitung aller dort aufgeführten Arbeiten zum Motor durch und überprüft, was man noch so an Sonderwerkzeugen braucht (z. B. eine Fühllehre zum Einstellen der Ventile). Dazu kommt ein Satz Maul-/Ringschlüssel und, wenn der Motor keine metrischen Schrauben hat, zusätzlich ein Satz BS-Schlüssel. Weiter Kombizange, Seitenschneider, Schraubenzieher, Hammer, ein großer Maulschlüssel für die Propellermutter, eine Rundfeile, Halbrundfeile, Holzraspel, Beitel, Flachmeißel, Wasserpumpen-, Rohr-, Gripzange, Feinsäge, Puksäge und 3 bis 4 Schraubzwingen, eine Handbohrmaschine (mit 2 Gängen) und entsprechenden Bohrern sowie Schaber, Drahtbürste, Schleifpapier, Zollstock und Schieblehre.

Für die Elektrik sind 3 Schraubenzieher von 3 bis 8 mm, 2 Kreuzkopfdreher mit 3 und 5 mm zu empfeh-

Bordwerkzeug

len sowie eine Quetschzange mit diversen Kabelschuhen, Kabelverbindern usw.
Ein Spannungsprüfer mit Diodenanzeige von 6 bis 380 V, damit man Plus und Minus prüfen kann und an dessen Anzeige sich erkennen läßt, ob der Stromkreis irgendwo zu große Übergangswiderstände hat (wenn im 12 V-Netz z. B. nicht die 12 V-Diode, sondern die 6 V-Diode aufleuchtet). Ergänzen kann man das mit einer Prüflampe, wie sie im Autozubehörhandel zu haben ist, und einer Dose Kontaktspray, das die Feuchtigkeit unterwandert und Elektroteile vor übermäßiger Korrosion schützt.
Weiter gehört das Notwerkzeug aus den Sicherheitsempfehlungen an Bord, das ist ein Bolzenschneider, abgestimmt auf die Stärke des stehendes Guts, ein Brecheisen, Beil, ein großer Hammer und eine Eisensäge (mit einigen Sägeblättern).

Zur Reparatur von Segeln braucht man das ohnehin schon aufgeführte Takelmesser, Marlspieker, Segelnadeln, den Segelmacherhandschuh, Segelgarn und Wachs.
Für Reparaturen am Rumpf, Rigg und dem Aufbau eignet sich das bereits aufgeführte Werkzeug ohnehin.
Außerdem gehören Putzlappen und einige Pinsel an Bord.
Wer auf große Fahrt geht und damit rechnen muß, daß er auch größere Reparaturen ohne die Möglichkeit, Ersatzteile zu beschaffen, selbst durchführen muß, sollte auf einen Schraubstock nicht verzichten und das Werkzeugschapp um Dorne, Reißnadel, Körner, zusätzliche Feilen, Blechschere, Schiebelehre, eine mittlere Abziehvorrichtung und nach Rücksprache mit dem Motorenhersteller um einige Sonderwerkzeuge für die Maschine erweitern.
Pflege- und Schmiermittel sind unter Reserveteile auf der folgenden Seite aufgeführt.

Werkzeug für die Winter- und Frühjahrsüberholung: Man kommt im allgemeinen mit den üblichen Heimwerker-Maschinen und dem Bordwerkzeug aus. Wichtig sind meist eine zweite Bohrmaschine, ein schneller Schwing- und ein handlicher Winkelschleifer.

Reserveteile und Reparaturmaterial

Motor-Ersatzteile
Ölfilterpatrone mit Dichtringen
Kraftstoffiltereinsatz mit Dichtungen
Dichtring für Öleinfüllstutzen
Keilriemen
2 Dichtringe für Einspritzdüsen
1 Einspritzdüse
1 Druckleitung zur Einspritzdüse
Dichtungsmaterial für Flachdichtungen
Dichtschnur für Stevenrohrbuchse

Schmier- und Pflegemittel
Motoröl (1 Füllung)
Winschenfett
Seewasser- oder Wasserpumpenfett
Polfett oder Vaseline
Kontaktspray
Rostlöse-Universal-Spray
Gleitspray (meist Silikonspray)
Metallreinigungsmittel/Spray
und Bootspflegemittel (Reiniger, Politur, Wachs)

Reparaturmaterial für die „1. Hilfe"
Klebeband
Isolierband
Teflon-Dichtband
Kupferdraht (1 mm ∅, einige Meter)
Schlauchschellen (diverse, nicht rostend)
Kupferrohrstücke (verschiedene ∅ zur Reparatur von Schlauchleitungen)

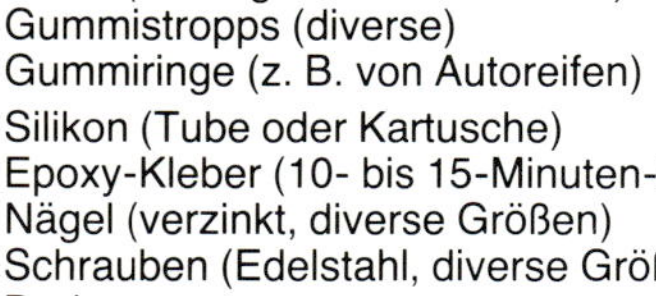

Diverse Weichholepflöcke
Kabel (1-adrig, 1,5 mm^2, 10 m)
Kabel (2-adrig, 2x1,5 mm^2, 10 m)
Gummistropps (diverse)
Gummiringe (z. B. von Autoreifen)
Silikon (Tube oder Kartusche)
Epoxy-Kleber (10- bis 15-Minuten-Härter)
Nägel (verzinkt, diverse Größen)
Schrauben (Edelstahl, diverse Größen)
Drahtstropps
Drahtschraubklemmen

Rigg und Deck:
diverse Leinen und Bändsel, Blöcke, Schäkel, Kauschen, Wantenspanner, Rutscher, Stagreiter, Gatchen, Winschkurbel

Birnen für Positionslampen und die Morselampe sowie Ersatzbatterien für alle Batteriegeräte

Der Store einer Yacht wird nach ähnlichen Überlegungen aufgefüllt wie die Werkzeugkiste. In unseren Breiten gibt es eine einigermaßen klare Vorstellung, was an Reserveteilen, Reparaturmaterial und Pflege- sowie Schmiermitteln an Bord gehört. Darüber hinaus muß man je nach Ausrüstungszustand des Schiffes und dem Fahrziel entsprechend nachrüsten. Grundsätzlich sollte man nicht zu viel einladen, es sammelt sich im Laufe der Zeit genug an.
Der seemännisch-nautische Teil des Stores nach den Empfehlungen der Sicherheitsrichtlinien erschöpft sich in... genügend Ersatztauwerk, Blöcke, Schäkel, Spannschrauben, Ersatzwinsch- und -reffkurbel sowie Leckdichtungsmaterial.
Das ist das eine Extrem. Das andere ist, eine Liste aufzustellen, die alles umfaßt, was vielleicht brechen könnte. Das Universalrezept habe ich leider auch nicht. Ich kann auch nur über das eigene Schiff gehen und versuchen, meine Erfahrung weiterzugeben.
Bezogen auf den Motor bieten die Hersteller Ersatzteilpakete an bzw. haben Empfehlungen für verschiedene Fahrbereiche.
Für unsere Breiten sollte man sich mindestens an den Umfang der links aufgestellten Tabelle halten. Wenn Sie mehr als 200 Stunden je Sommer motoren, sollte der Umfang erweitert werden (mindestens doppelte Filtereinsätze).
Die Schmier- und Pflegemittel sind ein Kapitel für sich, da es für alles Wässerchen und Sprays gibt, die natürlich zum Teil den Komfort steigern, aber im Prinzip nur Ballast sind. Mit der Liste links kommt man ganz gut klar.
Das links aufgeführte Reparaturmaterial bezieht sich nur auf kleine Reparaturen und Notfälle, in denen man sich einige Tage über die Runden hilft. Die Notreparatur mit großem Leck im Rumpf oder das Notrigg finden Sie über das alphabetische Register. Für viele elektronische Geräte gibt es Sicherungen und ein oder zwei andere Teile sowie da und dort ein Sonderwerkzeug. Das alles sollte man zusammen mit den gesetzlich geforderten Ersatzbirnen für die Positionslampen und den empfohlenen Ersatzbirnen für die Taschenlampen und Batterien für alle netzunabhängigen Geräte in einem Kasten oder in einer Schieblade für sich stauen, genauso wie man alle Geräte-Beschreibungen und Betriebsanleitungen in einer Mappe im Kartentisch sammeln sollte.

Stichwortverzeichnis A bis Z

*Die mit Stern bezeichneten Seitenzahlen markieren einen Kapitelanfang.

Stichwortverzeichnis A bis Z

Stichwortverzeichnis A bis Z

Quellenverzeichnis

Fachliteratur

U. Biethan/W. Zöllner, Lacke und Lösemittel, Verlag Chemie, Weinheim/New York
D. Cannel/J. Leather, Modern Development in Yacht Design, Adlard Coles Limited, London
Hans Donat: Yachtbordbuch 1, Yachtbordbuch 2, Außenborder, Kleine Boote selbst gebaut, Ausbau von Bootsrümpfen, Bootsmotoren, Verlag Delius, Klasing & Co., Bielefeld
Dubbel, Taschenbuch für den Maschinenbau, Springer-Verlag, Berlin/Heidelberg/New York
Empacher/Hartz, Der Bau von Kunststoffbooten, Verlag Delius, Klasing & Co., Bielefeld
W. Endlich, Kleb- und Dichtstoffe in der modernen Technik, Verlag W. Girardet, Essen
H. R. Etzold, So wird's gemacht – Wartungsreihe für VW/Audi, Verlag Delius Klasing & Co., Bielefeld
W. Friedrich, diverse Tabellenbücher, Dümmlers Verlag, Bonn
P. J. Gellings, Korrosion und Korrosionsschutz von Metallen, Hanser-Verlag
H. Grohe, Otto- und Dieselmotoren, Vogel-Verlag
G. Hack, Autos schneller machen, Motorbuch-Verlag
H. E. Hömig, Metall + Wasser, Vulkan-Verlag, Essen
Horner/Lindemann/Völksen, Der Auto-Elektriker, Kohl + Noltemeyer Verlag, Dossenheim/Heidelberg
R. Hüppen/D. Korp, Jetzt helfe ich mir selbst, Motorbuch-Verlag
H. Hütten, Motoren, Motorbuch-Verlag
E. Jakubowski, Malerfachkunde, Verlag Teubner, Stuttgart
J. Jander/Ch. Lafrenz, Wasserähnliche Lösungsmittel, Verlag Chemie
C. Jarman/B. Beavis, Modern Rope Seamanship, Adlard Coles Limited, London
E. Jorgensen, Sailboat Maintenance, Clymer Publications
P. Kammler, Die ideale Fahrtenyacht, Verlag Delius, Klasing & Co., Bielefeld
Kamprath-Reihe, Technik kurz und bündig, Vogel-Verlag
F. S. Kinney, Skene's Elements of Yacht Design, Dodd, Mead & Company, New York
K. Marconi, Wie konstruiert und baut man ein Boot, Verlag Delius, Klasing & Co., Bielefeld
J. F. Muhs, Yachtelektrik, Verlag Delius, Klasing & Co., Bielefeld
F.-P. Plaschke, Bootsbau mit Kunststoffen, Voss-Verlag, Uetersen
R. B. Roberts-Goodson, Custom Boatbuilding, Frye & Smith, Inc., USA
H.-J. Sandow, Batterie Bord-Buch, VARTA Batterie AG, Hannover
E. H. Sims, Boatbuilding in Aluminium Alloy, Nautical Publishing Company Limited, England
H. Spohn, Seife und Waschmittel, Sunlicht GmbH
Technische Unterrichtung, Bosch
F. Thunack, Holz – Westermann Tabellen, Westermann-Verlag, Braunschweig
G. L. Witt, K. Hankinson, Boat Building with Plywood, Glen-L Marine Designs, California
Witzemann/v. Kienlin, Morgen wohnen wir schöner, Südwest Verlag, München
Und v. a. Titel des Verlags Delius, Klasing & Co., Bielefeld

Zeitschriften

YACHT, BOOTE, Delius, Klasing & Co., Bielefeld
Boat Owner, Modern boating, Nautica, Yachting, Yachts an Yachting

Kataloge

Klasings Bootsmarkt international, Delius, Klasing & Co., Bielefeld

Ausrüsterkataloge der Firmen:
Compaß für Bootspflege, H. Dehler
E-T-A, Nürnberg
Friedrich, Krefeld
Hohorst, Bremen
Gotthardt, Stockholm
Niemeyer, Hamburg
Plastimo, Lorient/Frankreich
Schwenckner, Seevetal
Sprenger, Iserlohn
Taselaar, Altenholz
Teleflex, Heiligenhaus
Triton-Belco, Hamburg
den Ouden, Vetus, Hilden
Yachtelektrik Philippi, Remseck/Neckar
Yachtelektrik Möhrer, Hamburg

Einbauhandbücher und Betriebsanleitungen

BMW
BUKH-Diesel
DEUTZ, Richtlinien für den Einbau wassergekühlter Dieselmotoren
DEUTZ, Richtlinien für den Einbau luftgekühlter Dieselmotoren
MERCEDES-BENZ, Einbaurichtlinien für Schiffsdieselmotoren
PERKINS, marine engine installation know-how
VOLVO, installation handbook, light marine inboard engines
VOLVO, installation handbook, heavy marine diesel engines
VOLVO, Einbauhandbuch Aquamatic
Yanmar, Einbauhandbuch für stehende und liegende Motoren

Getriebe:
Hurth, Newage, Velvet, ZF-Getriebe

Heizung:
Ardic, Eberspächer, Trumatic-e, wallas marin, Webasto

Cockpit- u. Überwachungsinstrumente:
Teleflex, VDO

Riggs: Fogh, Isomat, Proctor, Selden, Reckmann, Varioturn

Sonstige Informationsschriften

Kreuzer-Abteilung des Deutschen Segler-Verbandes e.V., Gründgensstraße 18, 2000 Hamburg 60. Sicherheitsrichtlinien für die Ausrüstung und Sicherheit seegehender Segelyachten einschließlich der Special Regulations des Offshore Rating Council

Germanischer Lloyd, Vorsetzen 32, 2000 Hamburg 11.
Richtlinien für den Bau und die sicherheitstechnische Ausrüstung von kleinen Wassersportfahrzeugen. Vorschriften für den Bau und die Klassifikation von Yachten.

Icomia, The International Council of Marine. Industry Associations, Boating Industry House, Vale Road, Oatlands, Weybridge, Surrey KT13 9NS, England.
Safety & Quality Standards for the Building of Recreational Craft

Deutsches Hydrographisches Institut, Bernhard-Nocht-Straße 78, 2000 Hamburg 4.
Sicherheit in der Sportschiffahrt

Aluminium-Zentrale, Königsallee 30, 4000 Düsseldorf 1.
Aluminium-Zentrale

Informationsstelle Edelstahl Rostfrei, Postfach 2807, 4000 Düsseldorf 1.
Rostfrei Kompaß

Holz

Verein Deutscher Holzeinfuhrhäuser e. V., Heimhuder Straße 22, 2000 Hamburg 13
Arbeitsgemeinschaft Holz e. V., Füllenbachstr. 6, 4000 Düsseldorf Nord

Farben, Lacke, Leime, Kleber, Kunststoffe

Hempel's Yachtfarben, Höveling, International Farbenwerke, Metallogal, Owatrol, Voss-Chemie
Gevetex, Düsseldorf: Informationen
BASF, Ludwigshafen: Merkblätter über PALATAL P
Bayer, Leverkusen: Merkblätter über LEGUVAL
OXYDO, Gesellschaft für Chemische Produkte mbH, Emmerich/Rh.: Mitteilungen
Elektrochemische Werke München: Organische Peroxyde EWM
CIBA: Merkblätter über Epoxid-Harze
Voss-Chemie
West-System (Epoxy)
SP-System (Epoxy)